필답형/작업형 실기시험 대비

에너지관리 기능사 실기

김영배 편저

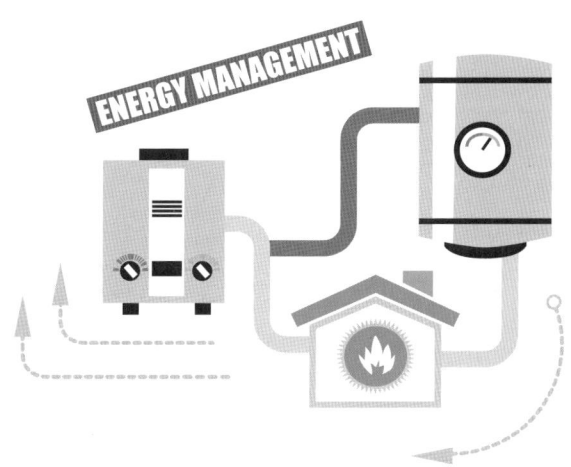

 일진사

책머리에 …

2014년 1월 1일부터 《보일러 기능사》 자격 종목 명칭이 《에너지 관리 기능사》로 변경되었습니다.

이 책은 1차 필기시험 합격자 여러분들을 위하여 조금이나마 도움이 되어 드리고자, 2차 실기시험에 대비할 수 있도록 만들었습니다.

2차 실기시험은 필답형 주관식 50%(약 10문항 출제), 작업형 50%(시험시간 약 3시간)로 실시됩니다.

한국산업인력공단 출제 기준에 맞춰 핵심내용과 예상문제 및 작업형 도면, 작품 사진을 일목요연하게 정리하였으나, 작업형 작품은 실제로 직접 많은 제작을 해 보아야 될 것입니다.

오랜 강의 경험과 현장 실무 경력을 바탕으로 최선을 다했으나 부족한 부분들은 계속해서 수정 및 보완할 것을 약속드리며, 아울러 독자 여러분과 이 분야의 전문가 선배 제현의 아낌없는 격려와 지도편달을 바랍니다.

또한 독자 여러분께 합격의 영광과 무궁한 발전이 있으시길 기원하며, 끝으로 이 책의 출간을 위하여 적극적인 후원을 해 주신 도서출판 **일진사** 직원 여러분께 진심으로 감사드립니다.

저자 씀

차 례

part 01 보일러 설치

제1장 보일러의 용량, 효율 및 성능 계산

1. 보일러의 용량 ·················· 10
2. 보일러 효율 및 성능 계산 ·········· 12
   - 2-1 보일러 성능 계산 ·········· 12
   - 2-2 보일러 효율 계산 ·········· 14

제2장 연료 및 연소 계산

1. 연료의 종류와 특성 ·············· 15
   - 1-1 연료의 개요 ·············· 15
   - 1-2 연료의 종류와 특징 ········ 17
2. 연소설비 및 연소장치 ············ 22
   - 2-1 고체 연료의 연소장치 ······ 22
   - 2-2 미분탄 연소장치 ··········· 22
   - 2-3 액체 연료의 연소장치 ······ 22
   - 2-4 연소 계통의 구성 ·········· 23
   - 2-5 기체 연료의 연소장치 ······ 27
   - 2-6 가스 버너(외부 혼합식)의 종류 ······················· 28
3. 연소 계산 ······················· 29
   - 3-1 연료의 발열량 계산 ········ 29
   - 3-2 연소용 산소 및 공기량 계산 ······················· 31
   - 3-3 이론 연소온도 ············· 39
- 예상문제 ·························· 41

part 02 보일러 운전

제1장 보일러 운전 및 조작

1. 보일러 가동 전의 준비사항 ········ 58
   - 1-1 신설 보일러의 가동 전 준비사항 ··················· 58
   - 1-2 사용 중인 보일러의 가동 전 준비사항 ··················· 59
2. 보일러 점화, 운전 및 조작 ········ 59
   - 2-1 유류 보일러의 점화 ········ 59
   - 2-2 가스 보일러의 점화 ········ 60
3. 보일러 운전 중의 취급 ············ 61
   - 3-1 증기 발생 시의 취급 ········ 61
   - 3-2 보일러 수위 감시 및 조절 ·· 61
   - 3-3 연소량 조절 및 감시 ········ 62
4. 보일러 정지 시의 취급 ············ 63

제2장 보일러 종류, 구조 및 특성

1. 보일러의 개요 및 분류 ············ 65
   - 1-1 보일러의 구성 ············· 65
   - 1-2 보일러의 분류 ············· 66
2. 보일러의 종류 및 특성 ············ 69
   - 2-1 원통형(둥근형) 보일러 ····· 69
   - 2-2 수관 보일러 ··············· 73
   - 2-3 주철제 보일러 ············· 77
   - 2-4 특수 보일러 ··············· 77

3. 보일러의 전열면적 ······· 78
4. 스테이(버팀)의 종류 ······· 79

제3장 보일러 취급 및 정비
1. 보일러 보존 ······· 80
   1-1 보일러 보존법 ······· 80
   1-2 보일러 용수처리법 ······· 80
2. 보일러 청소 및 세관 ······· 82
3. 보일러 사고, 손상 및 방지 대책 ······· 85
   3-1 보일러 사고 원인과 방지 대책 ······· 85
   3-2 보일러 손상과 방지 대책 ······· 89
- 예상문제 ······· 93

part 03 보일러 부속설비

제1장 급수장치의 구조 및 원리
1. 급수장치의 개요 ······· 104
2. 급수장치의 종류 ······· 105
3. 급수내관 ······· 107

제2장 송기장치의 구조 및 원리
1. 송기장치의 종류 및 특성 ······· 108
   1-1 주증기밸브 ······· 108
   1-2 주증기관 ······· 109
   1-3 비수방지관 ······· 109
   1-4 기수분리기 ······· 109
   1-5 증기헤드 ······· 110
   1-6 감압밸브 ······· 110
   1-7 신축이음장치 ······· 111
   1-8 증기 트랩 ······· 111
   1-9 스팀 어큐뮬레이터 ······· 113
   1-10 플래시 탱크 ······· 113

제3장 통풍 및 집진장치의 구조 및 원리
1. 통풍장치의 종류 및 특성 ······· 114
   1-1 통풍장치의 개요 ······· 114
   1-2 통풍장치의 종류 및 특성 ······· 115
2. 집진장치의 종류 및 특성 ······· 118

제4장 안전장치의 구조 및 원리
1. 안전장치의 종류 및 특성 ······· 119
   1-1 안전밸브 ······· 119
   1-2 방폭문 ······· 122
   1-3 가용마개(가용전, 용융마개) ······· 122
   1-4 압력제한기(압력차단기, 압력차단장치) ······· 123
   1-5 고·저수위 경보기(수위검출기, 저수위 경보장치) ······· 123
   1-6 화염검출기 ······· 125
   1-7 전자밸브 ······· 126

제5장 계측기기의 구조 및 원리
1. 계측기기의 종류 및 특성 ······· 127
   1-1 압력계 ······· 127
   1-2 수면계 ······· 129

제6장 분출장치의 구조 및 원리 ······· 139

제7장 자동제어장치의 구조 및 원리
1. 자동제어의 개요 ······· 142
   1-1 자동제어의 개념 ······· 142
   1-2 자동제어의 블록선도(피드백 제어의 기본회로) ······· 143
   1-3 자동제어의 종류 ······· 144
   1-4 제어기기의 일반 ······· 148
   1-5 수위검출 기구 ······· 150
2. 보일러 자동제어 ······· 151

2-1 보일러 자동제어의 목적 ··· 151
2-2 자동제어의 용어 해설 ····· 151

제8장 기타 부속장치의 종류 및 구조
1. 열교환(폐열회수) 장치 ············ 154
   1-1 과열기 ···························· 154
   1-2 재열기 ···························· 156
   1-3 절탄기 ···························· 156
   1-4 공기예열기 ···················· 157
2. 가정용 온수 보일러(유류 연소용) 자동제어장치 ························ 159
3. 열교환기의 종류 ······················ 159
- 예상문제 ··································· 160

part 04 보일러 배관

제1장 보일러 시공 도면 해독 및 작성
1. 배관도시 ···································· 184
   1-1 관의 도시법 ···················· 184
   1-3 도시 기호 ························ 186
2. 보일러 시공 배관도 ················ 188

제2장 보일러 시공용 공구와 장비의 취급
1. 배관 공구 및 장비의 종류와 특성
   ·· 192
   1-1 배관 공구 및 장비 ········ 192
   1-2 관이음쇠 ·························· 195

제3장 배관 작업
1. 각종 관의 가공 및 조립 ············ 197
   1-1 관의 절단, 접합, 성형 ······ 197
   1-2 배관지지 기구 ················ 199
   1-3 종류에 따른 관이음쇠의 중심선 길이 및 여유 치수 ······ 202
2. 방열관 시공 ······························ 208
   2-1 난방 형식 ························ 208
   2-2 방열관 시공 ···················· 209
3. 방열기 ·· 212
4. 난방설비 ···································· 214
   4-1 증기난방 설비 ················ 214
   4-2 온수난방 설비 ················ 219
   4-3 온수난방 분류 ················ 220
   4-4 복사난방 및 지역난방 ····· 220

제4장 시공재료의 열전달
1. 보온재의 종류 및 특성 ············ 222
   1-1 보온의 정의와 목적 ······· 222
   1-2 보온재의 구비조건 ·········· 222
   1-3 보온재의 열전도율 ········ 222
   1-4 보온재의 종류 ················ 223
2. 열전도, 열전달, 열관류(열통과) ·· 227
   2-1 열전도량 ·························· 227
   2-2 열전달량 ·························· 227
   2-3 열관류율(열통과율), 열관류량(열통과량) ························ 227
- 예상문제 ··································· 228

부록

○ 작업형 실기 시험 ·· 275
    작업형 실기 시험 수험자 유의사항 ·· 275
    작업형 실기 시험 수험자 지참 준비물 ·· 276
    작업형 실기 시험 채점 기준표 ·· 277
    작업형 실기 시험 공개 도면 (① ~ ⑥) ·· 278
○ 2012년도 출제문제 ·· 290
○ 2013년도 출제문제 ·· 309
○ 2014년도 출제문제 ·· 328
○ 2015년도 출제문제 ·· 349
○ 2016년도 출제문제 ·· 368
○ 2017년도 출제문제 ·· 388
○ 2018년도 출제문제 ·· 408
○ 2019년도 출제문제 ·· 430

PART 01 보일러 설치

제1장 보일러 용량, 효율 및 성능 계산
제2장 연료 및 연소 계산

보일러의 용량, 효율 및 성능 계산

1. 보일러의 용량

(1) 보일러 부하(정격 출력, 정격 용량, 정격 부하)

$$H_m = H_1 + H_2 + H_3 + H_4 [\text{kcal/h}]$$

여기서, H_m : 보일러의 전 부하(정격 출력, 정격 용량, 정격 부하) (kcal/h)
H_1 : 난방 부하 (kcal/h)
H_2 : 급탕 및 취사 부하 (kcal/h)
H_3 : 배관 부하 (kcal/h)
H_4 : 예열 부하 (분시 부하, 시동 부하) (kcal/h)

① **난방 부하** : 난방 부하는 주로 방열기의 방열량 또는 난방면적에 의한 방법이 간편하다.
  (가) 방열기의 방열량 : 방열면적×450 kcal/m²·h(증기의 경우 : 650 kcal/m²·h)
  (나) 난방면적의 경우 : 난방면적×열손실지수(kcal/m²·h)

② **급탕 및 취사 부하**
  (가) 급탕 부하 : 급탕량 1 L당 약 60 kcal로 계산한다(10℃의 물을 70℃로 가열하는 것으로 본다). 즉, 1 L×1 kcal/L·℃×(70−10)=60 kcal
  (나) 취사 부하 : 부엌, 세탁설비 등의 취사를 필요로 할 때의 열량

③ **배관 부하** : 난방용 배관에서 발생하는 손실열량으로 $H_1 + H_2$의 15~30 %, 보통은 20 % 정도이다.

④ **예열 부하** : 난방 보일러에서의 분시초 냉각부의 예열에 소요되는 열량으로 $H_1 + H_2 + H_3$의 25~45 %로 계산한다.
  (가) 보일러의 예열 부하(β) : 보일러를 가동하기 시작하여 난방장치 전체가 평상상태가 될 때까지는 상당한 시간이 걸린다. 이 시간을 단축하기 위하여 보일러 용량에 여력을 갖게 하는 것이 필요하다.
  (나) 출력 저하계수(k) : 실제로 사용하는 석탄이 저발열량의 것일 때 보일러의 실제 출력은 카탈로그에 표시하는 출력보다 저하한다. 그러므로 보일러를 결정할 경우 이것을 고려하여야 한다.

> **참고**
>
> 위의 것을 종합하면 난방용 보일러의 용량은 다음 식에 의하여 결정된다.
>
> $$K = \frac{(H_r + H_g)(1+\alpha)\beta}{k}$$
>
> 단, K : 보일러의 정격 출력(kcal/h)
> H_r : 난방 부하로써 직접 난방의 경우 방열기의 방열량(kcal/h)
> H_g : 급탕 부하(kcal/h)
> α : 배관의 열손실, 보온 정도, 설비의 크기에 따라 현저히 다르다.
> ┌ 소규모의 온수난방에서는 $\alpha = 35\%$로 한다.
> └ 대규모의 증기난방에서는 $\alpha = 25\%$로 한다.
> α는 배관 부하라 하며 표준으로서 20%로 잡는다.
> β : 보일러의 여력계수
> k : 출력 저하계수
> 사용 석탄이 저발열량인 경우는 보일러의 실제 출력은 낮아진다.
> 기름을 연료로 사용 시에는 k를 무시한다.
>
> **보일러의 여력계수(β)**
>
> | $(H_r + H_g)(1+\alpha)$ | β |
> |---|---|
> | 25000 이하 | 1.65 |
> | 25000~50000 | 1.60 |
> | 50000~150000 | 1.55 |
> | 15000~300000 | 1.50 |
> | 300000~450000 | 1.45 |
> | 450000 이상 | 1.40 |
>
> **출력 저하계수(k)**
>
> | 석탄발열량(kcal/kg) | 보일러효율 | K |
> |---|---|---|
> | 6900 | 70 | 1.00 |
> | 6600 | 68 | 0.94 |
> | 6100 | 65 | 0.82 |
> | 5500 | 61 | 0.69 |
> | 5000 | 57 | 0.58 |

(2) 보일러의 용량 표시법

① 정격 출력(정격 부하) : $H_m = H_1 + H_2 + H_3 + H_4$ [kcal/hr]

② 상용 출력(상용 부하) : $H = H_1 + H_2 + H_3$ [kcal/hr]

③ 방열기 용량 : $H_R = H_1 + H_2$ [kcal/hr]

(3) 증기 보일러 용량 표시방법

① 매시 최대증발량(kg/h, t/h)   ② 상당(환산)증발량(kg/h)
③ 최고사용압력(MPa)   ④ 보일러 마력
⑤ 전열면적(m²)   ⑥ 과열증기온도(K)
⑦ 매시 실제증발량(kg/h, t/h)

> **참고**
>
> ① 가장 많이 사용하는 방법 : 매시 실제증발량(t/h, kg/h), 상당증발량(kg/h)
> ② 온수 보일러 용량 표시방법 : 매시 최대 열출력(kcal/h, MW)

2. 보일러 효율 및 성능 계산

2-1 보일러 성능 계산

(1) 상당(환산=기준) 증발량

상당증발량이란 표준기압(760 mmHg)하에서 100℃ 포화수를 같은 온도의 포화증기로 1시간 동안 변화시키는 증발량(kg)을 말하며, 상당(환산)증발량을 G_e [kg/h], 매시 실제증발량을 G_a [kg/h], 발생증기의 엔탈피를 h_2 [kcal/kg], 급수의 엔탈피를 h_1 [kcal/kg], 표준기압하에서 물의 증발잠열을 539 kcal/kg이라 하면 $G_e = \dfrac{G_a(h_2 - h_1)}{539}$ [kg/h]이다. 또한, 증발계수(증발력) = $\dfrac{h_2 - h_1}{539}$ 이다.

> **참고**
> 매시 실제증발량 G_a [kg/h]는 급수량(kg/h)으로 산정하며 급수 엔탈피는 급수온도로 알 수 있다.

(2) 보일러 마력

보일러 마력의 정의는 다음과 같다.
① 1 보일러 마력은 4.9 kgf/cm²·atg(게이지압)하에서 급수온도 37.8℃에서 시간당 증발량이 13.6 kg의 능력을 갖는 보일러
② 표준상태(0℃, 760 mmHg)에서 100℃의 물 15.65 kg을 1시간 동안 같은 온도인 증기로 바꿀 수 있는 능력을 갖는 보일러
③ 상당(환산)증발량 값이 15.65 kg/h인 보일러

> **참고**
> ① 증기 보일러 열출력 = 상당증발량 × 539 kcal/kg
> ∴ 1 보일러 마력의 열출력 = 15.65 × 539 = 8435 kcal/h
> ② 보일러 마력 = $\dfrac{\text{상당(환산)증발량}}{15.65}$ [보일러 마력]

(3) 전열면 증발률(=증발률)

전열면 1 m² 당 1시간 동안의 증발량(kg)을 말한다.

$$증발률 = \dfrac{\text{매시 실제증발량(kg/h)}}{\text{전열면적(m}^2\text{)}} \text{ [kg/m}^2\cdot\text{h]}$$

(4) 증발배수 (실제 증발배수)와 상당 (환산) 증발배수

① 증발배수(실제 증발배수) = $\dfrac{\text{매시 실제증발량(kg/h)}}{\text{매시 연료소모량(kg/h)}}$ [kg/kg 연료][kg/Nm³ 연료]

② 환산(상당) 증발배수 = $\dfrac{\text{환산(상당)증발량(kg/h)}}{\text{매시 연료소모량(kg/h)}}$ [kg/kg 연료][kg/Nm³ 연료]

(5) 화격자 연소율

화격자 연소율 = $\dfrac{\text{매시 석탄사용량(kg/h)}}{\text{화격자 면적(m}^2)}$ [kg/m²·h]

(6) 버너 연소율

버너 연소율 = $\dfrac{\text{전 연료사용량(kg)}}{\text{버너 가동시간(h)}}$ [kg/h]

(7) 연소실 열발생률

연소실 열발생률을 연소실 열부하라고도 하며, 연소실 용적을 V[m³], 연료의 저위발열량을 H_l[kcal/kg], 매시 연료사용량을 G_f[kg/h]라고 하면,

연소실 열발생률 = $\dfrac{G_f \times (H_l + \text{공기의 현열} + \text{연료의 현열})}{V}$ [kcal/m³·h]

(8) 보일러 열출력

매시 실제증발량을 G_a [kg/h], 발생증기의 엔탈피를 h_2 [kcal/kg], 급수의 엔탈피를 h_1 [kcal/kg], 상당(환산)증발량을 G_e [kg/h]라고 하면,

증기 보일러의 열출력 = $G_a(h_2 - h_1) = G_e \times 539 \,\text{kcal/h}$

매시 온수발생량 G [kg/h], 보일러 출구 측 온수온도 t_2 [℃], 보일러 입구 측 온수온도 t_1 [℃], 온수의 평균비열 H_c[kcal/kg·℃] 라고 하면,

온수 보일러의 열출력 = $G \times H_c \times (t_2 - t_1)$ [kcal/h]

(9) 보일러 부하율

보일러 부하율 = $\dfrac{\text{매시 실제증발량(kg/h)}}{\text{매시 최대증발량(kg/h)}} \times 100\,\%$

2-2 보일러 효율 계산

(1) 열 계산 기준
① 측정시간은 2시간 이상으로 하되, 측정은 10분마다 한다.
② 열 계산은 사용한 연료 1 kg에 대하여 한다.
③ 연료의 발열량은 (B-C 유) 9750 kcal/kg으로 한다.
④ 연료의 비중은 0.963으로 한다.
⑤ 측정 시 압력변동은 ±7 % 이내로 한다.

(2) 보일러 효율을 구하는 방법

① 연소효율 = $\dfrac{\text{연소실에서 실제 발생한 열량}}{\text{매시 연료사용량} \times \text{연료의 저위발열량}} \times 100\,\%$

② 전열효율 = $\dfrac{\text{열출력(발생증기가 보유한 열량)}}{\text{연소실에서 실제 발생한 열량}} \times 100\,\%$

$= \dfrac{G_a(h_2 - h_1)}{\text{실제 발생한 열량}} \times 100\,\%$

③ 보일러 효율 = 연소효율 × 전열효율

④ $\eta = \dfrac{G_a(h_2 - h_1)}{G_f \times H_l} \times 100\,\%$

여기서, G_a : 매시 실제증발량(kg/h) h_2 : 발생증기의 엔탈피(kcal/kg)
h_1 : 급수의 엔탈피(kcal/kg) G_f : 매시 연료사용량(kg/h)
H_l : 연료의 저위발열량(kcal/kg)

⑤ ㈎ 상당(환산)증발량(kg/h) 값으로 보일러 효율(η)을 구하는 식
매시 실제증발량 G_a [kg/h], 발생증기의 엔탈피 h_2 [kcal/kg], 급수 엔탈피 h_1 [kcal/kg], 매시 연료사용량 G_f [kg/h], 연료의 저위발열량 H_l [kcal/kg]이라면 보일러 효율 $\eta = \dfrac{G_a(h_2 - h_1)}{G_f \times H_l} \times 100\,\%$ 이며, 상당(환산)증발량 G_e에 의한 보일러 효율(η)을 구하는 식은 $\eta = \dfrac{G_e \times 539}{G_f \times H_l} \times 100\,\%$ 이다.

㈏ 열정산에서 보일러 효율을 구하는 식

㉮ 입·출열법에 의한 보일러 효율식 $\eta = \dfrac{\text{유효출열}}{\text{총입열}} \times 100\,\%$

㉯ 열손실법에 의한 보일러 효율식 $\eta = \left(\dfrac{\text{총입열} - \text{손실출열합}}{\text{총입열}}\right) \times 100\,\%$

$= \left(1 - \dfrac{\text{손실출열합}}{\text{총입열}}\right) \times 100\,\%$

연료 및 연소 계산

1. 연료의 종류와 특성

1-1 연료의 개요

연료(fuel)란 공기 중의 산소와 산화반응하여 발생하는 연소열을 이용할 수 있는 물질을 말하며, 상온(20℃)에서 고체 연료, 액체 연료, 기체 연료로 구분한다.

(1) 연료의 구비조건
① 연소가 용이하고 발열량이 클 것
② 저장, 운반, 취급이 용이할 것
③ 저장 또는 사용 시 위험성이 적을 것
④ 점화 및 소화가 쉬울 것
⑤ 연소 시 배출물(회분 등)이 적을 것
⑥ 가격이 싸고 양이 풍부할 것
⑦ 적은 과잉공기량으로 완전연소가 가능할 것
⑧ 인체에 유독성이 적고 매연 발생 등 공해 요인이 적을 것

(2) 연료의 조성
① 원소 분석에 의하면 연료의 조성은 탄소(C), 수소(H), 산소(O), 황(S), 질소(N)이다.
　㈎ 주성분 : C, H, O　　　　　　㈏ 가연성분 : C, H, S
　㈐ 불순물 : W(수분), A(회분), N, P 등

> **참고**
>
> (1) 연료의 조성
>
> | 연료의 종류 | 탄소(%) | 수소(%) | 산소 및 기타(%) | C/H |
> |---|---|---|---|---|
> | 고체 연료 | 95~50 | 6~3 | 44~2 | 15~20 |
> | 액체 연료 | 87~85 | 15~13 | 2~0 | 5~10 |
> | 기체 연료 | 75~0 | 100~0 | 57~0 | 1~3 |
>
> (2) 연소의 3대 조건(요건)
> 　① 가연물　② 공기 또는 산소　③ 점화원(불씨)

② 연료의 성분에 따른 영향

 (가) 탄소 : 연료의 고유성분으로 발열량이 높고 연료의 가치 판정에 영향을 미친다.

$$C + O_2 \rightarrow CO_2 + 8100 \text{ kcal/kg}$$

 (나) 수소 : 연료의 주요성분으로 기체 연료에 많으며, 발열량이 높고 고위발열량과 저위발열량의 판정요소가 된다.

$$H_2 + \frac{1}{2}O_2 \rightarrow H_2O \text{ (액체)} + 34000 \text{ kcal/kg}$$

$$H_2 + \frac{1}{2}O_2 \rightarrow H_2O \text{ (기체)} + 28600 \text{ kcal/kg}$$

 (다) 산소 : 함유량은 극히 적으나 발열량에는 도움이 없고 연소를 도우며 탄소나 수소와 결합하여 오히려 발열량을 저하시킨다.

 (라) 질소 : 극히 적은 양을 함유 반응 시 가스화하여 암모니아를 만들며 반응 시 흡열반응에 의해 발열량을 감소시킨다.

 (마) 유황 : 소량 함유(석탄 중 1~3 %)하고 있으며, 유독성 물질로 철판의 부식 또는 대기오염의 원인이 되고 발열량에 도움을 주는 가연성 원소이다.

$$S + O_2 \rightarrow SO_2 + 2500 \text{ kcal/kg}$$

$$SO_2 + \frac{1}{2}O_2 \rightarrow SO_3$$

$$SO_3 + H_2O \rightarrow H_2SO_4 \text{(저온부식)}$$

 (바) 수분 : 착화를 방해하고 기화잠열로 인한 열손실이 많으며 분탄화와 재날림을 방지한다(소량 함유).

 (사) 회분 : 고체 연료에 많으며 발열량이 저하하고 클링커(clinker)를 만들기 쉬우며, 많으면 연소를 방해하여 불완전연소의 원인이 된다.

> **참고**
>
> **연료 사용의 4원칙**
> ① 연료를 가능한 한 완전연소시킬 것
> ② 연소열을 최대한 이용할 것
> ③ 열의 손실을 최소화시킬 것
> ④ 잔열 및 폐열(여열)을 최대한 이용할 것

1-2 연료의 종류와 특징

(1) 고체 연료

① 고체 연료의 특징

(개) 장점
- ㉮ 연료비가 저렴하다.
- ㉯ 연료의 유지관리가 용이하다.
- ㉰ 연료를 구하기 쉽다.
- ㉱ 설비비 및 인건비가 적게 든다.

(내) 단점
- ㉮ 완전연소가 불가능하고 연소효율이 낮다.
- ㉯ 점화 및 소화가 곤란하고 온도 조절이 어렵다.
- ㉰ 부하변동에 응하기 어렵고 고온을 얻을 수 없다.
- ㉱ 연료의 품질이 균일하지 않다.
- ㉲ 운반 및 저장이 불편하다.
- ㉳ 공기비가 크며, 매연 발생이 심하다.

② 고체 연료의 종류

(개) 코크스(cokes) : 점결탄(역청탄)을 주성분으로 하는 원탄을 1000℃ 내외에서 건류하여 얻어지는 인공 연료(2차 연료)이다.

(내) 미분탄 연료 : 미분탄 연료란 석탄을 200 mesh 이하로 미립화시킨 탄을 말한다.

(2) 액체 연료

액체 연료(liquid fuel)의 주종은 석유류이며, 천연의 원유는 비중이 대략 0.78~0.97 정도의 대부분 탄화수소의 혼합물이다. 원소 조성은 C(83~87 %), H(10~15 %), S(0.1~4 %), O(0~3 %), N(0.05~0.8 %) 정도이다.

① 액체 연료의 특징

(개) 장점
- ㉮ 연소효율 및 열효율이 높다.
- ㉯ 과잉공기량이 적다.
- ㉰ 품질이 균일하며 발열량이 높다.
- ㉱ 저장, 운반이 용이하고 점화, 소화 및 연소조절이 용이하다.
- ㉲ 구입 시 일정한 품질을 얻기 쉽다.
- ㉳ 계량 기록이 용이하다.
- ㉴ 회분 생성이 적다.

(나) 단점
- ㉮ 연소온도가 높기 때문에 국부적인 과열을 일으키기 쉽다.
- ㉯ 화재, 역화(back fire)의 위험이 크다.
- ㉰ 버너의 종류에 따라 연소할 때 소음이 난다.
- ㉱ 국내 자원이 없고 수입에만 의존한다.

② 액체 연료의 종류

(가) 원유(crude oil) : 흑갈색이 많으며 담황색 또는 황갈색을 띠고 탄화수소($C_m H_{2n+2}$)의 혼합물이다.

(나) 가솔린(휘발유, gasoline) : 원유를 증류시킬 경우 비등점이 가장 낮은 휘발성 탄화수소 화합물의($C_8 \sim C_{11}$) 석유 제품이다.
- ㉮ 인화점 : $-43 \sim -20$℃(액체 연료 중 인화점이 가장 낮다.)
- ㉯ 비점 : $30 \sim 200$℃
- ㉰ 착화점 : 300℃
- ㉱ 비중 : $0.7 \sim 0.8$
- ㉲ 고위발열량 : $11000 \sim 11500$ kcal/kg

(다) 등유(kerosene) : 원유에서 가솔린 다음으로 추출하는 것으로 $C_{10} \sim C_{14}$ 정도의 탄화수소로 소형 내연기관, 석유 발동기, 석유 스토브, 도료의 용제에 사용되며, 종류로는 백등유, 다등유, 신호등유, 솔벤트 네 종류가 있다.
- ㉮ 인화점 : $30 \sim 60$℃
- ㉯ 비점 : $160 \sim 250$℃
- ㉰ 착화점 : 254℃
- ㉱ 비중 : $0.79 \sim 0.85$
- ㉲ 고위발열량 : $10500 \sim 11000$ kcal/kg

(라) 경유(diesel oil) : 등유보다 조금 높은 비점에서 유출되는 $C_{11} \sim C_{19}$ 정도의 탄화수소로 직류 경유와 분해 경유가 있으며, 고속 디젤 엔진용으로 많이 사용된다.
- ㉮ 인화점 : $50 \sim 70$℃
- ㉯ 비점 : $200 \sim 350$℃
- ㉰ 착화점 : 257℃
- ㉱ 비중 : $0.83 \sim 0.88$
- ㉲ 고위발열량 : $10500 \sim 11000$ kcal/kg

(마) 중유(heavy oil) : 상당히 높은 비점에서 유출되는 석유계 탄화수소의 연료이며, 직류 중유와 분해 중유가 있고 보일러에서 많이 사용되고 있다(특히, C 중유).
- ㉮ 중유의 분류
  - ㉠ 정제 과정 : 직류 중유, 분해 중유
  - ㉡ 점도 : A 중유(B-A 유), B 중유(B-B 유), C 중유(B-C 유)
  - ㉢ 유황분 함량 : A 급 중유(1, 2호), B·C 급 중유(1, 2, 3, 4호)의 7종류로 구분

㈏ 중유의 성질
　㉠ 인화점 : 60~150℃　　　㉡ 비점 : 300~350℃
　㉢ 착화점 : 530~580℃　　　㉣ 비중 : 0.85~0.98
　㉤ 조성 : C=84~87%, H=10%, S=0.2~0.5%,
　　　　　　O=1~2%, N=0.3~1%, A=0~0.5%
　㉥ 고위발열량 : 10000~11000 kcal/kg

(3) 기체 연료

기체 연료(gaseous fuel)는 석유계에서 얻는 유전가스와 석탄계의 탄전가스인 천연가스, 석탄을 가공하여 만든 인공가스 및 제철 과정에서 생성되는 부생가스가 있으며, 주성분은 메탄(CH_4)이며 도시가스 및 특수 용도에 이용되고 있다.

① 기체 연료의 특징
　㈎ 장점
　　㉮ 자동제어에 의한 연소에 적합하다.
　　㉯ 노(爐)내의 온도분포를 쉽게 조절할 수 있다.
　　㉰ 연소효율이 높아 적은 과잉공기로 완전연소가 가능하다.
　　㉱ 연소용 공기뿐만 아니라 연료 자체도 예열할 수 있어 저발열량의 연료로도 고온을 얻을 수 있다.
　　㉲ 노벽, 전열면, 연도 등을 오손시키지 않는다.
　　㉳ 연소조절 및 점화, 소화가 용이하다.
　　㉴ 회분이나 매연 등이 없어 청결하다.
　㈏ 단점
　　㉮ 누출되기 쉽고, 화재 및 폭발 위험성이 크다.
　　㉯ 수송 및 저장이 불편하다.
　　㉰ 시설비, 유지비가 많이 든다.
　　㉱ 발열량당 다른 연료에 비해 가격이 비싸다.

② 기체 연료의 성분
　㈎ 가연성 : 메탄(CH_4), 프로판(C_3H_8), 일산화탄소(CO), 수소(H), 중탄화수소(C_2H_4, C_3H_6) 등
　㈏ 불연성 : 탄산가스(CO_2), 질소(N_2), 수분(W) 등

③ 기체 연료의 종류
　㈎ 석유계 기체 연료
　　㉮ 천연가스(NG : natural gas) : 천연에서 발생되는 탄화수소(주로 CH_4)를 주성분으로 하는 가연성 가스로써 성상에 따라 건성가스와 습성가스로 구분된다.
　　㉯ 액화천연가스(LNG ; liquefied natural gas) : 천연가스와 거의 동일하지만 냉각 액화시킬 경우 제진, 탈황, 탈탄산, 탈수 등으로 불순물을 제거하므로 LNG를 다시 기화시킬 경우에 청결, 양질, 무해한 가스가 된다.

㉠ 주성분 : CH_4(메탄) 〈건성가스 : CH_4(메탄), 습성가스 : CH_4(메탄), C_2H_6(에탄)〉
　　　㉡ 임계온도 : $-80℃$
　　　㉢ 비중 : 2.0
　　　㉣ 기화잠열 : 90 kcal/kg
　　　㉤ 저장 시 온도 : $-162℃$
　　　㉥ $-161.5℃$에서는 무색 투명한 액체이며, $-182.5℃$에서는 무색 고체이다.
　　　㉦ 발열량 : 11000 kcal/Nm^3
　　㉰ 액화석유가스(LPG : liquefied petroleum gas) : 습성 천연가스 또는 분해가스로부터 분리시켜 상온(20℃)에서 6~7 kgf/cm^{2}로 가압액화시켜 만든 석유계 탄화수소이다.
　　　㉠ 주성분 : 프로판(C_3H_8), 부탄(C_4H_{10}), 프로필렌(C_3H_6)
　　　㉡ 액화압력 : 상온(20℃)에서 C_3H_8은 6~7 kgf/cm^2, C_4H_{10}은 2 kgf/cm^2
　　　㉢ 발열량 : 25000~30000 kcal/Nm^3
　　　㉣ 폭발범위(연소범위) : 2.2~9.5 %
　　　㉤ 증기 비중 : 1.52
　　　㉥ 기화잠열 : 90~100 kcal/kg
　　　㉦ 비중량(15℃) : 0.862 kg/m^3
　　　㉧ 비체적 : 0.537 m^3/kg
　　　㉨ 착화온도 : 440~480℃
　　　㉩ LPG 소화제 : 탄산가스, 드라이케미컬

> **참고**
> 석유계 기체 연료에는 오일가스도 있다.

　(나) 석탄계 기체 연료
　　㉮ 석탄가스 : 석탄을 1000~1100℃ 정도로 10~15시간 건류시켜 코크스를 제조할 때 얻어지는 기체 연료이다.
　　　㉠ 발열량 : 5000 kcal/Nm^3
　　　㉡ 주성분 : H_2(51 %), CH_4(32 %), CO(8 %)
　　㉯ 발생로가스 : 석탄, 코크스, 목재 등을 화상에 넣고 공기 또는 수증기 혼합기체를 공급하여 불완전연소시켜 일산화탄소(CO)를 함유한 가스이다.
　　　㉠ 발열량 : 1000~1600 kcal/Nm^3
　　　㉡ 주성분 : N_2(55.8 %), CO(25.4 %), H_2(13 %)
　　㉰ 수성(水性) 가스 : 고온으로 가열된 무연탄이나 코크스에 수증기를 작용시켜 얻는 기체 연료이다.
　　　㉠ 발열량 : 2700 kcal/Nm^3
　　　㉡ 주성분 : H_2(52 %), CO(38 %), N_2(5.3 %)
　　㉱ 증열 수성가스 : 수성가스는 발열량이 낮아 석유류(중유, 석유)를 열분해하여 수

성가스에 탄화수소를 혼합한 가스이다.
  ㉠ 발열량 : 5000 kcal/Nm³
  ㉡ 주성분 : H_2(35 %), CO(32 %), CH_4(13 %), C_mH_n(10 %)
㈐ 도시가스 : 수소 및 일산화탄소를 주체로 하는 가스성분에 메탄(CH_4)을 주성분으로 하는 탄화수소의 혼합물이다.
  ㉠ 발열량 : 4500 kcal/Nm³
  ㉡ 주원료 : 천연가스, LPG, LNG, 수성가스, 석탄가스, 오일가스
  ㉢ 천연가스나 LPG를 도시가스로 사용 시에는 공기로 희석해서 공급
  ㉣ 도시가스를 연소시킬 경우 요구되는 연소성
    • 소정의 연소열을 발생시킬 것
    • 불길의 온도와 적열도가 일정할 것
    • 매연이나 일산화탄소(CO)를 발생시키지 않을 것
    • 불길이 안정성이 있을 것

④ **기체 연료의 저장방법** : 기체 연료의 제조량과 공급량을 조정하며 품질을 균일하게, 또한 압력을 일정하게 유지하기 위하여 가스 홀더(gas holder)에 저장하는데, 가스 홀더의 종류 세 가지는 다음과 같다.
  ㈎ 유수식 홀더 : 수조 중에 원통을 엎어놓은 것으로 단식과 여러 층으로 신축할 수 있는 양식이 있으며, 가스량에 따라 용적이 변화하고 대개 300 mmH_2O 이하의 압력으로 저장된다.
  ㈏ 무수식 홀더 : 원통형 또는 다각형의 외통과 그 내벽을 상하로 움직이는 평판상의 피스톤 및 바닥판, 지붕판으로 구성되어 있고 가스는 피스톤 아래에 저장되며 저장가스의 압력은 600 mmH_2O 정도이다.
  ㈐ 고압 홀더 : 원통형 또는 구형의 내압 홀더로서 일반적으로 가스는 수기압으로 저장되며, 가스 저장량은 압력변화에 따라 증감하고 저장가스는 수분을 동반하지 않는 장점이 있다.

1-3 연료의 연소방식

(1) 고체 연료의 연소방식
① 화격자 연소방식   ② 미분탄 연소방식   ③ 유동층 연소방식

(2) 액체 연료의 연소방식
① 무화 연소방식   ② 기화 연소방식

(3) 기체 연료의 연소방식
① 확산 연소방식   ② 예혼합 연소방식

2. 연소설비 및 연소장치

2-1 고체 연료의 연소장치

고체 연료의 연소장치에는 화격자와 스토커가 있으며 미분탄 연소장치로는 미분탄 버너가 있다.

2-2 미분탄 연소장치

미분탄 연소장치는 석탄을 200 mesh 정도의 미세한 가루로 하여 1차 공기와 함께 연소실에 보내어 연소하는 방식으로 노저에서 재를 건조상태로 뽑아내는 건식(乾式)과 용융상태에서 뽑아내는 습식(濕式)이 있다.

2-3 액체 연료의 연소장치

액체 연료의 비등점에 따라 증발식(기화식) 버너와 분무식 버너〈보일러에서 주로 사용〉가 사용된다.

(1) 오일 버너(oil burner)의 선정기준

① 버너 용량이 보일러 용량에 적합할 것
② 노의 구조에 적합할 것
③ 자동제어 시 버너의 형식과 관계를 고려할 것
④ 노내 압력, 분위기 등에 따른 가열조건에 적합할 것
⑤ 부하변동에 따른 유조절 범위를 고려할 것
⑥ 사용연료의 성상에 따라 적합할 것

(2) 오일 버너의 용량

$$\text{버너 용량(L/h)} = \frac{G_s \times 539}{H_l \times d \times \eta} = \frac{\text{정격출력(kcal/h)}}{H_l \times d \times \eta}$$

여기서, G_s : 정격용량(kg/h) H_l : 연료의 저위발열량(kcal/kg)
　　　　d : 15℃일 때 연료의 비중 η : 버너효율
　　　　정격용량×539 = 정격출력(kcal/h)

(3) 오일 버너(분무식)의 종류 및 특징

오일 버너 종류	유압 (MPa)	분무(무화) 각도	유 조절 범위	무화 방식	특 징
압력 (유압) 분무식 버너	0.5~2	40°~90°	1:3	유압으로 무화	• 분사량이 많아서(3000L/h) 대용량에 적합하다. • 유 조절 범위(1:3)가 좁아서 부하 변동이 큰 보일러에는 부적합하다 (버너 가동수를 가감하는 방법이 가장 좋다). • 오일 버너 중 유압이 가장 높고 분무각도가 가장 넓다. • 유압이 0.5 MPa 이하인 경우에는 무화 상태가 불량하다. • 유량 Q는 유압 P의 평방근에 비례한다 ($Q = \sqrt{P}$).
고압 기류식 (고압 증기, 공기 분무식) 버너	0.2~0.8	30°	1:10	압이 있는 (0.2~0.8 MPa) 이류체 (증기 또는 공기)를 이용하여 무화	• 분무(무화) 각도가 가장 좁다. • 중질유(C중유) 연소에 적합하다. • 유 조절 범위가 가장 넓어 부하 변동이 큰 보일러에 적합하다. • 분사량이 많아서 대용량에 적합하다. • 연소 시 소음 발생을 일으킨다.
회전식 (로터리) 버너	0.03~0.05	40°~80°	1:5	고속으로 회전하는 분무컵(무화컵)의 원심력을 이용하여 무화	• 분무컵(무화컵)의 회전수는 3500~10000 rpm 정도 • 중·소형 보일러에서 가장 많이 사용되고 있다. • 자동연소제어에 적합하다. • 연소상태가 안정적이다.
건(gun) 타입 버너	0.7 정도	–	–	유압과 공기압을 이용하여 무화	• 버너에 송풍기가 부착되어 있으며, 유압식과 기류식을 합친 형식이다. • 전자동식이며, 소형이다. • 연소상태가 안정적이다.

㈜ 기류식 버너에는 고압 기류식 버너와 저압 기류식 버너가 있다.

2-4 연소 계통의 구성

(1) 급유 계통

연료를 연소시키기 위해서 중유 저장 탱크로부터 버너까지 이송되는 장치를 말하며, 이송 순서는 다음과 같다.

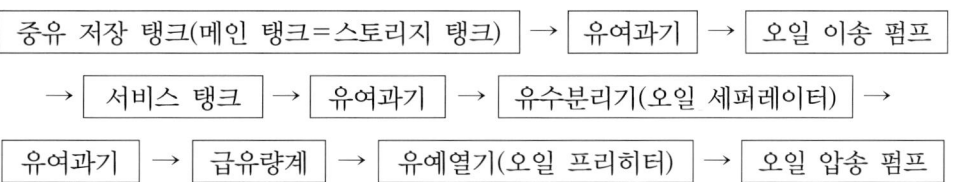

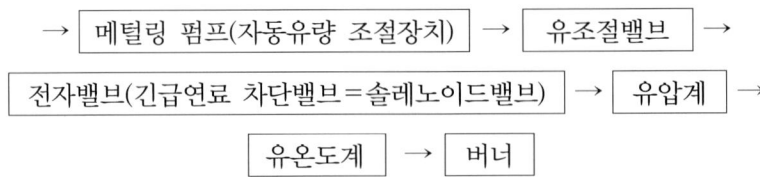

① **메인 탱크(main tank)** : 일명 storage tank로, 저장 탱크의 부피 표준은 사용량의 10∼14일분 정도이나, 운반이 편리한 지역은 2∼3일분도 관계없다. 저장방법으로는 지상 설치(세로 원통형)와 지하 설치(가로 원통형)가 있다.

> **참고**
> **저유 탱크의 부속설비** : 유면계, 통기관, 가열장치, 드레인밸브, 송유관, 피뢰설비, 맨홀, 오버 플로관, 플로트 스위치, 온도조절밸브

② **서비스 탱크(service tank)** : 서비스 탱크는 스토리지 탱크에서 연료유를 적당량만 수용하고 분연 버너에 공급하는 탱크이며, 그 용량은 분연 버너 소비량의 2∼3시간 정도의 크기가 알맞다.
   ㈎ 설치위치는 보일러로부터 2 m 이상 떨어져야 하며 설치높이는 버너 선단으로부터 1.5 m 이상 되어야 하고 서비스 탱크 내의 오일온도는 약 333 K(60℃) 정도가 좋다.
   ㈏ 압송펌프 없이 자연유하식인 경우 버너로부터 수직거리 3 m 이상 높이 설치한다.

③ **기름 배관(oil pipe, 송유관)** : 중유 저장 탱크에서 버너까지 연료를 운반시키는 관으로 운반 도중 기름온도의 저하를 방지하기 위해 2중관 또는 주위를 보온한다. 일반적으로 관내의 유속은 0.5∼1.0 m/s 정도이다.

> **참고**
> **(1) 서비스 탱크**
>
>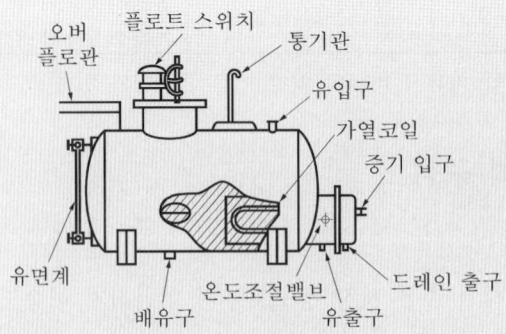

(2) 연료 저장 탱크
  ① 통기관 안지름은 최소 40 mm 이상이어야 한다.
  ② 통기관에는 일체의 밸브를 부착해서는 안 된다.
  ③ 개구부에는 40° 이상의 굽힘을 주어야 하며 인화 방지를 위하여 금속제 망을 씌운다.
  ④ 개구부의 높이는 지상에서 5 m 이상이어야 하며 반드시 옥외에 있어야 한다.

④ **여과기(strainer)** : 연료 속에 함유되어 있는 이물질이나 불순물을 제거하여 유량계의 손상을 방지하는 동시에 버너의 무화를 양호하게 해 준다. 일반적으로 여과기의 여과망은 유량계의 입구에서는 20~30 mesh 정도이고, 버너 입구에서는 60~120 mesh 정도가 좋다.

> **참고**
> ① 여과기 전후에 압력계를 부착하여 압력차가 0.02 MPa(0.2 kgf/cm^2) 이상 나타날 때 여과기를 청소해야 한다.
> ② 여과기는 반드시 병렬로 설치해야 한다.
> ③ 형상에 따라 Y형 여과기, U형 여과기, V형 여과기가 있다.

⑤ **유예열기(oil preheater)** : 버너 입구 직전에 설치하여 연료를 가열하여 점도를 낮추어 유동성과 분무성을 좋게 함으로써 버너의 연소효율을 상승시키는 장치로 그 종류에는 가열원에 따라 전기식, 증기식, 온수식이 있으며 전기식이 제일 많이 사용된다. 유예열기(oil preheater)의 용량을 구하는 식은 다음과 같다.

㈎ 열원이 전기인 경우

$$\frac{G_f \times C_f \times (t_2 - t_1)}{860 \times \eta} [\text{kWh}]$$

㈏ 열원이 증기인 경우

$$\frac{G_f \times C_f \times (t_2 - t_1)}{h_r \times \eta} [\text{kg/h}]$$

여기서, G_f : 연료량(kg/h)
 C_f : 연료의 비열(kcal/kg·℃)
 t_2 : 히터 출구의 유온(℃)
 t_1 : 히터 입구의 유온(℃)
 η : 유가열기의 효율
 h_r : 증기의 증발잠열(kcal/kg)
 860 : 1 kW·h에 상당하는 열량(kcal)

⑥ **유조절밸브** : 연료의 양을 조절하는 밸브로써 발생증기량의 상태에 따라 연료공급을 조절하여 증기의 공급량을 일정하게 하며 동시에 압력도 일정하게 유지하는 밸브이다.

⑦ **유전자밸브(solenoid valve)** : 압력차단장치, 저수위 경보기, 화염검출기, 송풍기의 작동 여하에 따라 작동하며, 정전 시나 상기 기기의 이상 발생 시 급히 연료 공급을 차단하여 연료 누설에 따른 미연소가스로 인한 폭발을 방지함에 그 목적이 있다.

> [참고]
> **전자밸브의 내부도**

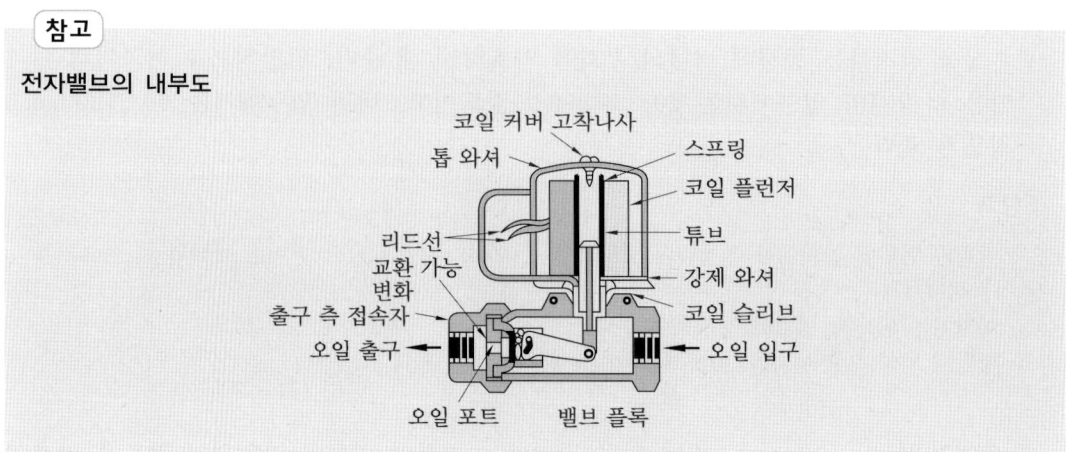

⑧ **유량계** : 보일러가 가동되고 있는 동안 연료소비량을 알기 위해서 설치하는 계기로써 주로 용적식 유량계인 오벌 유량계가 많이 사용되고 있다.

> [참고]
> 유량계의 계량 단위는 L를 사용하며, 특히 유량계 앞에는 여과기를 꼭 설치하여야 한다.

⑨ **유온도계** : 버너로 급유되는 기름의 온도를 측정하는 계기로서 이때 기름의 온도는 80~90℃가 좋다.

(2) 보염장치

① 노내에 분사된 연료에 연소용 공기를 유효하게 공급해 확산시켜 연소를 유효하게 하고, 또 확실한 착화와 화염의 안정을 도모하기 위하여 설치한다.

② **설치 목적**
  (가) 안정된 착화를 도모하기 위해
  (나) 화염의 형상을 조절하기 위해
  (다) 연료의 분무를 촉진시킴과 동시에 공기와의 혼합을 양호하게 하기 위해
  (라) 연소가스의 체류시간을 지연시켜 전열효율을 촉진시키기 위해
  (마) 연소실의 온도분포를 고르게 하고 안정된 화염을 얻어 노내의 국부과열을 방지하기 위해

③ **종류**
  (가) 윈드 박스(wind box) : 공기와 연료의 혼합을 촉진시키며 공기의 흐름을 좋게 하고 공기의 배분을 균등하게 해 주는 장치
  (나) 콤버스터(combuster) : 연료의 착화를 돕고 분출 흐름의 모양을 다듬으며 연소의 안정을 도모해 주는 장치

> 참고

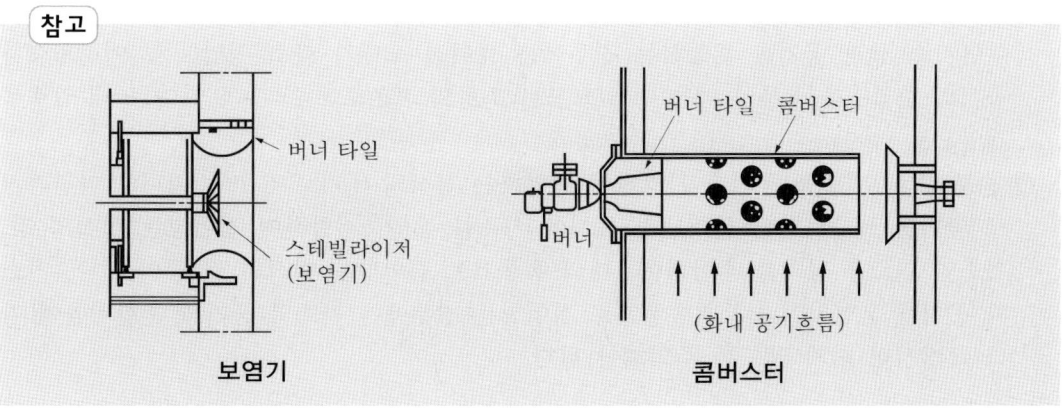

보염기   콤버스터

 ㈐ 스테빌라이저(stabilizer, 보염기) : 노내에 분사된 연료에 연소용 공기를 유효하게 공급하여 연소를 도우며 화염의 안정을 도모하기 위하여 공기류를 적당히 조정하는 장치
 ㈑ 버너 타일(burner tile) : 버너 슬롯을 구성하는 내화재로써 그 형태에 따라 분무각도도 변화하고, 노내에 분사되는 연료와 공기의 분포속도 및 흐름의 방향을 최종적으로 조정하는 장치

2-5 기체 연료의 연소장치

(1) 확산 연소방식에 의한 장치 (형태에 따라)

① **포트형** : 노와 마찬가지로 내화재료로 만든 단면적이 넓은 화구로부터 공기와 가스를 연소실에 보내는 방식으로 특징은 다음과 같다.
 ㈎ 가스와 공기를 고온으로 예열할 수 있다.
 ㈏ 탄화수소가 비교적 적고 발생로가스 및 고로가스가 사용된다.
 ㈐ 평로나 대형 가마에 적합하다.

② **버너형** : 공기와 가스를 가이드 베인을 통하여 혼합시키는 연소형식이며 선회형 버너와 방사형 버너가 있다.
 ㈎ 선회형 버너 : 저질의 가스를 사용할 경우에 사용한다.
 ㈏ 방사형 버너 : 천연가스와 같은 고발열량의 가스를 사용할 경우에 사용한다.

(2) 예혼합 연소방식에 의한 장치

① **저압 버너(공기 흡인)** : 도시가스 연소에는 가스압력이 70~160 mmH$_2$O 정도이면 충분히 공기를 빨아들여 연소할 수 있으므로, 특히 송풍기를 쓰지 않아도 되고 가정용·소공업용으로 널리 쓰인다. 일반적으로 저압 버너는 압력이 낮으므로 버너 화구의 속도를 크게 할 수가 없다. 따라서 역화방지의 점에서 1차 공기량을 이론공기량의 약 60 % 흡입하도록 한다 (송풍기를 사용하지 않고 노내 압력을 부압으로 유지).

② **고압 버너**: 가스압력을 0.2 MPa 이상으로 한다. 압축 도시가스, 봄베 충전의 LP가스, 부탄가스 등과 공기를 혼합하는 경우에는 붙여진 노내가 다소 정압(正壓)이라도 1차 공기의 출입량을 충분히 얻을 수 있으므로 소형의 고온로에 쓸 수가 있다 (노내 압력을 정압으로 유지).

③ **송풍 버너**: 연소용 공기를 가압하여 송입하는 형식의 버너로써 고압 버너와 마찬가지로 공기를 노즐로부터 불어냄과 동시에 가스를 흡인, 혼합하여 집어넣는 형식의 것, 가스와 연소용 공기를 혼합하여 1대의 송풍기로 집어넣는 형식의 것 등이 있다. 가스와 공기를 혼합하여 1대의 송풍기로 집어넣는 경우에는 가스와 공기의 혼합비율에 따라 폭발성이 되지 않도록 주의해야 한다.

2-6 가스 버너(외부 혼합식)의 종류

① **링(ring)형 가스 버너**: 버너 타일과 비슷한 지름의 링에 다수의 노즐을 설치한 가스 버너이다.

② **멀티스폿(다분기관)형 가스 버너**: 링형 가스 버너와 비슷하지만 노즐부의 수열면적을 작게 한 것이며, LPG용 버너로 적당하다.

③ **스크롤형 가스 버너**: 가스를 스크롤(소용돌이) 내에서 선회분사시켜 가스와 공기의 혼합이 잘 되도록 한 가스 버너이다.

④ **건(센터 파이어)형 가스 버너**: 2중관으로 구성되어 중심부에서는 유류가 분사되고 바깥쪽에서는 가스가 분사되는 형태로 유류와 가스를 동시에 연소시킬 수 있는 버너이다.

> **참고**
>
> **가스 버너의 특징**
> ① 연소장치가 간단하고 보수가 양호하다.
> ② 고부하 연소가 가능하다.
> ③ 저질 가스의 사용에도 유효하다.
> ④ 가스와 공기의 조절비 제어가 간단하다.
> ⑤ 연소 조절범위가 넓다.

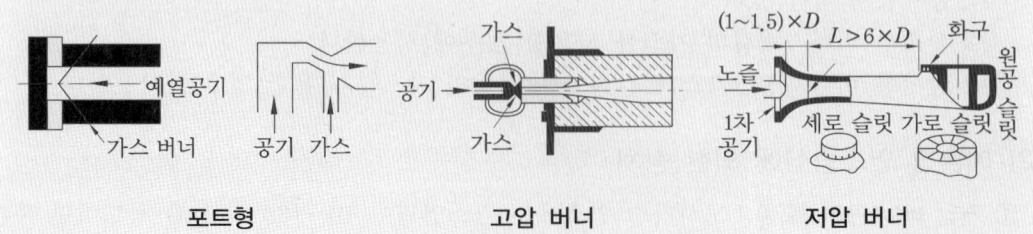

포트형　　　고압 버너　　　저압 버너

3. 연소 계산

3-1 연료의 발열량 계산

(1) 고체 및 액체 연료의 발열량 계산식

연료가 연소하는 것은 그 속에 탄소, 수소, 유황 등의 가연 성분이 있기 때문이고 결국, 연료의 발열량은 그들 가연 성분의 연소열이 모인 것에 불과하다.

여기에 고체 및 액체 연료 속에 포함되어 있는 산소의 취급이라는 복잡한 문제가 생긴다. 이 산소는 기체 연료 중의 산소와 같이 유리되어 있지 않고 어떠한 형태로든 화합되어 포함되어 있다. 따라서, 연소용의 산소로 이용할 수는 없다.

보통은 수소의 일부분이, 이 산소와 화합되어 결합수의 꼴이 되어 있다고 생각된다. 그러므로 이 산소에 상당하는 만큼의 수소(중량으로 산소 O의 $\frac{2}{16}$ 배, 즉 $\frac{1}{8}$ 배에 달한다.)는 결합수가 되어 있으므로 연소에 이용할 수는 없다.

따라서 실제로 연소되는 것은 잔여의 수소뿐이다. 이 연소에 유효한 수소를 유효 수소라 하고, 그 양은 $\left(H - \frac{O}{8}\right)$ 이 된다.

탄소, 수소, 유황의 연소열을 알고 있으므로 고체 및 액체 연료의 발열량은 다음 식으로 계산할 수 있다.

중요한 원소의 원자량 및 분자량

원소명	원소기호	원자량	분자식	분자량
탄소	C	12	C	12
수소	H	1	H_2	2
산소	O	16	O_2	32
질소	N	14	N_2	28
황	S	32	S	32
공기	산소, 질소, 아르곤의 혼합물			29

화학명	분자식	분자량
메탄	CH_4	16
에탄	C_2H_6	30
프로판	C_3H_8	44
탄산가스	CO_2	44
물분자	H_2O	18
아황산가스	SO_2	64
일산화탄소	CO	28

여기서, H, O, N는 1원자만으로는 다른 원소와 화합이 불가능하므로 항시 원자 2개가 합하여 화합한다.

① C의 발열량

$$C + O_2 \longrightarrow CO_2 + 97200 \text{ kcal/kmol}$$
$$\downarrow$$
$$12 \text{ kg}$$

C 1 kg의 발열량 : 97200÷12 = 8100 kcal/kg

불완전연소시

$$C + \frac{1}{2}O_2 \longrightarrow CO + 29200 \text{ kcal/kmol}$$
$$\downarrow$$
$$12 \text{ kg}$$

CO가 다시 재연소하면

$$CO + \frac{1}{2}O_2 \longrightarrow CO_2 + 68000 \text{ kcal/kmol}$$
$$\downarrow$$
$$28 \text{ kg}$$

② H의 발열량

$$H_2 + \frac{1}{2}O_2 \longrightarrow H_2O(물) + 68000 \text{ kcal/kmol}$$
$$\downarrow$$
$$2 \text{ kg}$$

H 1 kg의 발열량 : 68000÷2 = 34000 kcal/kg

$$H_2 + \frac{1}{2}O \longrightarrow H_2O(증기)\uparrow + 57200 \text{ kcal/kmol}$$

③ S의 발열량

$$S + O_2 \longrightarrow SO_2 + 80000 \text{ kcal/kmol}$$
$$\downarrow$$
$$32 \text{ kg}$$

S 1 kg의 발열량 : 80000÷32 = 2500 kcal/kg

가연성인 3가지 원소의 합에서

$$H_h = 8100 \text{ C} + 34000\left(\text{H} - \frac{\text{O}}{8}\right) + 2500 \text{ S [kcal/kg]}$$

$$H_l = H_h - 600(9\text{ H} + \text{W}) \text{ [kcal/kg]}$$

$$H_l = 8100 \text{ C} + 28600 \text{ H} + 2500 \text{ S} - (4250 \text{ O} + 600 \text{ W}) \text{ [kcal/kg]}$$

$$\therefore H_h = H_l + 600(9\text{ H} + \text{W}) \text{ [kcal/kg]}$$

여기서 W는 연료 속의 수분(%), 연료의 고위 발열량(H_h)과 저위 발열량(H_l)의 차이는 물의 잠열 600(9H + W)과 관계가 있다.

3-2 연소용 산소 및 공기량 계산

가연성 물질(연료)이 연소하려면 공기(산소)와 점화원(불씨)이 꼭 필요하다. 특히 공기는 연소와 긴밀한 관계를 유지하므로 연소에 필요한 산소량을 알맞게 공급하여 연료의 완전연소에 지장이 없도록 해야 한다. 그러기 위해서는 공기량의 산출이 꼭 필요하다. 연료 속에는 여러 가지 성분이 있으나 그중에 가연 성분은 C, H, S뿐이다. 이 3성분에 대해서 산소량 및 공기량을 산출하면 된다.

(1) 이론산소량 (O_0)

연료를 이론적으로 완전연소시키는 데 필요한 최소의 산소량을 말한다.

① **고체 및 액체 연료의 이론산소량**

㈎ 탄소(C)의 이론산소량

㉮ 체적(Nm³):

$$C + O_2 \longrightarrow CO_2$$
$$12\,kg \quad 1\,kmol[22.4\,Nm^3] \quad 1\,kmol[22.4\,Nm^3]$$

C 1 kg의 이론산소량(O_0) = 22.4 ÷ 12 = 1.867 Nm³/kg

㉯ 중량(kg):

$$C + O_2 \longrightarrow CO_2$$
$$12\,kg \quad 32\,kg \quad 44\,kg$$

C 1 kg의 이론산소량(O_0) = 32 ÷ 12 = 2.667 kg/kg 연료

㉠ 탄소가 불완전연소할 경우의 이론산소량(O_0)

- 체적(Nm³):

$$C + \frac{1}{2}O_2 \longrightarrow CO$$
$$12\,kg \quad 22.4 \times \frac{1}{2} = 11.2\,Nm^3 \quad 22.4\,Nm^3$$

∴ 11.2 ÷ 12 = 0.93 Nm³/kg

- 중량(kg):

$$C + \frac{1}{2}O_2 \longrightarrow CO$$
$$12\,kg \quad 16\,kg \quad 28\,kg$$

∴ 16 ÷ 12 = 1.33 kg/kg 연료

㉡ 일산화탄소(CO)가 완전연소할 경우의 이론산소량(O_0)

- 체적(Nm³):

$$CO + \frac{1}{2}O_2 \longrightarrow CO_2$$
$$28\,kg \quad 22.4 \times \frac{1}{2} = 11.2\,Nm^3 \quad 22.4\,Nm^3$$

CO 1 kg의 이론산소량(O_0) = 11.2 ÷ 28 = 0.4 Nm³/kg

- 중량(kg) : CO $+$ $\frac{1}{2}O_2$ $\longrightarrow$ CO_2

    ↓   ↓   ↓

    28 kg $32 \times \frac{1}{2} = 16$ kg   44 kg = 22.4 Nm³

CO 1 kg의 이론산소량(O_0) = 16 ÷ 28 = 0.57 kg/kg 연료

⑷ 수소(H)의 이론산소량

 ㉮ 체적(Nm³) : H_2 $+$ $\frac{1}{2}O_2$ $\longrightarrow$ H_2O

  ↓   ↓   ↓

  2 kg $\frac{1}{2} \times 22.4 = 11.2$ Nm³   22.4 Nm³ = 1 kmol

H 1 kg의 이론산소량(O_0) = 11.2 ÷ 2 = 5.6 Nm³/kg

 ㉯ 중량(kg) : H_2 $+$ $\frac{1}{2}O_2$ $\longrightarrow$ H_2O

  ↓   ↓   ↓

  2 kg $\frac{1}{2} \times 32 = 16$ kg   18 kg = 1 kmol

H 1 kg의 이론산소량(O_0) = 16 ÷ 2 = 8 kg/kg 연료

⑸ 유황(S)의 이론산소량

 ㉮ 체적(Nm³) : S $+$ O_2 $\longrightarrow$ SO_2

  ↓   ↓   ↓

  32 kg   22.4 Nm³   22.4 Nm³ = 1 kmol

S 1 kg의 이론산소량(O_0) = 22.4 ÷ 32 = 0.7 Nm³/kg

 ㉯ 중량(kg) : S $+$ O_2 $\longrightarrow$ SO_2

  ↓   ↓   ↓

  32 kg   32 kg   64 kg = 1 kmol

S 1 kg의 이론산소량(O_0) = 32 ÷ 32 = 1 kg/kg 연료

이것을 종합한 전체의 이론산소량(O_0)은

- 체적 : $1.867 C + 5.6\left(H - \frac{O}{8}\right) + 0.7 S$ [Nm³/kg]

- 중량 : $2.667 C + 8\left(H - \frac{O}{8}\right) + S$ [kg/kg 연료]

$\left(H - \frac{O}{8}\right)$에 대해서는 이론 공기량($A_0$)편을 참고하시기 바랍니다.

② 단순 기체의 이론산소량(O_0)

 ㉮ H_2의 이론산소량(O_0)

$$H_2 \quad + \quad \frac{1}{2}O_2 \quad \longrightarrow \quad H_2O$$

$$1\,kmol(22.4\,Nm^3) = 2\,kg \qquad \frac{1}{2} \times 22.4\,Nm^3 \qquad 22.4\,Nm^3$$

㉮ 체적 : H_2 1 Nm^3의 (O_0) : $\dfrac{11.2}{22.4} = 0.5\,Nm^3/Nm^3$ 연료

㉯ 중량 : H_2 1 kg의 (O_0) : $\dfrac{11.2}{2} = 5.6\,Nm^3/kg$

(나) CO의 이론산소량(O_0)

$$CO \quad + \quad \frac{1}{2}O_2 \quad \longrightarrow \quad CO_2$$

$$1\,kmol(22.4\,Nm^3) = 28\,kg \qquad \frac{1}{2} \times 22.4\,Nm^3 \qquad 22.4\,Nm^3$$

㉮ 체적 : CO 1 Nm^3의 이론산소량$(O_0) = \dfrac{11.2}{22.4} = 0.5\,Nm^3/Nm^3$ 연료

㉯ 중량 : CO 1 kg의 이론산소량$(O_0) = \dfrac{11.2}{28} = 0.4\,Nm^3/kg$

> **참고**
>
> **단순 기체(C_mH_n)의 연소 반응식**
>
> $C_mH_n + \left(m + \dfrac{n}{4}\right)O_2 \rightarrow mCO_2 + \dfrac{n}{2}H_2O$

(다) CH_4(메탄)의 이론산소량(O_0)

$$CH_4 \quad + \quad 2O_2 \quad \longrightarrow \quad CO_2 \quad + \quad 2H_2O$$

$$1\,kmol(22.4\,Nm^3) = 16\,kg \qquad 2\times 22.4\,Nm^3 \qquad 22.4\,Nm^3 \qquad 2\times 22.4\,Nm^3$$

㉮ 체적 : CH_4 1 Nm^3의 이론산소량$(O_0) = \dfrac{2 \times 22.4}{22.4} = 2\,Nm^3/Nm^3$ 연료

㉯ 중량 : CH_4 1 kg의 이론산소량$(O_0) = \dfrac{2 \times 22.4}{16} = 2.8\,Nm^3/kg$

(라) C_3H_8(프로판)의 이론산소량(O_0)

$$C_3H_8 \quad + \quad 5O_2 \quad \longrightarrow \quad 3CO_2 \quad + \quad 4H_2O$$

$$1\,kmol(22.4\,Nm^3) = 44\,kg \qquad 5\times 22.4\,Nm^3 \qquad 3\times 22.4\,Nm^3 \qquad 4\times 22.4\,Nm^3$$

㉮ 체적 : C_3H_8 1 Nm^3의 이론산소량$(O_0) = \dfrac{5 \times 22.4}{22.4} = 5\,Nm^3/Nm^3$ 연료

㉯ 중량 : C_3H_8 1 kg의 이론산소량$(O_0) = \dfrac{5 \times 22.4}{44} = 2.55\,Nm^3/kg$

(다) C_4H_{10}(부탄)의 이론산소량(O_0)

$$C_4H_{10} + 6.5O_2 \longrightarrow 4CO_2 + 5H_2O$$
$$\downarrow \qquad \qquad \downarrow \qquad \qquad \downarrow \qquad \qquad \downarrow$$
$$1\,kmol(22.4\,Nm^3)=58\,kg \quad 6.5\times22.4\,Nm^3 \quad 4\times22.4\,Nm^3 \quad 5\times22.4\,Nm^3$$

㉮ 체적 : C_4H_{10} $1\,Nm^3$의 이론산소량(O_0) $= \dfrac{6.5\times22.4}{22.4} = 6.5\,Nm^3/Nm^3$ 연료

㉯ 중량 : C_4H_{10} $1\,kg$의 이론산소량(O_0) $= \dfrac{6.5\times22.4}{58} = 2.51\,Nm^3/kg$

> **참고**
>
> **탄화수소(C_mH_n)의 1분자량을 구하는 법**
> C_3H_8의 1분자량
> C 원자량 = 12   H 원자량 = 1
> $(12\times3)+(1\times8)=44\,kg/kmol$

혼합 기체 연료의 이론산소량 $O_0{}'$도 마찬가지로 하여

$$O_0{}' = \frac{1}{2}H_2 + CO + 2CH_4 + 3C_2H_4 + 5C_3H_8 + 6\frac{1}{2}C_4H_{10} - O_2\,[Nm^3/Nm^3]$$

> **참고**
>
> 모든 기체의 1분자량이 가지는 체적(부피)은 아보가드로 법칙에 따라 표준상태(0℃, 1기압)에서 1 kmol이다.
> $1\,kmol = 22.4\,Nm^3$ $1\,kmol = 1000\,mol$ $1\,mol = 22.4\,L$
> (예) C_4H_{10}(부탄) = $1\,kmol = 22.4\,Nm^3 = 58\,kg$
> $\quad\quad\hookrightarrow 1\,mol = 22.4\,L = 58\,g$

(2) 이론공기량(A_0)

연소에 필요한 산소를 공급하는 데 가장 손쉬운 것은 공기다. 이 공기 속에는 산소(O_2), 질소(N_2), 아르곤(Ar) 등이 섞여 있다. 그러나 아르곤 양은 미량이므로 계산상에서는 산소(O_2), 질소(N_2)만 취급한다. 하지만 순수한 산소(O_2)만을 공급한다는 것은 비경제적이므로 공기를 공급하게 되며 공기 속에 함유되어

공기 중의 산소와 질소(%)

	체적(%)	중량(%)
산소(O)	21	23.2
질소(N)	79	76.8

있는 산소(O_2)를 연소에 필요한 만큼 공급하려면 공기량을 산소량에 따라서 계산하여야 한다.

> **참고**
>
> 공기량을 100으로 볼 경우 이 속에는 체적(부피) 비율로 따지면 산소가 21%, 질소가 79%, 중량 비율로 따지면 산소가 23.2%, 질소가 76.8% 들어 있다는 뜻이다.

따라서 산소량에 따른 이론공기량(A_0)은

- A_0(체적) $= O_0 \times \dfrac{100}{21}\,Nm^3/kg$
- $A_0{}'$(중량) $= O_0{}' \times \dfrac{100}{23.2}\,kg/kg$

① 고체 및 액체 연료의 이론공기량(A_0)

고체와 액체 연료의 계량 단위는 중량 단위인 kg이며 여기에서 단위가 kg/kg인 것은 공기량을 중량으로 구한 것이다.

㉮ C 1 kg의 이론공기량(A_0)

$$C \;+\; O_2 \;\longrightarrow\; CO$$
$$\downarrow \qquad\qquad \downarrow \qquad\qquad\qquad \downarrow$$
$$12\,\text{kg} \qquad 22.4\,\text{Nm}^3 \qquad 22.4\,\text{Nm}^3(44\,\text{kg})$$

㉮ 체적 : $\dfrac{100}{21} \times \dfrac{22.4}{12} = 8.89\ \text{Nm}^3/\text{kg}$

㉯ 중량 : $\dfrac{100}{23.2} \times \dfrac{32}{12} = 11.49\ \text{kg/kg}$ 연료

• 탄소 1 kg이 불완전연소할 경우의 이론공기량(A_0)

$$C \;+\; \tfrac{1}{2}O_2 \;\longrightarrow\; CO$$
$$\downarrow \qquad\qquad \downarrow \qquad\qquad\qquad \downarrow$$
$$12\,\text{kg} \qquad 11.2\,\text{Nm}^3(16\,\text{kg}) \qquad 22.4\,\text{Nm}^3(28\,\text{kg})$$

− 체적 : $\dfrac{100}{21} \times \dfrac{11.2}{12} = 4.44\ \text{Nm}^3/\text{kg}$

− 중량 : $\dfrac{100}{23.2} \times \dfrac{16}{12} = 5.75\ \text{kg/kg}$ 연료

㉯ H 1 kg의 이론공기량(A_0)

$$C \;+\; \tfrac{1}{2}O_2 \;\longrightarrow\; CO$$
$$\downarrow \qquad\qquad \downarrow \qquad\qquad\qquad \downarrow$$
$$2\,\text{kg} \qquad 11.2\,\text{Nm}^3(16\,\text{kg}) \qquad 22.4\,\text{Nm}^3(28\,\text{kg})$$

㉮ 체적 : $\dfrac{100}{21} \times \dfrac{11.2}{12} = 26.67\ \text{Nm}^3/\text{kg}$

㉯ 중량 : $\dfrac{100}{23.2} \times \dfrac{16}{12} = 34.5\ \text{kg/kg}$ 연료

㉰ S 1 kg의 이론공기량(A_0)

$$S \;+\; O_2 \;\longrightarrow\; SO_2$$
$$\downarrow \qquad\qquad \downarrow \qquad\qquad\qquad \downarrow$$
$$32\,\text{kg} \qquad 22.4\,\text{Nm}^3(32\,\text{kg}) \qquad 22.4\,\text{Nm}^3(64\,\text{kg})$$

㉮ 체적 : $\dfrac{100}{21} \times \dfrac{22.4}{32} = 3.33\ \text{Nm}^3/\text{kg}$

㉯ 중량 : $\dfrac{100}{23.2} \times \dfrac{32}{32} = 4.31\ \text{kg/kg}$ 연료

이상과 같이 C, H, S을 종합하면

- 체적(A_0) = $\dfrac{100}{21}\left[1.867\,C + 5.6\left(H - \dfrac{O}{8}\right) + 0.7\,S\right]$

  $= 8.89\,C + 26.67\left(H - \dfrac{O}{8}\right) + 3.33\,S\ [\text{Nm}^3/\text{kg}]$

  $= 8.89\,C + 26.67\,H + 3.33(S-O)\ [\text{Nm}^3/\text{kg}]$

- 중량($A_0{'}$) = $\dfrac{100}{23.2}\left[2.667\,C + 8\left(H - \dfrac{O}{8}\right) + S\right]$

  $= 11.49\,C + 34.5\left(H - \dfrac{O}{8}\right) + 4.31\,S\ [\text{kg/kg 연료}]$

  $= 11.49\,C + 34.5\,H + 4.31(S-O)\ [\text{kg/kg 연료}]$

> **참고**
>
> 연료 속의 수소에는 그 연료 속의 산소와 화합하여 화합수가 되는 수소와 공기 중의 산소와 화합하여 연소할 수 있는 수소(유효 수소)가 있다. 즉, $\left(H - \dfrac{O}{8}\right)$는 연료 속에 산소(O)가 함유되어 있지 않을 때는 관계없지만 함유되어 있을 때는 수소 전부가 연소하지 않는다. 연료 중에 같이 포함되어 있는 산소와 화합하여 H_2O(수증기)를 생성하기 때문이다.
>
> $H_2 + \dfrac{1}{2}O_2 \rightarrow H_2O$에서 수소 2 kg과 산소 16 kg이 화합하므로 수소 : 산소의 중량비는 1 : 8이다. 연료 속에 산소가 8 kg 있다면 수소 1 kg을 연소시키지 않고 H_2O(수증기)를 생성한다. 수소량에서 $\dfrac{O}{8}$만큼 연소하지 않는다는 뜻이다. 즉, $\left(H - \dfrac{O}{8}\right)$를 유효 수소(탈 수 있는 수소), $\dfrac{O}{8}$를 무효 수소(탈 수 없는 수소)라 한다.

② **기체 연료의 이론공기량(A_0)**

  ㈎ 수소(H_2)의 이론공기량(A_0)

  $$H_2 \quad + \quad \dfrac{1}{2}O_2 \quad \longrightarrow \quad H_2O$$
  $$\downarrow \qquad\qquad \downarrow \qquad\qquad \downarrow$$
  $$1\ \text{kmol} = 22.4\ \text{Nm}^3 = 2\ \text{kg} \qquad \dfrac{1}{2} \times 22.4\ \text{Nm}^3 \qquad 22.4\ \text{Nm}^3$$

  ㉮ 체적 : H_2 1 Nm^3의 이론공기량(A_0) = $\dfrac{11.2}{22.4} \times \dfrac{100}{21} = 2.38\ \text{Nm}^3/\text{Nm}^3$ 연료

  ㉯ 중량 : H_2 1 kg의 이론공기량(A_0) = $\dfrac{11.2}{2} \times \dfrac{100}{21} = 26.67\ \text{Nm}^3/\text{kg}$ 연료

  ㈏ 일산화탄소(CO)의 이론공기량(A_0)

  $$CO \quad + \quad \dfrac{1}{2}O_2 \quad \longrightarrow \quad CO_2$$
  $$\downarrow \qquad\qquad \downarrow \qquad\qquad \downarrow$$
  $$1\ \text{kmol} = 22.4\ \text{Nm}^3 = 28\ \text{kg} \qquad \dfrac{1}{2} \times 22.4\ \text{Nm}^3 \qquad 22.4\ \text{Nm}^3$$

  ㉮ 체적 : CO 1 Nm^3의 이론공기량(A_0) = $\dfrac{11.2}{22.4} \times \dfrac{100}{21} = 2.38\ \text{Nm}^3/\text{Nm}^3$ 연료

  ㉯ 중량 : CO 1 kg의 이론공기량($A_0{'}$) = $\dfrac{11.2}{28} \times \dfrac{100}{21} = 1.90\ \text{Nm}^3/\text{kg}$ 연료

㈐ 메탄(CH_4)의 이론공기량(A_0)

$$CH_4 \quad + \quad 2O_2 \quad \longrightarrow \quad CO_2 \quad + \quad 2H_2O$$
$$\downarrow \qquad\qquad \downarrow \qquad\qquad\qquad \downarrow \qquad\qquad \downarrow$$
$$1\,kmol = 22.4\,Nm^3 = 16\,kg \quad 2\times22.4\,Nm^3 \quad 22.4\,Nm^3 \quad 2\times22.4\,Nm^3$$

㉮ 체적 : CH_4 $1\,Nm^3$의 이론공기량(A_0) $= \dfrac{2\times22.4}{22.4} \times \dfrac{100}{21} = 9.52\,Nm^3/Nm^3$ 연료

㉯ 중량 : CH_4 $1\,kg$의 이론공기량(A_0') $= \dfrac{2\times22.4}{16} \times \dfrac{100}{21} = 13.13\,Nm^3/kg$ 연료

㈑ 프로판(C_3H_8)의 이론공기량(A_0)

$$C_3H_8 \quad + \quad 5O_2 \quad \longrightarrow \quad 3CO_2 \quad + \quad 4H_2O$$
$$\downarrow \qquad\qquad \downarrow \qquad\qquad\qquad \downarrow \qquad\qquad \downarrow$$
$$1\,kmol = 22.4\,Nm^3 = 44\,kg \quad 5\times22.4\,Nm^3 \quad 3\times22.4\,Nm^3 \quad 4\times22.4\,Nm^3$$

㉮ 체적 : C_3H_8 $1\,Nm^3$의 이론공기량(A_0) $= \dfrac{5\times22.4}{22.4} \times \dfrac{100}{21} = 23.81\,Nm^3/Nm^3$ 연료

㉯ 중량 : C_3H_8 $1\,kg$의 이론공기량(A_0') $= \dfrac{5\times22.4}{44} \times \dfrac{100}{21} = 12.12\,Nm^3/kg$ 연료

㈒ 부탄(C_4H_{10})의 이론공기량(A_0)

$$C_4H_{10} \quad + \quad 6.5O_2 \quad \longrightarrow \quad 4CO_2 \quad + \quad 5H_2O$$
$$\downarrow \qquad\qquad \downarrow \qquad\qquad\qquad \downarrow \qquad\qquad \downarrow$$
$$1\,kmol = 22.4\,Nm^3 = 58\,kg \quad 6.5\times22.4\,Nm^3 \quad 4\times22.4\,Nm^3 \quad 5\times22.4\,Nm^3$$

㉮ 체적 : C_4H_{10} $1\,Nm^3$의 이론공기량(A_0) $= \dfrac{6.5\times22.4}{22.4} \times \dfrac{100}{21} = 30.95\,Nm^3/Nm^3$ 연료

㉯ 중량 : C_4H_{10} $1\,kg$의 이론공기량(A_0') $= \dfrac{6.5\times22.4}{58} \times \dfrac{100}{21} = 11.95\,Nm^3/kg$ 연료

(3) 실제공기량(A)

실제로 연료를 연소하는 경우에는 그 연료의 이론공기량만으로 완전히 연소하기는 거의 불가능하며, 불완전연소가 되기 쉽다. 따라서 여분의 공기를 보내어 가연성분과 산소와의 접촉을 양호하게 해 연소의 완벽을 기하지 않으면 안된다. 실제로 사용한 공기량이 그 이론공기량의 몇 배에 상당하는가를 보이는 계수를 공기비라 하고 m으로 나타낸다.

따라서 실제의 연소에 사용한 공기량 A는 그 이론공기량 A_0에 공기비 m을 곱한 것이 된다.

$$m = \dfrac{A}{A_0}, \quad A = mA_0\;[Nm^3]$$

① **과잉공기량($A - A_0$)** : 연료가 실제로 연소하는 데는 이론공기량보다 더 많은 공기가 필요하다. 이때 이론공기량보다 더 공급된 여분의 공기를 과잉공기량이라 한다.

$$과잉공기량 = 실제공기량(A) - 이론공기량(A_0) = (m-1) \times A_0$$

② **과잉공기율(%)** : 이론공기량에 대한 과잉공기량을 %로 표시한다.

　　　과잉공기율$(\%) = (m-1) \times 100$

　　　여기서, $(m-1)$: 과잉 공기비

(4) 공기비(m)

연료를 연소시키는 경우에, 실제로 사용된 공기량(A)을 그 이론공기량(A_0)으로 나눈 것이 공기비(m)이다. 즉, 공기비는 실제공기량의 이론공기량에 대한 비율을 의미한다.

$$m = \frac{실제공기량(A)}{이론공기량(A_0)} = 1 + \frac{과잉공기량}{이론공기량} = 1 + \frac{A - A_0}{A_0}$$

공기를 주는 것이 충분치 못하면 연료는 완전히 연소하지 않으므로 약간의 여유를 두어 공기를 주지 않으면 안 된다. 어느 정도 과잉공기를 주면 되는가는 노의 종류와 구조에 따라 다르지만, 요컨대 오르사트, 가스 분석 장치로 측정하여 탄산가스(%)가 최고, 일산화탄소 및 산소(%)가 최저인 때가 가장 양호한 셈이다.

일반적으로 말해 보일러의 경우에 가스 때기라면 공기비가 1.1~1.3, 스토커 때기라면 1.3~1.5, 손으로 때기라면 1.5~1.8 정도가 적당할 것이다.

연료상태에 따라 공기비는 고체 연료(1.4~2.0), 미분탄 및 액체 연료(1.2~1.4), 기체 연료(1.1~1.3) 정도이다.

① **배기가스 성분 분석의 결과에 따른 공기비 계산식**

　(가) 완전연소 시

$$m = \frac{실제공기량(A)}{이론공기량(A_0)} = \frac{실제공기량(A)}{실제공기량(A) - 과잉공기량} \text{에서}$$

　　즉, $m = \dfrac{N_2}{N_2 - 3.76\,O_2}$

　(나) 불완전연소 시 : 배기가스 중에 불완전 연소인 CO 성분이 포함되면 CO에 필요한 산소 이외에 배기가스에는 산소가 남는다. 이를 과잉산소(O_2)라 하며 불완전연소시 공기비(m)는

　　　질소$(N_2)(\%) = 100 - (CO_2\,[\%] + O_2\,[\%] + CO\,[\%])$

$$m = \frac{N_2}{N_2 - 3.76 \times (O_2 - 0.5\,CO)}$$

② 연료 중에 수소가 없거나 아주 적을 경우에 완전연소, 즉 CO 성분이 없을 경우 공기 속의 O_2는 21%, N_2는 79%이다. 따라서 공기비(m)는

$$m = \frac{1}{1 - \dfrac{O_2}{21}} = \frac{21}{21 - O_2}$$

여기서 $O_2\,[\%] = 21 - \dfrac{21}{m}$, O_2는 배기가스 속의 %이다.

③ CO_2 max [%]에 의한 공기비(m)

$$m = \frac{CO_2\ max\,[\%]}{CO_2\,[\%]} \quad \therefore\ CO_2\ max\,[\%] = m\,CO_2\,[\%]$$

④ 벙커 C유를 연료로 사용하는 보일러의 CO_2 [%]에 의한 공기비(m)

$$m = \frac{15.7}{CO_2\,[\%]}\ (벙커\ C유\ CO_2\ max\,[\%] = 15.7\%)$$

㈎ 공기비가 작을 경우의 해(과잉공기량이 적을 경우)
  ㉮ 불완전연소되기 쉽다(매연발생이 심하다).
  ㉯ 미연소에 의한 열손실이 증가한다.
  ㉰ 미연소가스로 인한 역화의 위험성이 있다.
  ㉱ 배기가스 중 CO [%]가 증가한다.
㈏ 공기비가 클 경우의 해(과잉공기량이 많을 경우)
  ㉮ 배기가스량이 많아져 배기가스에 의한 열손실이 증가한다.
  ㉯ 연소실 내의 온도가 내려간다(연소온도 저하).
  ㉰ 연소가스 중의 NO_2 발생이 심하여 대기 오염을 초래한다.
  ㉱ 배기가스 중 CO_2 [%]는 낮아지고 O_2 [%]는 증가한다.
  ㉲ 배기가스 중 SO_3의 함유량이 증가하여 저온부식이 촉진된다.

3-3 이론 연소온도

(1) 이론 연소온도

연료를 연소시킴으로써 발생하는 열량은 전부 연소 생성물(배기가스)에 주어진다. 그 생성물이 나타내는 최고온도가 연소온도 또는 화염온도이다.

연료에 이론량의 공기를 부여하여 완전연소시킨 경우에 화염이 도달할 수 있는 최고온도는 소위 이론 연소온도(화염온도)가 된다. 그러나, 실제로 중유를 연소시키는 경우 이론공기량만으로 완전연소시킨다는 것은 곤란하므로 실제공기량으로 완전연소시켰을 때를 계산한다. 또 발생된 열의 일부분은 부근의 노벽 등에 흡수되므로 실제의 연소온도는 이론 연소온도보다 훨씬 낮아지는 것이 보통이다.

(2) 연소온도 계산식

보일러에는 공기예열기가 있고 가열로에는 축열실을 마련하여 공기나 연료를 미리 가열하고, 온도를 높인 다음 연소실로 보내고 있다. 그렇게 하면, 연료의 발열량(H_l) 이외에, 예열에 의하여 부가된 열량(Q)이 연소에 가해지므로 그만큼 연소온도 t가 높아진다.

① 공기의 현열＝실제공기량×공기의 비열×온도차(공기의 온도－외기온도)
② 연료의 현열＝연료의 비열×온도차(연료의 온도－외기온도)

$$t_1 = \frac{H_l + 공현 + 연현}{G \times C_g} + t_2$$

여기서, H_l : 연료의 저위발열량(kcal/kg)
G : 실제 배기가스량(Nm³/kg)
C_g : 배기가스 비열(kcal/Nm³℃)
t_2 : 외기온도, 기준온도(℃)

(3) 연소온도에 영향을 미치는 요소

① **연료의 저위발열량** : 발열량이 클수록 연소온도는 높다.
② **공기비(m)** : 공기비가 클수록 연소온도가 낮아진다.
③ **산소 농도** : 연소용 공기 중의 O_2 농도가 짙어지면 공급하는 공기량이 적어 연소가스량이 적어지기 때문에 연소온도는 높아진다.

> **참고**
> **연소온도를 높게 하기 위한 조건**
> ① 발열량이 높은 연료를 사용할 것
> ② 연료를 될 수 있는 대로 완전연소시킬 것
> ③ 과잉공기량을 될 수 있는 한 적게 할 것
> ④ 연료 또는 공기를 예열해서 공급할 것
> ⑤ 복사에 의한 열의 방산을 적게 하기 위해 연소속도를 빨리 할 것
> ⑥ 노내를 고온으로 유지시켜 연료를 연소시킬 것
> ⑦ 연료와 연소용 공기와의 혼합을 좋게 할 것

(4) 연소속도에 미치는 인자

① 반응물질의 온도　　② 산소의 온도
③ 촉매물질　　　　　④ 활성화 에너지
⑤ 산소와의 혼합비　　⑥ 연소압력
⑦ 연료의 입자

제1편 예상문제

□1. 가정용 온수 보일러 열출력 계산에 사용되는 (1) 부하의 종류 4가지를 쓰고 (2) 열출력 계산식을 만드시오.

해답 (1) 종류 4가지 : ① 난방 부하 ② 급탕 부하 ③ 배관 부하 ④ 예열 부하
(2) 열출력＝난방 부하＋급탕 부하＋배관 부하＋예열 부하

□2. 어느 주택에서 온수 보일러의 난방 부하가 20000 kcal/day, 급탕 부하가 10000 kcal/day, 배관 부하가 4000 kcal/day, 예열 부하(시동 부하)가 2000 kcal/day일 때 이 보일러의 정격용량(kcal/h)을 계산하시오.

해답 $(20000+10000+4000+2000) \times \dfrac{1}{24} = 1500$ kcal/h

□3. 온수 보일러에서 난방 부하가 96000 kcal/day, 급탕 부하가 90000 kcal/day, 배관 부하가 80000 kcal/day, 시동 부하가 75000 kcal/day이었다면 이 보일러의 능력(용량)은 몇 kcal/h인가? (단, 사용연료는 기름이며 출력저하계수는 무시한다.)

해답 $(96000+90000+80000+75000) \times \dfrac{1}{24} = 14208.33$ kcal/h

□4. 온수 보일러의 열출력량 또는 급수량을 G [kg/h], 물의 평균 비열을 C_p [kcal/kg·℃]라고 할 때 보일러의 출력 Q를 구하는 식을 쓰시오. (단, 급수온도는 t_1 [℃], 난방출탕온도는 t_2 [℃]이다.)

해답 $Q = G \times C_p \times (t_2 - t_1)$

□5. 온수 보일러의 열출력을 Q [kcal/h], 매시 연료 사용량을 G_f [kg/h], 연료의 저위발열량을 H_l [kcal/kg]이라 할 때 보일러 효율 η(%)를 구하는 식을 쓰시오.

해답 $\eta\,[\%] = \dfrac{Q}{G_f \times H_l} \times 100$

■ 6. 어느 가정집에 설치된 온수 보일러의 용량이 15000 kcal/h이고 시간당 연료사용량이 2 kg/h, 연료의 저위발열량이 10000 kcal/kg인 연료를 사용할 때 이 보일러의 효율(%)을 계산하시오.

해답 $\dfrac{15000}{2 \times 10000} \times 100 = 75\ \%$

■ 7. 급탕량이 2500 kg/h, 난방용 온수 공급량이 1500 kg/h인 온수 보일러의 경유 사용량은 17 kg/h이었다. 이때 보일러의 효율(%)을 계산하시오. (단, 급탕수의 입구가 20℃, 급탕 공급온도가 60℃, 난방용 온수 공급온도가 60℃, 환수온도가 40℃, 물의 평균비열이 1 kcal/kg·℃이며, 경유의 저위발열량은 10300 kcal/kg이다.)

해답 $\dfrac{1500 \times 1 \times (60-40) + 2500 \times 1 \times (60-20)}{17 \times 10300} \times 100 = 74.24\ \%$

■ 8. 어떤 유류 연소 온수 보일러의 정격출력(부하)이 49000 kcal/h이고, 이 보일러의 효율이 80 %일 때 연료사용량(kg/h)은 얼마인가? (단, 연료의 저위발열량은 9800 kcal/kg)이다.

해답 $\dfrac{49000}{9800 \times 0.8} = 6.25\ \text{kg/h}$

■ 9. 효율이 60 %인 온수 보일러의 열출력이 300000 kcal/h일 때 매시 연료사용량(kg/h)을 구하시오. (단, 연료의 저위발열량은 10000 kcal/kg이다.)

해답 $\dfrac{300000}{10000 \times 0.6} = 50\ \text{kg/h}$

■ 10. 증기 보일러의 용량(성능) 표시방법 5가지를 쓰시오.

해답 ① 매시 최대증발량 ② 상당증발량 ③ 최고사용압력
④ 보일러 마력 ⑤ 전열면적

■ 11. 온수 보일러의 용량 표시방법을 쓰시오.

해답 매시 최대 열출력

12. 다음은 1 보일러 마력의 정의에 대한 설명이다. ( )속에 적당한 수치를 기입하시오.

> 표준상태에서 (①)℃ 물 (②) kg을 (③)시간 동안에 같은 온도의 증기로 바꿀 수 있는 능력을 갖는 보일러로서 열출력은 (④) kcal/h이며 상당증발량은 (⑤) kg/h인 보일러를 말한다.

해답 ① 100 ② 15.65 ③ 1 ④ 8435 ⑤ 15.65

13. 보일러 운전압력 0.5 MPa에서 매시 증발량이 2500 kg, 급수온도가 22℃일 때 (1) 상당증발량(kg/h)과 (2) 보일러 마력을 각각 구하시오. (단, 증기 엔탈피는 660 kcal/kg이다.)

해답 (1) 상당증발량 $= \dfrac{2500 \times (660 - 22)}{539} = 2959.18 \text{ kg/h}$

(2) 보일러 마력 $= \dfrac{2959.18}{15.65} = 189.08$ 보일러 마력

14. 상당(환산)증발량이 2000 kg/h, 발열량이 9800 kcal/kg인 연료사용량(kg/h)을 구하시오. (단, 보일러 효율은 80 %이다.)

해답 $\dfrac{2000 \times 539}{9800 \times 0.8} = 137.5 \text{ kg/h}$

참고 보일러 효율 $= \dfrac{\text{상당증발량} \times 539}{\text{매시 연료사용량} \times \text{연료의 발열량}} \times 100 \%$

15. 상당증발량이 6000 kg/h, 연료사용량이 400 kg/h인 보일러 효율(%)을 구하시오. (단, 연료의 저위발열량은 9750 kcal/kg이다.)

해답 $\dfrac{6000 \times 539}{400 \times 9750} \times 100 = 83 \%$

16. 연소효율이 90 %이고 전열효율이 80 %인 보일러의 효율(%)은 얼마인가?

해답 $(0.9 \times 0.8) \times 100 = 72 \%$
참고 보일러 효율 = 연소효율 × 전열효율

17. 매시 증발량이 2000 kg, 매시 연료사용량이 150 kg이고 발생증기의 엔탈피는 650 kcal/kg, 급수온도는 20℃인 보일러 효율(%)을 구하시오. (단, 연료의 저위발열량은 10000 kcal/kg이다.)

해답 $\dfrac{2000\times(650-20)}{150\times10000}\times100=84\,\%$

참고 위 문제에서

① 상당(환산)증발량 $=\dfrac{2000\times(650-20)}{539}=2337.66\text{ kg/h}$

② 보일러 마력 $=\dfrac{2337.66}{15.65}=149.37$ 보일러 마력

③ 증발계수(증발력) $=\dfrac{650-20}{539}=1.17$

18. 열정산에 의한 증기 보일러의 효율 산정방법 2가지와 그에 따른 효율을 구하는 식을 2가지 쓰시오.

해답 ① 입출열법에 의한 방법 : 보일러 효율 $=\dfrac{\text{유효출열량}}{\text{총입열량}}\times100\,\%$

② 열손실법에 의한 방법 : 보일러 효율 $=\dfrac{\text{총입열량}-\text{손실출열량 합계}}{\text{총입열량}}\times100\,\%$

19. 어느 보일러의 운전 결과가 다음과 같을 때 (1) 연소효율 (2) 전열효율 (3) 보일러 효율을 구하시오.

- 매시증발량 10 t/h
- 증기압력 1 Mpa
- 연료사용량 500 kg/h
- 연료의 발열량 9700 kcal/kg
- 연소실에서 실제로 발생한 발열량 4400000 kcal/h
- 증기발생에 사용된 열량 4200000 kcal/h

해답 (1) 연소효율 $=\dfrac{4400000}{500\times9700}\times100=90.72\,\%$

(2) 전열효율 $=\dfrac{4200000}{4400000}\times100=95.45\,\%$

(3) 보일러 효율 $=\dfrac{4200000}{500\times9700}\times100=86.60\,\%$

20. 전열면적이 25 m²인 노통 보일러를 4시간 운전한 결과 4000 kg의 증기가 발생하였다면 전열면 증발률(kg/hm²)은 얼마인가?

해답 $\dfrac{\frac{4000}{4}}{25}=40\text{ kg/hm}^2$

21. 전열면 증발률이 90 kg/h·m², 전열면적이 50 m²일 때 매시 증발량(kg/h)을 구하시오.

해답 $90 \times 50 = 4500 \text{ kg/h}$

22. 매시 연료사용량이 200 kg, 연료의 저위발열량이 10000 kcal/kg, 연소실 용적이 40 m³일 때 연소실 열발생률(kcal/m³h)을 구하시오.

해답 $\dfrac{200 \times 10000}{40} = 50000 \text{ kcal/m}^3\text{h}$

23. 어느 증기 보일러의 최대증발량이 10 t/h이고 실제증발량이 7500 kg/h일 때 이 보일러의 부하율(%)을 구하시오.

해답 $\dfrac{7500}{10 \times 1000} \times 100 = 75 \%$

24. 어느 연관 보일러를 3시간 가동시킨 결과 증발량이 8700 kg, 매시 연료사용량이 200 kg이고 급수온도가 60℃일 때 (1) 실제증발배수(kg/kg)와 (2) 상당증발배수(kg/kg)를 각각 구하시오. (단, 발생증기 엔탈피는 660 kcal/kg이다.)

해답 (1) 실제증발배수 $= \dfrac{\frac{8700}{3}}{200} = 14.5 \text{ kg/kg}$

(2) 상당증발배수 $= \dfrac{\left[\dfrac{8700}{3} \times (660-60)\right]}{\dfrac{539}{200}} \cdot$ ... $= 16.14 \text{ kg/kg}$

25. 수관식 증기 보일러의 매시 증발량이 5000 kg, 보일러 효율이 80 %, 연소효율이 95 %이고, 발열량이 9700 kcal/kg인 연료를 매시 370 kg 연소시킨 경우 (1) 손실열(kcal)과 (2) 전열면 효율(%)을 계산하시오.

해답 (1) 손실열 $= (1-0.8) \times 9700 \times 370 = 717800 \text{ kcal}$

(2) 전열면 효율 $= \dfrac{0.8}{0.95} \times 100 = 84.21 \%$

26. 난방면적이 50 m²인 주택에 온수 보일러를 설치하고자 한다. 벽체(창문, 문 포함) 면적은 바닥면적(난방면적)의 1.6배이고, 천장면적은 난방면적과 같을 때 〈보기〉에 따른 난방부하를 계산하시오. (단, 천장, 바닥, 벽체(창문, 문 포함)의 열관류율은 동일하다.)

─── 〈보기〉 ───
- 외기온도 : −10℃
- 방위에 따른 부가계수 : 1.15
- 열관류율 : 6 kcal/h·m²·℃
- 실내온도 : 18℃

해답 6×{(50+50)+(50×1.6)}×(18+10)×1.15 = 34776 kcal/h

---

27. 연료의 구비조건을 5가지 쓰시오.

해답 ① 연소가 용이하고 발열량이 클 것
② 점화 및 소화가 쉬울 것
③ 적은 과잉공기량으로 완전연소가 가능할 것
④ 매연 발생 등 공해 요인이 적을 것
⑤ 저장·운반·취급이 용이하고 위험성이 적을 것

---

28. 연료 연소의 3대 조건을 쓰시오.

해답 ① 가연물 ② 산소(또는 공기) ③ 점화원

---

29. 고체 연료의 공업 분석 항목 4가지를 쓰시오.

해답 ① 수분 ② 회분 ③ 휘발분 ④ 고정탄소

---

30. 액체 연료의 원소 분석 항목 5가지를 쓰시오.

해답 ① 탄소(C) ② 수소(H) ③ 산소(O) ④ 황(S) ⑤ 질소(N)

---

31. 연료의 성분 중 가연 성분 3가지를 쓰시오.

해답 ① 탄소(C) ② 수소(H) ③ 황(S)

---

32. 액체 연료의 (1) 장점 3가지와 (2) 단점 3가지를 쓰시오.

해답 (1) 장점
① 고체 연료에 비하여 연소효율이 높다.
② 점화, 소화 및 연소조절이 용이하다.
③ 고체연료에 비하여 품질이 균일하며 발열량이 높다.

(2) 단점
　① 연소온도가 높아 국부과열을 일으키기 쉽다.
　② 화재, 역화(back fire)의 위험성이 크다.
　③ 버너의 종류에 따라 연소 시 소음이 난다.

33. ( ) 속에 알맞은 용어를 쓰시오.

> 중유를 (①)에 따라 A중유, B중유, C중유로 구분하고 예열이 필요없는 중유는 (②)이며 80~90℃ 정도로 예열시켜 사용하는 중유는 (③), (④)이고 보일러에서 가장 많이 사용하는 중유는 (⑤)이다.

[해답] ① 점도　② A중유　③ B중유　④ C중유　⑤ C중유

34. 다음은 중유 첨가제를 나열한 것이다. 이들 첨가제의 기능을 간단히 쓰시오.

> (1) 연소촉진제　　(2) 안정제　　(3) 탈수제
> (4) 회분 개질제　　(5) 유동점 강하제

[해답] (1) 중유의 분무를 순조롭게 해 준다.
(2) 슬러지 생성을 방지해 준다.
(3) 중유 중에 포함된 수분을 제거해 준다.
(4) 회분의 융점을 높이고 고온부식을 억제해 준다.
(5) 중유의 유동점을 내려서 유동성을 좋게해 준다.

35. 보일러 연료인 중유에 첨가하는 물질에 대한 다음 설명의 ( ) 안에 알맞은 용어를 쓰시오.

> 중유의 연소에서 첨가제를 사용하는데, 연소촉진제는 버너에서 연료의 (①)을(를) 순조롭게 해 주는 것이며, 안정제는 (②)의 생성을 방지하며, 회분개질제는 회분의 (③)을(를) 높이고, (④)부식을 억제하는 작용을 한다.

[해답] ① 분무　② 슬러지　③ 융점　④ 고온

36. 다음 ( ) 속에 적당한 숫자를 기입하시오.

> 중유의 예열온도는 인화점보다 (①)℃ 낮게 해 주며 유동점은 응고점보다 (②)℃ 높다.

[해답] ① 5　② 2.5

37. 중유 중에 포함된 성분 중 (1) 고온부식을 일으키는 성분과 (2) 저온부식을 일으키는 성분을 각각 쓰시오.

해답 (1) 바나듐(V) (2) 황(S)

38. 다음 보기의 연료를 고위발열량(kcal/kg)이 가장 큰 것부터 순서대로 나열하시오.

〈보기〉
• 석탄   • 휘발유   • 경유   • 중유   • 수소

해답 수소 → 휘발유 → 경유 → 중유 → 석탄
참고 ① 수소 : 34000 kcal/kg ② 휘발유 : 11500 kcal/kg
③ 등유 : 11000 kcal/kg ④ 경유 : 10500 kcal/kg
⑤ 중유 : 10000 kcal/kg ⑥ 석탄 : 4600 kcal/kg

39. 기체 연료의 (1) 장점 3가지와 (2) 단점 3가지를 각각 쓰시오.

해답 (1) 장점
① 자동제어 연소에 적합하다.
② 적은 과잉공기로 완전연소가 가능하다.
③ 회분이나 매연 등이 없어 청결하다.
(2) 단점
① 누출되기 쉽고 화재 및 폭발 위험성이 크다.
② 수송·저장이 불편하다.
③ 시설비, 유지비가 많이 든다.

40. LNG에 대하여 다음 물음에 답하시오.
(1) LNG의 주성분은 무엇인가?
(2) 냉매를 사용하여 몇 ℃로 냉각, 액화시킨 것인가?

해답 (1) 메탄(CH_4) (2) −162℃

41. 액화석유가스(LPG)의 특징을 5가지 쓰시오.

해답 ① 공기보다 무겁다.
② 액화, 기화가 쉽고 기화하면 체적이 커진다.
③ 증발잠열이 크다.
④ 폭발범위가 좁다.
⑤ 연소 시 많은 공기가 필요하다.
⑥ 발열량이 높다.

42. 액화석유가스(LPG)의 주성분 3가지를 쓰시오.

해답 ① 프로판(C_3H_8) ② 부탄(C_4H_{10}) ③ 프로필렌(C_3H_6)

43. 다음 〈보기〉에 열거된 기체 연료 1 Nm^3가 완전연소 시 얻을 수 있는 열량의 크기를 큰 것부터 작은 것의 순서대로 나열하시오.

─────── 〈보기〉 ───────
• 프로판   • 에탄   • 부탄   • 메탄   • 벤젠

해답 벤젠 → 부탄 → 프로판 → 에탄 → 메탄
참고 ① 벤젠 : 34960 kcal/Nm^3 ② 부탄 : 32000 kcal/Nm^3 ③ 프로판 : 24370 kcal/Nm^3
④ 에탄 : 16810 kcal/Nm^3 ⑤ 메탄 : 9530 kcal/Nm^3

44. 기체 연료의 제조량과 공급량을 조정하고 품질과 압력을 균일하게 유지하기 위하여 가스 홀더(gas holder)에 저장하는데 그 종류 3가지를 쓰시오.

해답 ① 유수식 홀더 ② 무수식 홀더 ③ 고압 홀더

45. 보일러에서 사용되는 오일 버너(oil burner)의 종류 5가지를 쓰시오.

해답 ① 유압분무식(압력분무식) 버너 ② 로터리(회전식) 버너
③ 고압기류식 버너 ④ 저압기류식 버너 ⑤ 건(GUN) 타입 버너

46. 다음 설명에 해당하는 오일 버너(분무식)의 명칭을 쓰시오.

(1) 유압 펌프를 이용하여 연료유 자체에 압력을 가하여 노즐로 분무시키는 버너
(2) 고속으로 회전하는 분무컵에 송입되는 연료를 원심력을 이용해 분사하는 버너
(3) 고압의 증기나 공기로 연료를 분사하는 버너
(4) 저압의 공기를 이용하여 연료를 무화하여 연소시키는 버너
(5) 유압식과 기류식을 합친 형식이며 버너에 송풍기가 부착된 버너

해답 (1) 유압분무식(압력분무식) 버너
(2) 로터리(회전식) 버너
(3) 고압기류식(고압증기, 공기분무식) 버너
(4) 저압기류식(저압 공기분무식) 버너
(5) 건 타입 버너

47. 온수 보일러에서 사용하는 액체 연료용 버너의 종류 5가지를 쓰시오.

해답 ① 압력분무식 ② 포트식 ③ 회전무화식 ④ 기화식 ⑤ 심지식

48. 가스 버너의 특징을 3가지만 쓰시오.

해답 ① 연소장치가 간단하고 보수가 양호하다.
② 고부하 연소가 가능하다.
③ 저질 가스의 사용에도 유효하다.
④ 가스와 공기의 조절비 제어가 간단하다.
⑤ 연소 조절범위가 넓다.

49. 외부혼합식 가스 버너의 종류 4가지를 쓰시오.

해답 ① 링형 가스 버너 ② 멀티스폿형(다분기관형) 가스 버너
③ 스크롤형 가스 버너 ④ 건형(센터 파이어형) 가스 버너

50. 가스 연료를 사용하는 버너로 외부 혼합형 버너 중 다음에 설명하는 버너의 명칭을 쓰시오.

(1) 2중관으로 구성되어 중심부에서는 유류가 분사되고 바깥쪽에서는 가스가 분사되는 형태로 유류와 가스를 동시에 연소시킬 수 있는 버너이다.
(2) 링형 가스 버너와 비슷하지만 노즐부의 수열면적을 작게 한 것이며, LPG용 버너로 적당하다.
(3) 버너 타일과 비슷한 지름의 링에 다수의 노즐을 설치한 가스 버너이다.
(4) 가스를 소용돌이 내에서 선회분사시켜 가스와 공기의 혼합이 잘 되도록 한 가스 버너이다.

해답 (1) 건형(센터 파이이어형) 가스 버너
(2) 멀티스폿형(다분기관형) 가스 버너
(3) 링형 가스 버너
(4) 스크롤형 가스 버너

51. 다음 문장의 ( ) 속에 있는 것 중 옳은 것을 쓰시오.

연료 배관은 연료 탱크의 위치에 따라 단관식과 복관식이 있다. 이 중 단관식 배관 방법은 연료 탱크의 위치가 버너의 펌프 위치보다 (① 높을 때/낮을 때) 사용하며, 공기배출장치가 (② 필요 없다/필요하다).

해답 ① 높을 때 ② 필요하다.

참고 복관식 배관 : 연료 탱크가 버너의 오일펌프보다 낮게 설치되는 경우이며 공기 방출기가 필요 없으며 환유관이 설치된다.

52. 보일러용 유류 탱크는 통기관을 설치하도록 되어 있다. 다음 물음에 답하시오.
(1) 통기관의 지름
(2) 지상으로부터 통기관 개구부의 높이
(3) 개구부의 굽힘각

해답 (1) 40 mm 이상 (2) 5 m 이상 (3) 40° 이상
참고 ① 통기관 내경의 크기는 최소 40 mm 이상이어야 한다.
② 개구부는 40° 이상의 굽힘을 주고 인화방지를 위하여 금속제의 망을 씌운다.
③ 통기관에는 일체의 밸브를 사용해서는 안 된다.
④ 개구부의 높이는 지상에서 5 m이상이어야 하며 반드시 옥외에 있어야 한다.

53. 유전자밸브(솔레노이드밸브)에 신호를 주는 부속장치 종류 3가지를 쓰시오.

해답 ① 압력차단장치(압력차단기) ② 저수위 경보기 ③ 화염검출기

54. 보일러 연소장치에서 연소효율 상승을 위해 사용하는 보염장치의 종류 4가지를 쓰시오.

해답 ① 윈드 박스 ② 콤버스터 ③ 스테빌라이저(보염기) ④ 버너 타일

55. 연소온도(화염온도)에 영향을 미치는 요소 3가지를 쓰시오.

해답 ① 연료의 저위 발열량 ② 공기비 ③ 산소 농도

56. 연소속도에 영향을 미치는 인자 5가지를 쓰시오.

해답 ① 반응물질의 온도 ② 산소의 온도 ③ 촉매물질 ④ 활성화 에너지
⑤ 산소와의 혼합비 ⑥ 연소압력 ⑦ 연료의 입자

57. 연소온도를 높게 하기 위한 조건 5가지를 쓰시오.

해답 ① 발열량이 높은 연료를 사용할 것
② 연료를 될 수 있는 대로 완전연소시킬 것
③ 과잉공기량을 될 수 있는 한 적게 할 것
④ 연료 또는 공기를 예열해서 공급할 것
⑤ 복사에 의한 열의 방산을 적게 하기 위해 연소속도를 빨리 할 것

58. 연료를 완전연소시키기 위한 조건 5가지를 쓰시오.

해답 ① 연소실 온도를 고온으로 유지시킬 것
② 연료 및 연소용 공기를 예열하여 공급할 것
③ 연료와 연소용 공기의 혼합을 잘 시킬 것
④ 연소실 용적은 연료가 완전연소되는 데 필요한 용적 이상일 것
⑤ 가능한 한 질이 좋은 연료를 사용할 것
⑥ 연료를 착화온도 이상으로 유지할 것
⑦ 통풍력을 좋게 할 것

59. 탄소 1 kg이 완전연소를 한 경우 발열량(kcal/kg)을 구하시오.

해답 $\dfrac{97200}{12} = 8100$ kcal/kg

참고 C + O_2 → CO_2 + 97200 kcal/kmol
↓
1 kmol(12 kg)

60. 황(S) 5 kg이 완전연소할 때 발열량(kcal)을 구하시오.

해답 $\dfrac{80000}{32} \times 5 = 12500$ kcal

참고 S + O_2 → SO_2 + 80000 kcal/kmol
↓
1 kmol(32 kg)

61. 프로판(C_3H_8) 1 kg 연소 시 발열량(kcal)을 구하시오.

(단, C + O_2 → CO_2 + 97200 kcal/kmol, H_2 + $\dfrac{1}{2}O_2$ → H_2O + 68000 kcal/kmol)

해답 $\dfrac{(97200 \times 3) + (68000 \times 4)}{44} = 12809.09$ kcal

62. 탄소(C) 3 kg 연소 시 ① 이론산소량(Nm^3)과 ② 이론산소량(kg)을 각각 구하시오.

해답 ① $\dfrac{22.4}{12} \times 3 = 5.6$ Nm^3 ② $\dfrac{32}{12} \times 3 = 8$ kg

63. 수소(H) 10 kg 연소 시 이론산소량의 ① 체적(Nm^3)과 ② 중량(kg)을 각각 구하시오.

해답 ① $\dfrac{11.2}{2} \times 10 = 56 \text{ Nm}^3$ ② $\dfrac{16}{2} \times 10 = 80 \text{ kg}$

64. 황(S) 5 kg 연소 시 이론산소량의 ① 체적(Nm^3)과 ② 중량(kg)을 각각 구하시오.

해답 ① $\dfrac{22.4}{32} \times 5 = 3.5 \text{ Nm}^3$ ② $\dfrac{32}{32} \times 5 = 5 \text{ kg}$

65. 단순기체($C_m H_n$) 연소 반응식을 쓰시오.

해답 $C_m H_n + \left(m + \dfrac{n}{4}\right) O_2 \rightarrow mCO_2 + \left(\dfrac{n}{2}\right) H_2O$

66. 메탄(CH_4) 5 Nm^3를 완전연소시키는 데 필요한 이론산소량(Nm^3)을 구하시오.

해답 $\dfrac{2 \times 22.4}{22.4} \times 5 = 10 \text{ Nm}^3$

참고
CH_4 + $2O_2$ → CO_2 + $2H_2O$
↓   ↓
1 kmol   2 kmol
(22.4 Nm^3 = 16 kg) (2×22.4 Nm^3)

67. 프로판(C_3H_8) 10 Nm^3를 완전연소시키는 데 필요한 이론산소량(Nm^3)과 연소가스 중 이산화탄소량(Nm^3)을 계산하시오.

해답 ① 이론산소량 = $\dfrac{5 \times 22.4}{22.4} \times 10 = 50 \text{ Nm}^3$

② 이산화탄소량 = $\dfrac{3 \times 22.4}{22.4} \times 10 = 30 \text{ Nm}^3$

참고
C_3H_8 + $5O_2$ → $3CO_2$ + $4H_2O$
↓   ↓   ↓   ↓
1 kmol   5 kmol   3 kmol   4 kmol
(22.4 Nm^3) (5×22.4 Nm^3) (3×22.4 Nm^3) (4×22.4 Nm^3)

68. 부탄(C_4H_{10}) 2 Nm^3 연소 시 필요한 이론산소량(Nm^3)과 생성되는 H_2O(Nm^3)를 계산하시오.

해답 ① 이론산소량 = $\dfrac{6.5 \times 22.4}{22.4} \times 2 = 13 \text{ Nm}^3$

② $H_2O = \dfrac{5 \times 22.4}{22.4} \times 2 = 10 \text{ Nm}^3$

참고

$$C_4H_{10} + 6.5O_2 \rightarrow 4CO_2 + 5H_2O$$

$$\downarrow \qquad \downarrow \qquad \qquad \downarrow \qquad \downarrow$$

$$1\,\text{kmol} \qquad 6.5\,\text{kmol} \qquad 4\,\text{kmol} \qquad 5\,\text{kmol}$$

$$(22.4\,\text{Nm}^3) \quad (6.5 \times 22.4\,\text{Nm}^3) \quad (4 \times 22.4\,\text{Nm}^3) \quad (5 \times 22.4\,\text{Nm}^3)$$

69. 프로판(C_3H_8) 2 kg과 부탄(C_4H_{10}) 3 kg을 연소시키는 데 필요한 이론산소량(Nm^3)을 구하시오.

해답 $\dfrac{5 \times 22.4}{44} \times 2 + \dfrac{6.5 \times 22.4}{58} \times 3 = 12.62\,\text{Nm}^3$

70. 부탄(C_4H_{10}) 2 Nm^3를 완전연소시키는 데 필요한 이론공기량(Nm^3)을 계산하시오.

해답 $\dfrac{6.5 \times 22.4}{22.4} \times \dfrac{100}{21} \times 2 = 61.90\,\text{Nm}^3$

71. 프로판(C_3H_8) 5 Nm^3을 완전연소시키는 데 필요한 (1) 이론산소량(Nm^3)과 (2) 이론공기량(Nm^3)을 각각 구하시오.

해답 (1) 이론산소량 = $\dfrac{5 \times 22.4}{22.4} \times 5 = 25\,\text{Nm}^3$

(2) 이론공기량 = $\dfrac{5 \times 22.4}{22.4} \times \dfrac{100}{21} \times 5 = 119.05\,\text{Nm}^3$

72. 메탄(CH_4) 10 Nm^3 완전연소시키는 데 필요한 이론공기량(Nm^3)을 계산하시오.

해답 $\dfrac{2 \times 22.4}{22.4} \times \dfrac{100}{21} \times 10 = 95.24\,\text{Nm}^3$

73. (   ) 안에 알맞은 말을 써넣으시오.

(1) 공기비 = $\dfrac{(\text{①})\text{공기량}}{(\text{②})\text{공기량}}$ (2) 과잉공기비 = (③) − 1

해답 ① 실제   ② 이론   ③ 공기비

74. 다음 (   ) 안에 알맞은 숫자를 써 넣으시오.

기체 연료의 공기비는 ① (   ) 정도이며, 액체 연료의 공기비는 ② (   ) 정도이다.

해답 ① 1.1~1.3   ② 1.2~1.4

참고 고체 연료의 공기비는 1.4~2.0 정도이며, 미분탄 연료의 공기비는 1.2~1.4 정도이다.

75. 실제공기량을 A, 이론공기량을 A_0, 공기비를 m이라 할 때 다음 물음에 답하시오.

(1) 실제공기량 A를 구하는 식을 A_0와 m을 사용하여 표시하시오.
(2) 과잉공기량을 P라 할 때 P를 구하는 식을 A_0와 m을 사용하여 표시하시오.
   (단, $m > 1$이다.)

해답 (1) $A = m \times A_0$ (2) $P = (m-1) \times A_0$

---

76. 프로판(C_3H_8) 5 kg을 완전연소시켰을 때 CO_2 생성량(Nm^3)을 구하시오.

해답 $3 \times 22.4 \times \dfrac{5}{44} = 7.64 \ Nm^3$

참고
C_3H_8 + $5O_2$ → $3CO_2$ + $4H_2O$
↓ ↓ ↓ ↓
44 kg $5 \times 22.4 \ Nm^3$ $3 \times 22.4 \ Nm^3$ $4 \times 22.4 \ Nm^3$

---

77. 부탄(C_4H_{10}) 10 kg을 완전연소시켰을 때 H_2O 생성량(Nm^3)을 구하시오.

해답 $5 \times 22.4 \times \dfrac{10}{58} = 19.31 \ Nm^3$

참고
C_4H_{10} + $6.5O_2$ → $4CO_2$ + $5H_2O$
↓ ↓ ↓ ↓
58 kg $6.5 \times 22.4 \ Nm^3$ $4 \times 22.4 \ Nm^3$ $5 \times 22.4 \ Nm^3$

---

78. 연료를 연소시킬 때 노내로 실제로 공급된 공기량을 A, 이론공기량을 A_0라고 하며 A가 A_0의 m배가 되었다고 한다면 다음의 관계식은 무엇을 표시하는가를 각각 쓰시오.

(1) $\dfrac{A}{A_0} = m$ (2) $(m-1) \times 100$ (3) $A - A_0$

해답 (1) 공기비 (2) 과잉공기율 (3) 과잉공기량

---

79. 연료의 발열량 측정방법 3가지를 쓰시오.

해답 ① 열량계에 의한 방법
② 원소 분석에 의한 방법
③ 공업 분석에 의한 방법

PART 02 보일러 운전

제1장   보일러 운전 및 조작
제2장   보일러 종류, 구조 및 특성
제3장   보일러 취급 및 정비

CHAPTER 01 보일러 운전 및 조작

1. 보일러 가동 전의 준비사항

1-1 신설 보일러의 가동 전 준비사항

(1) 동(드럼) 내부 점검

비수방지관, 기수분리기 등의 부착물의 상태를 확인하고 공구 등의 잔류물이 남아 있는지를 확인한다.

(2) 연소 계통 점검사항

노벽, 연소실, 연도 등을 조사하며, 댐퍼(damper) 개폐상태, 버너(burner) 등도 조사·확인한다.

(3) 노벽 및 내화물의 건조

내화물은 가급적 잘 건조시켜야 하며, 약 2주일 정도 자연건조시킨 후 목재 같은 것을 태워 아주 약한 불로 3주야(72시간) 건조시킨다.

(4) 소다용액 보링(알칼리 세관)

보일러 내부에 부착된 유지분, 페인트류, 녹 등을 제거하여 과열, 부식을 방지하기 위하여 탄산소다(Na_2CO_3)를 0.1% 정도 용해시킨 후 저압 보일러에서는 0.2~0.3 MPa을 유지하여 2~3일간 끓인다. 그런 다음 분출하고 맑은 물로 충분히 세척한 후 다시 급수하여 규정된 압력까지 압력을 올려 안전밸브의 분출 시험도 한다.

(5) 외부 부속장치 점검

각종 부속장치, 연소장치, 통풍장치, 급수장치, 제어장치 등의 이상 유무를 확인 점검하여 안전 운전을 기하도록 한다.

1-2 사용 중인 보일러의 가동 전 준비사항

① 수면계의 수위 및 수면계를 점검한다.
② 압력계의 이상 유무, 각종 계기와 자동제어장치를 확인한다.
③ 연료 계통, 급수 계통 등을 확인 점검한다.
④ 연료예열기(oil preheater)를 작동시켜 연료를 예열시킬 수 있도록 한다.
⑤ 각 밸브의 개폐상태를 확인한다.
⑥ 댐퍼를 개방하고 프리퍼지를 행한다.

> **참고**
> ① 프리퍼지(pre-purge) : 점화 전 댐퍼를 열고 노내와 연도에 체류하고 있는 가연성 가스를 송풍기로 취출시키는 것을 말한다(30~40초 정도이나 대용량에서는 3분까지도 행한다).
> ② 포스트퍼지(post-purge) : 보일러 운전이 끝난 후 노내와 연도에 체류하고 있는 가연성 가스를 송풍기로 취출시키는 것을 말한다(30~40초 정도이나 대용량에서는 3분까지도 행한다).
> ③ 프리퍼지를 할 때 댐퍼는 연돌에서 가까운 것부터 열고 평형 통풍방식인 경우 통풍기는 흡입 송풍기를 먼저 가동시킨 후 압입 송풍기를 나중에 가동시킨다.

2. 보일러 점화, 운전 및 조작

2-1 유류 보일러의 점화

(1) 자동점화

점화 전 점검사항을 이행한 후 보일러 패널 모든 스위치를 자동으로 해 두고 메인 스위치를 켜고 기동 스위치를 켜면 시퀀스 제어(순차 제어)와 인터로크으로 행해지며, 그 순서는 다음과 같다.
① 공기 댐퍼가 개방되어 프리퍼지 실시
② 주버너 동작 시작
③ 노내압 조정(공기 댐퍼 조정)
④ 파일럿(점화) 버너 작동
⑤ 화염검출기 작동
⑥ 주버너 전자밸브가 열림과 동시에 주버너 점화
⑦ 파일럿 버너 가동 정지
⑧ 공기 댐퍼 및 메털링 펌프(자동유량 조절장치)가 작동하여 저연소에서 고연소로 조정된 부하까지 자동으로 조정

(2) 수동점화

점화 전에 점검사항을 충분히 이행한 후 다음 순서에 따라 점화를 해야 한다.
① 수면계 수위가 정상수위인가를 확인한다.
② 댐퍼를 개방하고 프리퍼지를 실시한다.
③ 주버너를 동작시킨다.
④ 댐퍼를 줄여서 노내압을 조정한다.
⑤ 파일럿 버너 스위치와 화염검출기의 스위치를 켠다.
⑥ 투시구로 점화 버너에서 정상적인 점화가 이루어졌는가를 확인하고 정상이면 주버너 스위치를 켠다.
⑦ 투시구로 주버너에서 정상적인 점화가 이루어졌는가를 확인하고 정상이면 파일럿 버너 스위치를 끈다.
⑧ 공기 댐퍼(1차 및 2차)를 먼저 조금 더 열어 두고 기름 조절밸브를 조금 더 열어 가면서 연소량을 조정해 나간다.

2-2 가스 보일러의 점화

가스 보일러는 대개 자동점화로 행해지므로 자동 유류 보일러와 점화 순서가 같으며, 다음 사항에 주의하여 점화를 하도록 한다.
① 배관 계통에 비눗물을 사용하여 누설 여부를 면밀히 검사한다.
② 연소실 내의 용적 4배 이상의 공기로 충분한 사전 환기(프리퍼지)를 행한다.
③ 댐퍼는 완전히 열고 행해야 한다.
④ 점화는 1회로 착화될 수 있도록 해야 하며 불씨는 화력이 큰 것을 사용한다.
⑤ 갑작스런 실화 시에는 연료의 공급을 즉시 차단하고 그 원인을 조사한다.
⑥ 긴급연료 차단밸브의 작동이 불량하면 점화 시의 역화 또는 가스 폭발의 원인이 되므로 점검을 철저히 행한다.
⑦ 점화용 버너의 스파크는 정상인가 확인하며 카본(탄화물) 부착 시에는 청소를 하여야 한다.
⑧ 점화용 연료와 주버너에 공급될 연료 가스의 압력이 적당한가를 확인한다.

3. 보일러 운전 중의 취급

3-1 증기 발생 시의 취급

(1) 연소 초기의 취급
① **급격한 연소를 피해야 한다** : 전열면의 부동팽창, 내화물의 스폴링 현상 그루빙이나 균열을 초래한다(특히, 주철제 보일러에서는 결정적인 손상의 원인이 될 수 있다).

② **압력 상승은 천천히 한다.**
 ㈎ 본체의 온도차가 크게 되지 않도록 한다.
 ㈏ 국부과열이나 균열, 누설 등이 생기지 않도록 충분한 시간을 주고 연소시킨다.
 ㈐ 초기의 가동시간은 보일러의 구조, 용량의 크기, 벽돌쌓기, 보일러 수의 온도, 급수온도 등에 따르지만, 패키지형 보일러와 같이 벽돌쌓기가 적은 보일러는 1~2시간 만에 정상압력으로 되도록 한다.

(2) 송기 및 증기 사용 중 유의사항
① 점화 전 주증기관 내의 응축수를 배출시킨다.
② 점화 후 증기 발생 시까지는 가능한 한 서서히 가열시킨다.
③ 주증기밸브 개방 시에는 압력계의 압력을 확인하면서 3분 이상 지속하여 서서히 개방한다(주증기관의 무리를 피하고 기수공발을 방지하기 위하여).
④ 2조의 수면계를 주시하여 항상 정상 수면을 유지하도록 한다.
⑤ 항상 일정한 압력을 유지하기 위하여 연소율을 가감한다.
⑥ 보일러 수의 누수 부분을 점검해야 한다(분출장치 계통 및 밸브).
⑦ 항상 수면계, 압력계, 연소실의 연소상태 등을 잘 감시하면서 운전하도록 해야 한다.

3-2 보일러 수위 감시 및 조절

급수는 1회에 다량으로 하지 말고 급수처리를 하여 연속적으로, 소량으로 일정량씩 급수를 해야 하며, 또한 급수장치 계통의 기능에 만전을 기해야 할 것이다.

(1) 수위 감시

정상수위는 수면계의 중간위치(유리관 $\frac{1}{2}$ 지점)를 기준으로 하고 항상 2조의 수면계 수위를 비교하여 일치해야 한다. 만약 수위차가 있다면 즉시 수면계를 시험 점검해야 한다.

(2) 수면계의 기능 점검

① 수면계는 1일 1회 이상 기능 점검 검사를 해야 한다.
② 최고사용압력이 0.1 MPa을 초과하는 증기 보일러는 저수위 안전장치를 설치해야 한다. (단, 소용량 보일러는 제외)
③ 수면계 기능 점검 순서(증기밸브, 물밸브는 열려 있고 드레인밸브는 닫혀 있는 상태)
　(가) 증기밸브, 물밸브를 잠근다.
　(나) 드레인밸브를 열어 내부응결수를 취출 시험한다.
　(다) 물밸브를 열어 물을 취출 시험한 후 물밸브를 잠근다.
　(라) 증기밸브를 열어 증기를 취출 시험한다.
　(마) 드레인밸브를 잠근다.
　(바) 물밸브를 연다.

(3) 수면계의 개수

증기 보일러에는 2개 이상의 유리 수면계를 부착하여야 하며(소용량 및 소형 관류 보일러는 1개), 다만 최고사용압력이 1 MPa 이하로써 동체의 안지름이 750 mm 미만의 것에서 그 중 1개는 다른 종류의 수면 측정장치로(검수콕) 하여도 무방하다(여기서 검수콕은 3개를 부착하며 최고수위, 정상수위, 최저수위에 각각 부착한다). 특히, 압력이 높은 보일러에서는 2개 이상의 원격지시 수면계를 시설하는 경우에 한하여 유리 수면계를 1개 이상으로 할 수 있다.

(4) 수면계의 유리관 파손 원인

① 외부에 충격을 받았을 때
② 유리관을 너무 오래 사용하였을 때
③ 유리관 자체의 재질이 나쁠 때
④ 상하의 너트를 너무 조였을 경우
⑤ 상하의 바탕쇠 중심선이 일치하지 않을 경우

3-3 연소량 조절 및 감시

(1) 연소량 조절 및 유의사항

① 무리한 연소를 하지 않는다. 보일러 본체나 벽돌벽에 강렬한 화염을 충돌시키지 않도록 주의하고 항상 화염의 흐르는 방향을 감시하는 것이 필요하다.
② 연소량을 급격히 증감하지 않는다. 연소량을 증가하는 경우에는 통풍량을 먼저 증가시키고, 연소량을 감하는 때에는 연료의 투입을 먼저 감소시키는 것이 중요하다. 이것을 역으로 행해서는 안 된다(역화의 원인).

③ 2차 공기의 양을 조절하여 불필요한 공기의 노내 침입을 방지하고 노내를 고온으로 유지한다.
④ 가압 연소에 있어서는 단열재나 케이싱(casing)의 손상, 연소가스 누출을 방지함과 동시에 통풍계를 보면서 통풍압력을 적정하게 유지해야 한다.
⑤ 연소가스 온도, CO_2 [%], 통풍력 등의 계측값에 의거하여 연소의 조절에 노력해야 한다.

(2) 유류 및 가스 연소 조절 시 유의사항

① 연소 중에 돌연 불이 꺼지는 경우가 있는데, 이때는 즉시 연료밸브를 닫고 댐퍼를 전부 전개하여 충분히 환기하지 않으면 안 된다.
② 저연소율로 연소할 때에는 연소가 불안정하므로 화염을 주시해야 된다.
③ 저연소율이란 이 이하로 감하면 연소가 불안정하게 되어 위험하다는 최저한도로써 일반적으로 최대용량의 30 % 정도라고 한다.
④ 연료밸브의 조작에 관해서는 이것을 여는 경우에는 반드시 공기를 보내고 나서 연료밸브를 조작하고, 또 닫는 경우에는 무엇보다도 먼저 연료밸브를 조작하는 것이 필요하다.

4. 보일러 정지 시의 취급

(1) 정지 시 유의사항

① 증기를 사용하는 곳과 연락을 취하여 작업 종료 시까지 필요한 증기를 남기고 운전을 멈춘다.
② 벽돌쌓기가 많은 보일러에서는 벽돌쌓기의 여열로 압력이 상승하는 위험이 없는 것을 확인하여 주증기밸브를 닫는다.
③ 보일러의 압력을 급격히 내려가지 않게 한다.
④ 보일러 수는 상용 수위보다 약간 높게 하고 급수 후에는 급수밸브, 주증기밸브를 닫고 주증기관 및 증기헤드에 설치된 드레인밸브를 반드시 열어 놓는다.
⑤ 다른 보일러와 증기관의 연락이 있는 경우에는 그 연락밸브를 닫는다.
⑥ 정지 후에는 노내 환기를 충분히 시키고 댐퍼를 닫는다.

(2) 일반적인 보일러 정지 순서

① 연료량과 연소용 공기량을 천천히 줄여 연소율을 낮춘다.
② 연료의 공급밸브를 닫아 소화시킨다.
③ 송풍기로 포스트퍼지를 행한다.
④ 송풍기 가동을 중단(연소용 공기 공급을 중단)한다.

⑤ 연소용 공기 댐퍼를 닫는다.
⑥ 주증기밸브를 닫고 드레인밸브를 연다.
⑦ 보일러 패널 주전원 스위치를 끈다.

(3) 운전 종료 후 유의사항

① 연소실 내의 축적된 열로 인한 압력 상승을 방지하기 위하여 증기를 완전소비시킨 후 급수를 교환한다.
② 다음날 안전 운전을 대비하여 급수는 상용수위보다 약간 높게 해 주어야 한다(다음날 분출 작업을 용이하게 하기 위하여).
③ 모든 밸브의 개폐를 확인하고 버너 팁(burner tip)을 잘 손질해 두어야 하며, 노내에 여분의 기름이 들어가지 않도록 해야 한다.
④ 각종 배관의 누설 유무를 확인한다.

(4) 보일러 비상정지 순서

① 연료의 공급밸브를 잠가 소화한다.
② 송풍기를 가동시켜 노내 환기를 시킨다.
③ 버너와 송풍기 가동을 중지시킨다.
④ 연소용 공기 댐퍼를 닫는다.
⑤ 압력은 서서히 하강시키고 보일러를 자연 냉각시킨다.
⑥ 이상 유무(과열 부분 확인 등) 확인 및 비상사태(이상감수, 압력초과 등) 원인을 조사하고 조치한다.

보일러 종류, 구조 및 특성

1. 보일러의 개요 및 분류

　보일러(boiler)란 강철제 및 주철제 보일러를 말하며, 밀폐된 압력용기 속에 열매체(열매)인 물을 공급해서 여기에 연소가스의 열을 가하여 대기압 이상의 증기 또는 온수를 발생시키는 장치이다(일반적인 열매체인 물 대신에 비점이 낮은 수은, 다우섬액(다우섬 A, 다우섬 E), 카네크롤, 모빌섬액, 세큐리티, 에스섬, 바렐섬, 서모에스 등을 사용하여 저압에서도 고온의 증기를 얻을 수 있는 특수 열매체 보일러도 있다).

> **참고**
> 특수 열매체 중에서 다우섬액이 가장 많이 사용되며, 인화성 물질이므로 안전밸브를 밀폐식 구조로 해야 한다.

1-1 보일러의 구성

　보일러의 구성 3대 요소는 보일러 본체, 연소장치, 부속장치(부속설비)이다.

(1) 보일러 본체(boiler proper)

　보일러를 형성하는 몸체를 말하며 증기나 온수를 발생시키는 동(드럼)을 말한다(수관보일러에서는 수관).

　　　　　보일러 통＝보일러 동(胴＝shell)＝보일러 드럼(drum)

> **참고**
> ① 보일러 동(드럼) 내부에는 물이 $\frac{2}{3} \sim \frac{4}{5}$ 정도 채워지며, 이를 수부(수실)라고 하며 발생되는 증기가 차 있는 증기부(증기실)로 되어 있다.
> ② 보일러 수부(수실)가 크면 부하(負荷)변동에 응하기 쉽고, 증기부(증기실)가 작으면 캐리오버(carry over＝기수공발)를 일으키기 쉽다.

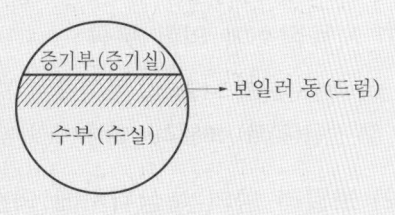

(2) 연소장치 (combustion equipment)

연료를 연소시키는 장치들을 말하며, 연소실(화실=노), 버너(burner), 화격자(로스터), 연도(煙道), 연돌(굴뚝), 연통 등이 있다.

(3) 부속설비 (attachment equipment=부속장치)

보일러를 안전하고 효율적으로 운전하기 위하여 사용되는 부속장치들을 말하며, 다음과 같이 분류할 수 있다.

① **안전장치** : 안전밸브, 방출밸브, 고·저수위 경보기, 유전자밸브, 방폭문(폭발문), 화염검출기(불꽃검출기), 가용마개(용융마개), 압력제한기 등
② **지시 기구장치** : 압력계, 수고계, 수면계, 유면계, 온도계, 급유량계, 급수량계, 통풍계(드래프트 게이지), CO_2 미터, O_2 미터 등
③ **급수장치** : 급수 탱크, 급수 배관, 급수펌프, 인젝터, 환원기(return tank), 급수내관, 응축수탱크, 급수정지밸브, 체크밸브(역지밸브) 등
④ **송기장치** : 주증기관, 보조증기관, 주증기밸브, 보조증기밸브, 비수방지관, 기수분리기, 신축이음장치, 증기헤드, 증기 트랩(steam trap), 감압밸브 등
⑤ **분출장치** : 분출관, 분출밸브, 분출콕 등
⑥ **여열회수장치(폐열회수장치)** : 과열기, 재열기, 절탄기, 공기예열기
⑦ **통풍장치** : 송풍기, 댐퍼, 연도, 연돌, 연통 등
⑧ **처리장치** : 집진기, 수트 블로어(그을음 불개), 급수처리장치, 스트레이너(여과기), 재처리장치, 와이어 브러시 등
⑨ **연료공급장치** : 기름 저장 탱크, 서비스 탱크, 급유펌프, 송유관, 유예열기(오일 프리히터) 등
⑩ **동 내부 부착품** : 급수내관, 비수방지관, 기수분리기 등
⑪ **제어장치** : 압력조절장치, 유량조절장치, 온도조절장치, 유면조절장치, 급수조절장치, 제어모터 등

1-2 보일러의 분류

(1) 사용장소에 의한 분류

① **육용(陸用) 보일러** : 육지에서 사용하는 보일러(육상용 보일러)
② **선용(船用) 보일러** : 선박에서 사용하는 보일러(해상용 보일러=박용 보일러)

(2) 보일러 동의 축심위치에 의한 분류 (동의 설치방향에 따른 분류)

① **횡형(橫型) 보일러** : 보일러 동의 축심이 횡으로 된 보일러(horizontal type boiler)
② **입형(立型) 보일러** : 보일러 동의 축심이 수직으로 된 보일러(vertical boiler)

(3) 연소실의 위치에 의한 분류

① **내분식(內焚式) 보일러** : 보일러 본체(드럼) 속에 연소실을 갖는 보일러(입형 보일러, 노통 보일러, 노통 연관 보일러)
② **외분식(外焚式) 보일러** : 보일러 본체(드럼) 밖에 연소실을 갖는 보일러(횡연관 보일러, 수관 보일러, 관류 보일러)

(4) 형식에 의한 분류

① **원통형 보일러** : 보일러 본체가 원통으로 된 보일러
② **수관 보일러** : 보일러 본체가 수관으로 구성된 보일러

(5) 구조에 의한 분류

보일러의 종류			
원통형 (둥근형) 보일러	입형(직립형) 보일러	입형 횡관 보일러, 입형 연관 보일러, 코크란 보일러	
	횡형(수평형) 보일러	노통 보일러	코니시 보일러, 랭커셔 보일러
		연관 보일러	횡연관 보일러, 기관차 보일러, 케와니 보일러
		노통연관 보일러	스코치 보일러, 하우덴 존슨 보일러, 노통 연관 패키지 보일러
수관식 보일러	자연순환식 수관 보일러	배브콕 보일러, 스네기지 보일러, 타쿠마 보일러, 2동 수관 보일러, 2동 D형 수관 보일러, 야로우 보일러, 3동 A형 수관 보일러, 가르베 보일러, 스털링 보일러	
	강제순환식 수관 보일러	라몬트 보일러, 벨록스 보일러	
	관류 보일러	벤슨 보일러, 슐처 보일러, 소형 관류 보일러, 엣모스 보일러, 람진 보일러	
특수 보일러	주철제 섹셔널 보일러	주철제 증기 보일러, 주철제 온수 보일러	
	특수 열매체 (액체)보일러	• 열매체의 종류 : 수은, 다우섬, 카네크롤, 모빌섬 • 종류 : 수은 보일러, 다우섬 보일러, 세큐리티 보일러	
	폐열 보일러	하이네 보일러, 리 보일러	
	간접가열식 (2중증발)보일러	슈미트 보일러, 뢰플러 보일러	
	특수 연료 보일러	특수 연료의 종류 : 버케이스, 바크, 흑액, 소다회수	
	전기 보일러		

(6) 이동 여하에 의한 분류

① **정치 보일러** : 일정한 장소에 설치하는 보일러(육용 보일러)
② **운반 보일러** : 기관차나 선박에 설치되어 이동하는 보일러

(7) 보일러 본체의 구조에 의한 분류

① **노통 보일러** : 둥근 보일러 중에서 동(胴) 내에 노통만이 있는 보일러(코니시 보일러, 랭커셔 보일러)
② **연관 보일러** : 동 내에 노통의 유무에 관계없이 다수의 연관이 있는 보일러

> **참고**
> ① 연관 : 관 안에 연소가스가 통하고 관 외면에 물과 접촉하는 관
> ② 수관 : 관 안에 물이 통하고 관 외면에 연소가스가 접촉하는 관

(8) 증기의 용도에 의한 분류

① **동력 보일러** : 보일러에서 발생한 증기를 각종의 동력에 사용하는 보일러
② **난방 보일러** : 겨울철 난방에 사용하는 보일러
③ **가열용 보일러** : 단순히 화학장치나 기타 가열에 사용하는 보일러
④ **온수 보일러** : 취사(炊事)나 위생, 목욕탕 등에 사용하는 보일러

(9) 열가스의 종류에 의한 분류

① **폐열 보일러** : 시멘트로의 여열, 가스발생로 또는 제강로로부터의 폐가스를 이용해서 증기를 발생시키는 보일러
② **배기 보일러** : 디젤기관의 배기를 이용하여 가열하는 보일러

(10) 구성하는 재료에 따른 분류

① **강제 보일러** : 보일러 재질을 연강 철판으로 만든 보일러
② **주철제 보일러** : 보일러 재질을 주철로 만든 보일러

> **참고**
> 주철제 보일러는 저압난방용으로 사용한다.

(11) 물의 순환방식에 따른 분류

① **자연순환식 보일러** : 보일러 수의 비중량 차에 의하여 자연적으로 순환되는 보일러
② **강제순환식 보일러** : 순환펌프로 보일러 수를 강제로 순환시키는 보일러를 말하며, 관류 보일러도 일종의 강제순환식이다.

(12) 가열 형식에 따른 분류

① **직접가열식 보일러** : 보일러 본체 내의 물을 직접 가열시키는 형식의 보일러
② **간접가열식 보일러** : 보일러 본체 내의 물을 열교환기를 이용해 간접적으로 가열시키는 형식의 보일러로, 슈미트 보일러(schmidt boiler)와 뢰플러 보일러(löffler boiler)가 있다.

(13) 열매체에 따른 분류
증기 보일러, 온수 보일러, 열매체 보일러

(14) 사용 연료에 따른 분류
가스 보일러, 유류 보일러, 미분탄 보일러

2. 보일러의 종류 및 특성

2-1 원통형(둥근형) 보일러

(1) 입형 (수직형 = 직립형 = 버티컬(vertical)) 보일러

① 개요 : 보일러 동(드럼)을 수직으로 세워 하부에 설치된 연소실(화실=노)에서 화염이 승염상태이며 내분식 보일러이다.

> [참고]
> 입형 보일러의 종류를 열효율이 좋은 순서대로 나열하면, ① 코크란 보일러 → ② 입형 연관 보일러 → ③ 입형 횡관(수평관) 보일러 순이다.

② 특징
  (가) 장점
   ㉮ 설치면적을 작게 차지한다.
   ㉯ 설치비가 싸다.
   ㉰ 구조가 간단하고 취급이 용이하다.
   ㉱ 급수처리가 까다롭지 않다.
   ㉲ 내분식이므로 벽돌 쌓음이 필요없다.
  (나) 단점
   ㉮ 연소효율이 낮다.
   ㉯ 전열효율이 낮다.
   ㉰ 보일러 효율이 낮다.
   ㉱ 청소 및 검사가 불편하다.
   ㉲ 증기부가 좁아 습증기의 발생이 심하다.

③ 종류
  (가) 입형 횡관 보일러 : 입형 보일러 연소실 천장판에 횡관(수평관)을 2~3개 정도 설치하여 전열면적을 증가시킨 보일러이다.

> **참고**
>
> 입형 보일러에서 횡관(수평관)을 설치하는 목적
> ① 전열면적을 증가시키기 위하여
> ② 물의 순환을 좋게 하기 위하여
> ③ 화실 천장판과 화실 노벽을 보강하기 위하여

  ㈎ 입형 연관 보일러 : 연소실 천장판과 상부 관판에 많은 연관을 수직으로 배치시킨 보일러이다.
  ㈐ 코크란 보일러 : 수평으로 많은 연관을 배치시킨 보일러로써 입형 연관 보일러의 단점을 보강시켰으며 입형 보일러 중에서는 열효율이 제일 좋다.

(2) 노통 보일러

① **개요** : 원통형의 드럼을 본체로 하고 그 내부에 노통(flue tube)을 설치한 대표적인 내분식 보일러이며, 종류로는 노통이 1개인 코니시 보일러와 노통이 2개인 랭커셔 보일러가 있다.

  ㈎ 본체의 앞 경판과 뒷 경판을 노통으로 연결하였으며 열에 의한 노통의 신축을 허용하기 위해 평경판을 사용하고 거싯 버팀을 경판에 붙여 강도를 보강시켰다.
  ㈏ 노통 보일러에서 드럼보다 노통에 더 큰 안전율을 취해야 하는 이유는 노통은 항상 고온·고열의 열가스를 접하고 압축응력을 받고 있기 때문이다.
  ㈐ 노통 후부의 지름이 작은 이유는 벤투리관의 원리를 이용하여 열가스의 유통을 빠르게 하여 전열량을 많게 하기 위해서이다.
  ㈑ 노통을 편심(한쪽으로 기울어지게)으로 부착하는 이유는 물의 순환을 양호하게 하기 위해서이다.

② **특징**

  ㈎ 장점
   ㉮ 보유수량이 많아 부하(負荷)변동에 응하기 쉽다.
   ㉯ 구조가 간단하여 제작 및 취급이 간편하다.
   ㉰ 청소, 점검, 보수가 용이하다.
   ㉱ 양질의 물을 공급해야 하지만 수관 보일러나 관류 보일러에 비해 급수처리가 그다지 까다롭지 않다.
   ㉲ 보일러 수명이 길다.

  ㈏ 단점
   ㉮ 전열면적에 비해 보유수량이 많아 증기 발생에 소요되는 시간이 길다.
   ㉯ 보유수량이 많아 파열 시 피해가 크다.
   ㉰ 고압, 대용량에 부적당하다.
   ㉱ 내분식이어서 연소실의 크기와 형상에 제한을 받으므로 연료의 종류와 질에 구애를 받는다.

㈐ 보유수량에 비해 전열면적이 작아서 보일러 효율이 수관 보일러에 비해 낮다.

③ 종류

㈎ 코니시 보일러(cornish boiler) : 구조가 간단하고 보유수량이 많은 수평형 보일러로서 본체 내부에 노통을 1개 설치한 보일러이다.

㈏ 랭커셔 보일러(lancashire boiler) : 본체 내부에 노통을 2개 설치한 보일러로써 코니시 보일러보다 전열면적이 넓으며 보일러 효율도 높다.

> **참고**
>
> ① **경판(end plate)** : 동판의 양옆을 막아 놓은 판을 말하며, 강도가 큰 순서대로 나열하면 반구형 경판 → 반타원형 경판 → 접시형 경판 → 평경판이 있으며, 특히 평경판에서 거싯 스테이를 설치하여 강도를 보강시켰다.
>
> ② **거싯 스테이(gusset stay)** : 평경판의 강도를 보강하기 위하여 동판에 연결시킨 삼각 철판의 버팀이다.

㈐ 브리딩 스페이스(breathing space, 완충폭, 완충구역) : 노통 이음의 최상부와 거싯 스테이 최하부와의 거리를 말하며 최소한 230 mm 이상 유지해야 한다. 고열에 의한 노통의 신축작용으로 노통에 압축응력이 생기는데 이를 완화시키기 위한 완충구역을 말하며, 만약 이를 완화시키지 않으면 그루빙(도랑 모양의 선상 부식)이 발생되며 경판을 노후하게 만든다.

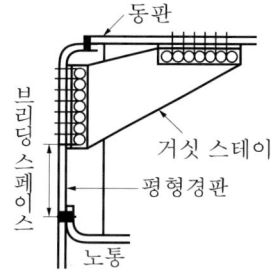

경판 두께에 따른 브리딩 스페이스

경판의 두께	브리딩 스페이스	경판의 두께	브리딩 스페이스
13 mm 이하	230 mm 이상	19 mm 이하	300 mm 이상
15 mm 이하	260 mm 이상	19 mm 초과	320 mm 이상
17 mm 이하	280 mm 이상		

㈑ 노통(flue tube) : 노통 입구는 연소실 구실을 하며, 노통으로 연소가스가 흐르면서 보일러 수에 열이 전해지도록 되어 있으며 평형노통과 파형노통이 있다.

㈎ 평형노통 : 원통형의 노통이며, 주로 저압 보일러에서 많이 사용된다.

㉠ 장점
- 내부청소 및 검사가 용이하다.
- 파형노통에 비해 통풍저항을 적게 일으킨다.
- 파형노통에 비해 스케일(scale, 관석) 생성이 적다.
- 제작이 쉽고 가격이 싸다.

ⓒ 단점
- 열에 의한 신축성이 나쁘다.
- 강도가 약하며 고압용으로 부적당하다.
- 파형노통에 비해 전열면적이 작다.

㉯ 파형노통 : 노통 표면이 파형을 이루고 있으며, 최근 노통 연관 보일러에서 많이 사용되고 피치(pitch)와 골의 깊이에 따라 여러 종류가 있다.
ⓐ 장점
- 열에 의한 신축성이 좋다.
- 외압에 대한 강도가 크다.
- 평형노통에 비해 전열면적이 크다.
ⓑ 단점
- 내부청소 및 검사가 불편하다.
- 평형노통에 비해 통풍저항을 많이 일으킨다.
- 스케일이 생성되기 쉽다.
- 제작이 어렵고 가격이 비싸다.

> **참고**
> ① 겔로웨이 튜브(galloway tube)는 노통 보일러의 노통에 2~3개 정도 설치한 관을 말하며, 설치목적은 다음과 같다.
>   ㉮ 전열면적을 증가시키기 위하여
>   ㉯ 보일러 수의 순환을 좋게 하기 위하여
>   ㉰ 노통을 보강하기 위하여
> ② 노통의 길이 이음은 용접 이음으로 하며, 노통의 원주 이음은 애덤슨 링을 사용하여 애덤슨 이음을 한다. 신축에 의한 노통의 무리가 없게 하고 소손의 위험성을 적게 하며, 노통의 강도를 증가시켜 준다.

(3) 연관 보일러(smoke tube boiler)

① 개요 : 횡연관(횡치형 다관식=수평형 연관) 보일러는 동(drum) 내에 노통 대신에 연관을 설치하여 전열면적을 증가시킨 보일러로써 원통형(둥근형) 보일러 중에서 외분식 보일러는 이 보일러뿐이다. 따라서, 연소실의 크기와 연료의 종류 및 질에 크게 제한을 받지 않으며, 노통 보일러에 비해 증기 발생이 빠르고 효율이 좋으나 청소 및 검사는 불편하다(특징은 노통 보일러의 특징을 참조).

② 종류
㉮ 기관차 보일러(locomotive boiler) : 기관차 보일러는 높이와 길이에 제한을 받으며, 굴뚝이 낮아서 통풍력이 약하고 구조가 복잡하여 수리가 용이하지 못하다.
㉯ 케와니 보일러(kewanee boiler) : 기관차 보일러를 개량시켜 육용으로 사용된 보일러이며, 효율이 비교적 좋아 난방, 온수용으로 많이 사용된다.

> 참고
>
> 관판에 연관을 확관기(tube expander)로 고정시켰으며, 관판을 보강하기 위하여 튜브 스테이(tube stay, 관 버팀)를 장착하였다.

(4) 노통 연관 보일러 (혼식 보일러, combination boiler)

① 개요 : 노통이 1개인 코니시 보일러와 횡연관 보일러의 장점을 취합한 보일러이며, 보일러 효율이 80~85% 정도로써 현재 중·소형 보일러로 가장 많이 사용하고 있다.

② 특징
 ㈎ 원통형 보일러 중에서는 효율이 가장 높다.
 ㈏ 내분식 보일러이므로 방사열량은 많다.
 ㈐ 원통형 보일러 중에서는 구조가 복잡한 편이다.
 ㈑ 패키지형이므로 운반·설치가 용이하다.

③ 종류
 ㈎ 선박용 보일러(marine smoke tube boiler) : 대표적인 선박용 보일러로는 스코치 보일러(scotch boiler)가 있으며, 동의 지름은 크지만 길이는 짧고 동 내부에 노통을 1~4개 정도 설치하여 되돌림 연관(return smoke tube)을 설치한 보일러이다.
 ㈏ 하우덴 존슨 보일러(Howden Johnson boiler) : 스코치 보일러의 단점을 보완하여 개량시킨 보일러이다.

2-2 수관 보일러

(1) 수관 보일러

① 개요 : 수관 보일러(water tube boiler)는 지름이 작은 동(드럼)과 수관으로 구성되어 있으며 수관을 주체로 한 보일러이다. 동과 수관의 지름이 작으므로 고압용으로 사용되며, 전열면적에 비해 보유수량이 적어 증발속도가 빠르다. 따라서 증발량이 많아 대용량에 적합하며 모두가 외분식 보일러이다.

> 참고
>
> (1) 수관(water tube)
> ① 강수관 : 상부 기수 드럼의 물이 하부 물 드럼으로, 내려오는 관
> ② 승수관 : 물이 가열되어 하부 물 드럼에서 상부 기수 드럼으로, 올라가는 관
> (2) 동(드럼)의 유무(有無)에 따라
> ① 무동식 : 관류 보일러(벤슨 보일러, 슐처 보일러, 엣모스 보일러, 람진 보일러)
> ② 단동식 : 배브콕 보일러, 하이네 보일러
> ③ 2동식 : 타쿠마 보일러, 스네기지 보일러, 2동 D형 수관 보일러 등
> ④ 3동식 : 야로우 보일러

(3) 수관의 경사도에 따라
① 수평관식   ② 경사관식   ③ 수직관식
(4) 수관의 형태에 따라
① 직관식   ② 곡관식(스털링 보일러, 2동 D형 수관 보일러)
(5) 수관을 마름모꼴로 배치하는 이유는 전열에 유리하기 때문

② 특징
(가) 장점
㉮ 보일러 수의 순환이 좋고 관류 보일러 다음으로 보일러 효율이 제일 좋다.
㉯ 수관의 관지름이 작고 보유수량에 비해 전열면적이 커서 고압, 대용량에 적당하다.
㉰ 보유수량이 적어서 파열 시 피해가 적다(원통형 보일러에 비하여).
㉱ 보유수량은 적고 전열면적이 커서 증발이 빠르며 급수요에 응하기 쉽다.
㉲ 외분식이므로 연소실의 크기와 형상을 자유로이 할 수 있어 연료의 질에 크게 구애를 받지 않는다.

(나) 단점
㉮ 보유수량에 비해 전열면적이 크므로 압력변화가 크고, 따라서 부하변동에 응하기 어렵다.
㉯ 증발량이 많아서 수위변동이 심하므로 급수조절에 유의해야 한다.
㉰ 스케일(scale)의 생성으로 인하여 급수처리를 철저히 해야 한다.
㉱ 일반적으로 구조가 복잡하므로 청소, 검사, 보수가 불편하다.
㉲ 취급자의 기술 숙련을 필요로 하며 제작이 어려워 가격이 원통형 보일러에 비해 비싸다.

③ 종류
(가) 자연순환식 수관 보일러(natural circulation boiler)
보일러 수의 온도상승에 따라 물의 비중량 차에 의하여 자연순환이 되는 보일러로써, 그 종류에는 배브콕 보일러, 타쿠마 보일러, 하이네 보일러, 스네기지 보일러, 야로우 보일러, 2동 D형 수관 보일러 등이 있다.

> **참고**
> **자연순환식 보일러에서 자연순환을 양호하게 하려면,**
> ① 강수관이 가열되지 않게 한다(승수관 내 물과의 온도차를 크게 하기 위해).
> ② 수관의 관지름을 크게 한다.
> ③ 수관을 수직으로 배치한다.

㉮ 배브콕 보일러(Babcock boiler) : 대표적인 수관 보일러로써 기수 드럼 1개와 하부에 관모음 헤더 2개를 설치하여 수관군의 경사도를 15°로 배치한 보일러이다.
㉯ 타쿠마 보일러(Takumas boiler) : 상부에 기수 드럼 1개와 하부에 물 드럼 1개를 설치하여 기수 드럼과 물 드럼 사이에 수관군을 45°로 배치한 보일러이며, 다른

보일러에 비해 구조가 간단하고 열효율이 좋은 보일러이다.
- ㉰ 하이네 보일러 : 대표적인 폐열 회수 보일러이며, 구조적으로는 배브콕 보일러와 유사하고 수관군의 경사도가 15°이다.
- ㉱ 스네기지 보일러 : 증기 드럼과 물 드럼의 길이가 짧고, 상부 기수 드럼 경판과 하부 물 드럼 경판에 수관군의 경사도가 30°가 되게 수관들을 배치하였으며 소형 난방용으로 사용된다.
- ㉲ 야로우 보일러(yarrow boiler) : 상부에 기수 드럼 1개와 하부 좌·우 측에 물 드럼 2개를 설치하여 수관군과 수관군의 각도가 60~100°가 되게 설치한 3동 A형 보일러이다.
  - ㉠ 기수 드럼 1개와 물 드럼 2개가 있다.
  - ㉡ 다른 수관 보일러에 비해 연료소비량이 많고 증기발생량은 많은 편이다.
  - ㉢ 물의 순환이 나쁘며 보일러 효율이 낮은 편이다.
  - ㉣ 수리, 교체가 불편하다.
- ㉳ 2동 D형 수관 보일러 : 다른 수관 보일러는 강수관이 승수관과 함께 2중관으로 구성되어 있으나, 이 보일러는 강수관을 별도로 마련하여 물의 순환력을 높인 보일러로써 현재 산업용 및 난방용으로 널리 사용되고 있는 보일러이다.
  - ㉠ 수관이 곡관형으로 열에 의한 신축이 용이한 편이다.
  - ㉡ 물의 순환력이 좋고 증발량이 많아 대용량에 적당하다.
  - ㉢ 복사열 흡수가 잘된다.
  - ㉣ 부하변동이 심하며 수위조절이 어렵다.
  - ㉤ 구조가 복잡하여 청소, 검사, 수리가 불편하며 양질의 급수가 요구된다.
- (나) 강제순환식 수관 보일러(forced circulation boiler) : 보일러의 압력이 상승하면 포화수와 포화증기의 비중량(밀도) 차가 작아져서 보일러 수의 순환이 나빠지므로 순환펌프를 사용하여 보일러 수를 강제로 순환시켜 주는 보일러가 강제순환식 수관 보일러이며, 대표적으로 라몬트 보일러와 벨록스 보일러가 있다.

> **참고**
>
> **순환비** : 순환수량과 발생증기량과의 비를 말하며, 순환비 = $\dfrac{순환수량}{발생증기량}$ 이다.

- ㉮ 특징
  - ㉠ 순환펌프가 필요하다.
  - ㉡ 수관의 배치가 자유롭고 설치가 용이하다
  - ㉢ 증기 발생속도가 빠르며 열효율이 매우 높다.
  - ㉣ 취급이 까다롭고, 특히 수(水) 처리를 철저히 해야 한다.
  - ㉤ 수관지름을 작게 하여도 기동이 빠르다.
- ㉯ 종류

㉠ 라몬트 보일러(lamont boiler) : 대표적인 강제순환식 수관 보일러이며, 순환 펌프에 의하여 물의 유속을 15 m/s 정도로 순환시키고 각 수관마다 라몬트 노즐을 설치하여 송수량을 조절한다.

㉡ 벨록스 보일러(velox boiler) : 노내압을 높여 연소가스 속도를 200~300 m/s 정도 유지시켜 연소실 열부하를 상승시킨 형식이며, 부하변동에 대한 적응성이 좋고 설치면적을 작게 차지하는 보일러이다.

(2) 관류 보일러 (once-through boiler)

관류 보일러는 드럼이 없고 긴 수관으로 구성되어 있으며, 급수펌프에 의해 가열, 증발, 과열시켜 과열증기를 발생시키는 보일러로서 초고압 대용량 보일러에 적합하며, 또한 보일러 효율이 대단히 좋다. 종류로는 벤슨(benson) 보일러와 슐처(sulzer) 보일러가 있다. 관류 보일러에서 드럼이 필요 없는 이유는 순환비가 1이기 때문이다.

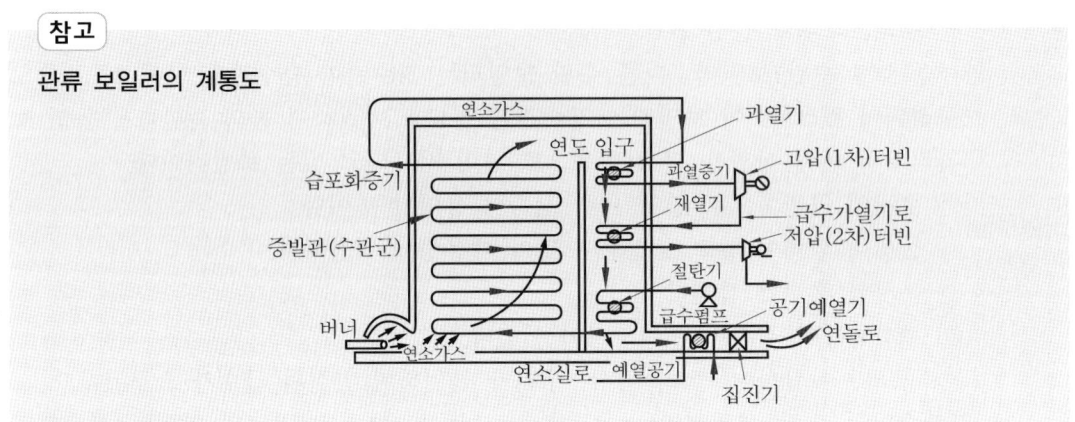

관류 보일러의 계통도

① 특징
(가) 장점
  ㉮ 보유수량이 적기 때문에 파열 시 피해가 적다(수관으로만 구성되어 있으므로).
  ㉯ 관지름이 작기 때문에 고압에 적당하다(전압이 작으므로).
  ㉰ 증발량이 많기 때문에 대용량에 적당하다(전열면적이 크므로).
  ㉱ 외분식이므로 연소실의 크기를 자유로이 할 수 있다.
  ㉲ 수관의 배치를 자유로이 할 수 있다.
  ㉳ 증발속도가 빠르고 가동시간이 짧다.
(나) 단점
  ㉮ 스케일로 인하여 수관이 과열되기 쉬우므로 수 관리를 철저히 해야 한다.
  ㉯ 보유수량이 적기 때문에 부하변동에 응하기 어렵다.
  ㉰ 구조가 복잡하여 청소 및 검사가 곤란하다.
  ㉱ 열팽창으로 인하여 수관에 무리가 많이 발생한다.
  ㉲ 연소제어 및 급수제어를 자동제어로 해야 한다.

> **참고**
> 관류 보일러는 드럼 없이 관으로만 구성되어 있으며, 시동시간이 15~20분 정도로 매우 짧고 부하 변동에 따라 급수, 연료의 자동조절을 위해 자동제어장치가 부착되어 있다.

② **종류** : 관류 보일러의 종류에는 벤슨 보일러, 슐처 보일러, 엣모스 보일러, 람진 보일러, 소형 관류 보일러(주로 저압 난방용 보일러로 사용)가 있다.

2-3 주철제 보일러

(1) 개요

주물로 제작한 섹션(section)을 5~14개 정도 조합해서 만든 보일러이며, 내식성이 우수하나 저압 소규모 난방용 보일러로 사용된다.
① **주철제 증기 보일러** : 최고사용압력이 0.1 MPa(1 kgf/cm^2) 이하이다.
② **주철제 온수 보일러** : 최고사용수두압이 50 mH$_2$O 이하이다(최고사용온수 온도는 120℃ 이하).

(2) 특징

① 장점
   (가) 내식성이 우수하다(부식에 강하다).
   (나) 섹션의 증감으로 용량조절이 용이하다.
   (다) 저압이므로 파열 시 피해가 적다.
   (라) 주형으로 제작하기 때문에 복잡한 구조로 설계할 수 있다.
   (마) 조립식이므로 운반 및 설치가 편리하다.

② 단점
   (가) 주철은 인장 및 충격에 약하다.
   (나) 고압 및 대용량에 부적당하다.
   (다) 내부청소 및 검사가 곤란하다(구조가 복잡하므로).
   (라) 열에 의한 부동팽창 때문에 균열이 생기기 쉽다.
   (마) 보일러 효율이 낮다.

2-4 특수 보일러

(1) 간접가열식 (2중 증발) 보일러

보일러 급수 속의 불순물로 인하여 스케일 등의 장애를 일으키지 않도록 하기 위하여 개발된 보일러를 간접가열식 보일러라고 하며 슈미트 보일러와 뢰플러 보일러가 있다.

(2) 특수 열매체 (특수 유체) 보일러

일반적으로 사용되는 열매체(열매)인 물은 비점이 높아 고온의 증기를 얻으려면 보일러 압력도 고압이어야 한다. 따라서 비점이 낮은 수은, 다우섬액(다우섬 A, 다우섬 E), 카네크롤, 모빌섬액, 세큐리티, 에스섬, 바렐섬, 서모에스 등을 사용하여 저압에서도 고온의 증기를 얻고자 개발된 보일러로써 급수처리장치와 청관제 약품이 필요 없는 이점이 있다.

> **참고**
> **다우섬** : 석유류의 정제과정에서 얻은 유기물이며 인화점은 약 70~110℃ 정도이다.

(3) 특수 연료 보일러

연료로서 가치가 없는 바크, 버케이스, 흑액 등을 사용하는 보일러이다.

(4) 폐열 보일러

용광로(고로), 제강로, 가열로 등에서 발생한 연소가스의 폐열을 이용한 보일러에는 하이네 보일러와 리 보일러가 있다.

> **참고**
> **폐열 보일러의 특징**
> ① 전열면의 수트(soot, 그을음) 등으로 오손을 일으키기 쉽다.
> ② 연료와 연소장치를 필요로 하지 않는다.
> ③ 매연분출장치를 필요로 한다.

(5) 전기 보일러

3. 보일러의 전열면적

한쪽에는 물이 닿고 다른 한쪽에는 연소가스가 닿을 때 연소가스가 닿는 쪽의 면적을 말하며, 단위는 m^2를 사용한다.

> **참고**
> ① 전열면적 계산 시 수관은 바깥지름이 기준이 되고 연관은 안지름이 기준이 된다.
> ② 보일러 전열면적은 접촉 전열면적과 복사 전열면적을 합한 면적이다.
> ③ 코니시 보일러의 전열면적 = $\pi Dl \, [m^2]$, 랭커셔 보일러의 전열면적 = $4Dl \, [m^2]$
>   (여기서, D : 동의 바깥지름(m), l : 동의 길이(m))

4. 스테이(stay, 버팀)의 종류

① **거싯 스테이(gusset stay)** : 한 장의 삼각 철판으로서 강판과 동판 또는 관판이나 동판의 지지 보강재로서 노통 보일러, 노통 연관 보일러의 평 경판에 사용하며, 판에 접속되는 부분이 큰 스테이이다.

② **관 스테이(tube stay, 튜브 스테이)** : 연관 보일러에 있어서 연관의 팽창에 따른 관판이나 경판의 팽출에 대한 보강재로서 총 연관의 30%가 관 스테이이며, 연관의 역할을 겸하는 스테이이다.

③ **경사 스테이(oblique stay)** : 동체판과 경판 또는 관판에 연강봉을 경사지게 부착하여 경판을 보강하는 스테이이며, 스코치 보일러 후경판 밑바닥을 보강하는 데 사용된다.

④ **나사 스테이(bolt stay)** : 좁은 간격으로 평형을 이루는 평판끼리 또는 만곡관끼리 연결하여 보강하는 봉 스테이와 같은 짧은 것을 말하며, 기관차 보일러 화실 측판과 경판을 보강하거나 스코치 보일러 후 경판 하부와 연소실 측판을 보강하는 데 사용된다.

⑤ **막대 스테이(bar stay, 봉 스테이)** : 평판부 등을 연강봉으로 보강한 스테이이며, 스코치 보일러의 간격이 좁은 두 개의 나란한 경판을 보강하는 스테이이다.

⑥ **거더 스테이(girder stay, 천장 스테이, 도리 스테이)** : 화실 천장판을 경판에 매달아 보강하는 둥근 막대 버팀으로 입형 보일러 화실 천장판이나 기관차 보일러 내화실 천장판에 사용한다 (막대 스테이 중에서 수직 방향으로 설치하는 것).

⑦ **도그 스테이(dog stay)** : 3개의 다리를 지지물(도그)의 중앙과 평판을 볼트로 체결하여 평판부를 보강하는 데 사용하며, 평판부의 면적이 좁은 곳에 한해 사용한다.

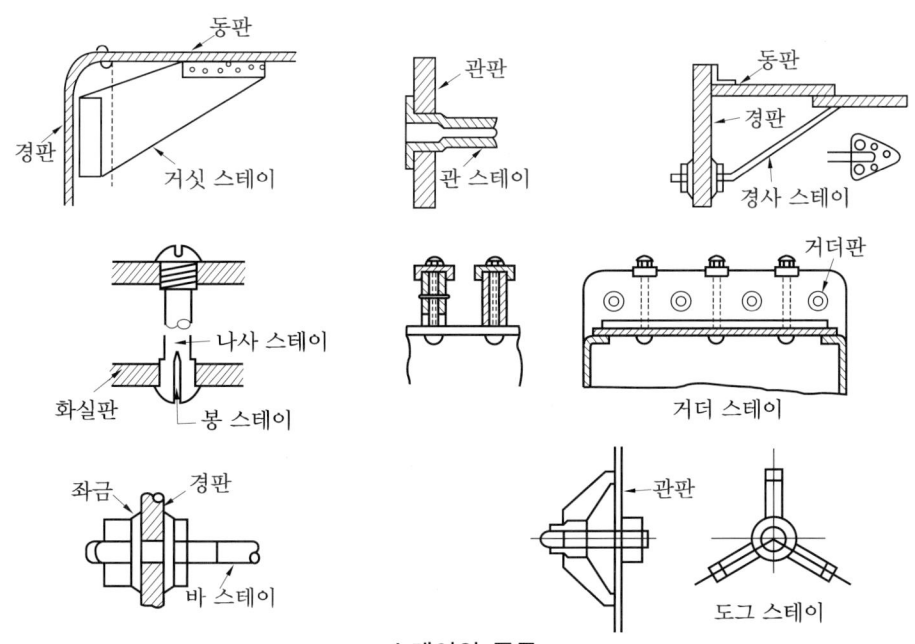

스테이의 종류

CHAPTER 03 보일러 취급 및 정비

1. 보일러 보존

1-1 보일러 보존법

보일러 사용 기술규격에서 보일러의 휴지(휴관) 보존법에는 보통 만수 보존법, 가열 건조법과 같은 단기 보존법과 소다 만수 보존법, 석회 밀폐 건조법, 질소 가스 봉입법과 같은 장기 보존법이 있다.

(1) 단기 보존법 (2~3개월 이내)

① **보통 만수 보존법** : 내부청소를 완전히 한 후 보일러의 정상부까지 만수하고 공기를 빼내고 휴관시킨다.
② **가열 건조법** : 보일러 내부의 물을 완전히 빼내고 약간 분화를 한 후 밀폐시켜 휴관한다.

(2) 장기 보존법 (2~3개월 이상)

① **소다 만수 보존법(청관 보존법)** : 알칼리도 약 300 ppm(NaOH)의 수용액을 사용하여 보통 만수 보존법과 같은 요령으로 한다.
② **석회 밀폐 건조법** : 휴관기간이 6개월 이상(최장기 보존법)이며 청소 및 건조 후 내부에 흡습제(건조제)를 넣어 놓은 후 밀폐시킨다.
③ **질소(N_2)가스 봉입법** : 건조 보존법에서 질소 가스(압력은 0.06 MPa 정도)를 넣어 봉입한다.

1-2 보일러 용수처리법

(1) 보일러 용수처리의 목적

① 스케일이 고착되는 것을 방지하기 위하여
② 보일러 수가 농축되는 것을 방지하기 위하여
③ 부식을 방지하기 위하여
④ 가성취화 현상을 방지하기 위하여
⑤ 포밍, 프라이밍, 캐리오버 현상을 방지하기 위하여

(2) 보일러 용수관리가 불량할 경우 미치는 장해
① 스케일이 생성되거나 고착한다.
② 전열면이 과열되기 쉽다.
③ 수면계의 기능을 저하시켜 수위 저하가 되기 쉽다.
④ 발생증기의 질이 저하한다.
⑤ 프라이밍을 조장하여 캐리오버 현상을 일으키기 쉽다.
⑥ 보일러 판과 관에 부식을 일으킨다.
⑦ 잦은 분출로 열손실이 증대한다.

(3) 보일러 용수(급수)처리법

보일러 용수 처리방법은 외처리(1차 처리)와 내처리(2차 처리)로 나누며, 그 나누는 성질에 따라 화학적 처리법, 물리적 처리법, 전기적 처리법으로 나눈다.

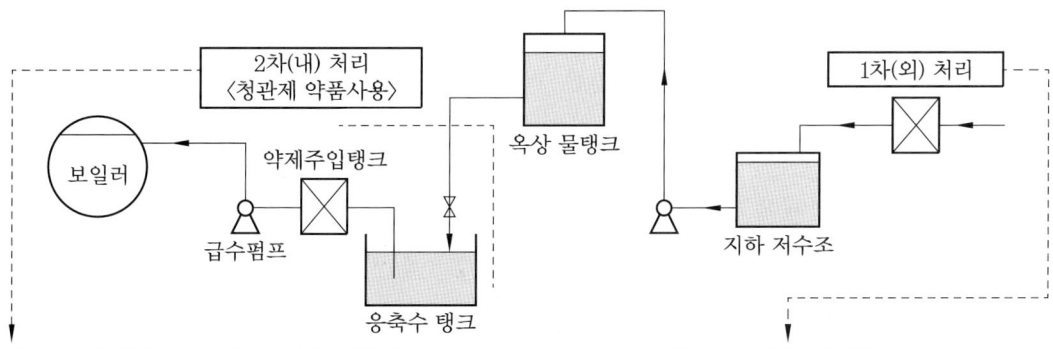

(1) pH조정제(알칼리 조정제, 중화 방청제)
  ① 탄산나트륨(탄산소다) → (고온·고압 보일러 사용 금물)
  ② 인산나트륨(인산소다)   ③ 수산화나트륨(가성소다)
  ④ 암모니아   ⑤ 히드라진
(2) 연화제 → 경도 성분을 침전시킨다(경도 성분을 슬러지화).
  ① 탄산나트륨 ② 인산나트륨 ③ 수산화나트륨
(3) 탈 산소제 → (용존 산소 제거)
  ① 아황산나트륨 → 저압 보일러용   ② 탄닌
  ③ 히드라진 → 고압 보일러용
(4) 슬러지 조정제 → 스케일 성분을 슬러지화시킨다.
  ① 탄닌 ② 니그린 ③ 전분
(5) 가성취화 억제제
  ① 탄닌 ② 니그린 ③ 인산나트륨 ④ 질산나트륨

(1) 현탁질 고형물 제거법
  ① 여과법
  ② 침전법(침강법)
  ③ 응집법
(2) 용존 고형물 제거법
  ① 증류법
  ② 이온 교환법
  ③ 약품 첨가법
(3) 용존 가스체 제거법
  ① 탈기법 : O_2(산소), CO_2(탄산가스) 제거
  ② 기폭법 : CO_2(탄산가스)
           Fe(철분), Mn(망간)
           NH_3(암모니아)
           H_2S(황화수소)

급수(용수) 처리방법

2. 보일러 청소 및 세관

보일러를 사용하다 보면 전열면에 그을음(soot), 재 등이 부착하고 그 이면에 급수로 인해 스케일, 슬러지 등으로 열전도가 방해되어 열효율 저하 및 과열로 인한 파열사고와 부식을 유발시키므로 이를 제거해야 하며, 또한 연도에 재가 고이면 통풍을 방해하며 연소를 저해시킨다. 이들을 제거하는 방법에는 내부청소와 외부청소로 대별할 수 있으며, 기계적인 방법에 의해서 하는 기계적 청소법과 화학약품으로 제거하는 화학적 청소법이 있다.

(1) 보일러의 청소 시기

① **내부청소의 시기**
  ㈎ 보일러의 계속사용 안전 검사가 연 1회이므로 이때는 내·외면의 완벽한 청소와 효율 유지를 위해 실시한다.
  ㈏ 일반적으로 급수처리를 하지 않는 저압 보일러에서는 연 2회 이상의 내면청소를 하여야 한다.
  ㈐ 본체, 노통, 수관, 연관 등에 부착한 스케일 두께가 1~1.5 mm 정도에 달했을 때 스케일을 제거해야 한다.
  ㈑ 보일러 내처리만의 보일러에서는 스케일이 고착할 염려가 있으므로 사용시간 1500~2000 시간 정도에서 청소한다.

② **외부청소의 시기**
  ㈎ 연도의 배기가스 온도, 통풍력을 기록해 두고, 청소 전, 청소 직후와 비교하여 차가 크면 실시한다(전열면에 그을음이 부착하면 배기가스 온도가 상승한다).
  ㈏ 전열면의 그을음 부착상태 연도 내에서 재의 쌓임 등이 많아 통풍력이 떨어질 경우에 청소한다.

(2) 내부청소법

보일러 내부청소법에는 기계적인 세관법과 화학적인 세관법이 있다.

① **기계적 세관법**
  ㈎ 리벳 이음에 무리가 생기지 않도록 서서히 냉각시키고 댐퍼를 열어서 외부공기에 의하여 냉각시키며 내부는 급수와 배수를 반복하여 냉각시킨다.
  ㈏ 다른 보일러와 연락을 차단한다.
  ㈐ 압력이 없으면 안전밸브를 열어서 보일러 내부의 진공상태를 파악한 후 맨홀을 열고 2~3시간 공기를 통한 후 보일러 내부를 청소한다.
  ㈑ 보일러 수를 완전히 배수시킨 후 분출밸브를 잠그고 맨홀 및 청소 뚜껑을 개방한 채로 2~3시간 방치하여 공기의 유통을 좋게 해 충분히 환기시켜 유독가스가 없도

록 해야 한다.
⑭ 동 내부로 들어가기 전에 다시 증기관, 급수관, 분출관 등이 다른 보일러에 연락되어 있을 때는 그들의 밸브나 콕을 닫아 증기나 물이 역류해 오지 않도록 해야 한다.
⑭ 보일러 안에서 조명에 전등을 사용할 때에는 전구에 철사 망을 씌우고 전선을 충분히 절연시켜 누전이나 연락이 끊어지는 것을 막아야 한다.
⑭ 스케일 해머, 스크레이퍼 등으로 판(板)이 손상되지 않도록 관석을 제거한다.
⑭ 부식 부분 손상이 일어나기 쉬운 부분은 깨끗이 청소하여 판별이 쉽도록 한다.
⑭ 각종 밸브, 콕 등을 떼어내고 깨끗이 정비하여 사용 중 증기 등이 누설되지 않도록 하고 급수내관 구멍 또는 각종 계기 연락관이 스케일에 막힌 곳은 없는가를 확인한다.
⑭ 불의의 사고를 방지하기 위해서 반드시 2명 이상이 작업을 하여야 한다.

② **화학적 세관법** : 화학 세관에는 산 세관, 알칼리 세관, 유기산 세관법이 있으나 산 세관이 가장 많이 이용되고 있다.
  ㈎ 산 세관 : 산의 종류 중 염산이 많이 사용되고, 일반적으로 염산 5~10 %(물에 염산을 용해 혼합할 때의 농도)에 부식 억제제(inhibitor)를 0.2~0.6 % 정도 혼합하여 온도를 333±5 K로 유지하고 약 4~6시간 정도 순환시켜 스케일을 제거한다.
    ㉮ 사용되는 산의 종류에는 염산(HCl), 황산(H_2SO_4), 인산(H_3PO_4), 질산(HNO_3)이 있으며 염산이 가장 많이 사용된다.
    ㉯ 부식을 억제하기 위하여 부식 억제제를 사용하며 경질 스케일(황산염, 규산염) 제거 시에는 용해촉진제(HF)를 소량 첨가한다.

> **참고**
>
> (1) **염산의 특징**
>   ① 취급이 용이하며 위험성이 적다.
>   ② 스케일 용해능력이 비교적 크다.
>   ③ 부식 억제제의 종류가 다양하다.
>   ④ 가격이 싸서 경제적이며 물에 대한 용해도가 크기 때문에 세척이 용이하다.
> (2) ① 규산염이나 황산염을 많이 포함한 경질 스케일은 염산에 잘 용해되지 않으므로 이때는 용해촉진제인 불화수소산(HF)을 소량 첨가하면 된다.
>   ② 중화방청 처리공정 : 산 세척 작업 후 씻은 물의 pH가 5 이상이 될 때까지 충분히 물로 씻은 후 중화 및 방청 처리를 하며 중화공정과 방청공정을 따로 할 경우와 같이 할 경우가 있다.
>   ㈎ 사용 약품 : 탄산나트륨(Na_2CO_3), 수산화나트륨(NaOH), 인산나트륨(Na_3PO_4), 아질산나트륨(Na_2NO_3), 히드라진(N_2H_2), 암모니아(NH_3)
>   ㈏ 방법 : 약액의 온도를 80~100℃로 가열하여 약 24시간 정도 순환 유지하고 pH 9~10에 유지하여 천천히 냉각 후 배출한다. 처리는 필요에 따라서 물로 씻는다.
>   ③ 부식 억제제의 종류 : 케톤톡, 알코올류, 수지계 물질, 아민 유도체, 알데히드류
>   ④ 부식 억제제의 구비조건
>   ㈎ 부식 억제능력이 클 것   ㈏ 점식 발생이 없을 것   ㈐ 물에 대한 용해도가 클 것
>   ㈑ 세관액의 온도 농도에 대한 영향이 적을 것   ㈒ 시간적으로 안정할 것

(3) 보일러 산 세관 시 주의사항
① 기기 각 부분의 뚜껑은 새지 않도록 블라인드 패치를 붙인다.
② 기기 본체 안에 철 시험편을 넣어 두고 산 세관이 끝난 다음 꺼내서 부식 유무를 조사한다.
③ 기기 본체 안 세관액을 넣을 때는 액체온도(60~80℃)와 기기 본체의 온도는 거의 같은 온도를 유지한다.
④ 산 세관 중에는 가스(CO_2 또는 H_2)가 발생하므로 위험하지 않은 실외로 배출하도록 유도관을 부착한다.

(나) 유기산 세관
  ㉮ 다른 세관방법은 부식 발생이 쉬워 부식 억제제를 사용하나 유기산 또는 암모늄은 거의 중성에 가까우므로 부식 억제제가 필요 없으며 안전한 세관법이다.
  ㉯ 유기산의 종류에는 구연산, 옥살산, 설파민산 등이 있으며 가격이 고가이다.
  ㉰ 유기산의 경우 수용액 온도는 363±278 K이 적당하다.
  ㉱ 구연산의 농도는 3% 정도가 적당하며, 특히 오스테나이트계 스테인리스강 세관에 쓰인다.

(다) 알칼리 세관
  ㉮ 암모니아(NH_3), 가성소다(NaOH), 탄산소다(Na_2CO_3), 인산소다(Na_3PO_4) 등을 단독 또는 혼합하며, 알칼리 농도를 0.1~0.5% 정도 유지하여 물의 온도를 70℃ 정도로 가열순환시켜 유지류 및 규산계 스케일 제거에 사용한다.
  ㉯ 알칼리 세관 시 가성취화에 의한 부식을 방지하기 위하여 질산나트륨($NaNO_3$) 또는 인산나트륨(Na_3PO_4) 등을 첨가한다.

(3) 외부청소법
보일러 외부에 부착한 그을음, 재 등을 제거하는 것으로 대개 기계적인 방법이 많이 사용되고 있다.

① **수트 블로어(soot blower, 그을음 제거기)** : 보일러의 전열면 외부나 수관 주위에 부착해 있는 그을음이나 재를 불어 제거시키는 장치이며 증기나 압축공기가 주로 사용된다. 압축공기식이 편리하지만 설비비, 운전비 면에서 증기분사식이 유리하다.

> **참고**
>
> **수트 블로어(soot blower)의 종류**
> ① 롱 레트랙터블형 : 긴 분사관에는 보통 그 선단부 근처에 2개의 노즐을 마주보는 방향으로 설치하고, 그 분사관을 사용 시 연소가스 통로 내에 진입시키는 것과 함께 회전을 주며 동시에 증기 또는 공기를 분사시켜 이물질을 제거한다. 보일러 고온부인 과열기나 수관 등의 고온의 열가스 통로 부분에 사용한다.
> ② 쇼트 레트랙터블형 : 분사관이 짧으며 1개의 노즐을 설치하여 연소실 노벽에 부착되어 있는 이물질을 제거한다.

> ③ 건형 : 보일러 노벽 부분에 타고 남은 찌꺼기를 제거하는 데 주로 사용하며 짧은 분사관을 가지고 있으며 분사관이 전·후진하고 회전을 하지 않는 형식이다. 미분탄 및 폐열 보일러 같은 연재가 많은 보일러에 사용한다.
> ④ 정치 회전형(로터리형 = 회전형) : 절탄기나 공기예열기, 보일러 전열면 등에 많이 사용되는 정치 회전식이다. 분사관을 정위치에 고정시키고 많은 노즐을 내부에 설치하여 관을 회전시켜 처리하는 장치이다.
> ⑤ 공기예열기 클리너형 : 자동식과 수동식이 있으며, 긴 연통관 끝에 분사관이 장치되어 예열관 내에 직각으로 증기를 뿜어 처리하는 장치이며 관형 공기예열기용에 사용되는 특수형이다.

② 스크레이퍼(scraper)

③ 와이어 브러시(wire brush) : 연관 내부 그을음 제거 시 사용한다.

④ 튜브 클리너(tube cleaner) : 수관 내에 부착한 스케일 제거에 사용하며 한 장소에서 3초 이상 머물지 않도록 해야 한다.

⑤ 스케일링 해머(scaling hammer)

⑥ 스케일 커터(scale cutter)

> **참고**
>
> **외부청소 순서**
> ① 노내를 충분히 환기시키고 노를 완전히 냉각시킨다.
> ② 연도 댐퍼를 개방하여 적절한 통풍력을 유지시킨다.
> ③ 그을음 제거 시에 고온부에서 저온부로 작업을 행한다.

3. 보일러 사고, 손상 및 방지 대책

3-1 보일러 사고 원인과 방지 대책

(1) 보일러 파열사고의 원인

① **취급 부주의** : 이상감수, 최고사용압력(제한압력) 초과, 미연소가스 폭발사고 등

② **제작상의 결함** : 설계 불량, 구조 불량, 용접 불량, 재료 불량 등

(2) 보일러 과열의 원인 및 방지 대책

과열의 원인	과열 방지 대책
① 보일러 이상감수 시	① 보일러 수위를 너무 낮게 하지 말 것
② 동 내면에 스케일 생성 시	② 보일러 동 내면에 스케일 고착을 방지할 것
③ 보일러 수가 농축되어 있을 때	③ 보일러 수를 농축시키지 말 것
④ 보일러 수의 순환이 불량할 때	④ 보일러 수의 순환을 좋게 할 것
⑤ 전열면에 국부적인 열을 받았을 때	⑤ 전열면에 국부적인 과열을 피할 것

(3) 압력초과의 원인

① 압력계 주시를 태만히 했을 때　② 압력계의 기능에 이상이 있을 때
③ 수면계의 수위를 오판했을 때　④ 수면계 연락관이 막혔을 때
⑤ 분출장치 계통에서 누수가 발생할 때　⑥ 급수펌프가 고장났을 때
⑦ 안전밸브의 기능에 이상이 있을 때　⑧ 급수내관에 이상이 생겼을 때
⑨ 이상감수 시

(4) 이상감수의 원인

① 수면계 수위를 오판했을 때　② 수면계 주시를 태만히 했을 때
③ 수면계 연락관이 막혔을 때　④ 급수펌프가 고장일 때
⑤ 분출장치 계통에서 누수가 발생했을 때

> **참고**
> **이상감수 시 응급조치 순서**
> ① 연료의 공급 정지 ⟶ ② 노내 환기 ⟶ ③ 연소용 공기 정지 ⟶
> ④ 주증기밸브 차단 ⟶ ⑤ 자연 냉각 ⟶ ⑥ 원인 분석 및 수위 확인 ⟶
> ⑦ 수위 유지 도모

(5) 역화 (back fire)

연소실에서 화염이 연소실 밖으로 되돌아 나오는 현상을 말한다.
① **역화의 원인**
  (가) 점화 시 착화가 늦을 경우(착화는 5초 이내에 신속히)
  (나) 점화 시 공기보다 연료를 먼저 노내에 공급했을 경우
  (다) 압입통풍이 너무 강할 경우와 흡입통풍이 부족할 경우
  (라) 실화 시 노내의 여열로 재점화할 경우
  (마) 연료밸브를 급개하여 과다한 양을 노내에 공급했을 경우
  (바) 노내에 미연소가스가 충만해 있을 때 점화했을 경우(프리퍼지 부족)

② 역화 방지 대책
    ㈎ 점화방법이 좋을 것(점화 시 착화는 신속하게)
    ㈏ 공기를 노내에 먼저 공급하고 다음에 연료를 공급할 것
    ㈐ 노 및 연도 내에 미연소가스가 발생하지 않도록 취급에 유의할 것
    ㈑ 점화 시 댐퍼를 열고 미연소가스를 배출시킨 뒤 점화할 것(프리퍼지 실시)
    ㈒ 실화 시 재점화를 할 때는 노내를 충분히 환기시킨 후 점화할 것
    ㈓ 통풍력을 적절히 유지시킬 것

(6) 포밍, 프라이밍, 캐리오버, 워터해머

① **포밍(forming, 물거품 솟음)** : 유지분, 부유물 등에 의하여 보일러 수의 비등과 함께 수면부에 거품을 발생시키는 현상
② **프라이밍(priming, 비수현상)** : 관수의 격렬한 비등에 의하여 기포가 수면을 파괴하고 교란시키며 수적이 비산하는 현상
③ **캐리오버(carry over, 기수공발)** : 용수 중의 용해물이나 고형물, 유지분 등에 의하여 수적이 증기에 혼입되어 운반되는 현상을 말하며, 포밍, 프라이밍에 의해 발생한다.

포밍, 프라이밍의 발생 원인과 방지 대책

발 생 원 인	방 지 대 책
① 주증기밸브를 급히 개방할 때	① 주증기밸브를 천천히 개방할 것
② 고수위로 운전할 때	② 정상수위로 운전할 것
③ 증기 부하가 과대할 때	③ 과부하가 되지 않도록 운전할 것
④ 보일러 수가 농축되었을 때	④ 보일러 수의 농축을 방지할 것
⑤ 보일러 수 중에 부유물, 유지분, 불순물이 많이 함유되어 있을 때	⑤ 보일러 수 처리를 철저히 하여 부유물, 유지분, 불순물을 제거할 것

  ㈎ 물리적 원인
    ㉮ 증발부 면적이 불충분할 때
    ㉯ 증기실이 좁든지 보일러 수면이 높을 때
    ㉰ 증기정지밸브를 급히 열든지 또는 부하가 돌연 증가하였을 때
    ㉱ 압력의 급강하가 일어나 격렬한 자기증발을 일으켰을 때
  ㈏ 화학적 원인
    ㉮ 나트륨 염류가 많고, 특히 인산나트륨이 많이 존재할 때
    ㉯ 유지류가 많을 때
    ㉰ 부유 고형물 및 용해 고형물이 많이 존재할 때
④ **수격작용(water hammer, 물망치작용)** : 증기 계통에 고여 있던 응축수가 송기 시 고온·고압의 증기에 이끌려 배관을 강하게 치는 현상이다(이로 인하여 배관에 무리를 가져오며 심지어는 파열을 초래한다). 다음과 같은 방법으로 방지할 수 있다.

㈎ 송기 시 주증기밸브를 서서히 개방할 것
㈏ 증기 배관 보온을 철저히 할 것
㈐ 드레인 빼기를 철저히 할 것
㈑ 증기 트랩을 설치할 것
㈒ 포밍, 프라이밍 현상을 방지할 것
㈓ 송기 전에 소량의 증기로 난관을 시킬 것

(7) 매연

연소에 의해 발생된 검댕, 일산화탄소(CO), 회분, 분진, 황산화물 등의 총칭이다.

> **참고**
> 매진 : 배기가스 중에 함유된 분진(주성분은 회분, 그을음)

① **매연 발생의 원인**
㈎ 통풍력이 부족하거나 과대할 때
㈏ 연소실 용적이 작을 때
㈐ 연료를 과대하게 공급하여 무리한 연소를 행하였을 때
㈑ 질이 낮은 연료를 사용하였을 때
㈒ 연소실 온도가 낮을 때
㈓ 공급된 연료와 공기가 혼합이 잘 안 될 때
㈔ 보일러 구조나 연소장치에 맞지 않는 연료를 사용할 때
㈕ 기름의 압력과 기름의 온도가 적당하지 않을 때
㈖ 취급자의 지식 미숙과 기술이 부족할 때

② **매연 발생의 방지 대책**
㈎ 통풍력을 적절히 조절할 것
㈏ 연소 기술을 향상시킬 것
㈐ 무리한 연소를 하지 말 것
㈑ 연소장치, 연소실을 개선할 것
㈒ 질이 좋은 연료를 사용할 것
㈓ 연소실의 온도를 적절히 유지할 것
㈔ 매연 제거장치인 집진장치를 설치할 것

> **참고**
> 연료가 불완전연소하면 매연 발생의 주원인이 된다.

3-2 보일러 손상과 방지 대책

(1) 부식의 종류

부식을 크게 두 가지로 나누면 외부부식과 내부부식으로 나눌 수 있으며, 외부부식에는 고온부식과 저온부식이 있고(산화부식도 있음), 내부부식에는 점식(pitting), 구식(grooving), 전면식(全面植), 알칼리부식이 있다.

(2) 외부부식 (외면부식)

① 발생 원인
　㈎ 보일러 외면의 습기나 수분 등과 접촉할 때
　㈏ 보일러 이음부나 맨홀, 청소구, 수관 등에서 물이 누설할 때
　㈐ 연료 내의 황분(S)이나 회분 등에 의하여(회분 중에 포함된 바나듐)

② 종류
　㈎ 고온부식 : 고온부식이란 중유의 연소에 있어서 중유 중에 포함되어 있는 바나듐(V)이 연소에 의하여 산화하고 오산화바나듐(V_2O_5)으로 되어 고온의 전열면에 융착하여 그 부분을 부식시키는 것을 말한다. 방지 대책은 다음과 같다.
　　㉮ 중유 중에 포함되어 있는 바나듐(V) 성분을 제거한다.
　　㉯ 바나듐의 융점을 높인다(첨가제를 사용).
　　㉰ 전열면의 온도가 높아지지 않게끔 설계한다.
　　㉱ 연소가스 온도를 바나듐의 융점(943 K(670℃) 정도) 이하가 되도록 유지시킨다.
　　㉲ 고온의 전열면에 보호피막을 씌운다.
　　㉳ 고온의 전열면에 내식재료를 사용한다.

> **참고**
> ① 오산화바나듐(V_2O_5)의 융점이 839~943 K(620~670℃) 정도이므로 이 온도가 바로 고온부식을 일으키는 온도이다.
> ② 폐열회수장치 중 과열기, 특히 재열기에서 고온부식을 많이 일으킨다.

　㈏ 저온부식 : 연료 중의 유황(S)이 연소해서 아황산가스(SO_2)로 되고, 그 일부는 다시 산화해서 무수황산(SO_3)으로 된다. 이것이 가스 중의 수분(H_2O)과 화합하여 황산(H_2SO_4)으로 되고 보일러의 저온 전열면에 융착하여 그 부분을 부식시키는 것을 말한다. 그 방지 대책은 다음과 같다.
　　㉮ 연료 중의 황분(S)을 제거한다.
　　㉯ 저온의 전열면 표면에 내식재료를 사용한다.
　　㉰ 저온의 전열면에 보호피막을 씌운다.
　　㉱ 배기가스의 온도를 노점 이상으로 유지시키기 위하여 저온의 공기 누입을 방지하고 전열면의 온도저하를 방지시킨다.

㉮ 배기가스 중의 CO_2 함유량을 높여 황산가스의 노점을 내린다.
㉯ 과잉공기량을 줄여 배기가스 중의 산소(O_2) 함유량을 감소시켜 아황산가스의 산화를 방지한다.

> **참고**
> ① 무수황산(SO_3)의 노점은 423 K(150℃)이다.
> ② 폐열회수장치인 공기예열기, 특히 절탄기에서 저온부식을 많이 일으킨다.
> ③ 저온부식에서 연료 속의 유황(S)이 연소하면 아황산가스(SO_2)가 된다.
>   즉, $S + O_2 \rightarrow SO_2$로, SO_2가 연소가스 중의 산소와 화합하여 무수황산(SO_3)이 된다.
>   따라서 $SO_2 + \frac{1}{2}O_2 \rightarrow SO_3$이다.
>   또한, 연소 중의 수소(H_2)는 수분(H_2O)을 발생한다. 즉, $H_2 + \frac{1}{2}O_2 \rightarrow H_2O$가 되며,
>   무수황산(SO_3)이 다시 수분(H_2O)과 결합하여 황산(H_2SO_4)이 된다.
>   즉, $H_2O + SO_3 \rightarrow H_2SO_4$가 된다.

㈐ 산화부식 : 금속이 연소가스와 산화하여 표면에 산화피막을 형성하는 것을 말하며, 산화현상은 금속의 표면온도가 높을수록, 금속 표면이 거칠수록 강하게 나타난다.

(3) 내부부식 (내면부식)

① **발생 원인**
㉮ 급수 중에 포함된 산소(O_2), 탄산가스(CO_2), 유지분 등에 의해 발생한다.
㉯ 급수처리가 부적당하여 수질이 불량할 경우(유지분, 산류, 탄산가스 함유)에 발생한다.
㉰ 강재에 포함된 인(P), 유황(S) 등이 온도 상승과 함께 산화하며 산을 만들어 부식시킨다.
㉱ 강은 포금이나 동(Cu)에 대해 양극(+)이 되며, 온도 상승과 더불어 그 반응이 활발하여 부식된다. 강재가 다른 금속과 접하면 전류가 흐르고 양극이 된다.
㉲ 공장에서 전기의 누전에 의하여 보일러로 통하면 부식이 증가된다.
㉳ 보일러에서 국부적인 온도차가 생기면 전류가 흘러 높은 온도가 양극(+)이 되어 부식이 된다.
㉴ 굽힘에 의하여 조직이 변화하고 굽힘이 없는 부분과 전위차가 생겨 전류가 흘러 부식이 된다.
㉵ 보일러 판의 표면에 녹이 부착하면 국부적으로 전위차가 생기고 전류가 흘러서 양극(+)이 된 부분이 부식된다.

② **종류**
㉮ 점식(pitting) : 점식은 내부부식의 대표적인 것이며, 보일러 수중의 용존가스체(산소, 탄산가스)가 용해하면 부식을 일으키고(특히, 고온에서의 산소의 용해는 심하다), 점이 점상(點狀)으로 군데군데 떼를 지어 발생하며 크기는 쌀알 크기에서 손가락 머리 크기까지 있다. 점식이 밀생(密生)하면 반식(班植)이 되고 이것이 군생(群生) 하면 전면식(全面植)으로 발전한다.

> **참고**
> ① pH 란 수소 이온 농도를 표시하는 지수이며, 물이 산성인가 알칼리성인가를 나타내는 척도이다.
> ② pH = 0 ~ 7 미만 → 산성
>   pH = 7 → 중성
>   pH = 7 초과 ~ 14 → 알칼리성
> ③ 보일러 수의 pH는 10.5 ~ 11.5(단, 원통형 보일러 pH는 11 ~ 11.8) 정도(약알칼리성)가 적당하다.
> ④ 가성취화란 보일러 수중에 농축된 강알칼리(pH 13 정도)의 영향으로 철강 조직이 취약하게 되고 입계균열을 일으키는 현상이다.

　㉮ 점식이 발생하기 쉬운 곳
　　㉠ 산화철 피막이 파괴되어 있는 곳
　　㉡ 표면의 성분이 고르지 못한 강재
　　㉢ 표면에 돌출부가 많은 강재
　　㉣ 물의 순환이 불량하고, 화염이 접촉하는 곳
　　㉤ 연관의 외면, 노통의 상부, 입형 보일러의 화실 관판 부근
　㉯ 점식 방지법
　　㉠ 아연판을 매달아 둘 것(전류작용 방지 역할)
　　㉡ 도료를 칠할 것
　　㉢ 산이나 용존가스체(O_2, CO_2)를 제거하기 위하여 청관제를 사용할 것
(나) 구식(grooving) : 단면이 V형 또는 U형으로 어느 범위의 길이의 도랑 모양으로 발생하는 부식이다. 보일러판 등의 연결 부분이 열로 인하여 신축함으로써 발생되는 응력의 반복에 의해 재질이 피로하여 생기는 도랑 모양의 선상부식이 된다.
　㉮ 구식을 일으키는 부분
　　㉠ 입형 보일러의 화실 천장판의 연돌관을 부착하는 플랜지 만곡 또는 화실 하단의 플랜지 만곡부
　　㉡ 노통 보일러(코니시 보일러, 랭커셔 보일러)에 있어서 경판의 노통과 접합하는 부분이나 거싯 스테이(gusset stay) 부착부
　　㉢ 노통의 경판과의 부착 만곡부 및 애덤슨 조인트의 만곡부
　　㉣ 보일러 동의 길이 겹친 조인트 부분
　　㉤ 리벳 이음의 판의 겹친 가장자리 부분
　㉯ 구식 방지법
　　㉠ 플랜지 만곡부의 반지름을 작게 하지 말 것
　　㉡ 나사 버팀의 경우에는 양단부 이외의 나사 산(山)을 깎아내어 탄력성을 줄 것
　　㉢ 공작 시 노통의 전장이 동의 길이보다 길게 된 것을 무리하게 끼워 넣지 말 것
　　㉣ 취급 시 스케일로 인하여 노통의 열팽창을 일으키지 않도록 할 것
　　㉤ 적당한 브리딩 스페이스(breathing space)를 만들 것(최소한 230 mm 이상 유지할 것)

㈐ 알칼리부식 : 보일러 수(水) 속에 수산화나트륨(가성소다) 등의 유리 알칼리 농도가 너무 높아지고 pH가 너무 상승하면 증발관 등에서 수산화나트륨(가성소다)이 농축하여 이 고농도의 알칼리와 고온의 작용으로 강재를 부식시킨다.

(4) 보일러판의 손상

① **래미네이션(lamination)** : 강괴 속에 잔류된 가스체가 강철판을 압연할 때에 압축되어 2장의 층을 형성하고 있는 흠을 말하며, 일종의 재료 결함이다.

② **블리스터(blister)** : 래미네이션의 결함을 가진 재료가 외부로부터 강한 열을 받아 소손되어 부풀어 오르는 현상을 말한다.

③ **균열(crack)** : 균열이 생기기 쉬운 곳은 끊임없이 반복적인 응력을 받아 무리를 받고 있는 부분에 생긴다. 즉, 열응력이 모여있는 부분은 이음 부분, 리벳 구멍 부분, 스테이(stay, 버팀)를 가지는 부분이다.

④ **심 립스(seam rips)** : 리벳 이음에서 리벳의 둘레(주위) 부분은 강도가 약하므로, 균열(금이 가는 것)이 생기게 되어 리벳에서 리벳으로 금이 나가는 현상을 말한다.

(5) 팽출과 압궤

① **팽출(bulge)** : 인장응력을 받는 수관이나 동 저부에서 스케일이 부착하였을 때 이 부분에 고열이 접하면 부동팽창으로 인해 내부압력에 견디지 못하고 외부로 부풀어 나오는 현상이다.

② **압궤(collapse)** : 압축응력을 받는 노통이나 연관에서 스케일로 인하여 과열되어 부동팽창으로 인해 외부압력에 견디지 못하고 내부로 들어가는 현상이다.

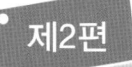

예상문제

1. 다음 〈보기〉는 유류 보일러 자동 점화 순서를 나열한 것이다. 순서에 맞게 번호를 나열하시오.

───〈보기〉───
① 파일럿 버너를 정지시킨다.
② 노내압을 조정한다.
③ 댐퍼를 완전히 열고 프리퍼지를 실시한다.
④ 파일럿 버너를 작동시킨다.
⑤ 화염검출기를 작동시킨다.
⑥ 주버너에 점화를 시킨다.

해답 ③ → ② → ④ → ⑤ → ⑥ → ①

2. 다음 〈보기〉는 보일러를 정지시켜야 할 때의 조치사항을 나열한 것이다. 순서에 맞게 번호를 나열하시오.

───〈보기〉───
① 공기 댐퍼를 차단한다.
② 연도 댐퍼를 닫는다.
③ 연료밸브를 차단한다.
④ 급수 후 급수정지밸브를 닫는다.
⑤ 주증기 정지밸브를 닫고 드레인을 연다.

해답 ③ → ① → ④ → ⑤ → ②

3. 유류 보일러의 자동장치 점화는 전원 스위치를 넣고 전환 스위치를 모두 자동으로 설정한 후 기동 스위치를 넣으면, 송풍기의 기동 → (①) → (②) → (③) → 주버너 착화의 순으로 시퀀스가 진행되고 자동적으로 착화한다. 〈보기〉에서 골라 그 번호를 순서에 맞게 쓰시오.

───〈보기〉───
㉮ 프리퍼지   ㉯ 점화용 버너 착화   ㉰ 연료펌프 기동

해답 ① ㉮   ② ㉯   ③ ㉰

4. 다음 ( ) 안에 알맞은 말을 써넣으시오.

가스 보일러 점화 시 연소실 내의 체적 (①)배 이상의 공기로 충분한 프리퍼지를 행한다. 이때, 댐퍼는 (②) 행하여야 한다.

해답 ① 4 ② 완전히 열고

5. 다음 ( ) 속에 알맞은 용어를 써넣으시오.

보일러를 점화하기 전에 댐퍼를 완전히 열고 송풍기를 가동시켜 (①)를 실시해야 하며 가동이 끝난 후에도 (②)를 실시해야 한다.

해답 ① 프리퍼지(pre purge) ② 포스트퍼지(post purge)

6. 다음 〈보기〉는 수동 보일러 비상정지 순서를 나열한 것이다. 순서에 맞게 번호를 나열하시오.

〈보기〉
① 버너와 송풍기 가동을 중지시킨다.
② 보일러 압력을 낮추어 자연냉각시킨다.
③ 연료밸브를 잠구어 소화시킨다.
④ 연소용 공기 댐퍼를 닫는다.
⑤ 송풍기를 가동시켜 노내를 환기시킨다.
⑥ 이상 유무를 확인하고 비상사태 원인을 조사한다.

해답 ③ → ⑤ → ① → ④ → ② → ⑥

7. 보일러 송기 시 주증기밸브를 서서히 개방하는 이유를 간단히 쓰시오.

해답 캐리오버(기수공발) 및 워터해머(수격작용) 현상을 방지하기 위하여

8. 다음은 수면계 기능 점검 순서이다. 증기콕을 A, 물콕을 B, 드레인콕을 C라고 할 때 ( ) 속에 알맞은 부호를 기입하시오.

(1) A와 (①)를 닫고, (②)를 열고 물을 배출한다.
(2) B를 열고 확인 후 닫는다.
(3) (③)를 열고 확인 후 닫는다.
(4) (④)를 닫는다.
(5) 마지막으로 (⑤)와 B를 서서히 연다.

해답 ① B ② C ③ A ④ C ⑤ A

09. 보일러에서 발생한 증기를 폐지하고 있는 주증기밸브를 열어 송기하고자 할 때 조작 순서를 〈보기〉에서 골라 번호를 바르게 나열하시오. (단, 증기관 내에 응축수가 있음)

〈보기〉
① 주증기밸브를 만개한 후 약간 돌려 놓는다.
② 배관 내 응축수를 제거한다.
③ 소량의 증기로 난관을 행한다.
④ 주증기밸브를 서서히 개방한다.

해답 ② → ③ → ④ → ①

10. 다음 〈보기〉에서 보일러 열효율이 좋은 순서대로 번호를 쓰시오.

〈보기〉
① 노통 보일러　　② 입형 보일러　　③ 관류 보일러
④ 노통 연관 보일러　⑤ 수관 보일러　　⑥ 횡연관 보일러

해답 ③ → ⑤ → ④ → ⑥ → ① → ②

11. 원통형 보일러(노통 보일러, 횡연관 보일러)의 (1) 장점 3가지와 (2) 단점 3가지를 각각 쓰시오.

해답 (1) 장점
① 보유수량이 많아서 부하변동에 응하기 쉽다.
② 구조가 간단하여 제작·취급·보수·점검이 용이하다.
③ 수관식에 비해 급수처리가 덜 까다롭다.
(2) 단점
① 보유수량이 많아서 파열사고 시 피해가 크다.
② 동의 지름이 크므로 고압에 부적당하며, 전열면적에 비해 보유수량이 많아서 증발량이 적어 대용량에 부적당하다.
③ 수관식에 비해 보일러 효율이 낮다.

12. 평형 노통과 비교한 파형 노통의 (1) 장점과 (2) 단점을 각각 3가지씩 쓰시오.

해답 (1) 장점　① 열에 의한 신축조절이 용이하다.
② 외압으로부터의 강도가 크다.
③ 평형 노통에 비해 전열면적이 크다.
(2) 단점　① 평형 노통에 비해 통풍저항을 많이 일으킨다.
② 청소·검사가 용이하지 못하다.
③ 제작이 어렵고, 제작비가 비싸다.

13. 다음 보일러는 분류상 어느 보일러에 해당되는지 〈보기〉에서 번호를 찾아 쓰시오.

〈보기〉
① 자연순환식 수관 보일러 ② 강제순환식 수관 보일러 ③ 노통 연관 보일러
④ 입형 보일러 ⑤ 간접가열식 보일러

(1) 슈미트 보일러 (2) 코크란 보일러 (3) 스코치 보일러
(4) 타쿠마 보일러 (5) 벨록스 보일러

해답 (1) ⑤ (2) ④ (3) ③ (4) ① (5) ②

14. 육용 강제 보일러 형식 승인 기준상 구조에 따른 보일러 형식 6가지를 기술하시오. (단, 복합 보일러 및 특수 보일러는 제외한다.)

해답 ① 입형(직립형) 보일러 ② 노통 보일러 ③ 연관 보일러
④ 노통 연관 보일러 ⑤ 수관 보일러 ⑥ 관류 보일러

15. 수관식 보일러의 (1) 장점과 (2) 단점을 각각 3가지씩 쓰시오.

해답 (1) 장점
① 보유수량이 적어서 파열 시 피해가 적다.
② 동과 수관의 지름이 작으므로 고압용으로 적당하다.
③ 보유수량에 비해 전열면적이 크므로 증발량이 많아서 대용량에 적합하다.
(2) 단점
① 부하변동에 응하기 어렵다(보유수량은 적고 전열면적이 크므로).
② 물처리가 매우 까다롭다(스케일 생성의 우려가 크므로).
③ 구조가 복잡하여 청소, 검사, 취급이 까다롭다.

16. 강제 순환식 수관 보일러에서 순환비를 구하는 공식을 완성하시오.

$$순환비 = \frac{(②)}{(①)}$$

해답 ① 발생증기량 ② 순환수량

17. 드럼이 없고 수관으로만 구성되어 있는 관류 보일러의 종류 2가지를 쓰시오.

해답 ① 벤슨 보일러 ② 슐쳐 보일러
③ 람진 보일러 ④ 엣모스 보일러

18. 관류 보일러 (1) 장점과 (2) 단점을 각각 3가지씩 쓰시오.

해답 (1) 장점
① 관지름이 작은 수관으로만 구성되어 있으므로 고압용으로 적당하다.
② 순환비가 1이므로 드럼이 필요없다.
③ 증발속도가 빠르며 대용량에 적당하고 보일러 효율이 매우 높다.
(2) 단점
① 부하변동에 응하기 어렵고 수위 조절이 매우 까다롭다.
② 급수처리를 철저히 해야 한다.
③ 연소량 제어와 급수량 제어는 자동제어로 해야 한다.

19. 다음 ( ) 속에 적당한 용어를 쓰시오.

관류 보일러는 (①)이 적으므로 (②) 발생 시간이 매우 빠르고 관계만으로 구성되어 있어 압력은 (③)용으로 알맞으며, 관의 배치가 자유로워 전체를 간편한 구조로 할 수 있다.

해답 ① 보유 수량 ② 증기 ③ 고압

20. 다음 ( ) 속에 알맞은 용어를 기입하시오.

관류 보일러는 순환비가 1이기 때문에 (①)이 없고 긴 (②)으로 구성되어 있으며 급수펌프에 의해 (③), (④), (⑤) 과정을 거쳐 과열증기를 발생시키는 보일러이다.

해답 ① 드럼 ② 수관 ③ 가열 ④ 증발 ⑤ 과열

21. 관류 보일러에서 〈보기〉의 각 부분을 연소가스가 통과하는 순서대로 번호를 나열하시오.

〈보기〉
① 절탄기   ② 집진기   ③ 증발관   ④ 버너 선단
⑤ 과열기   ⑥ 공기예열기   ⑦ 연돌

해답 ④ → ③ → ⑤ → ① → ⑥ → ② → ⑦

22. 관류 보일러에서 드럼이 필요 없는 이유를 간단히 설명하시오.

해답 순환비가 1이기 때문이다.

23. 다음은 관류 보일러의 특징이다. ( ) 속에 적당한 용어를 쓰시오.

순환비가 1이기 때문에 (①)이(가) 필요없고, 증발속도가 매우 빠르며, 따라서 철저한 (②)이(가) 되지 않으면 스케일 생성이 촉진된다. 또한 부하변동에 적응이 재빨라야 하므로 반드시 (③) 장치가 필요하다.

해답 ① 드럼 ② 급수처리 ③ 자동 연소제어

24. 다음에 해당되는 특수 보일러의 종류를 〈보기〉에서 골라 번호로 쓰시오.

(1) 특수 열매체 보일러 종류 2가지   (2) 간접가열식 보일러 종류 2가지
(3) 폐열 보일러 종류 2가지

〈보기〉
① 하이네 보일러   ② 뢰플러 보일러   ③ 세큐리티 보일러
④ 리 보일러   ⑤ 슈미트 보일러   ⑥ 다우섬 보일러

해답 (1) ③, ⑥ (2) ②, ⑤ (3) ①, ④

25. 보일러 사용 기술규격에서 보일러의 휴지(휴관) 보존법인 (1) 단기 보존법 2가지와 (2) 장기 보존법 3가지를 〈보기〉에서 골라 그 번호를 각각 쓰시오.

〈보기〉
① 소다 만수 보존법   ② 가열 건조법   ③ 석회 밀폐 건조법
④ 보통 만수 보존법   ⑤ 질소가스 봉입법

해답 (1) 단기 보존법 : ②, ④ (2) 장기 보존법 : ①, ③, ⑤

26. 석회 밀폐 건조법에서 사용되는 흡습제(건조제)의 종류 5가지를 쓰시오.

해답 ① 생석회(산화칼슘 : CaO) ② 실리카 겔 ③ 염화칼슘($CaCl_2$)
④ 오산화인(P_2O_5) ⑤ 활성 알루미나 ⑥ 기화성 방청제

27. 보일러 급수(용수)처리 목적 5가지를 쓰시오.

해답 ① 스케일 고착을 방지하기 위하여
② 보일러 수의 농축을 방지하기 위하여
③ 부식을 방지하기 위하여
④ 가성취화 현상을 방지하기 위하여
⑤ 포밍, 프라이밍, 캐리오버 현상을 방지하기 위하여

28. 다음 ( ) 속에 알맞은 용어를 기입하시오.

> 보일러 급수처리 방법은 (①), (②)로 구분하고 성질에 따라 (③)처리법, (④)처리법, (⑤)처리법으로 구분한다.

해답 ① 외처리 ② 내처리 ③ 전기적 ④ 화학적 ⑤ 물리적
참고 ①, ②항 및 ③, ④, ⑤항은 각각 순서에 관계없음

29. 다음 설명의 ( ) 안에 알맞은 용어를 쓰시오.

> 보일러 수를 외처리하지 않았을 때 (①)가(이) 전열면에 부착되면 (②)가(이) 발생된다. 청관제(슬러지 조정제)로는 (③), (④), (⑤)이 있다.

해답 ① 슬러지 ② 스케일 ③ 전분 ④ 리그린 ⑤ 탄닌

30. 보일러 급수처리 방법 중 고체 협잡물 처리방법을 3가지 쓰시오.

해답 ① 침강법 ② 응집법 ③ 여과법

31. 보일러 용수처리에서 용존 고형물을 제거하는 방법을 3가지 쓰시오.

해답 ① 이온교환 수지법 ② 증류법 ③ 약품처리법

32. 보일러 용수처리법에서 용존가스 처리방법을 2가지 쓰시오.

해답 ① 탈기법 ② 기폭법

33. 보일러 수의 내처리(2차 처리) 방법을 간단히 쓰시오.

해답 청관제 약품을 사용하여 처리하는 방법이다.

34. 다음 〈보기〉는 보일러 산 세척을 하는 공정이다. 처리공정을 순서로 나열하시오. (단, 수세는 2회 하는 것으로 한다.)

> 〈보기〉
> • 수세   • 산 세척   • 전처리   • 중화방청처리   • 산액처리

해답 전처리 → 수세 → 산 세척 → 산액처리 → 수세 → 중화방청처리

> **참고** 전처리 : 실리카 분이 많은 경질 스케일을 약액으로 스케일(관석)을 팽창시켜 다음의 산액 처리를 효과적으로 하기 위한 것을 말한다.

35. 역화 및 미연소가스 폭발사고를 방지하기 위하여 점화하기 전에 (①)를 실시해야 하며 소화 후에는 (②)를 실시해야 한다. ( ) 속에 적당한 용어를 쓰시오.

> **해답** ① 프리퍼지(pre purge) ② 포스터퍼지(post purge)

36. 연소실에서 연소가스의 폭발 원인 4가지만 쓰시오.

> **해답** ① 연소실 내에 미연소가스가 충만되어 있을 때
> ② 착화 시간이 늦을 경우
> ③ 연료 중에 수분이나 공기가 포함되어 있을 때
> ④ 실화 시 노내로 연료가 누설되었을 때
> ⑤ 취급이 미숙했을 때

37. 보일러 전열면이 과열되는 원인 5가지를 쓰시오.

> **해답** ① 보일러 이상감수 시 ② 동 내면에 스케일(scale) 생성 시
> ③ 보일러 수가 농축되어 있을 때 ④ 보일러 수의 순환이 불량할 때
> ⑤ 전열면에 국부적인 열을 받았을 때

38. 보일러 전열면 과열 방지 대책 5가지를 쓰시오.

> **해답** ① 보일러 수위를 너무 낮게 하지 말 것
> ② 보일러 동 내면에 스케일(scale) 생성을 방지할 것
> ③ 보일러 수를 농축시키지 말 것
> ④ 보일러 수의 순환을 좋게 할 것
> ⑤ 전열면의 국부적인 과열을 피할 것

39. 보일러 운전 중 압력 초과 원인을 5가지 쓰시오.

> **해답** ① 압력계 주시를 태만히 했을 경우
> ② 압력계의 기능에 이상이 있을 경우
> ③ 수면계의 수위를 오판했을 경우
> ④ 수면계의 연락관이 막혔을 경우
> ⑤ 분출장치 계통에서 누수가 발생할 경우
> ⑥ 급수펌프가 고장이 났을 경우
> ⑦ 안전밸브의 기능에 이상이 있을 경우

40. 보일러 운전 중 이상감수의 원인 5가지를 쓰시오.

> **해답** ① 수면계 수위를 오판했을 경우
> ② 수면계 주시를 태만히 했을 경우
> ③ 분출장치 계통에서 누수가 발생했을 경우
> ④ 급수펌프가 고장일 경우
> ⑤ 수면계 연락관이 막혔을 경우

41. 보일러 운전 중 이상감수 시 응급조치 순서를 〈보기〉에서 골라 번호를 쓰시오.

───────── 〈보기〉 ─────────
① 원인 분석 및 수위 확인   ② 자연 냉각
③ 연료공급 정지   ④ 수위 유지 도모
⑤ 노내 환기   ⑥ 주증기밸브 차단
⑦ 연소용 공기 공급 정지

> **해답** ③ → ⑤ → ⑦ → ⑥ → ② → ① → ④

42. 중유를 연료로 사용할 때 연소실로부터 화염이 밖으로 나오는 현상인 역화가 가끔 일어나는데 그 원인에 대한 다음 설명 사항이 적당하도록 빈칸을 채우시오.

(1) 점화 시에 (   )가 늦을 경우
(2) 버너밸브를 급개하여 (   )를 과다하게 노내에 넣을 경우
(3) 점화 시에 (   )보다 연료를 먼저 노내에 공급할 경우

> **해답** (1) 착화 (2) 연료 (3) 공기

43. 보일러 운전 중 역화(back fire)가 일어나는 원인 5가지를 쓰시오.

> **해답** ① 점화 시 착화가 늦을 경우
> ② 점화 시 공기보다 연료를 먼저 노내에 공급했을 경우
> ③ 압입통풍이 너무 강할 경우
> ④ 실화 시 노내의 여열로 재점화할 경우
> ⑤ 연료밸브를 급개하여 과다한 양을 노내로 공급했을 경우
> ⑥ 흡입통풍이 부족한 경우

44. 역화(back fire)의 방지 대책을 5가지 쓰시오.

> **해답** ① 점화방법이 좋을 것(점화 시 착화는 신속하게)
> ② 공기를 노내에 먼저 공급하고 다음에 연료를 공급할 것

③ 노 및 연도 내에 미연소가스가 발생하지 않도록 취급에 유의할 것
④ 점화 시 댐퍼를 열고 미연소가스를 배출시킨 뒤 점화할 것
⑤ 실화 시 재점화할 경우 노내를 충분히 환기시킨 후 점화할 것
⑥ 통풍량을 적절히 유지시킬 것

45. 보일러 사용 기술규격(KBO)에 규정된 보일러 분출사고 시 긴급 조치 사항을 5가지 쓰시오.

해답 ① 연소를 정지시킨다.
② 압입 통풍기를 정지시킨다.
③ 다른 보일러와 증기관이 연결되어 있는 경우에는 증기밸브를 닫고 증기관의 연결을 끊는다.
④ 급수를 계속하여 수위의 저하를 막고 보일러의 수위 유지에 노력한다.
⑤ 보일러 부근에 있는 사람들을 우선 안전한 곳으로 긴급히 대피시켜야 한다.
⑥ 연도 댐퍼를 전개한다.
⑦ 노내나 보일러의 자연 냉각을 기다려 원인을 조사해서 그 사후 대책을 강구한다.
⑧ 찢어진 부위가 커서 분출하는 기수로 인하여 인명의 위험이 염려되는 경우에는 급수를 정지하는 동시에 동체 하부의 분출밸브를 열어 보일러 수를 배출시켜야 한다.

PART 03 보일러 부속설비

제1장 급수장치의 구조 및 원리
제2장 송기장치의 구조 및 원리
제3장 통풍 및 집진장치의 구조 및 원리
제4장 안전장치의 구조 및 원리
제5장 계측기기의 구조 및 원리
제6장 분출장치의 구조 및 원리
제7장 자동제어장치의 구조 및 원리
제8장 기타 부속장치의 종류 및 구조

급수장치의 구조 및 원리

보일러 급수장치에는 급수 탱크(응축수 탱크), 급수 배관, 급수내관, 급수펌프, 인젝터(injector), 환원기(return tank), 급수정지밸브, 급수체크밸브 등이 있다.

1. 급수장치의 개요

(1) 급수장치의 설치

급수장치를 필요로 하는 보일러에는 다음의 조건을 만족시키는 주펌프(인젝터 포함) 세트 및 보조펌프 세트를 갖춘 급수장치가 있어야 한다(단, 전열면적 12 m² 이하의 보일러, 전열면적 14 m² 이하의 가스용 온수 보일러 및 전열면적 100 m² 이하의 관류 보일러에는 보조펌프를 생략할 수 있다).

(2) 급수밸브와 급수체크밸브

급수장치의 급수관에는 보일러에 인접하여 급수밸브와 이에 가까이 체크밸브를 설치해야 하며, 최고사용압력이 0.1 MPa 미만의 보일러에서는 체크밸브를 생략할 수 있다.

> **참고**
>
> **체크밸브(역지변)** : 유체의 역류를 방지해 주는 밸브로써 종류에는 ① 스윙형, ② 리프트형, ③ 벤투리형, ④ 볼형, ⑤ 스모렌스키형이 있다.

(3) 급수밸브와 급수체크밸브의 크기

급수밸브와 급수체크밸브의 크기는 20 A 이상이어야 한다(단, 전열면적이 10 m² 이하인 경우에는 15 A 이상으로 할 수 있다).

(4) 펌프에서 발생할 수 있는 이상현상

① 공동현상(캐비테이션 : cavitation)
② 맥동현상(서징 : surging)
③ 수격작용현상(워터해머 : water hammer)

2. 급수장치의 종류

(1) 급수펌프

① 급수펌프의 구비조건
  ㈎ 작동이 확실하고 조작이 간단할 것
  ㈏ 고온, 고압에도 충분히 견딜 것
  ㈐ 보일러 부하변동에도 대응할 수 있을 것
  ㈑ 펌프의 효율성이 좋을 것
  ㈒ 병렬 설치 시 운전에 지장이 없고 회전식은 고속운전에서도 안전할 것
  ㈓ 저부하에서도 운전 효율이 좋을 것
  ㈔ 소형이며 경량일 것

② 급수펌프의 종류
  ㈎ 원심펌프 : 임펠러(impeller)의 원심력을 이용한 펌프이며 프라이밍을 해 주어야 하는 단점이 있다. 임펠러에 안내 깃(guide vane)이 없는 벌류트(volute) 펌프와 임펠러에 안내 깃을 부착하여 수압을 높게 한 터빈(turbine) 펌프가 있다.
  ㈏ 왕복동식 펌프(reciprocating pump) : 피스톤과 플런저의 왕복운동에 의한 것이며, 피스톤 펌프, 다이어프램 펌프, 플런저 펌프가 있다.

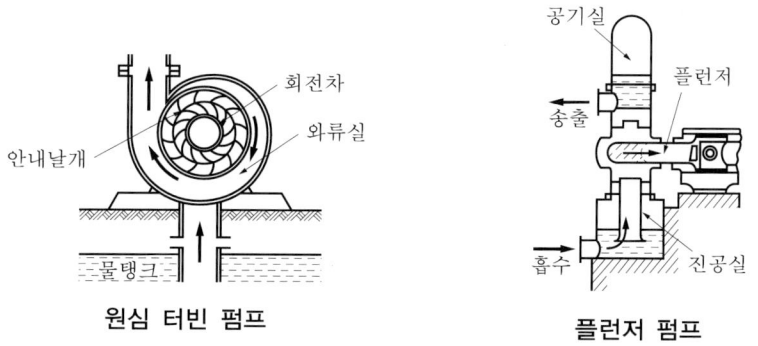

원심 터빈 펌프   플런저 펌프

③ 펌프의 마력(hp) 및 동력(kW)을 구하는 식
  ㈎ $\mathrm{hp} = \dfrac{rQH}{75 \times \eta}$ ㈏ $\mathrm{kW} = \dfrac{rQH}{102 \times \eta}$

여기서, r : 유체의 비중량(kgf/m³) (물의 비중량 = 1000 kgf/m³)
  Q : 송수량(m³/s), η : 펌프의 효율
  H : 전양정(m) (전양정 = 실양정 + 손실수두 = 흡입양정 + 토출양정)
  1 hp : 75 kg·m/s, 1 kW : 102 kg·m/s

> **참고**
> 대기압 하에서 펌프의 최대 흡입양정은 이론상으로 10 m 정도이다.

(2) 인젝터

① **인젝터의 작동 원리** : 인젝터(injector)의 동력은 증기이다(증기의 분사력을 이용하며 보일러 보조급수장치로 사용). 내부는 증기 노즐, 혼합 노즐, 배출(토출) 노즐로 구성되어 있다. 증기 노즐에서 열에너지를 갖는 증기가 혼합 노즐에서 물과 인젝터 본체에 열을 빼앗기며, 이때 증기의 체적 감소로 부압이 형성되어 속도(운동)에너지가 생겨 물이 빨려 인젝터 내부로 들어오고 다시 배출(토출) 노즐에서 물과 증기가 압력에너지로 변환되어 급수가 된다.

> **참고**
> ① 증기 노즐, ② 혼합 노즐, ③ 배출(토출) 노즐
>
>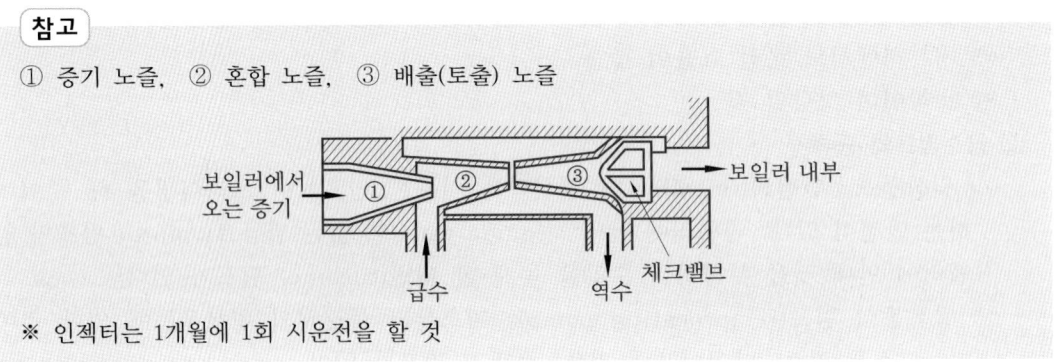
>
> ※ 인젝터는 1개월에 1회 시운전을 할 것

② **인젝터의 장·단점**

(개) 장점
  ㉮ 소형이며 구조가 간단하다.
  ㉯ 설치장소를 작게 차지한다.
  ㉰ 증기는 필요하나 별도의 동력이 필요없다.
  ㉱ 급수를 예열시켜 공급한다.

(내) 단점
  ㉮ 급수효율이 매우 낮다(40~50 % 정도)
  ㉯ 인젝터 본체가 과열되면 작동이 불가능하다.
  ㉰ 급수온도가 높으면 작동이 불가능하다.
  ㉱ 증기압력이 너무 높거나 낮아지면 작동이 불가능하다.
  ㉲ 급수에 이물질로 노즐이 막히기 쉽다.

③ **인젝터 작동 불량(고장)의 원인**

(개) 급수온도가 너무 높을 때(323 K 이상)
(내) 증기압력이 너무 낮거나(0.2 MPa 이하), 너무 높을 때(1 MPa 이상)
(대) 인젝터 자체가 과열되었을 때
(래) 관 또는 밸브로부터 공기가 누입되었을 때

㈑ 내부 노즐에 이물질이 부착하였거나 노즐이 확대되었을 때
㈒ 체크밸브가 고장일 때
㈓ 증기에 수분이 많이 포함되었을 때

> **참고**
> **인젝터의 종류** : 메트로폴리탄형, 그레섬형

④ 인젝터의 작동 순서
  ㈎ 여는 순서 (작동 순서)
    ㉮ 인젝터 출구 측 급수정지밸브를 연다.
    ㉯ 급수흡수밸브를 연다.
    ㉰ 증기정지밸브를 연다.
    ㉱ 인젝터 핸들을 연다.
  ㈏ 닫는 순서 (정지 순서)
    ㉮ 인젝터 핸들을 닫는다.
    ㉯ 급수흡수밸브를 닫는다.
    ㉰ 증기정지밸브를 닫는다.
    ㉱ 인젝터 출구 측 급수정지밸브를 닫는다.

3. 급수내관

보일러 급수 시 동판의 국부적 냉각으로 부동팽창의 영향을 줄이기 위하여 구경 약 38~75 mm 정도의 관에 좌우로 구멍을 뚫고 그 구멍으로 보일러 드럼 내에 분포시키며, 보일러 안전 저수위보다 50 mm(5 cm) 아래에 설치한다.

> **참고**
> ① 급수내관 설치 시 이점
>   ㈎ 보일러 드럼의 부동팽창의 영향을 줄일 수 있다.
>   ㈏ 급수를 산포시켜 물의 순환을 좋게 한다.
>   ㈐ 급수를 예열시켜 공급할 수 있다.
> ② 급수내관(feed water injection pipe) 설치위치가 높으면 캐리오버 및 워터해머 현상을 일으키기 쉽고 낮으면 동(드럼) 저부 냉각 및 물의 순환을 불량하게 한다.

CHAPTER 02 송기장치의 구조 및 원리

1. 송기장치의 종류 및 특성

보일러에서 발생한 증기를 사용처까지 공급하는 데 필요한 장치로써 주증기밸브, 보조증기밸브, 주증기관, 보조증기관, 비수방지관, 기수분리기, 증기헤드, 감압밸브, 신축이음장치, 증기 트랩, 증기축열기 등이 있다.

1-1 주증기밸브

주증기밸브(main steam valve)는 보일러에서 발생된 증기를 공급처에 개폐하거나 그 공급량을 조절하기 위해 사용하며, 주로 글로브밸브와 앵글밸브가 사용된다.

① **글로브밸브(glove valve, 구형변=옥형변)** : 관용어로 스톱밸브라고도 한다.
  ㈎ 기밀도가 좋아 주로 기체 배관에 사용한다.
  ㈏ 유량조절이 양호하여 유량조절용 밸브로 사용한다.
  ㈐ 유체의 마찰저항이 크며 찌꺼기가 체류하기 쉽다.

② **게이트밸브(gate valve, 슬루스 밸브(sluice valve))** : 유로 개폐용으로 사용한다.
  ㈎ 기밀도가 글로브밸브보다 나빠서 액체 배관에 사용한다.
  ㈏ 유량조절이 글로브밸브보다 떨어진다.
  ㈐ 유체의 마찰저항이 작으며 찌꺼기 체류가 적다.

③ **앵글밸브(angle valve)**
  ㈎ 구조상으로는 글로브밸브와 비슷하다.
  ㈏ 유체의 흐름방향을 90°로 바꾸어 흐르게 한다.
  ㈐ 주증기밸브나 급수정지밸브로 많이 사용한다.

④ **콕(cock)**
  ㈎ 구멍이 뚫린 원추가 90° 및 180°로 회전하여 유체의 흐름을 차단 또는 조절해 준다.
  ㈏ 개폐가 신속하다.
  ㈐ 누설의 우려가 있다.

⑤ **볼 밸브(ball valve)** : 밸브의 개폐 부분에 구멍이 뚫린 구 모양의 밸브가 있으며 이것을

회전시킴에 의해 구멍을 막거나 열어 밸브를 개폐시키며 콕과 유사한 밸브이다.
- ⑥ **체크밸브(역지변)** : 유체의 역류를 방지하기 위해 사용되는 밸브이며 수평 배관에서만 사용하는 리프트식과 수직 및 수평 배관 모두 사용할 수 있는 스윙식이 있다.

> **참고**
> ① 밸브 부착 시에는 유체가 밸브를 밀어 올려 흐르도록 해야 한다.
> ② 주증기밸브 개방은 만개하는 데 워터해머(수격작용)를 방지하기 위하여 3분 이상 지속되어야 한다.

1-2 주증기관

주증기관(main steam pipe)은 증기 흐름에 대한 마찰저항과 열손실을 감안하여 관지름을 결정해야 하며, 포화증기의 유속은 대략 20~30 m/s, 과열증기의 유속은 30~60 m/s 정도이다.

1-3 비수방지관

주로 원통형(둥근형) 보일러에서 사용하였으며, 드럼 내 증기 취출구에 부착하여 증기 속에 포함된 수분 취출을 방지해 주는 관으로 비수방지관(antipriming pipe)에 뚫린 구멍의 총면적이 증기 취출구 증기관 면적보다 1.5배 이상이어야 한다.

1-4 기수분리기

기수분리기(steam seperater)는 수관 보일러 기수 드럼에 부착하여 사용하고 발생되는 증기 속의 수분을 분리해 주는 장치이며, 종류는 다음과 같다.

기수분리기의 종류	원 리
사이클론형	원심력을 이용
스크러버형	파형의 강판을 다수 조합
건조 스크린형	금속망판을 이용
배플형	급격한 방향 전환을 이용

> **참고**
> 보일러에 비수방지관이나 기수분리기를 설치함으로써 얻을 수 있는 이점
> ① 건도가 높은 증기를 공급할 수 있다.
> ② 워터해머(water hammer, 수격작용)를 방지할 수 있다.
> ③ 증기의 마찰저항을 감소시킬 수 있다.
> ④ 수분으로 인한 관내 및 부속 밸브류의 부식을 감소시킬 수 있다.
> ⑤ 드레인(응결수)으로 인한 열손실을 방지할 수 있다.

1-5 증기헤드

보일러에서 발생한 증기를 일단 모아 각 사용처에 공급해 주는 장치이다.

(1) 증기헤드의 설치목적
① 각 사용처에 증기 공급 및 정지가 편리하게 하기 위하여
② 필요한 압과 양의 증기를 각 사용처에 공급하기 좋게 하기 위하여
③ 불필요한 증기를 공급하지 않음으로써 열손실을 방지하기 위하여

(2) 증기헤드의 크기
증기헤드(Steam header)의 지름을 증기헤드에 부착된 가장 지름이 큰 배관인 주증기관 지름의 2배가 되도록 한다.

1-6 감압밸브

(1) 설치목적 (설치이유)
① 고압의 증기를 저압의 증기로 바꾸기 위하여
② 저압 측의 압력을 항상 일정하게 유지하기 위하여
③ 부하변동에 따른 증기의 소비량을 절감하기 위하여

(2) 종류(구조에 따라)
① 스프링식   ② 추식   ③ 다이어프램식

> **참고**
> 작동방법에 따라 : ① 피스톤식   ② 벨로스식   ③ 다이어프램식

(3) 감압밸브(reducing valve) 설치 시 필요 부착품
① 고압 측 : 여과기, 정지밸브, 압력계
② 저압 측 : 안전밸브, 정지밸브, 압력계

1-7 신축이음장치

배관의 신축으로 인한 무리를 완화시켜 주고 관 부속품의 고장을 방지하기 위하여 설치한다.
① **슬리브형(sleeve type)** : 조인트 본체와 파이프로 되어 있는데, 관의 신축이 본체 속에 미끄러지는 슬리브 파이프에 흡수되는 단식과 복식의 2형식이 있으며 주로 저압 증기 배관에 사용한다.
② **만곡관형(곡관형, loop type)** : 강관을 휨 가공하여 제작하였으며, 허용길이가 가장 크고 고압 옥외 배관에 많이 사용하며 루프형과 밴드형이 있다.
③ **벨로스형(파형, bellows type)** : 벨로스가 신축을 흡수하여 열응력을 받지 않으나 벨로스 내에 물이 고이면 부식을 많이 일으킨다. 일명 팩리스(packless) 신축 조인트라고도 한다.
④ **스위블형(swivel type)** : 2개 이상의 엘보를 사용하여 나사의 회전을 이용한 것이며 방열기 입구 측 배관에 설치 사용한다(나사맞춤이 헐거워져 누설의 우려가 크다).
⑤ **볼 조인트** : 설치 공간이 적고 평면형 및 입체형에서도 신축강도가 좋다.

> **참고**
> ① 고압 강관 배관에서는 10~20 m마다 1개씩, 저압 강관 배관에서는 30 m마다 1개씩 신축이음장치를 설치한다(단, 동관 및 PVC 관은 20 m 마다 1개씩 설치한다).
> ② 신축 허용길이가 큰 순서는 만곡관형 → 슬리브형 → 벨로스형 → 스위블형 순이다.
> ③ 신축이음의 종류 중 열응력을 제일 적게 받는 것은 벨로스형(bellows type)이다.
> ④ 만곡관형에서 조인트 곡률 반경은 관지름의 6배 이상으로 해야 한다.

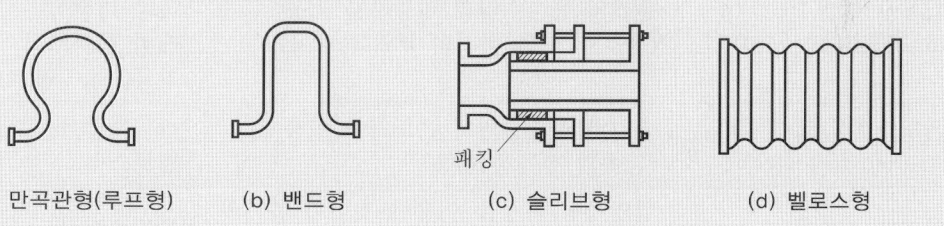

(a) 만곡관형(루프형)　　(b) 밴드형　　(c) 슬리브형　　(d) 벨로스형

1-8 증기 트랩

증기 트랩(steam trap)은 증기 배관 내의 공기 및 응축수를 제거하여 증기의 잠열을 최대한 이용할 수 있도록 하고 수격작용(water hammer)을 방지하는 역할을 한다.

(1) 증기 트랩의 구비조건
① 내구력이 있을 것(마모나 부식에 견딜 것)
② 마찰저항이 적을 것

③ 압력 및 유량이 소정 내에서 변화해도 동작이 확실할 것
④ 공기를 뺄 수 있을 것
⑤ 응축수를 연속으로 배출할 수 있을 것
⑥ 워터해머에 강할 것

(2) 증기 트랩 설치 시 주의사항
① 트랩 앞에 여과기를 설치할 것
② 바이패스 라인(bypass line)을 설치할 것
③ 설비와 트랩의 거리를 짧게 할 것
④ 설비의 배수위치보다 낮게 설치할 것
⑤ 파이프 관지름을 적정하게 하고 가능한 한 곡선부를 줄일 것
⑥ 응축수 배출점마다 각각 트랩을 설계해야 하며, 그룹 트래킹은 하지 말 것

(3) 증기 트랩 부착 시 얻을 수 있는 이점
① 관내 워터해머를 방지할 수 있다.
② 응축수로 인한 설비의 부식을 방지할 수 있다.
③ 관내 유체의 마찰저항을 감소시키며 열설비의 효율 저하를 방지할 수 있다.

(4) 작동 원리에 따른 증기 트랩의 종류

작동 원리에 따른 종류	작동 원리	구조상에 따른 종류
기계식 트랩 (mechanical trap)	증기와 응축수와의 비중차를 이용 (플로트 또는 버킷의 부력을 이용)	상향 버킷식 하향 버킷식 레버 플로트식 자유(free) 플로트식
온도조절식 트랩 (trermostatic trap)	증기와 응축수와의 온도차를 이용 (금속의 신축을 이용)	바이메탈식 벨로스식
열역학식 트랩 (thermodynamic trap)	열역학적 특성을 이용한 것이며 증기와 응축수와의 속도 차이 즉, 운동에너지 차이에 의해 작동한다.	오리피스식 디스크식(=충격식)

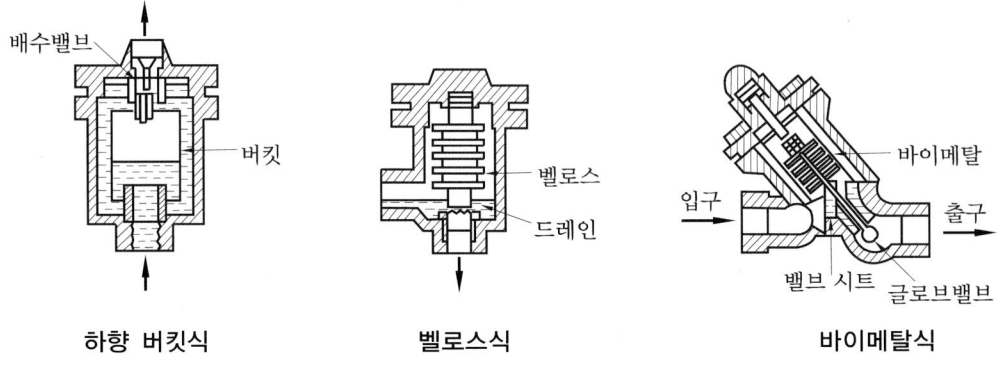

하향 버킷식   벨로스식   바이메탈식

1-9 스팀 어큐뮬레이터 (증기축열기)

스팀 어큐뮬레이터(steam accumulator, 증기축열기)는 저부하 시에 잉여증기를 일시 저장하였다가 과부하 시에 증기를 방출하여 증기 부족을 보충시키는 장치이며, 송기 계통에 설치하는 변압식과 급수 계통에 설치하는 정압식이 있다.

> **참고**
> 증기를 저장하는 매체는 물이다.

1-10 플래시 탱크

탱크 외부로부터 탱크 내부보다 높은 압력 또는 온수보다 높은 열수를 받아들여 증기를 발생하는 제2종 압력용기이다.

CHAPTER 03 통풍 및 집진장치의 구조 및 원리

1. 통풍장치의 종류 및 특성

1-1 통풍장치의 개요

(1) 통풍방식

통풍방식에는 자연통풍방식과 강제(인공)통풍방식의 두 종류가 있으며, 강제(인공)통풍방식은 노의 조작법에 따라 압입(가압)통풍, 흡입(흡인=유인=흡출)통풍, 평형통풍으로 구분한다.

① **자연통풍(natural draft)** : 연도에서 연소가스와 외부공기의 밀도차에 의해서 생기는 압력차를 이용하는 것으로 연돌에 의존하며, 노내압은 부압상태이고 배기가스의 유속은 3~4 m/s 정도이다.

② **압입통풍(forced draft)** : 가압통풍이라고도 하는데, 노 앞에 설치된 송풍기에 의해 연소용 공기를 노 안으로 압입하는 방식으로 노내의 압력이 대기압보다 높으므로 그 구조가 가스의 기밀을 유지하여야 하며 노내압은 정압이고 배기가스의 유속은 8 m/s 정도이다 (송풍기 설치위치는 연소실 입구).

③ **흡입통풍(induced draft)** : 유인통풍이라고도 하며 연소가스를 송풍기로 빨아들여 연도 끝에서 배출하도록 하는 방식으로 노내의 압력은 대기압보다 낮으며(부압상태) 배기가스의 유속은 10 m/s 정도이다 (송풍기 설치위치는 연도 끝 부분).

④ **평형통풍(balanced draft)** : 노 앞과 연도 끝에 통풍팬을 달아서 노내의 압력을 임의로 조정할 수 있는 방식으로 항상 안전한 연소를 할 수 있으나 설비비가 많이 들고 강한 통풍력을 얻을 수 있으며 배기가스의 유속은 10 m/s 이상이다.

(2) 통풍력 (draught power)

① **통풍력이 증가되는 조건(배기가 잘 되는 조건)**
　㈎ 연돌이 높고 단면적이 클수록 증가된다.
　㈏ 외기의 온도가 낮고 연소가스의 온도가 높을수록 증가된다.
　㈐ 연도의 길이가 짧고 굴곡부가 적을수록 증가된다.
　㈑ 공기의 습도가 낮을수록 증가된다.

⒨ 연도 및 연돌로 냉기의 침입이 없어야 증가된다.
⒩ 연도 및 연돌의 벽에서 연소가스의 열방사가 적어야 증가된다.
⒪ 외기의 비중량이 크고 배기가스의 비중량이 적을수록 증가된다.
⒫ 송풍기의 용량을 증대시킨다.

② **이론 통풍력 계산**: 연돌 높이 H [m], 외기의 비중량 r_a [kg/m^3], 배기가스의 비중량 r_g [kg/m^3], 외기의 절대온도 T_a [K], 배기가스의 평균절대온도 T_g [K], 통풍력 Z [mmH$_2$O] [mmAq]라면

⑺ $Z = H(r_a - r_g)$ [mmH$_2$O] [mmAq]

⑻ $Z = 355 \times H \left(\dfrac{1}{T_a} - \dfrac{1}{T_g} \right)$ [mmH$_2$O] [mmAq]

⑼ $Z = 273 \times H \left(\dfrac{r_a}{T_a} - \dfrac{r_g}{T_g} \right)$ [mmH$_2$O] [mmAq]

③ **연돌의 상부 단면적 계산**

⑺ 압력이 일정한 경우 : $F = \dfrac{G \times (1 + 0.0037t)}{3600 \times w}$ [m^2]

⑻ 배기가스 압력이 적용된 경우 : $F = \dfrac{G \times (1 + 0.0037t) \times 760/P}{3600 \times w}$ [m^2]

여기서, F : 연돌의 상부 단면적 (m^2), G : 배기가스량 (Nm^3/h)
t : 배기가스의 온도 (℃), w : 배기가스의 유속 (m/s)
P : 노내압력 (mmHg)

1-2 통풍장치의 종류 및 특성

(1) 송풍기의 종류

① **원심력 송풍기** : 원심력에 의하여 송풍을 하는 형식으로 그 종류는 다음과 같다.
  ⑺ 터보형 송풍기 : 후향 날개 형식으로 된 송풍기로 임펠러의 회전에 의하여 원심력을 얻는 공기는 주위의 케이싱에 부딪쳐 압력에너지로 전환되어 풍압을 얻는 형식이다.
    ㉮ 후향 날개로 되어 있다(16~24개).
    ㉯ 효율이 좋다(60~75 %).
    ㉰ 적은 동력으로 사용이 가능하다.
    ㉱ 풍압이 높다(200~400 mmH$_2$O).
    ㉲ 고압, 대용량에 적합하다.
    ㉳ 가압 연소용 송풍기로 사용한다(보일러).
    ㉴ 형상이 크고 고가이다.
  ⑻ 플레이트형 송풍기 : 방사형 날개를 6~12개 정도 부착한 송풍기이다.

㉮ 효율이 비교적 좋다(50~60 %).
㉯ 풍량이 많고 흡인 송풍기로 사용한다.
㉰ 플레이트의 교체가 쉽다.
㉱ 마모에 강하다.
㉲ 풍압이 400 mmH₂O 이하이다.
㉳ 대용량에 적합하다.

㈐ 다익형(시로코형) 송풍기 : 전향 날개(60~90개)로 되어 있으며 날개 폭이 좁은 것을 많이 설치한 송풍기이다.
㉮ 풍량은 많으나 효율이 낮다(40~50 %).
㉯ 많은 동력이 필요하다.
㉰ 흡인용 송풍기로 적당하다(풍량 5000 m³/min).
㉱ 구조상 고압·고온에 사용 불가능하다.
㉲ 풍압이 낮다(120 mmH₂O).
㉳ 구조가 간단하며 소형, 경량이다.

② **축류형 송풍기** : 일종의 프로펠러형의 송풍기라고 하며, 판을 여러 개 설치한 송풍기로서 주로 환기 배기용으로 많이 사용한다.
㉮ 대용량이 요구되는 곳에 사용한다.
㉯ 흡인용으로 적당하다.
㉰ 풍압은 낮으나 효율이 비교적 좋다(50~70 %).
㉱ 풍량은 많으나 대신 소음이 크다.
㉲ 다단식으로 할 경우 풍압을 높일 수 있다.
㉳ 풍량이 0일 때 풍압이 최고로 되고, 풍량의 증가에 따라 풍압이 낮아진다.

(2) 송풍기의 용량 및 성능

① 송풍기의 용량

송풍량 $Q[\mathrm{m}^3/\mathrm{s}]$, 풍압 $H[\mathrm{mmH_2O}][\mathrm{kg/m^2}]$, 송풍기의 효율이 η이라면

㈎ 송풍기 마력 $= \dfrac{Q \times H}{75 \times \eta}[\mathrm{hp}][\mathrm{PS}]$

㈏ 송풍기 동력 $= \dfrac{Q \times H}{102 \times \eta}[\mathrm{kW}]$

> **참고**
> ① 1 hp = 75 kg·m/s ② 1 kW = 102 kg·m/s ③ 1 mmH₂O = 1 kg/m²
> ④ 1 mmHg = 1 torr ⑤ 1 N/m² = 1 Pa

② 송풍기의 성능

㈎ 원심식 송풍기에서 회전수의 변화에 따라 풍량, 풍압, 동력 및 마력은 다음과 같이

변한다.
㉮ 풍량은 회전수에 비례한다.
㉯ 풍압은 회전수의 제곱에 비례한다.
㉰ 동력 및 마력은 회전수의 3제곱에 비례한다.
㉯ 송풍기의 회전수 $N_1[\text{rpm}]$ 에서 N_2 로 변환시키면 다음의 관계식이 성립한다.

㉮ 풍량 $Q_2 = Q_1 \left(\dfrac{N_2}{N_1}\right)^1 [\text{m}^3/\text{min}]$

㉯ 풍압 $H_2 = H_1 \left(\dfrac{N_2}{N_1}\right)^2 [\text{mmH}_2\text{O}]$

㉰ 마력 $HP_2 = HP_1 \left(\dfrac{N_2}{N_1}\right)^3 [\text{hp}]$

여기서, N_1 : 변화 전 송풍기의 회전수, N_2 : 변화 후 송풍기의 회전수
Q_1, H_1, HP_1 : 변화 전 풍량, 풍압, 마력
Q_2, H_2, HP_2 : 변화 후 풍량, 풍압, 마력

(3) 댐퍼 (damper)

① 연도 댐퍼의 설치목적
  ㉮ 통풍량을 조절하여 통풍력을 좋게 한다.
  ㉯ 가스의 흐름을 차단한다.
  ㉰ 주연도, 부연도가 있을 경우 가스의 흐름을 전환한다.
② 보일러의 댐퍼 형상에 따른 분류
  ㉮ 버터플라이 댐퍼(butter-fly damper) : 소형 덕트에 많이 사용
  ㉯ 시로코형 댐퍼(다익형, sirocco damper) : 대형 덕트에 많이 사용
  ㉰ 스플리티 댐퍼(splity damper) : 풍량조절용으로 많이 사용
③ 작동법에 따라 회전식과 승강식이 있다(주로 회전식을 사용).

참고

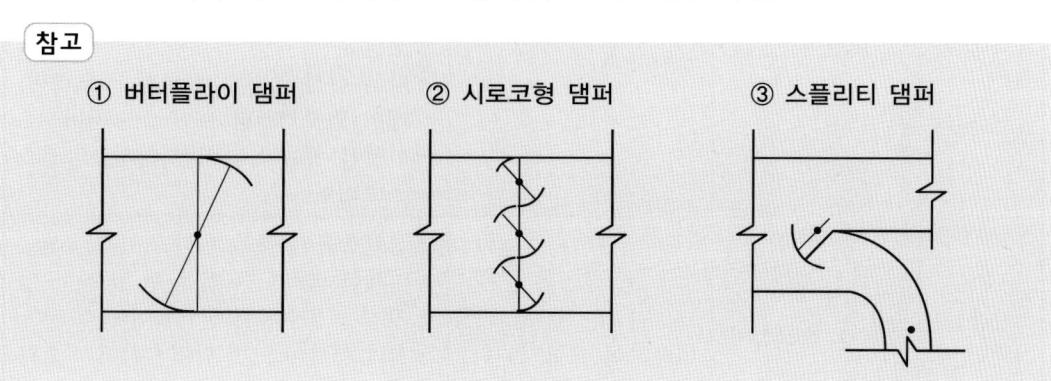

① 버터플라이 댐퍼   ② 시로코형 댐퍼   ③ 스플리티 댐퍼

2. 집진장치의 종류 및 특성

분 류	종 류	집진 원리	특 징
건식 집진장치	중력 집진장치	분진을 자연 침강하게 하여 분리시킨다.	• 압력손실은 적으나(10~15mmAq 정도) 집진효율이 매우 낮다.
	관성력 집진장치	급격한 방향 전환을 주어 관성력을 이용하여 분진을 분리시킨다.	• 압력손실은 적으나(50~70mmAq 정도) 집진효율이 낮다. • 충돌식과 반전식이 있다.
	원심식 집진장치	원심력을 이용하여 분진을 분리시킨다.	• 종류 : 사이클론 집진장치, 멀티클론 집진장치, 블로 다운형 집진장치 • 구조가 간단하지만 압력손실이 크다. • 입자가 클수록 집진효율이 좋아진다.
	여과 집진장치	여과재료(여포, 여지)를 이용하여 분진을 포집 제거시킨다.	• 압력손실은 크지만, 고농도 함진가스 처리에 적합하다. • 대표적으로 백 필터 집진장치가 있다. • 여과재의 형상에 따라 원통식, 평판식, 역기류 분사식이 있다.
습식 (세정) 집진장치	① 가압수식 ② 저 유수식 ③ 회전식	함진가스를 세정액과 충돌 또는 접촉시켜 흡착을 이용하여 제거시킨다.	• 처리 용량이 크며 유독성 가스를 제거할 수 있다. • 급수장치 및 수 처리 장치가 필요하다. • 가압수식 종류 : 벤투리 스크러버, 사이클론 스크러버, 제트 스크러버, 충전탑 • 저 유수식 종류 : 전류형 스크러버, 에어 텀블러, 피 보디 스크러버 • 회전식 종류 : 타이젠 와셔, 임펄스 스크러버
전기식 집진장치	코트렐 집진장치	코로나 방전 효과를 이용하여 제거시킨다.	• 집진효율이 매우 높다 (90~95.5%). • 미세한 입자도 포집할 수 있으며, 입자가 적을수록 집진효율이 좋아진다. • 처리 용량이 크며 압력손실이 적으나 설비비, 유지비가 비싸다. • 고온가스 처리에 적합하다.

CHAPTER 04 안전장치의 구조 및 원리

1. 안전장치의 종류 및 특성

보일러의 안전사고(파열사고, 미연소가스 폭발사고 등)를 방지하기 위한 장치로써 안전밸브(safety valve), 전자밸브(솔레노이드밸브), 압력제한기(압력차단기), 화염검출기, 고·저수위 경보기, 가용마개(용융마개), 방폭문 등이 있다.

1-1 안전밸브

증기(온수) 보일러에서 내부압력이 최고사용압력(제한압력) 초과 시 작동하여 내부유체를 자동으로 취출시켜 압력초과로 인한 파열사고를 사전에 방지해 주는 안전장치이다.

> **참고**
>
> **(1) 용도에 따른 분류**
> ① 안전밸브 : 증기 또는 가스발생장치에 사용되며 내부압력이 기준치 초과 시 자동으로 작동한다.
> ② 릴리프밸브 : 주로 액체장치에 사용되며 내부액체의 압력이 기준치 초과 시 자동으로 작동한다.
> ③ 안전 릴리프밸브 : 주로 배관 계통에 사용되며 기체 및 액체장치에 사용된다.
> **(2) 최고사용압력 (제한압력) :** 보일러 구조상 사용 가능한 최고 사용 게이지 압력

(1) 안전밸브에 관한 규정

① **안전밸브의 개수 :** 증기 보일러에서는 2개 이상의 안전밸브를 설치해야 한다. 다만, 전열면적 50 m^2 이하의 증기 보일러에서는 1개 이상으로 하며, U자형 입관을 부착한 보일러는 안전밸브를 부착하지 않아도 된다.

> **참고**
>
> 관류 보일러에서는 보일러와 압력방출장치 사이에 체크밸브를 설치할 경우 압력방출장치는 2개 이상이어야 한다.

② **안전밸브의 부착방법 :** 안전밸브는 쉽게 검사할 수 있는 장소에 밸브축을 수직으로 하여 가능한 한 보일러 동체에 직접 부착시켜야 한다(압력이 크게 작용하는 곳).

> **참고**
> 안전밸브는 바이패스(bypass) 회로를 적용시키지 않는다.

③ **안전밸브 및 압력방출장치의 크기** : 증기 보일러에서 안전밸브 및 압력방출장치의 크기는 호칭지름 25 A 이상으로 하여야 한다. 다만, 다음 보일러에는 호칭지름 20 A 이상으로 할 수 있다.
  ㈎ 최고사용압력이 0.1 MPa 이하인 보일러
  ㈏ 최고사용압력이 0.5 MPa 이하인 보일러로 동체의 안지름이 500 mm 이하이며 동체의 길이가 1000 mm 이하인 보일러
  ㈐ 최고사용압력이 0.5 MPa 이하인 보일러로 전열면적이 2 m² 이하인 보일러
  ㈑ 최대증발량이 5 t/h 이하인 관류 보일러
  ㈒ 소용량 보일러(소용량 강철제 보일러, 소용량 주철제 보일러)

> **참고**
> **소용량 보일러** : 최고사용압력이 0.35 MPa 이하이고 전열면적이 5 m² 이하인 보일러

(2) 온수 발생 보일러 (액상식 열매체 보일러 포함) 의 방출밸브와 방출관

① 온수 보일러에는 압력이 보일러의 최고사용압력(열매체 보일러의 경우에는 최고사용압력 및 최고사용온도)에 달하면 즉시로 작동하는 방출밸브 또는 안전밸브를 1개 이상 갖추어야 한다.
② 인화성 액체를 방출하는 열매체 보일러의 경우 방출밸브 또는 방출관은 밀폐식 구조로 하든가, 보일러 밖의 안전한 장소에 방출시킬 수 있는 구조이어야 한다.

> **참고**
> 다우섬 열매체 보일러에서 다우섬 증기는 대단한 인화성 증기이므로 방출밸브 또는 방출관은 밀폐식 구조로 하든가, 안전한 장소로 방출시킬 수 있는 구조로 해야 한다.

(3) 온수 발생 보일러 (액상식 열매체 보일러 포함) 의 방출밸브 및 안전밸브의 크기

① 액상식 열매체 보일러 및 온도 393 K(120℃) 이하의 온수 보일러에는 방출밸브를 설치하며, 그 지름은 20 mm 이상으로 하고 보일러의 최고사용압력에 그 10 %(그 값이 0.035 MPa 미만인 경우에는 0.035 MPa로 한다)를 더한 값을 초과하지 않도록 지름과 개수를 정하여야 한다.
② 온도 393 K(120℃)를 초과하는 온수 보일러에는 안전밸브를 설치하여야 한다. 그 크기는 호칭지름 20 mm 이상으로 한다.

> **참고**
> 방출밸브는 스프링식 안전밸브와 구조가 비슷하며 온수 보일러에서 안전밸브 대용으로 사용된다.

(4) 온수 발생 보일러 (액상식 열매체 보일러) 방출관의 크기

방출관은 보일러의 전열면적에 따라 다음의 크기로 한다.

전열면적 (m²)	10 미만	10 이상 ~ 15 미만	15 이상 ~ 20 미만	20 이상
방출관의 안지름	25 mm 이상	30 mm 이상	40 mm 이상	50 mm 이상

(5) 안전밸브의 종류

안전밸브(safety valve)의 종류에는 스프링식(용수철식), 추식(중추식), 지렛대식(레버식) 안전밸브가 있다.

① **스프링식(용수철식) 안전밸브** : 스프링식 안전밸브는 양정(lift)에 따라 4가지로 분류한다.

   (가) 저양정식 : 양정이 밸브지름의 $\frac{1}{40}$ 이상 ~ $\frac{1}{15}$ 미만인 것

   (나) 고양정식 : 양정이 밸브지름의 $\frac{1}{15}$ 이상 ~ $\frac{1}{7}$ 미만인 것

   (다) 전양정식 : 양정이 밸브지름의 $\frac{1}{7}$ 이상인 것

   (라) 전양식 : 변좌구의 지름이 목부지름의 1.15배 이상 밸브가 열렸을 때의 밸브 구경 증기통로의 면적은 목부면적의 1.05배 이상으로써 밸브 입구 및 관내의 최소 증기 통로의 면적이 목부면적의 1.7배 이상의 것을 말한다.

> **참고**
> ① 안전밸브의 면적(또는 구경)은 보일러의 전열면적에는 정비례하고 증기압에는 반비례한다.
> ② 스프링식 안전밸브의 종류를 분출용량이 큰 순서대로 나열하면 전양식 → 전양정식 → 고양정식 → 저양정식 순이다.

② **추식(중추식) 안전밸브** : 추의 중량과 면적에 의해 분출압력이 조정된다.

③ **지렛대식(레버식) 안전밸브** : 지지점과 안전밸브까지와의 거리 및 추와의 거리와 추의 중량에 의해 분출압력이 조정된다.

(6) 안전밸브의 장력을 구하는 식

① 스프링식 : $2 \times \frac{\pi D^2}{4} \times P$

② 추식 : $\frac{\pi D^2}{4} \times P$

③ 지렛대식 : $\frac{\pi D^2}{4} \times P \times \frac{l}{L}$

여기서, D : 안전밸브의 지름(cm)

       P : 분출압력(kgf/cm²)

       L : 지지점과 추까지의 거리(cm)

       l : 지지점과 안전밸브까지의 거리(cm)

(7) 안전밸브의 구비조건

① 밸브의 개폐동작이 신속하고 자유로울 것
② 밸브의 지름과 양정이 충분할 것
③ 밸브의 작동이 확실하고 증기가 누설되지 않을 것
④ 증기압력이 정상으로 되면 즉시 분출이 정지될 것
⑤ 분출용량이 충분할 것

(8) 안전밸브에서 증기가 누설되는 원인

① 분출 조정압력이 낮을 때
② 스프링의 장력이 감쇄하였을 때
③ 밸브와 밸브 시트 사이에 이물질이 끼어 있을 때(또는 밸브 시트가 더러울 때)
④ 밸브와 밸브 시트 가공이 불량할 때(즉, 밸브와 밸브 시트가 맞지 않을 때)
⑤ 밸브축이 이완되었을 때(밸브가 밸브 시트를 균등하게 누르고 있지 않을 때)
⑥ 밸브 및 밸브 시트가 마모되었을 때

1-2 방폭문

연소실(노) 또는 연소 계통에서 미연소가스(탄소가 불완전연소하여 생긴 일산화탄소 등) 폭발사고 시 그 생성가스를 자동으로 외부에 배출시켜 보일러 손상 및 안전사고를 예방하는 장치로써 스프링식과 스윙식이 있다.

(1) 스프링식

밀폐형으로 강철제 보일러에서 사용한다(압입통풍방식에 적당하다).

(2) 스윙식

개방형으로 충격에 약한 주철제 보일러에서 사용한다.

1-3 가용마개 (가용전, 용융마개)

과거 석탄과 같은 고체 연료를 사용한 노통 보일러 노통 입구 상부에 설치 사용한 안전장치이다. 주석(Sn)과 납(Pb)의 합금 금속으로 용융점이 낮은 점을 이용하여 이상감수로 노통이 과열되어 파열되기 이전에 먼저 녹아내려 위험을 알려주는 장치이다.

> **참고**
> 주석(Sn)과 납(Pb)의 합금 비율에 따라 용융점이 다르다.
>
> | 주석(Sn) : 납(Pb) | 용융온도(℃, K) |
> |---|---|
> | 10 : 3 | 150℃, 423 K |
> | 3 : 3 | 200℃, 473 K |
> | 3 : 10 | 250℃, 523 K |

1-4 압력제한기 (압력차단기, 압력차단장치)

보일러 내부 증기압력이 스프링 조정압력보다 높을 경우 제한기 내부의 벨로스가 신축하여 수은 등 스위치를 작동하게 한다. 전자밸브로 하여금 자동으로 연료 공급을 중단하게 함으로써 압력초과로 인한 보일러 파열사고를 방지해 주는 안전장치이다.

> **참고**
> 설정압이 낮은 것부터 높은 순(작동 순서)으로 열거하면 ① 압력조절기, ② 압력제한기, ③ 안전밸브 순이다.

1-5 고·저수위 경보기 (수위검출기, 저수위 경보장치)

보일러 드럼 내의 수위가 최저수위(안전수위) 이하로 내려가기 직전에 1차적으로 50~100초 동안 경보를 발하고, 수위가 더 내려가면 2차적으로 전자밸브로 하여금 자동으로 연료 공급을 차단시켜 이상감수로 인한 과열 및 보일러 파열사고를 미연에 방지해 주는 안전장치이다.

(1) 설치 개요

① 최고사용압력 0.1 MPa을 초과하는 증기 보일러에는 다음의 저수위 안전장치를 설치해야 한다(다만, 소용량 보일러는 제외한다).
  (가) 보일러를 안전하게 쓸 수 있는 수위(이하 '안전수위'라 한다)의 최저수위까지 내려가기 직전에 자동적으로 경보가 울리는 장치
  (나) 보일러의 수위가 안전수위까지 내려가기 직전에 연소실 내에 공급하는 연료를 자동적으로 차단하는 장치
② 열매체 보일러 및 사용온도가 393 K(120℃) 이상인 온수 보일러에는 작동 유체의 온도가 최고사용온도를 초과하지 않도록 온도-연소제어장치를 설치해야 한다.
③ 최고사용압력이 0.1 MPa(수두압, 10 m)을 초과하는 주철제 온수 보일러에는 온수온도가 388 K(115℃)을 초과할 때는 연료 공급을 차단하든가, 파일럿 연소를 할 수 있는 장치를 설치해야 한다.

(2) 고·저수위 경보기의 종류 (수위검출기의 종류)

① **기계식** : 부표(float)의 위치변위에 따라 밸브가 열려 경보를 발한다.

② **전기식**

 ㈎ 부표(플로트)식

  ㉮ 맥도널식 : 부표의 위치변위에 따라 수은 스위치를 작동시켜 경보를 발하고 전자밸브로 하여금 연료 공급을 차단시킨다.

  ㉯ 자석식 : 부표의 위치변위에 따라 자석으로 하여금 수은 스위치를 작동시켜 경보를 발하고 전자밸브로 하여금 연료 공급을 차단시킨다.

 ㈏ 전극식 : 보일러 수(水)의 전기전도성을 이용한 것이다.

> **참고**
> ① 전극식 저수위 경보기에서 전극봉은 3개월마다 청소하여야 한다.
> ② 플로트식은 6개월마다 수은 스위치의 상태와 접점 단자상태를 조사하고 플로트실을 분해, 정비하여야 한다.

(3) 수위제어방식

① **1요소식(단요소식)** : 보일러 드럼 내의 수위만을 검출하여 제어하는 방식

② **2요소식** : 수위와 증기유량을 동시에 검출하여 제어하는 방식

③ **3요소식** : 수위, 증기유량, 급수유량을 검출하여 제어하는 방식

> **참고**
> 3요소식은 고온, 고압, 대용량, 보일러 이외에는 별로 사용하지 않는다.

> **참고**
> **저수위 경보기(수위검출기)의 종류**
>
>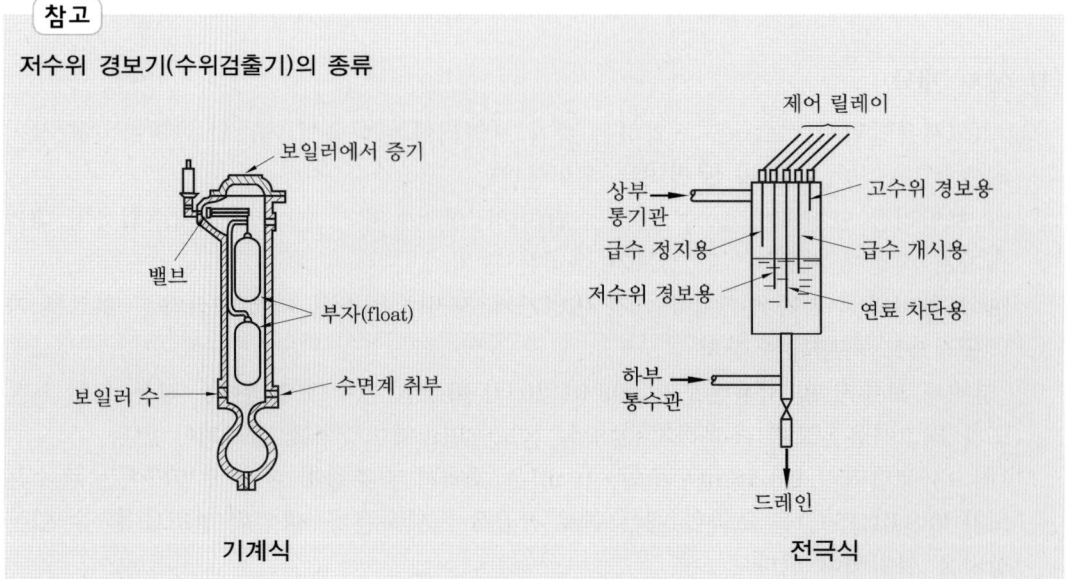
>
> 기계식   전극식

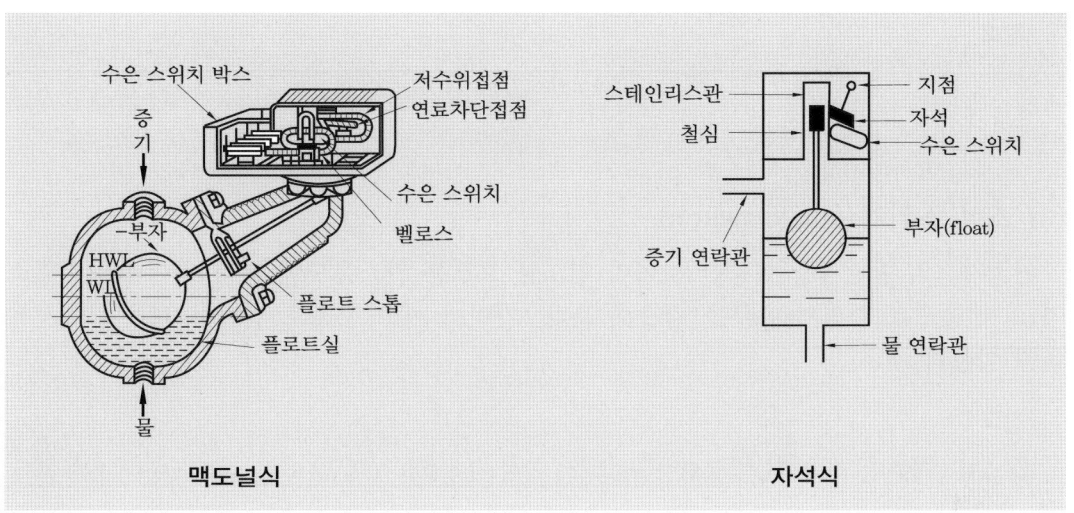

맥도널식 / 자석식

1-6 화염검출기

연소실 내의 화염상태가 불안정하거나 실화 시에 전자밸브로 하여금 자동으로 연료 공급을 차단시켜 역화(back fire)나 가스 폭발사고를 사전에 방지해 주는 안전장치로써 화염(불꽃)검출기(flame project)의 종류는 다음과 같다.

(1) 플레임 아이 (flame eye)

화염의 발광체를 이용한 것이며 화염의 복사선을 광전관이 잡아 화염의 유무를 검출해 준다. 종류로는 가스전용 점화 버너에 사용되는 자외선 광전관, 황화납 셀(PbS cell)이 있으며, 가스 및 기름 버너에 사용되는 적외선 광전관, 황화카드뮴 셀(CdS cell)이 있다.

> **참고**
> 플레임 아이는 불꽃의 중심을 향하여 설치해야 하며, 장치 주위온도는 50℃ 이상이 되지 않도록 해야 하고 광전관식은 유리나 렌즈를 매주 1회 이상 청소하여 감도를 유지해야 한다.

(2) 플레임 로드 (flame road)

화염의 이온화를 이용한 것이며 고온의 가스는 양이온과 자유전자로 전리되어 있다. 여기에 전극을 접촉시키면 전류가 흐르므로 전류의 유무에 의하여 화염의 상태를 파악한다(플레임 로드는 화염이 갖는 도전성을 이용한 도전식과 로드와 버너의 화염에 접하는 면적 차이에 의한 정류효과를 이용한 정류식이 있다). 연소시간이 짧은 가스 점화 버너에서 주로 사용한다.

> **참고**
> 플레임 로드는 화염검출기 중 가장 높은 온도에서 사용할 수 있으며, 검출부가 불꽃에 직접 접하므로 소손에 유의하고 자주 청소를 해 주어야 한다.

(3) 스택 스위치(stack switch)

연소가스의 발열체를 이용한 것이며 연도를 흐르는 가스온도에 따라 바이메탈(감열소자)의 신축으로 화염의 유무를 검출해 준다. 가격이 싸고 구조도 간단하지만 거의 사용하지 않는다.

> **참고**
> ① 스택 스위치는 화염검출의 응답이 느리므로 많이 사용하고 있지 않으며, 주로 소용량 온수 보일러에서 사용한다.
> ② 화염검출기에서 화염 검출방법에는 열적 검출방법, 광학적 검출방법, 전기전도적 검출방법이 있다.

1-7 전자밸브

전자밸브(솔레노이드 밸브, solenoid valve)는 보일러 가동 중 정전 시, 압력초과 시, 이상감수 시, 화염 실화 시, 송풍기 고장 시 등 이상 발생 시에 급히 자동으로 연료 공급을 차단시켜 주는 안전장치이다.

> **참고**
> 작동방식에 따른 전자밸브(긴급 연료차단밸브)의 종류에는 직동식과 파이로트식이 있다.

CHAPTER 05 계측기기의 구조 및 원리

1. 계측기기의 종류 및 특성

1-1 압력계

(1) 압력계(pressure gauge)의 종류

① 액주식 압력계의 종류(저압 측정용이며 통풍력을 측정하는데 사용된다.)

㈎ U자관 압력계 : 유리관을 U자형으로 굽혀 수은, 물 및 기름 등을 넣고 한쪽 끝에 측정압력을 도입하여 압력을 측정한다. 차압은 양단에 각기의 압력을 가하여, 압력 또는 압력차는 양 액면의 높이차를 읽음으로써 측정할 수 있다.

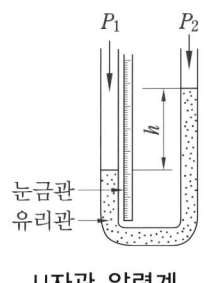

U자관 압력계

㈏ 단관식 압력계 : 이 압력계는 U자관의 변형으로 상형 압력계라고도 한다.

㈐ 경사관식 압력계 : 단관식 압력계와 비슷하나 수직관은 각도 θ만큼 경사를 두어 눈금을 $\dfrac{1}{\sin}$ 만큼 크게 하여 압력을 읽을 수 있도록 한 것이다.

  ㉮ 통풍계로도 사용한다.
  ㉯ 압력계 가운데 정도가 가장 좋다.
  ㉰ 미세압 측정에 가장 적합하다.

㈑ 링 밸런스식(환상 천평식) 압력계 : 원상의 관상부에 두 개의 구멍을 뚫고 대기압과 측정압력의 도입공으로 한다. 내부에 물, 기름, 수은 등의 봉입액을 약 반 정도 주입하고 링의 중심은 피벗으로 지지해서 하부에 중량이 걸리도록 한다. 도입관에 의

해 양면에 압력이 가해지면 가한 압력만큼 링이 회전할 때 회전각에 의해 압력을 나타내는 방식이다.

② 탄성식 압력계의 종류

(개) **부르동관 압력계** : 단면이 원통 또는 타원형인 관을 C자형, 나선형(헬리컬형), 와권형(스파이럴) 등으로 구부려 앞의 자유단은 밀폐시키고 고정판 끝 부분으로 압력을 작용시키면 관의 단면이 원형에 가까워지며 자유단이 이동한다. 이때 변위는 거의 압력에 비례하므로 링과 기어 등으로 압력을 나타낸다.

⑦ 탄성체 압력계로써 보일러에 가장 많이 사용한다.
④ 가장 높은 압력을 측정하지만 정확도는 가장 나쁘다.

(내) **벨로스식 압력계** : 얇은 금속판으로 만들어진 원통에 옆으로 주름이 생기게 만든 것을 주름통 또는 벨로스라 하며, 이 벨로스의 탄성을 이용하여 압력을 측정할 수 있는 것을 말한다. 벨로스 자체도 탄성이 있지만 압력이 가해지면 히스테리시스(hysteresis) 현상에 의하여 원위치로 돌아가기 어렵기 때문에 스프링을 조합하여 사용한다.

(대) **다이어프램 압력계(박막식 압력계)** : 얇은 금속 격막의 다이어프램을 사용하여 그 변위량에 의해 압력을 측정한다.

(2) 압력계 부착방법

① 압력계 최대 지시 눈금은 보일러 최고사용압력의 1.5배 이상, 3배 이하이어야 한다.
② 압력계와 연결되는 증기관이 강관일 경우에는 안지름 12.7 mm 이상, 동관 또는 황동관일 경우에는 안지름 6.5 mm 이상이어야 한다.
③ 증기관으로 통하는 증기온도가 483 K(210℃)을 넘으면 반드시 강관을 사용해야 한다(동관이나 황동관을 사용할 수 없다).
④ 눈금판의 눈금이 잘 보이는 위치에 설치한다(2개 이상).
⑤ 압력계 콕은 핸들이 증기관과 나란히 놓일 때 열린 상태가 되어야 한다.
⑥ 압력계를 보호하기 위하여 사이펀관을 거쳐 물이 압력계로 들어가게 한다.

> **참고**
> 동관이나 황동관은 고온(약 300 ℃)에서 산화하기가 쉽다.

(3) 사이펀(siphon) 관

① 사이펀관은 고온의 증기로부터 부르동관식 압력계의 부르동관을 보호하기 위하여 설치 사용한다.
② 사이펀관의 안지름은 6.5 mm 이상이어야 한다.
③ 사이펀관 내부의 응축수 온도는 277~338 K(4~65℃)으로 유지하는 것이 바람직하다.

(4) 압력계 검사 시기

① 2개의 압력계 지침이 서로 다르게 나타날 때
② 보일러 가동 중 포밍, 프라이밍 현상이 일어날 때
③ 압력계 지침이 의심스러울 때
④ 보일러 휴관 후 재사용할 때
⑤ 신설 보일러인 경우에는 가동 후 압력이 오르기 시작할 때

> **참고**
> ① 보일러 및 압력용기에 가장 많이 사용하는 압력계는 부르동관식 압력계이다(고압 측정용이므로).
> ② 다른 탄성체 압력계(부르동관식, 벨로스식, 다이어프램식)의 교정용, 검사용으로 사용되는 압력계는 기준 분동식 압력계이다.
> ③ 보일러 운전 도중 압력계의 정상작동을 확인하는 방법은 3방 콕으로 압력계 지침이 0이 되는가를 확인하는 것이다.

1-2 수면계

보일러 드럼(동) 내의 수위를 나타내 주는 계측기이다.

(1) 수면계(water gauge)의 개수

증기 보일러에는 2개(소용량 및 소형 관류 보일러는 1개) 이상의 유리 수면계를 부착하여야 한다. 다만, 최고사용압력 1 MPa 이하로써 동체 안지름 750 mm 미만의 것 중 1개는 다른 종류의 수면 측정장치로 하여도 무방하다. 특히, 압력이 높은 보일러에서는 2개 이상의 원격 지시 수면계를 시설하는 경우에 한하여 유리 수면계를 1개 이상으로 할 수가 있다.

> **참고**
> ① 다른 종류의 수면 측정장치는 검수콕 3개를 말한다(최고수위, 정상수위, 안전 저수위 부분에 각각 1개씩 설치).
> ② 온수 보일러와 단관식 관류 보일러에는 수면계가 필요없다.

(2) 수면계의 종류

① **원형 유리관식 수면계** : 최고사용압력이 1 MPa 이하용이다.
② **평형 반사식 수면계** : 최고사용압력이 2.5 MPa 이하용이며 보일러에서 가장 많이 사용한다.
③ **평형 투시식 수면계** : 최고사용압력이 4.5 MPa 이하용과 7.5 MPa 이하용이 있다.
④ **2색 수면계** : 평형 투시식 수면계에 청색 전구와 적색 전구를 설치하여 식별이 잘 되도록 한 것이다.

⑤ **멀티포트식 수면계** : 초고압용(21 MPa 이하용) 수면계이다.

(3) 수주 (水柱)

① **설치목적**
   ㈎ 고온의 증기 및 보일러 수로부터 수면계를 보호하기 위하여
   ㈏ 수위 교란으로 인한 수면계 수위의 오판을 방지하기 위하여

② **설치방법** : 최고사용압력 1.6 MPa 이하인 보일러의 수주는 주철제로 할 수가 있다. 수주에는 20 A 이상의 분출관을 설치하여야 하며 수주와 보일러의 연결관도 20 A 이상이어야 한다(단, 저수위 경보기 연결관은 25 A 이상).

(4) 수면계 유리관의 파손 원인

① 외부로부터 충격을 받았을 때
② 유리관을 너무 오래 사용하였을 때
③ 유리관 자체의 재질이 나쁠 때
④ 상하의 너트를 너무 조였을 때
⑤ 상하의 바탕쇠 중심선이 일치하지 않을 때

(5) 수면계 부착방법

수면계 유리관 최하부와 보일러 안전 저수위가 일치되도록 부착한다.

보일러의 종별	수면계 부착위치(안전 저수위)
직립형 보일러(입형 보일러)	연소실 천장판 최고부위(플랜지부를 제외) 75 mm 상방
직립형(입형) 연관 보일러	연소실 천장판 최고부위, 연관 길이 $\frac{1}{3}$
수평 연관 보일러(횡연관)	연관의 최고부위 75 mm 상방
노통 연관 보일러(혼식 보일러)	연관의 최고부위 75 mm 상방(단, 연관 최고부보다 노통 윗면이 높은 것으로써는 노통 최고부위(플랜지를 제외) 100 mm 상방)
노통 보일러	노통 최고부위(플랜지를 제외) 100 mm 상방

> **참고**
> 수관 보일러 및 그 밖의 특수 보일러는 그 구조에 따른 적당한 위치가 안전 저수위이다.

(6) 수면계의 점검 시기

① 2개의 수면계 수위가 서로 다르게 나타날 때
② 보일러 가동 중 포밍, 프라이밍 현상이 일어나 수위 교란이 일어날 때
③ 수면계 수위에 의심이 갈 때
④ 보일러 가동 후 압력이 오르기 시작할 때
⑤ 보일러 가동 직전

⑥ 수면계를 수리 또는 교체한 후
⑦ 수면계 수위가 둔할 때

> **참고**
> 수면계 점검은 1일 1회 이상 해야 한다.

(7) 수면계의 점검 순서

증기밸브 및 물밸브는 열려 있고 응결수밸브는 닫혀 있는 상태이다.
① 증기밸브, 물밸브를 잠근다.
② 응결수밸브를 열고 내부 응결수를 취출 시험한다.
③ 물밸브를 열어 관수를 취출 시험 후 잠근다.
④ 증기밸브를 열어 증기를 취출 시험한 후 잠근다.
⑤ 응결수밸브를 잠근다.
⑥ 마지막으로 증기밸브와 물밸브를 서서히 연다.

> **참고**
> ① 수면계 유리관 파손 시 이상감수와 취급자의 화상 예방을 위하여 물밸브를 먼저 잠가야 한다.
> ② 하부 통수관에서 스케일 및 부식으로 고장을 많이 유발시킬 수 있다.

> **참고**
>
> **계측기기 요점 정리**
> 1. 압력계
>   (1) 탄성식(탄성체) 압력계(금속의 탄성력을 이용)
>
> | 종류 | 특징 |
> |---|---|
> | 부르동관식 압력계 | 1. 측정범위 : $1\sim2000\,kg/cm^2$
2. 고압 측정용
3. 보일러에서 가장 많이 사용
4. 정확도가 제일 낮음
5. 증기관(황동관, 동관 → 6.5 mm 이상, 강관 → 12.7 mm 이상, 증기온도 210℃ 이상 시에는 강관 사용) |
> | 벨로스식 압력계 | 1. 측정압력 : $0.01\sim10\,kg/cm^2$
2. 정도 : ±1~2 %
3. 용도 : 진공압이나 차압 측정용
4. 벨로스의 재질 : 인청동, 스테인리스 |
> | 다이어프램식 압력계
(=박막식=격막식) | 1. 측정범위 : $20\sim5000\,mmH_2O$
2. 미소압력 측정
3. 드레프트 게이지(통풍계)로 사용
4. 부식성 액체, 고점도 액체에도 사용
5. 다이어프램의 재질(저압용 : 고무, 종이, 고압용 : 양은, 인청동, 스테인리스) |

(2) 액주식 압력계(수주, 수은주 등의 밀도와 액주를 곱하여 사용, $P = r \cdot H$)

종 류	특 징
U자관식 압력계	1. 정도 : ±0.05 mmH$_2$O 2. 통풍계로 사용 3. 절대압력을 측정 4. $P_1 = P_2 + rH\,(P_1 > P_2)$
경사관식 압력계	1. U자관식을 변형시킨 것 2. 통풍계로 사용 3. 가장 정확 4. 가장 미세한 압을 측정 5. 측정범위 : 10~50 mmH$_2$O 6. 실험실에서 사용 7. 정도 : 0.05 mmH$_2$O 8. $P_1 = P_2 + r \cdot x \cdot \sin\theta$
환상천평식 압력계 (링 밸런스식)	1. 측정범위 : 25~3000 mmAq 2. 정도 : ±1~2% 3. 통풍계로 사용 4. 봉입액으로 물, 기름, 수은을 사용

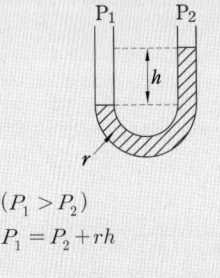

$(P_1 > P_2)$
$P_1 = P_2 + rh$

U자관식 압력계

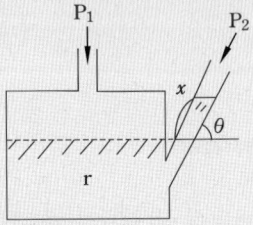

$(P_1 > P_2)$
$P_1 = P_2 + rH$에서 $H = x \cdot \sin\theta$이므로
$P_1 = P_2 + r \cdot x \cdot \sin\theta$

경사관식 압력계

2. 온도계

구분	온도계 종류	측정원리	해당 온도계 종류	측정범위	정도	특 징
접촉식 온도계 (측정범위가 작고 측정온도가 낮으나 비접촉식에 비해 정확성이 높다.)	유리제 온도계	유리관 속에 들어 있는 액체의 체적 변화를 이용한 것 (수은, 알코올, 톨루엔, 펜탄)이다.	수은 온도계	-60~700℃ (-35~350℃)	±1℃ ~±0.2℃	1. 유리관 속의 액체는 수은, 알코올, 톨루엔, 펜탄을 사용한다. 2. 접촉식 온도계 중에서 유리제 온도계 정도가 높으며 그중에서도 베크만 온도계가 제일 높다. 3. 베크만 온도계는 0.01~0.005℃까지의 미세한 온도를 측정하여 실험용, 시
			알코올 온도계	-100~200℃	±1℃ ~±0.5℃	
			베크만 온도계	최고사용온도 150℃	(가장 정확)	
			유점 온도계			

					험용으로 사용한다. 4. 알코올 온도계는 저온 측정용으로 사용한다. 5. 유점 온도계는 체온계로 사용한다(모세관 곡부에 유점 사용).
바이메탈 온도계 (기계식 온도계)	선팽창계수가 다른 2종의 금속을 결합시켜 1개의 금속판으로 온도에 따라 굽히는 정도가 다른 점을 이용한 것이다.		−50~500℃ (−20~300℃)	±1%	1. 온도 자동기록장치나 온도 자동조절장치로 사용된다. 2. 온도 변화에 대한 응답이 빠르다.
압력식 온도계 (아네로이드형 온도계)	수은, 알코올, 아닐린 등 액체나 기체를 밀폐한 관 중에 봉입하고 열을 가하면 체적이 팽창하여 압력이 증대하는 것을 이용한 것이다(압력식 온도계는 감온부, 도압부, 감압부로 구성한다).	액체 압력식 온도계 (액체 팽창식)	수은 (−30~600℃) 알코올 (200℃ 이하) 아닐린 (400℃ 이하)	최소 눈금의 $\frac{1}{2}$	1. 원격 측정용이다(도압부를 길게). 2. 자동제어와 연결하여 사용한다. 3. 감도가 좋다.
		기체 압력식 온도계 (기체 팽창식)	−130~430℃	최소 눈금의 $\frac{1}{2}$	1. 사용 물질은 프레온, 에틸에테르, 톨루엔이다. 2. 순전한 가스로만 충전한다. 3. 감도가 약간 나쁘다. 4. 원격측정이 가능하다(50~90 m).
	※ 고체 팽창식 온도계는 압력식 온도계가 아니며 고체의 선팽창 차를 이용한 온도계이다. ※ 선팽창계수가 큰 쪽: 황동, 선팽창계수가 작은 쪽: 인바, 석영막대 ※ 온도의 경보 또는 제어도 가능하다.				
전기저항 온도계 (=금속저항 온도계 =저항 온도계)	온도가 상승하면 전기 저항치가 증가하는 금속의 성질을 이용한 것이다.	동(Cu) 측온 저항 온도계	0~120℃		가격이 싸고 비례성이 좋으나 고온에서 산화한다.
		니켈(Ni) 측온 저항 온도계	−50~300℃		1. 온도계수가 백금보다 크다(Ni 100 Ω). 2. 0℃에서 500 Ω의 저항치를 갖는다. 3. 사용온도 범위가 백금보다 좁다.
		백금(Pt) 측온 저항 온도계	−200~500℃		1. 안전성, 재현성이 뛰어나다. 2. 고온에서 열화가 적다. 3. 측정범위가 저항 온도계

				중에서 제일 높다. 4. 온도계수가 적다(0℃에서 50Ω, 100Ω 저항치를 갖는다).
		서미스터 저항 온도계	-100~300℃	1. Ni, Cu, Mn, Fe, Co 등의 금속산화물을 압축 소결시켜 만든 것이다. 2. 절대온도의 자승에 반비례하는 계수를 가지고 있다. 3. 다른 저항 온도계와는 달리 저항은 온도 상승에 따라 감소한다.

		※ 저항 온도계에서 사용되는 금속 저항체는 Cu, Ni, Pt이다.
		※ 저항체의 구비조건
		  1. 전기저항 변화(온도계수)가 클 것
		  2. 내식성이 클 것
		  3. 화학적, 물리적으로 안정되어 있을 것
		  4. 동일 특성의 금속을 얻기 쉬울 것		

열전대 온도계 (열기전력을 일으킬 목적으로 2종의 도체 끝을 전기적으로 접촉시킨 것)	2종의 금속선 양단의 접합점의 온도차로 생기는 열기전력을 이용한 온도계이다(열전효과(제백효과)를 이용). ※ 열전대 온도계에서 냉접점(기준접점)은 항상 0℃로 유지할 것	동-콘스탄탄 (C-C) 열전대 온도계	-180~300℃	1. (+) 측 : 동(Cu), (-) 측 : 콘스탄탄(Cu 55%+Ni 45%) 2. 저온에서 정도가 양호하다. 3. 내식성이 강하다. 4. 구리(Cu)가 300℃를 넘으면 산화한다(산화성에 약함).
		철-콘스탄탄 (I-C) 열전대 온도계	-20~800℃	1. (+) 측 : 순철, (-) 측 : 콘스탄탄 2. 열기전력이 가장 크다. 3. 환원성에는 강하나 산화성에는 약하다. 4. 습기나 유황으로부터 보호가 필요하다(내식성이 약함).
		크로멜-알루멜 (C-A) 열전대 온도계	-20~1200℃	1. (+) 측 : 크로멜(Ni : 90%, Cr : 10%), (-) 측 : 알루멜 2. PR보다 내열성, 정밀성이 좋고 PR보다 열기전력이 크다. 3. 환원성에는 강하나 산화성에 약하다. 4. 귀금속 열전대로 중요하게 사용된다.
		백금-백금로듐 (P-R) 열전대 온도계	0~1600℃	1. (+) 측 : 백금로듐, (-) 측 : 백금 2. 열전대 온도계 중에서 가장 높은 온도를 측정한다(접촉식 중에서).

제 5 장 계측기기의 구조 및 원리 **135**

				3. 공업용으로 많이 사용한다. 4. 내열성이 강하고 정도는 높으나 환원성에 약하다.
비접촉식 온도계 (접촉식에 비해 정도는 낮지만 고온측정이 용이하다.)	광고 온도계	고온체로부터 방사되는 에너지 중의 특정한 광파장의 방사에너지와 표준온도의 고온 물체(전구의 필라멘트)의 휘도와 비교하여 측정한다.	700~3000℃	1. 비접촉식 온도계 중에서는 가장 정확하다. 2. 방사 온도계에 비하여 방사율에 의한 보정량이 적다. 3. 개인차가 있으므로 정밀 측정은 여러 사람이 하는 게 좋다. 4. 광학계의 먼지, 상처 등의 점검을 철저히 하고 피측정체 사이의 연기, 먼지 등이 작게 주의해야 한다.
	광전관식 온도계	빛에 의해 금속 표면에서 광전자를 방출하는 광전효과를 이용한 것이다.	700~3000℃	1. 이동 물체의 온도측정이 가능하다. 2. 구조가 복잡하다. 3. 응답속도가 빠르다. 4. 기록제어도 가능하다.
	방사(복사) 온도계	물체는 온도가 높아질수록 큰 복사에너지를 방출하므로 이 에너지를 온도로 환산하여 측정한다(방사에너지는 절대온도의 4승에 비례). [스테판 볼츠만 법칙]	50~3000℃	1. 주로 고온 및 이동물체의 측정이 용이하다. 2. 연속측정이 가능하고 기록이나 제어가 가능하다. 3. 광도에 먼지나 연기 등이 있으면 정확한 측정이 곤란하다. 4. 방사율에 의한 보정량이 크고 정확한 보정이 어렵다.
	색 온도계	고온체에서 방사되는 복사에너지는 온도가 낮은 상태에서는 파장이 길어지나 온도가 높은 상태에서는 파장이 짧아진다. 이러한 현상은 색깔로 보인다는 점을 이용한 것이다.	600~2500℃	방사 온도계보다 정도가 좋으나 정확한 측정이 어렵고 개인 오차가 있을 수 있다(600℃ : 어두운 색, 800℃ : 붉은색, 1000℃ : 오렌지색, 1200℃ : 노란색, 1500℃ : 눈부신 흰색, 2500℃ : 푸른 기가 있는 흰빛색).
	제게르콘 온도계			1. 점토, 규석질, 내열성 금속 산화물 등을 배합한 삼각추 2. 성분 비율에 따라 연화, 변형하는 온도가 다른 점을 이용한 것이다(600~

기타 온도계					2000℃). 3. 벽 속의 내화도 측정에 사용한다.
	서모 컬러				1. 온도에 따라 색이 변하는 도료의 일종이며 온도를 직접 측정하기는 곤란하다. 2. 열의 분포상태와 열의 전도속도를 아는 데 편리하다. 3. 변색이 가역성의 것과 비가역성의 것이 있다.

3. 유량계

유량계의 종류	측정원리	해당 종류	특 징
차압식 유량계 (=조리계 기구식=교축식)	관 도중에 조리개(교축기구)를 넣어서 조리개 전후의 차압을 발생시켜 베르누이 정리를 이용하여 유량을 측정한다. ※ 차압식 유량계의 일반적인 특징 1. 압력손실이 크다. 2. 고온, 고압의 액체, 기계 측정에 사용한다. 3. 레이놀즈수가 10^5 이하에서는 유량계수가 무너진다. 4. 조리계 전후에 상당한 직관부가 필요하다.	오리피스	1. 구조가 간단하며 차압식 중에서 가장 많이 사용한다. 2. 교체하기가 편리하다. 3. 설치장소가 협소해도 좋다. 4. 차압식 중에서 압력손실이 가장 크다. 5. 내구성이 적으며 침전물을 생성한다.
		플로어 노즐	1. 압력손실이 중간쯤이며 고속, 고압(50~300 kg/cm^3)에 적당하다. 2. 레이놀즈수가 클 때에 사용(레이놀즈수가 적어지면 유량계수가 감소한다)
		벤투리관식	1. 차압식 유량계 중에서 압력손실이 가장 적다. 2. 정확도가 높다. 3. 침전물이 생기지 않으며 내구성이 좋다. 4. 교환이 곤란하다(설치시 관을 절단).
용적식 유량계	일정한 용적(체적)의 용기에 유체를 도입시켜 유량을 측정한다.	1. 가스미터 　(습식 가스미터 : 드럼식) 　(건식 가스미터 : 격막식) 2. 오벌유량계 3. 루트식 4. 로터리 피스톤식(진동 피스톤식) 5. 로터리 벤식 6. 원판형 유량계	1. 적산정도가 ±0.2~0.5%로 높고 거래용에도 사용된다. 2. 고점도 유체나 점도 변화가 있는 유체에 적합하다. 3. 맥동의 영향이 적다. 4. 스트레이너를 입구 측에 마련할 필요가 있다. 5. 일반적으로 구조가 복잡하다. 6. 회전자 재료로는 포금(gun matal), 주철, 스테인리스 등을 사용한다.
유속 측정에 의한 유량계	관로를 흐르는 유체의 유속을 먼저 측정하고 그 값에 관로의 단면적을 곱하여 유량을 측정한다. $Q = AV = \dfrac{\pi D^2}{4} \times V \, [\text{m}^3/\text{s}]$	1. 피토관식 2. 아뉴바 유량계 　(유체에 의한 가열선의 흡수 열량을 측정)	1. 5 m/s 이하인 기체에는 적용할 수 없다. 2. 유체의 흐름에 대한 충분한 강도를 가져야 한다. 3. 더스트(먼지), 미스트(안개) 등이 많은 유체에는 부적당하다. 4. 피토관 두부를 흐름의 방향에 대하여 평행으로 붙인다. 5. 피토관 앞에는 관지름 20배 이상 거리의 직관부가 필요하다.

			6. 시험용으로 많이 사용한다.
면적식 유량계	관로에 있는 조리개 전후의 차압이 일정해지도록 조리개 면적을 바꿔 그 면적으로부터 유량을 측정한다.	1. 로터미터 2. 피스톤식 3. 플로트식(부자식) 4. 게이트 타입식	1. 슬러지 유체나 부식성 액체 측정이 가능하다. 2. 고점도 유체나 소유량 측정이 가능하다. 3. 압력손실이 적다. 4. 정도는 ±1~2 % 정도이다. 5. 로터미터 부자의 재질 : 액체용은 포금이나 스테인리스, 기체용은 합성수지를 사용한다.
임펠러식 유량계	유체 속에 프로펠러나 터빈을 두어 그 회전수로부터 유량을 측정한다.	1. 수도미터 2. 터빈 유량계	1. 구조가 간단하고 보수가 용이하다. 2. 내구력이 좋다. 3. 부식성이 강한 액체에도 사용할 수 있다.
전자 유량계	패러데이(Faraday)의 전자유도 법칙에 의해 기전력을 발생하고 이 기전력으로 유량을 측정한다.		1. 압력손실이 전혀 없다. 2. 슬러지가 들어 있거나 고점도 액체도 측정이 가능하다. 3. 관내에 네오프렌, 유리 등으로 라이닝함으로써 높은 내식성을 얻을 수 있다. 4. 도전성 액체에만 유효하다. 5. 고성능 증폭기가 필요하다.

4. 가스 분석계

구 분	종 류	측정원리	요 점(특징 및 취급시 주의사항)
화학적 가스 분석계	오르사트 가스 분석계	배기가스 중에 함유된 CO_2, O_2, CO 3가지 성분을 차례로 분석하여 각 성분 흡수약제를 사용하여 분석한다.	1. 가스 분석 순서는 $CO_2 \rightarrow O_2 \rightarrow CO$ 순이다. 2. N_2는 계산식에 의해 구한다. $N_2 [\%] = 100 - (CO_2 [\%] + O_2 [\%] + CO [\%])$ 3. 각 성분 흡수약제 ① CO_2 : KOH 30 % 수용액(수산화칼륨 30 % 수용액) ② O_2 : 알칼리성 피로카롤용액 ③ CO : 암모니아성 염화제일구리(동)용액 4. 가스 분석 시 실내온도는 16~20℃로 유지해야 한다(15℃ 이하에서는 알칼리성 피로카롤용액이 O_2를 흡수하는 능력이 저하). 5. 특징 ① 구조가 간단하며 취급이 용이하다. ② 수분이나 N_2 등은 분석할 수 없다. ③ 수동 조작에 의한 측정이며, 분석 순서가 틀리면 오차가 발생한다.
	헴펠식 가스 분석계	오르사트와 같은 방법으로 각 성분 흡수약제를 사용하여 분석한다.	1. 가스 분석 순서 $CO_2 \rightarrow C_mH_n \rightarrow O_2 \rightarrow CO$ 2. C_mH_n (중탄화수소) 흡수액은 발연황산 또는 취소수이다.
	자동화학 CO_2계 (자동화학식 가스 분석계)	측정 원리는 오르사트와 같다.	1. 주로 CO_2 측정에 사용한다. 2. 특징 ① 선택성이 비교적 양호하다. ② 유리 부분이 파손되기 쉽다. ③ 조성가스가 다종류라도 높은 정도로 측정할 수 있다. ④ 점검과 소모품 보수에 잔손이 걸린다.

	종류	원리	특징
	연소식 O_2계 (과잉공기계)	연소의 반응열을 이용한 것이다.	1. 일명 과잉공기계로 불린다. 2. 원리가 간단하고 취급이 비교적 용이하다. 3. H_2 등의 연료가스를 따로 준비해 둘 필요가 있다.
	미연소 가스계 (H_2+CO계)	연소식 O_2계와 마찬가지로 연소의 반응열을 이용한다.	1. 연도가스 중의 미연 성분인 H_2, CO를 측정한다. 2. 촉매로는 백금선을 사용한다. 3. 내구성에 유의해야 한다.

물리적 가스 분석계	가스 크로마토그래피 가스 분석계	각 가스의 이동속도차를 이용한 것이다(활성탄, 실리카겔, 활성알루미나 등의 흡착제를 충전한 통(칼럼)에 H_2, N_2, He, Ar 등의 캐리어가스로 시료를 이동시킬 때 친화력과 흡착력이 다르므로 각 가스의 이동속도차가 생긴다).	1. 흡착제 : 활성탄, 실리카겔, 활성알루미나
			2. 캐리어가스 : H_2, N_2, He, Ar
			3. 특징
			  ① 연구실용, 공업용으로 많이 사용한다.
			  ② 선택성이 우수하다.
			  ③ 기체 및 비점 300℃ 이하의 액체에 사용한다.
			  ④ 응답속도가 늦고 동일가스의 연속 측정이 불가능하다.
			  ⑤ 다성분의 전분석을 1대의 장치로 할 수 있다.

	열전도형 CO_2계 (전기식 CO_2계)	CO_2의 열전도율이 공기에 비하여 매우 적다는 것을 이용한 것이다.	• 사용상 주의 1. 브리지 공급 전류의 점검을 확실히 한다. 2. 셀의 주위온도와 측정가스온도를 일정하게 하고 온도 상승을 피한다. 3. 가스의 유속을 거의 일정하게 한다. 4. 가스의 압력변동을 피한다. 5. H_2의 혼입을 방지한다.
	밀도식 CO_2계	CO_2와 공기의 밀도차를 이용한 것이다(CO_2가 1.5배 무겁다).	• 사용상 주의 1. 가스의 통로 막힘에 주의해야 한다. 2. 시료가스 압력을 일정하게 유지시켜야 한다. 3. 물탱크 내의 수위에 주의해야 한다.

	적외선 가스분석계	H_2, N_2, O_2 등의 2원자를 제외한 CO, CO_2, CH_4 같은 원자는 적외선을 흡수하여 온도가 높아지고, 압력이 증가한다. 이 적외선으로 측정한다.	1. 분석
			  ① 분석 불가능 : H_2, N_2, O_2
			  ② 분석 가능 : CO, CO_2, CH_4
			2. 특징
			  ① 선택성이 우수하다.
			  ② 저농도 분석에 적합하다.
			  ③ 더스트를 방지한다(대기오염 관리에는 부적당).
			  ④ 대상범위가 넓고 저농도 분석에도 용이하다.

	자기식 O_2계	다른 가스는 반자성체이나 O_2는 강자성체이므로 자장에 흡인되는 특성을 이용한 것이다.	• 종류 1. 흡인력을 이용한 것이다. 2. 자기풍을 이용한 것이다. 3. 계면압력을 이용한 것이다.
	세라믹 O_2계 (지르코니아식 O_2계)	열기전력을 이용한 것이다.	세라믹의 주원료는 지르코니아(ZrO_2)

CHAPTER 06 분출장치의 구조 및 원리

보일러 수(水)의 농축을 방지하여 물의 순환을 좋게 하고 스케일 생성을 방지해 주는 수저 분출(blow, 블로)장치와 유지분, 부유물을 제거하여 포밍, 프라이밍을 방지해 주는 수면 분출장치(blow off attachment)가 있다.

(1) 분출장치의 종류 (설치장소에 따라)
① 수면 분출장치 : 수면에 떠 있는 유지분, 먼지 등의 부유성 물질을 제거한다(부착위치 : 정상수위보다 1.27 cm 낮게 설치). 수면 분출장치는 연속 분출장치이다.
② 수저 분출장치 : 동 저면에 있는 스케일이나 침전물, 농축된 물 등을 밖으로 분출하여 제거한다(동 밑부분에 부착). 수저 분출장치는 단속 분출장치이다.

(2) 분출의 목적
① 포밍, 프라이밍을 방지하기 위하여
② 스케일 고착 및 슬러지 생성을 방지하기 위하여
③ 보일러 수의 pH를 조절하기 위하여
④ 불순물로 인한 보일러 수의 농축을 방지하고 물의 순환을 양호하게 하기 위하여
⑤ 고수위를 방지하기 위하여
⑥ 보일러 세관 후 폐액을 배출시키기 위하여

(3) 분출 시기
① 포밍, 프라이밍 현상을 일으킬 때
② 야간에 쉬는 보일러는 매일 아침 가동 전
③ 주야 연속 사용하는 보일러인 경우에는 부하가 가장 가벼울 때
④ 고수위일 때
⑤ 보일러 수가 정지해서 불순물이 침전하였을 때

(4) 분출 시 유의사항
① 1회 분출량이 아무리 많아도 안전 저수위 이하로 분출시키지 말 것
② 2인 1조가 되어 분출 작업을 할 것
③ 2대의 보일러를 동시에 분출시키지 말 것

(5) 분출방법

① 밸브 및 콕은 신속히 열 것
② 분출량은 농도측정에 의하여 결정할 것

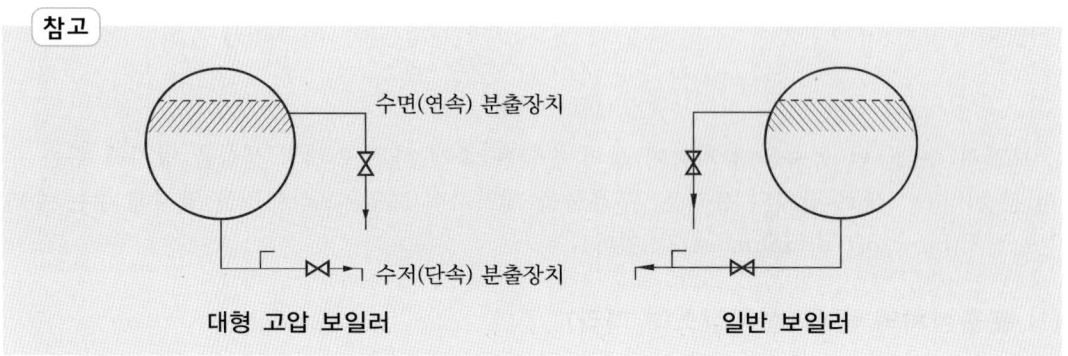

(6) 분출밸브 및 분출콕의 조작 순서

대형 고압 보일러의 분출장치 설치에서 동 가까이에 분출콕, 그다음에 분출밸브를 설치한다.

① **여는 순서** : 밸브가 분출량 조절이 용이하므로 콕을 먼저 열고 다음에 밸브를 연다.
② **닫는 순서** : 밸브를 먼저 닫고 다음에 콕을 닫는다. (단, 일반 보일러에서는 콕을 먼저 닫고 다음에 밸브를 닫는다.)

(7) 분출밸브의 크기 및 개수

① 보일러에서는 적어도 밑에 분출관과 분출밸브 또는 분출콕을 설치한다(단, 관류 보일러는 제외).
② 분출밸브의 크기는 25 A 이상이어야 한다(25 A 이상 ~ 65 A 이하). (단, 전열면적이 10 m^2 이하인 경우에는 20 A 이상으로 할 수 있다.)
③ 최고사용압력 0.7 MPa 이상의 보일러의 분출관에는 분출밸브 2개나 분출밸브와 분출콕을 직렬로 설치한다(단, 차량용 및 이동식의 보일러에서는 제외).

(8) 분출밸브의 모양과 강도

분출밸브는 스케일, 그 밖의 침전물이 퇴적되지 않는 구조의 것으로 보일러의 최고사용압력의 1.25배 또는 보일러의 최고사용압력에 1.5 MPa을 더한 압력 중 작은 쪽의 압력에 견디고 어떠한 경우에도 0.7 MPa 이상의 압력에 견디는 것이어야 한다.

주철제의 것은 최고사용압력 1.3 MPa 이하, 흑심 가단 주철제의 것은 1.9 MPa 이하의 보일러에 사용할 수 있다. 분출콕은 글랜드(gland)를 갖는 것이어야 한다.

> **참고**
>
> **플래시 탱크(flash tank)**
> 연속 분출장치(continuous blow off appratus)는 보일러 수의 농도를 일정하게 유지하도록 조절밸브에 의하여 분출량을 조절하여 연속적으로 분출하는 장치를 말하며, 분출수는 플래시 탱크(flash tank)에서 기화되어 증기는 탈기기에 회수되고 탱크 안에 남은 농도가 높은 물만 배출되도록 되어 있다. 플래시 탱크는 분출된 보일러 수를 보일러 압력보다는 낮은 압력으로 하여 저압에서 증기화되도록 하는 역할을 한다.

(9) 분출률 및 분출량 계산식

보일러 관수의 허용농도 r[ppm], 급수의 허용농도 d[ppm], 1일 급수량 W[L/d], 응축수 회수율 $R = \dfrac{응축수\ 회수량}{실제증발량} \times 100\,\%$일 때,

① 분출률 $= \dfrac{d}{r-d} \times 100\,\%$

② 분출량 $= \dfrac{W(1-R)d}{r-d}$ [L/d]

> **참고**
>
> ① 실제증발량(L/h)은 급수량(L/h)으로 산정한다.
> ② 위의 공식에서 W를 m³/d로 하면 분출량의 단위도 m³/d가 된다.

예제 어느 보일러의 1일 급수량이 7000 L이고, 급수 중의 고형분이 50 ppm이며, 보일러 수의 허용고형분이 450 ppm일 때 1일 분출량(L)은?

해설 $\dfrac{7000 \times 50}{450 - 50} = 875\,\text{L}$

CHAPTER 07 자동제어장치의 구조 및 원리

1. 자동제어의 개요

1-1 자동제어의 개념

(1) 자동제어

제어(control)는 수동제어와 자동제어로 크게 나눌 수 있으며, 자동제어에 의해 얻을 수 있는 이점은 다음과 같다.

① 인건비를 절약할 수 있다.
② 작업능률을 향상시킬 수 있다.
③ 작업에 의한 위험도를 감소시킬 수 있다.
④ 제품의 품질을 향상시킬 수 있다.
⑤ 경제적인 운영에 의한 원료 및 연료를 절약할 수 있다.

(2) 자동제어의 일반적인 동작 순서

검출 → 비교 → 판단 → 조작

① **검출** : 제어대상을 계측기를 사용하여 검출한다.
② **비교** : 목푯값으로 이미 정한 물리량과 비교한다.
③ **판단** : 비교하여 결과에 따른 편차가 있으면 판단하여 조절한다.
④ **조작** : 판단된 조작량을 조작기에서 증감한다.

1-2 자동제어의 블록선도 (피드백 제어의 기본회로)

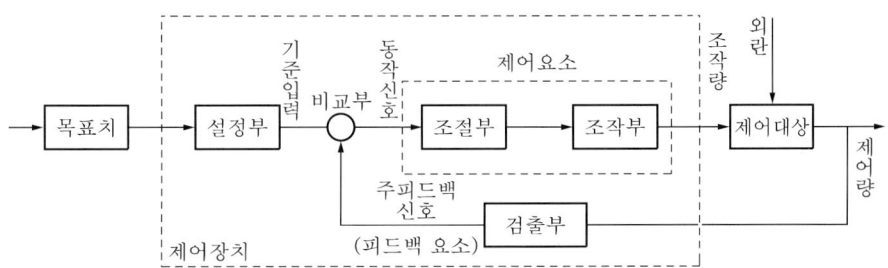

① **목푯값** : 입력이라고도 하며 제어량을 어떠한 크기로 하는가 하는 목푯값이 되는 값으로서 이 제어계에 외부로부터 부여된 값을 말한다.
② **설정부** : 주로 정치제어일 때 사용되는데 목푯값과 주피드백 양이 같은 종류의 양이 아니면 비교할 수가 없다
③ **기준입력** : 목푯값, 주피드백 양과 같은 종류의 신호로 목푯값을 변환하여 제어계의 폐루프에 부여되는 입력신호이다. 이 목푯값으로부터 기준입력에의 변환은 설정부에 의하여 이루어진다.
④ **비교부** : 기준입력과 주피드백 양과의 차를 구하는 부분이다. 즉, 제어량의 현재값이 목푯값과 얼마만큼 차이가 나는가를 판단하는 기구이다.
⑤ **동작신호(편차입력 또는 편차신호)** : 비교부에 의해서 얻어진 기준입력과 주피드백 양과의 차로써 제어동작을 일으키는 신호이며, 이것이 바탕이 되어 정정할 수 있는 작용을 만들어내게 된다.
⑥ **제어부(조절부)** : 동작신호를 여러 가지 동작으로 처리해서 조작신호를 만들어내는 부분이다.
⑦ **조작신호** : 제어부에서 처리된 뒤 조작부에서 작용시키는 신호를 말한다.
⑧ **조작부** : 실제로 제어대상에 대하여 작용을 걸어오는 부분으로 조작신호를 받아 이것을 조작량으로 바꾸는 부분이다.
⑨ **조작량** : 제어량을 지배하기 위해 조작부가 제어대상에 부여하는 양을 말한다.
⑩ **제어대상** : 자동제어장치를 장착하는 대상이 되는 물체를 말하며, 기계 또는 프로세스의 부분 등이다.
⑪ **제어량** : 출력이라고도 하며, 제어하고자 하는 양으로써 목푯값과 같은 종류의 양이다.
⑫ **검출부** : 제어량의 현상을 알기 위해 목푯값 또는 기준입력과 비교할 수 있도록 같은 종류의 양으로 변환하는 부분이다.
⑬ **주피드백(feedback) 양** : 제어량의 값을 목푯값(기준입력)과 비교하기 위한 피드백 신호이며, 피드백이란 폐루프를 형성하여 출력 측의 신호를 입력 측에 되돌리는 것을 말한다.

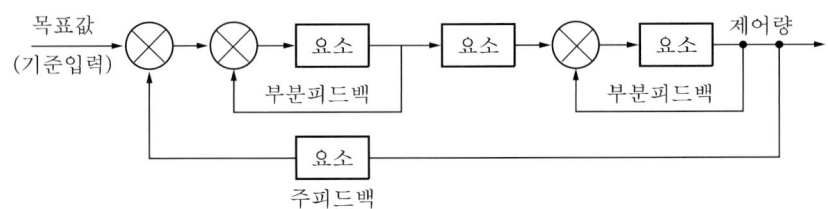

주피드백과 부분 피드백

⑭ **외란(disturbance)** : 제어계의 상태를 혼란시키는 잡음과 같은 것이다. 즉, 외란이 가해지면 당연히 제어량이 변화해서 목푯값과 어긋나게 되고 제어편차가 생긴다. 그 종류로는 유출량, 탱크 주위의 온도, 가스 공급압, 가스 공급온도, 목푯값 변경이 있다.

> **참고**
> ① 제어편차란 목푯값에서 제어량을 뺀 값(제어편차 = 목푯값 − 제어량)이다.
> ② 잔류편차(offset)란 정상상태로 되고 난 다음에 남는 제어편차이다.
> ③ 피드백 제어는 자동제어에서 가장 기본이 되는 제어이다.
> ④ 보일러에서 가장 기본이 되는 제어는 시퀀스 제어(sequence control)이다.
> ⑤ 보일러 자동제어는 시퀀스 제어와 인터로크로 구성된다.

1-3 자동제어의 종류

(1) 목푯값에 따른 분류

① **정치제어(constant valve control)** : 목푯값이 일정한 제어를 말한다.

② **추치제어** : 목푯값이 변화되는 자동제어로써 목푯값을 측정하면서 제어량을 목푯값에 맞추는 제어방식이다.
   (가) 추종제어(follow up control) : 목푯값이 시간적(임의적)으로 변화하는 제어로써 이 것을 일명 자기조정제어라고도 한다.
   (나) 비율제어(rate control) : 목푯값이 다른 양과 일정한 비율관계에서 변화되는 추치 제어를 말한다(유량 비율제어, 공기비 제어가 이에 해당된다).
   (다) 프로그램 제어(program control) : 목푯값이 이미 정해진 계획에 따라 시간적으로 변화하는 제어를 말한다.

③ **캐스케이드 제어** : 측정제어라고도 하며 2개의 제어계를 조합하여 제어량을 1차 조절계로 측정하고, 그 조작 출력으로 2차 조절계의 목푯값을 설정한다. 캐스케이드 제어는 단일 루프제어에 비하여 외란의 영향을 줄이고, 계 전체의 지연을 적게 하여 효과를 높이는 데 유효하기 때문에 출력 측에 낭비 시간이나 큰 지연이 있는 프로세스 제어에 잘 이용되고 있다.

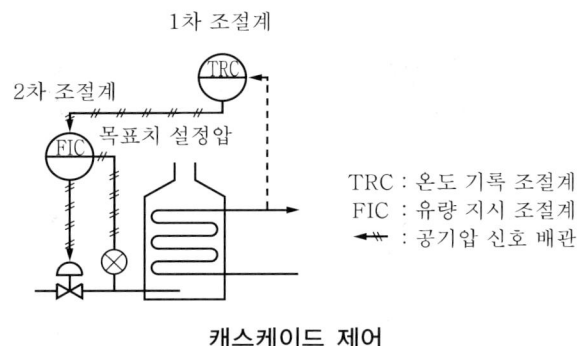

캐스케이드 제어

(2) 제어동작에 따른 분류

① 불연속동작

㈎ 2위치 동작(ON-OFF 동작) : 제어량이 설정값에 어긋나면 조작부를 전폐하여 운전을 정지하거나, 반대로 전개하여 운동을 시동하는 동작을 말한다.
  ㉮ 편차의 정부(+, -)에 의해 조작신호가 최대, 최소가 되는 제어동작이다.
  ㉯ 반응속도가 빠른 프로세스에서 시간 지연과 부하변화가 크고 빈도가 많은 경우에 적합하다.

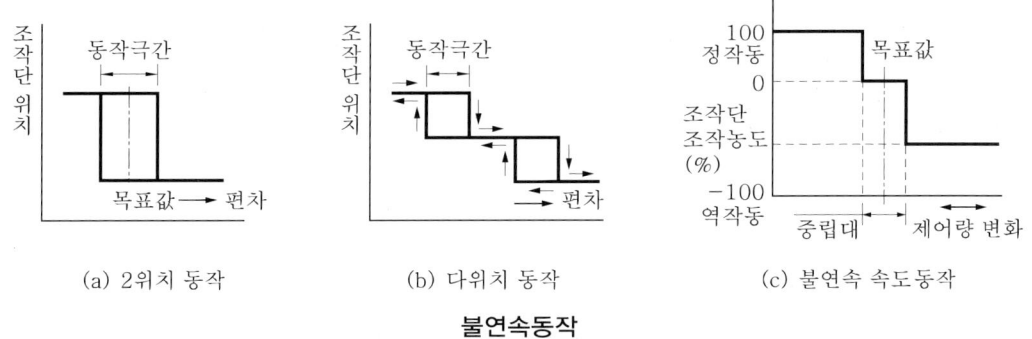

(a) 2위치 동작　　　(b) 다위치 동작　　　(c) 불연속 속도동작

불연속동작

㈏ 다위치 동작 : 제어량이 변화했을 때 제어장치의 조작위치가 3위치 이상이 있어 제어량 편차의 크기에 따라 그중 하나의 위치를 택하는 것이다.
㈐ 불연속 속도동작(부동제어) : 제어량 편차의 과소에 의하여 조작단을 일정한 속도로 정작동, 역작동 방향으로 움직이게 하는 동작이다.

> **참고**
> ① 정작동 : 제어량이 목푯값보다 커짐에 따라서 증가하는 방향으로 움직이는 경우를 정작동이라 한다.
> ② 역작동 : 출력이 감소하는 방향으로 움직이는 것을 역작동이라 한다.

② **연속동작**

연속동작이란 제어동작이 연속적으로 일어나는 것으로 그 종류는 다음과 같다.

㈎ 비례동작(P 동작, proportional action) : 제어편차량이 검출되면 거기에 비례하여 조작량을 가감하는 조절동작이다(제어량의 편차에 비례하는 동작).

㉮ 비례동작 특성식

$$Y = kpe + m_o$$

여기서, Y : 출력, e : 제어편차
kp : 비례감도(끼인)이며 상수
m_o : 제어명령을 하는 동작신호의 크기(제어편차가 없을 때)

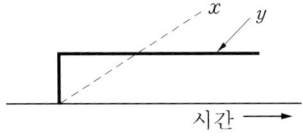

비례동작(P 동작)

㉯ 특징
㉠ 부하가 변화하는 등 외란이 있으면 잔류편차(offset)가 생긴다.
㉡ 프로세스의 반응속도가 小 또는 中이다.
㉢ 부하변화가 작은 프로세스에 적용된다.

㈏ 적분동작(I 동작, integral action) : 제어량에 편차가 생겼을 경우 편차의 적분차를 가감해서 조작량의 이동속도가 비례하는 동작으로 편차의 크기와 지속시간에 비례하는 동작이다.

㉮ 적분동작 특성식

$$Y = K_1 \int e\,dt$$

여기서, K_1 : 비례상수

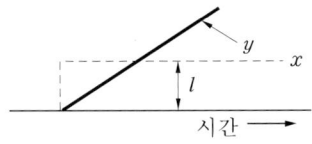

적분동작(I 동작)

㉯ 특징
㉠ 잔류편차가 제거된다.
㉡ 제어의 안정성이 떨어진다.
㉢ 일반적으로 진동하는 경향이 있다.

㈐ 미분동작(D 동작, derivative action) : 출력편차의 시간변화에 비례하여 제어편차가 검출된 경우에 편차가 변화하는 속도에 비례하여 조작량을 증가하도록 작용하는 제어동작이다.

㉮ 미분동작 특성식

$$Y = K_D \frac{dy}{dt}$$

여기서, Y : 출력, K_D : 비례상수

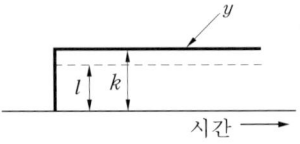

미분동작(D 동작)

㉯ 미분동작은 단독으로 쓰이지 않고 언제나 비례동작과 함께 쓰이며, 일반적으로 진동이 제어되어 빨리 안정된다.

㈑ 중합동작(multiple action) : PID 동작 중에서 두 가지 이상이 적당히 조합된 동작으로 비례적분동작(PI 동작), 비례미분동작(PD 동작), 비례적분미분동작(PID 동작) 등이 있다.

㉮ 비례＋적분동작(PI 동작) : 비례동작의 결점을 줄이기 위해 비례동작과 적분동작을 합한 조절동작이다.

㉠ 비례＋적분동작 특성식

$$Y = kp\left(e + \frac{1}{T_1}\int e\,dt\right)$$

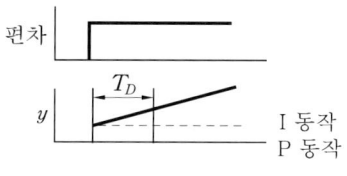

PI 동작   PI 동작(넓은 비례대인 때)에 의한 제어

㉡ 특징
- 부하변화가 커도 잔류편차(offset)가 남지 않는다.
- 전달 느림이나 쓸모 없는 시간이 크면 사이클링의 주기가 커진다.
- 급변할 때는 큰 진동이 생긴다.
- 반응속도가 빠른 프로세스나 느린 프로세스에 사용된다.

> **참고**
> 적분동작이 비례동작에 곁들여 있는 경우에는 T_1을 리셋시간, $\frac{1}{T_1}$을 리셋률이라고 한다.

㉯ 비례＋미분동작(PD 동작) : 미분시간이 크면 클수록 미분동작이 강하며 실제의 기기에서는 다소 변형을 가한 미분동작으로 비례동작과 합친 동작이다.

$$Y = kp\left(e + T_D\frac{de}{dt} + m_o\right)$$

여기서, T_D : 미분시간을 나타내는 상수

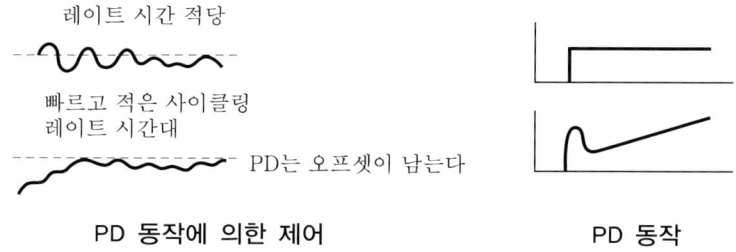

PD 동작에 의한 제어   PD 동작

㉰ 비례+적분+미분동작(PID 동작) : 이 동작의 조절기는 다른 동작의 조절기에 비하여 값이 싸고, 조절효과도 좋으며 조절속도가 빨라서 널리 이용된다.
㉠ 비례+적분+미분동작 특성식

$$Y = kp\left(e + \frac{1}{T_1}\int e\,dt + T_D\frac{de}{dt}\right)$$

㉡ 특징 : 반응속도가 느리고 빠름에도, 쓸모 없는 시간이나 전달 느림이 있는 경우에도 사이클링을 일으키지 않아 넓은 범위의 특성 프로세스에도 적용할 수 있다(PID동작은 제어계의 난이도가 큰 경우에 적합한 제어동작이다).

> **참고**
>
> (1) 미분동작의 특징
> ① 단독으로는 사용하지 않는다.
> ② 항상 비례동작(P 동작)과 함께 사용된다.
> ③ 일반적으로 진동이 제어되어 빨리 안정된다.
>
> (2) 적분동작의 특징
> ① 잔류편차가 제거된다.
> ② 제어의 안정성이 떨어진다.
> ③ 일반적으로 진동하는 경향이 있다.
>
> (3) 비례동작의 특징
> ① 잔류편차가 생긴다.
> ② 프로세스의 반응속도가 小 또는 中이다.
> ③ 부하변화가 작은 프로세스에 적용된다.

1-4 제어기기의 일반

(1) 신호 전송방법 (신호 전달방식)

① 공기식 : 출력신호에 공기압을 이용해서 신호를 보내는 것

장 점	단 점
• 공기압 신호는 $0.2\sim1.0\,kgf/cm^2$의 압력을 사용한다. • 전송거리는 $100\sim150\,m$ 정도이다. • 위험성이 있는 곳에 사용된다. • 자동제어에 용이하다(PID 동작). • 조작부의 동특성이 양호하다. • 공기압의 범위가 통일되어 있어 취급이 간단하다. • 온도제어에 적합하다.	• 신호 전송에 시간 지연이 있다. • 희망 특성을 살리기 어렵다. • 계장공사의 변경이 용이하지 못하다. • 배관을 필요로 한다. • 조작에 지연이 생긴다. • 제습·제진의 공기가 필요하다.

② 유압식 : 출력신호에 유압을 이용해서 신호를 보내는 것

장 점	단 점
• 전송거리는 최고 300 m이다. • 조작속도가 빠르고 장치가 견고하다. • 조작력이 크고 전송에 지연이 적다. • 희망 특성의 것을 만들기가 용이하다. • 조작부의 동특성이 좋다.	• 기름의 누설로 더러워지거나 위험성이 있다. • 배관이 까다롭다. • 주위온도의 영향을 받는다. • 수기압의 유압원을 필요로 한다. • 기름의 유동저항을 고려해야 한다.

③ 전기식 : 출력신호에 전기적인 힘을 이용해서 신호를 보내는 것

장 점	단 점
• 4~20 mA, 10~50 mA의 DC 전류를 많이 사용한다. • 전송에 시간 지연이 없다. • 전송거리는 10 km까지 가능하고, 무선통신을 할 수 있다. • 조작력이 크게 요구될 때 사용된다. • 복잡한 신호에 용이하다. • 배선설비가 용이하다. • ON-OFF가 극히 간단하다. • 특수한 동작원이 필요 없다.	• 방폭이 요구되는 경우에는 방폭시설을 해야 한다. • 고온, 다습한 곳은 곤란하다. • 조절밸브 모터의 동작에 관성이 크다. • 보수 및 취급에 기술을 요한다. • 조작속도가 빠른 비례 조작부를 만들기가 곤란하다.

(2) 조절기

제어량과 목푯값의 차에 해당하는 편차신호에 적당한 연산을 하여 제어량이 목푯값에 신속하고 정확하게 일치하도록 조작부에서 신호를 가하는 계기를 말한다. 입력신호의 전송방법에 따라 공기식, 유압식, 전기식으로 분류하며, 공기식과 전기식이 널리 사용되고 있다.

(3) 수위제어방식

보일러 드럼 내부의 수위를 일정하게 유지하도록 하는 제어장치로써 급수량을 조절하는 방법은 다음과 같다.
- 1요소식 : 수위만 검출
- 2요소식 : 수위와 증기유량 검출
- 3요소식 : 수위, 증기유량, 급수유량 검출

① 1요소식(단요소식) : 가장 간단한 수위제어방식이나 수위 시정수가 작은 중용량 이상의 수관식 보일러인 경우에는 부하변동 때 생기는 잔류편차(offset)가 크게 되어 부하의 전 범위에서 허용수위가 변동범위 내에서 수위를 유지할 수 없는 결점을 가지고 있다.
② 2요소식 : 수위 외에 증기유량도 검출하여 부하변동이 없더라도 급수조절밸브의 개도를 변화시켜 잔류편차를 경감하도록 한 것이 2요소식이다(급수유량을 검출하지 않아 증기유량과 급수유량을 정확히 일치시킬 수가 없으므로 그 오차에 의하여 수위가 변동하는 특징이 있다).

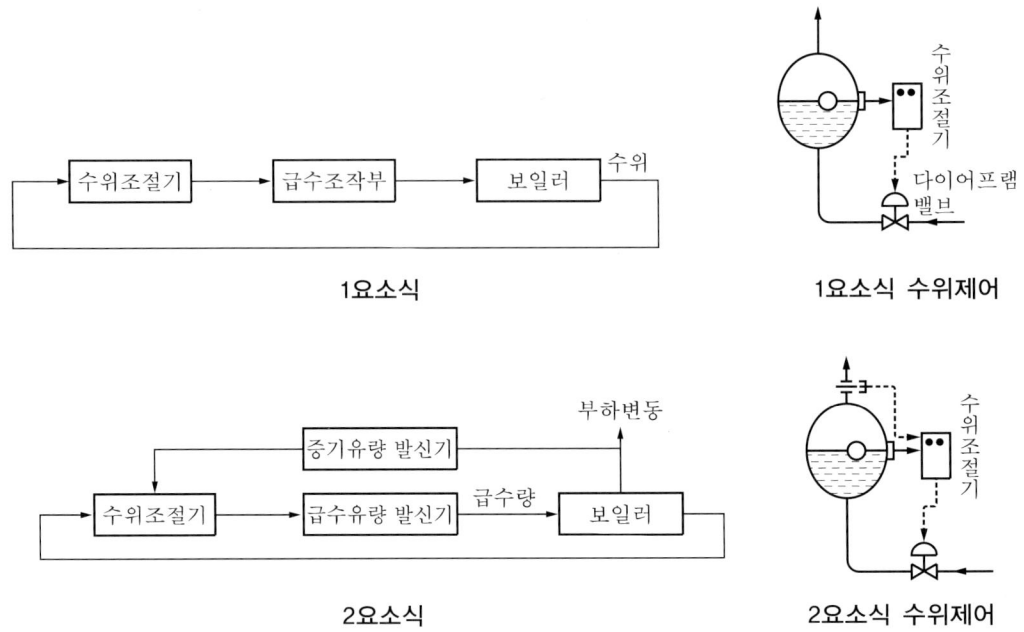

③ **3요소식** : 수위와 증기유량 외에 다시 급수유량을 검출하며 급수유량이 일치하도록 급수조절밸브의 개도를 조절할 수 있도록 한 것이 3요소식이다(가장 완전한 방식이나 구성이 복잡하며 보전관리에 고도의 기술을 요하고, 부하변동이 민감하여 보일러의 수위변동에 많은 영향을 주게 되는 고압, 고온, 대용량 보일러 이외에는 별로 사용하지 않는다).

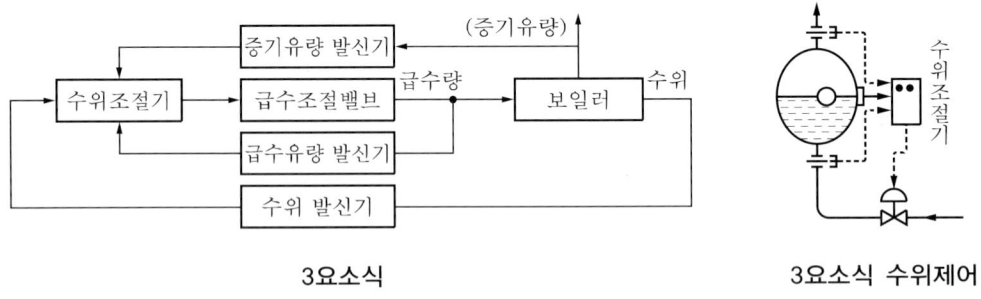

1-5 수위검출 기구

① U자관식 압력계
② 차압식 압력계
③ 전극식
④ 플로트식 : 맥도널식, 맘모스식, 웨어로버트식, 자석식
⑤ 열팽창식 : 금속 팽창식(코프스식), 액체 팽창식(베일리식)

2. 보일러 자동제어

2-1 보일러 자동제어의 목적

① 압력과 온도가 일정한 증기를 얻기 위하여
② 경제적으로 증기를 얻기 위하여
③ 효율이 양호한 상태로 보일러를 운전하여 연료비를 절약하기 위하여
④ 자동화에 따른 취급자의 절감으로 인건비를 절약하기 위하여
⑤ 보일러 운전을 안전하게 하기 위하여

2-2 자동제어의 용어 해설

(1) 피드백 제어

① **피드백 제어의 원리** : 폐회로를 형성하여 제어량의 크기와 목푯값의 비교를 피드백 신호에 의해 행하는 자동제어이다.
   ㈎ 자동제어에 있어서는 피드백 제어(폐회로, feedback control)가 기본이다.
   ㈏ 출력 측의 신호를 입력 측으로 되돌리는 것을 말한다.
   ㈐ 피드백에 의하여 제어량의 값을 목푯값과 비교하여 그것들을 일치시키도록 정정동작을 행하는 제어이다.
      ㉮ 장점
         ㉠ 생산품질의 향상과 균일한 제품을 얻을 수 있다.
         ㉡ 생산속도의 상승 및 생산량의 증대를 기할 수 있다.
         ㉢ 원료, 연료 및 동력의 절약과 인건비를 절감할 수 있다.
         ㉣ 위험한 환경 안정화와 노동조건의 향상을 기할 수 있다.
         ㉤ 생산설비의 수명 연장과 설비의 자동화로 생산 원가를 절감할 수 있다.
      ㉯ 단점
         ㉠ 설비비의 고액 투입과 고도의 기술을 필요로 한다.
         ㉡ 운전, 수리, 보관에 숙련된 기술을 요한다.
         ㉢ 일부 고장이 있어도 전 생산에 영향을 미친다.

② 보일러 자동제어(ABC : automatic boiler control)

종류와 약칭	제어대상	조작량	비 고
증기온도제어 (STC)	증기온도	전 열 량	• steam temperature control 감온기를 사용하여 직접 주수 또는 간접 냉각에 의하여 과열기 출구의 증가 온도를 제어한다.
급수제어 (FWC)	보일러 수위	급 수 량	• feed water control 제어방식에는 1요소식, 2요소식, 3요소식 제어가 있다.
연소제어 (ACC)	증기압력 노내압력	공 기 량 연 료 량 연소가스량	• automatic combustion control ① 제어방식에는 위치식과 측정식이 있다. ② 증기압력을 제어하는 주조절계는 연료, 연소용 공기량을 조작한다.

(2) 시퀀스 제어

미리 정해진 순서에 따라서 제어의 각 단계가 순차적으로 진행되는 제어를 말하며, 전기세탁기, 자동판매기, 승강기, 교통신호등, 전기밥솥 등의 제어가 이에 속하며 순차제어라고도 한다.

> **참고**
>
> (1) 시퀀스 제어(개회로, sequential control)의 진행
>   ① 전 단계에 있어서의 제어동작이 완료된 후 다음 동작으로 이행하는 경우
>   ② 전 단계 동작을 일정시간 행한 후 다음 동작으로 이행하는 경우
>   ③ 제어의 결과에 따라서 다음에 행해야 할 동작을 선정한 후 다음 단계로 이행하는 경우
>
> (2) 보일러 시퀀스 제어의 예
>   보일러 자동가동장치에서 부속기기 일련의 순서를 자동화와 같이 말하자면 모든 일의 순서를 자동화에 의해 제어하는 형식이다.
>   ① 가동 스위치를 ON 한다.
>   ② 송풍기 및 분연펌프가 작동하여 노내 및 연도 내를 환기(프리퍼지)한다.
>   ③ 점화 스파크(이그니션)가 작동된다.
>   ④ 연료밸브가 열리면 점화 버너에 점화된다.
>   ⑤ 주버너에 연료차단밸브가 열리면 착화된다.
>   ⑥ 증기의 발생량에 따라서 연료조절밸브가 작동하여 연소를 조절한다.
>   ⑦ 소화 시에는 OFF 하면 분연펌프와 연료차단밸브가 닫혀 소화한다.
>   ⑧ 송풍기는 계속 가동되어 연도 및 노내의 배기가스를 배출(포스트퍼지)한다.
>   ⑨ 포스트퍼지를 행한 후 송풍기는 정지한다.

(3) 특징
① 입력신호에서 출력신호까지 정해진 순서에 따라 일방적으로 제어명령이 전해진다.
② 어떤 조건을 만족해도 제어신호가 전달되어 간다.
③ 그의 제어 결과에 따라 조작이 자동적으로 이행된다.
④ 일반적으로 시퀀스 제어는 조작이나 동작의 단계를 따라서 시동, 정지 또는 운전상태를 변경하여 조업을 하게 된다.

(3) 인터로크 (interlock)

제어 결과에 따라 현재 진행 중인 제어동작을 다음 단계로 옮겨가지 못하도록 차단하는 장치를 뜻하며, 자동제어에서도 꼭 필요한 안전장치이다. 이는 위험성을 배제하기 위하여 전(前) 동작이 행해지지 않으면 다음 동작으로 행하지 못하도록 하는 장치로, 그 종류에는 다음과 같다.

① **저수위 인터로크** : 수위가 소정의 수위 이하인 때에는 전자밸브를 닫아서 연소를 저지한다.

② **압력초과 인터로크** : 증기압력이 소정의 압력을 초과할 때에는 전자밸브를 닫아서 연소를 저지한다.

③ **불착화 인터로크** : 버너에서 연료를 분사한 후, 소정의 시간이 경과하여도 착화를 볼 수 없을 때와 연소 중 어떠한 원인으로 화염이 소멸한 때에는 전자밸브를 닫아서 버너에서의 연료분사가 중단된다.

④ **저연소 인터로크** : 유량조절밸브가 저연소상태로 되지 않으면 전자밸브를 열지 않아 점화를 저지한다.

⑤ **프리퍼지 인터로크** : 대형 보일러인 경우에 송풍기가 작동되지 않으면 전자밸브가 열리지 않고 점화를 저지한다.

CHAPTER 08 기타 부속장치의 종류 및 구조

1. 열교환(폐열회수) 장치

폐열(여열)회수장치란 고온의 연소가스가 보유하는 폐열(여열)을 이용하여 보일러 효율을 향상시키는 특수 부속장치로써 설치 순서에 따라 과열기, 재열기, 절탄기(economizer), 공기예열기가 있다.

1-1 과열기

보일러에서 발생한 고도의 질 습포화증기를 압력은 일정하게 유지하면서 온도만을 높여 과열증기로 바꾸어주는 장치이다(고압, 대용량, 동력용 보일러에서 사용).

(1) 과열기(super heater) 설치 시 얻어지는 장·단점

① 장점
  ㈎ 장치 내 응결수(drain)에 따른 수격작용(water hammer)을 방지할 수 있고 부식을 경감시킬 수 있다.
  ㈏ 관로의 마찰저항을 감소시키며 열손실을 줄일 수 있다.
  ㈐ 같은 압력의 포화증기에 비해 보유열량이 많은 증기를 얻을 수 있고 열효율을 높일 수 있다.

② 단점
  ㈎ 과열기 표면에 고온부식이 발생하기 쉽다.
  ㈏ 연소가스 흐름에 의한 마찰저항을 일으켜 통풍력을 약화시킬 수 있다.
  ㈐ 청소, 검사, 보수가 불편하다.

> **참고**
>
> **과열증기 사용 시 단점**
> ① 제품에 손상을 줄 우려가 있다.
> ② 가열 표면온도를 일정하게 유지하기 어렵다.
> ③ 과열기 재질에 열응력을 일으키기 쉽다.

(2) 과열기의 종류

① 전열방식에 따른 과열기의 종류(설치장소에 따른 과열기)
  (가) 접촉(대류) 과열기 : 연소가스의 대류열을 이용한 것(연도에 설치)
  (나) 복사 과열기 : 연소실 측벽에 설치하여 복사열을 이용한 것
  (다) 복사 접촉 과열기 : 복사열과 대류열을 동시에 이용한 것

② 열가스(연소가스)의 흐름방향에 따른 과열기의 종류

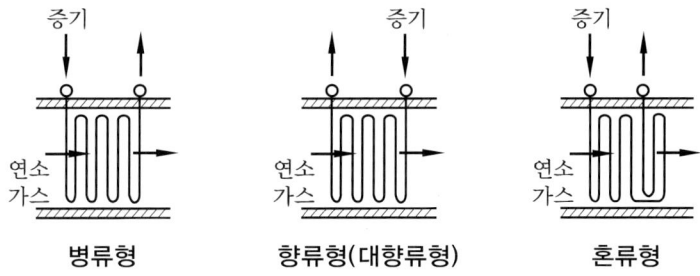

병류형   향류형(대향류형)   혼류형

  (가) 병류형(병류식) : 연소가스와 과열기 내 증기의 흐름방향과 같으며 가스에 의한 소손(부식)은 적으나 열의 이용도가 낮다.
  (나) 향류형(향류식) : 연소가스와 과열기 내 증기의 흐름방향이 반대이며 열의 이용도는 좋으나 가스에 의한 소손이 크다.
  (다) 혼류형(혼류식) : 병류형과 향류형을 조합한 것이며 열의 이용도가 양호하고 가스에 의한 소손도 적다.

> **참고**
>
> 과열기 재료에 따른 사용온도
> ① 탄소강관 : 약 450℃ 이하
> ② 몰리브덴강 : 약 600℃ 이상

(3) 과열증기 온도 조절방법

① 과열 저감기를 사용한다.
② 과열기를 통과하는 연소가스의 양을 댐퍼(damper)로 조절한다.
③ 연소실 내의 화염의 위치를 바꾼다.
④ 절탄기 출구 측 저온의 가스를 재순환시킨다.
⑤ 과열기 전용 화로를 설치한다.
⑥ 과열증기에 습증기를 분무한다.

> **참고**
>
> 과열 저감기란 과열기 속에 냉수를 분사시키거나 과열증기 일부를 급수와 열교환시키는 장치이다.

(4) 폐열회수장치에서의 피해

① 폐열회수장치 중 고온부식이 가장 많이 일어날 수 있는 장치는 과열기이며 그 다음은 재열기이다(고온부식을 일으키는 성분은 연료 중의 바나듐(V)이다).
② 폐열회수장치 중 저온부식이 가장 많이 일어날 수 있는 장치는 공기예열기이며 그 다음이 절탄기이다(저온부식을 일으키는 성분은 연료 중의 황(S)이다).

1-2 재열기

고압(1차) 터빈에서 팽창을 끝낸 포화상태에 가까워진 증기를 연소가스의 폐열(여열)을 이용하여 재차 열을 가하여 과열증기로 만들어 저압(2차) 터빈으로 보내어 나머지 일을 시키는 데 사용된다. 재열기(reheater)는 열원에 따라 열가스재열기와 증기재열기로 나뉜다.

1-3 절탄기

절탄기(節炭器, economizer, 급수예열기 = 급수가열기)란 연소가스의 폐열(여열)을 이용하여 보일러 급수를 예열시키는 장치이다.

(1) 절탄기의 종류

① **주철관형 절탄기**: 내식성이 좋으며 저압에 사용(공급 물의 온도 : 50℃ 이상)
② **강철관형 절탄기**: 내식성이 나쁘며 고압에 사용(공급 물의 온도 : 70℃ 이상)

(2) 절탄기 설치 시 장·단점

① 장점
 ㈎ 급수를 예열하여 공급함으로써 연료소비량을 감소시킬 수 있다.
 ㈏ 보일러 증발량이 증대하여 열효율을 높일 수 있다.
 ㈐ 보일러 수와 급수와의 온도차를 줄임으로써 보일러 동체의 열응력을 경감시킬 수 있다.
② 단점
 ㈎ 저온부식을 일으키기 쉽다.
 ㈏ 연소가스 흐름에 의한 마찰저항을 일으켜 통풍력을 약화시킬 수 있다.
 ㈐ 청소, 검사, 보수가 불편하다.

(3) 절탄기 설치 사용 시 주의사항

① 절탄기 출구 측 연소가스 온도를 443 K 이상 유지시킨다(저온부식 방지).
② 절탄기 내 물의 유동상태를 감시한다(절탄기 과열방지).

③ 절탄기에 공급되는 급수 속에 공기 및 불응축가스를 제거한 후 공급한다(가스부식 방지).
④ 절탄기로 공급되는 급수온도와 연소가스의 온도차를 작게 한다(열응력 방지).

1-4 공기예열기

연도로 흐르는 연소가스의 폐열(여열)을 이용하여 연소실에 공급되는 연소용 공기(2차 공기)를 예열시키는 장치로써 연도 끝 부분에 설치한다.

> 참고
> ① 1차 공기란 연료의 무화용 공기이다.　　② 2차 공기란 연료의 연소용 공기이다.

(1) 공기예열기(air preheater)의 종류

① 전열식 공기예열기는 연소가스의 열을 열교환기 형식으로 공기를 예열하는 장치이며 관형 공기예열기와 판형 공기예열기가 있다.
② 증기식 공기예열기는 가스 대신에 증기로 공기를 가열하는 형식이며 부식의 우려가 적다.
③ 재생식 공기예열기를 축열식이라고도 하며, 가스와 공기를 번갈아 금속판에 접촉하도록 하여 가스 통과 쪽 금속판에 열을 축적하여 공기 통과 쪽 금속판으로 이동시켜 공기를 예열하는 방식이다. 전열요소의 운동에 따라 회전식, 고정식, 이동식이 있으며, 대표적으로 회전식인 융스트룀(Ljungström) 공기예열기가 있다.

> 참고

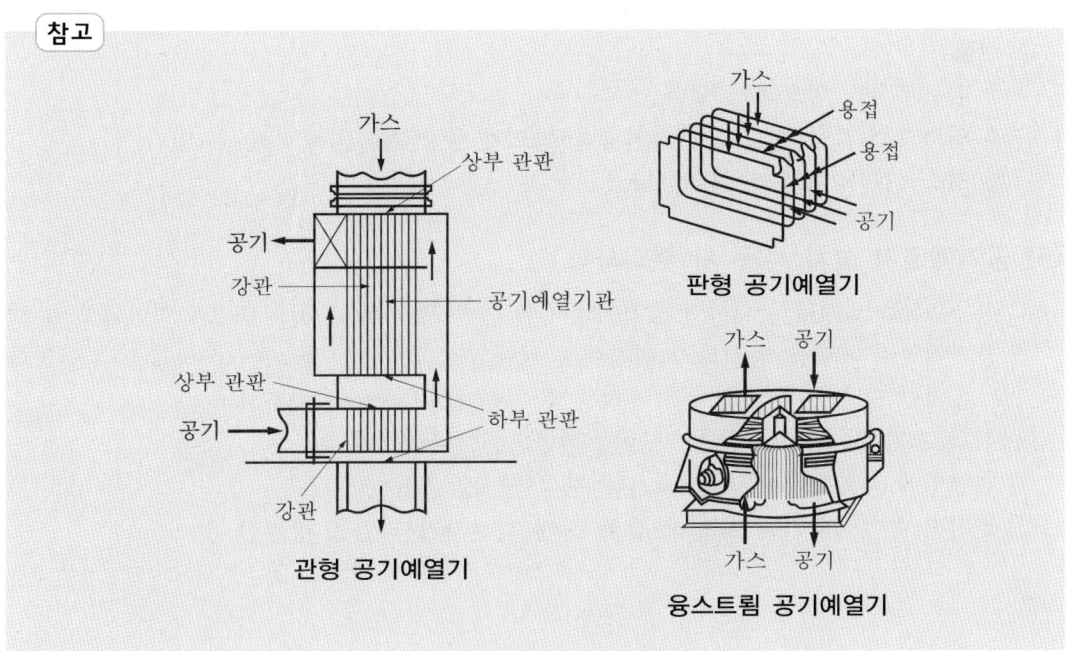

관형 공기예열기　　판형 공기예열기　　융스트룀 공기예열기

① 관형 공기예열기는 관의 재료로 연강을 사용하며 두께는 2~4 mm, 길이는 3~10 mm이고 판과 판 사이의 간격은 15~40 mm, 1 m³당 전열면적은 15 m² 정도이다.
② 재생식 공기예열기는 다수의 금속판을 조합한 전열요소에 가스와 공기를 서로 교대로 접촉시켜 전열하는 방식으로 축열식(畜熱式)이라고 하는데, 여기에는 일반 대형 보일러에 널리 사용되는 융스트룀 공기예열기가 있으며 단위면적당 전열량이 전열식에 비해 2~4배 정도 크고 소형이며 재가 적은 중유의 연소에 적합하다.

(2) 전열방법에 따른 공기예열기의 분류

① 전도식
② 재생식
③ 히터 파이프식

(3) 전열요소의 운동에 따른 재생식(축열식) 공기예열기의 종류

① 회전식 : 전열 소재를 넣은 장치가 그 축 주변에서 회전한다.
② 고정식 : 전열 소재를 넣은 장치가 고정되고 배기가스 및 공기 통로가 이동한다.
③ 이동식 : 전열 소재가 띠 모양으로 연속 이동한다.

(4) 공기예열기 설치 사용 시의 장·단점

① 장점
  ㈎ 연소효율을 높일 수 있다.
  ㈏ 작은 공기비(과잉공기계수)로 연료를 완전연소시킬 수 있다.
  ㈐ 노내온도를 고온으로 유지시키며 질이 낮은 연료의 연소에도 유효하다.
② 단점
  ㈎ 저온부식을 일으키기 쉽다.
  ㈏ 연소가스 흐름에 의한 마찰저항을 일으켜 통풍력을 약화시킬 수 있다.
  ㈐ 청소, 검사, 보수가 불편하다.

(5) 공기예열기 설치 사용 시 주의사항

① 저온부식을 방지하기 위하여 공기예열기 출구 측 연소가스온도를 423 K 이상으로 할 것
② 공기예열기 과열을 방지하기 위하여 공기예열기 입구 측 연소가스온도를 773 K 이하로 유지할 것
③ 점화 초기 및 저부하 운전 시에는 부연도를 사용할 것
④ 전열면에 부착한 그을음(shoot)을 자주 제거할 것
⑤ 회전식 공기예열기는 보일러 점화 전에 회전시켜 과열을 방지할 것

2. 가정용 온수 보일러(유류 연소용) 자동제어장치

① **콤비네이션 릴레이(combination relay)** : 콤비네이션 릴레이는 프로텍터 릴레이와 아쿠아 스태트의 기능을 합한 것이다. 버너의 주 안전제어장치로써 고온 차단, 저온 점화, 순환펌프 회로가 한 개의 제어기로 만들어진 것으로 내부에 high, low 설정기가 장치되어 있다. high 온도는 버너 정지온도이고 low 온도는 순환펌프 작동온도이다(설치 위치는 보일러 본체이다).

② **프로텍터 릴레이(protector relay)** : 오일 버너 주안전 제어장치로써 전자식과 기계식이 있다(설치위치는 버너이다).

③ **스택 릴레이(stack relay)** : 온수 보일러 연소가스 배출구의 300 mm 상단의 연도에 부착하여 연소가스열에 의하여 연도 내부로 삽입되는 바이메탈의 수축, 팽창으로 접점을 연결, 차단하여 버너를 작동시키거나 정지시키는 제어장치이다(설치위치는 연도이다).

④ **아쿠아스탯(aqua stat)** : 프로텍터 릴레이나 스택 릴레이와 함께 사용하는 자동온도 조절기이다(보일러 본체에 설치).

3. 열교환기의 종류

① **2중관식 열교환기** : 2중관식 열교환기는 구조가 간단하며, 고압에 적당하다. 확관부가 없으므로 고장이 적고 제작이 용이하며, 전열면적이 $10 \sim 15\,m^2$ 이하인 소용량의 것에 많이 사용된다.

② **다관식 열교환기** : 다관식 열교환기에는 고정관판식, 유동두식, U자관식이 있다.

③ **콤펙터 열교환기** : 콤펙터 열교환기에는 플레이트판형, 플레이트식, 소용돌이식, 코일식이 있다.

> **참고**
>
> **열교환기의 효율을 향상시키는 방법**
> ① 유체의 흐름 방향을 향류로 할 것
> ② 두 유체의 온도차를 가능한 한 크게 할 것
> ③ 유체의 유동길이를 짧게 할 것
> ④ 유체의 유속을 가능한 한 빠르게 할 것
> ⑤ 열전도율이 좋은 재료를 사용할 것

제3편 예상문제

1. 보일러의 급수장치에서는 주펌프 세트 및 보조펌프 세트를 갖추어야 하는데 보조펌프 세트를 생략할 수 있는 경우를 3가지 쓰시오.

해답 ① 전열면적 12m² 이하의 보일러
② 전열면적 14m² 이하의 가스용 온수 보일러
③ 전열면적 100m² 이하의 관류 보일러

2. 보일러 급수펌프인 (1) 원심식 펌프의 종류 2가지를 쓰고 (2) 가동 시 발생될 수 있는 이상현상 3가지를 쓰시오.

해답 (1) ① 터빈 펌프 ② 벌류터 펌프
(2) ① 공동현상(캐비테이션)
② 맥동현상(서징)
③ 워터해머(수격작용) 현상

3. 급수펌프의 구비조건 5가지를 쓰시오.

해답 ① 고온 고압에 충분히 견디어야 한다.
② 작동이 확실하고 조작이 간단해야 된다.
③ 급격한 부하변동에 대응할 수 있어야 한다.
④ 저부하 운전에서도 효율이 좋아야 한다.
⑤ 병렬 운전에 지장이 없어야 한다.
⑥ 회전식은 고속 회전에서 안전해야 한다.

4. 다음 설명은 원심식(회전식) 펌프의 종류별 특징이다. 어떤 종류의 펌프인지를 쓰시오.

(1) 안내 깃(guide vane)이 없으며 저압 저양정용이다.
(2) 안내 깃(guide vane)이 있으며 중·고압 및 고양정용이다.

해답 (1) 벌류트 펌프 (2) 터빈 펌프

5. 왕복동식 펌프의 종류 3가지를 쓰시오.

해답 ① 피스톤 펌프 ② 다이어프램 펌프 ③ 플런저 펌프

6. 원심식 펌프인 터빈 펌프의 특징 5가지를 쓰시오.

해답 ① 고속 회전에 적합하고 소형이며 가볍다.
② 성능이 좋다.
③ 구조가 간단하고 취급이 쉬우므로 관리, 보수가 용이하다.
④ 토출 흐름이 순조롭고 소음이 별로 없다.
⑤ 전양정 20 m 이상에 사용한다.

7. 다음 설명은 펌프의 이상현상에 대한 설명이다. 어떤 현상인지를 각각 쓰시오.

(1) 관 속으로 물이 흐를 때 어느 부분의 정압이 그때 물의 온도에 해당하는 증기압 이하로 되며 부분적으로 증기가 발생하는 현상
(2) 펌프 입·출구의 진공계, 압력계의 지침이 흔들리고 동시에 송출압력과 송출유량이 변하는 현상

해답 (1) 캐비테이션 현상(공동현상)
(2) 서징현상(맥동현상)

8. 매 초당 20 L의 물을 송출시킬 수 있는 급수펌프에서 양정이 7.5 m, 펌프의 효율이 75 %일 때 펌프의 소요마력(Hp)을 구하시오.

해답 $\dfrac{1000 \times \dfrac{20}{1000} \times 7.5}{75 \times 0.75} = 2.67$ Hp

9. 소요전력 52 kW, 펌프효율 75 %, 전양정을 36 m로 하고 양수한다면 송수량은 몇 m^3/s인가?

해답 $\dfrac{102 \times 52 \times 0.75}{1000 \times 36} = 0.11$ m^3/s

10. 펌프의 축동력이 60 kW, 전양정 15 m, 펌프효율 70 %일 때 송수량(m^3/min)을 구하시오.

해답 $\dfrac{102 \times 0.7 \times 60}{1000 \times 15} \times 60 = 17.14$ m^3/min

11. 지름 200 mm, 펌프의 양수량이 3.6 m^3/min일 때 유속(m/s)을 구하시오.

해답 $\dfrac{3.6}{\dfrac{\pi}{4} \times (0.2)^2 \times 60} = 1.91 \text{ m/s}$

참고 $Q(\text{m}^3/\text{s}) = A(\text{m}^2) \times V(\text{m/s})$ 에서 $V = \dfrac{Q}{A} = \dfrac{Q}{\dfrac{\pi}{4} \times d^2}$

---

12. 다음 ( ) 속에 적당한 용어를 넣으시오.

> 보일러 급수장치인 인젝터(injector)는 (①)의 분사력을 이용하며 내부에는 (②) 노즐, (③) 노즐, (④) 노즐로 구성되어 있다.

해답 ① 증기 ② 증기 ③ 혼합 ④ 토출(=배출=방출)

---

13. 인젝터(injector)의 (1) 장점 3가지와 (2) 단점 3가지를 각각 쓰시오.

해답 (1) 장점 ① 증기는 필요하나 별도의 동력이 필요없다.
　　　　　　② 설치장소를 작게 차지한다.
　　　　　　③ 급수를 예열시켜 공급할 수 있다.
　　　(2) 단점 ① 급수효율이 낮다.
　　　　　　② 인젝터 본체가 과열되면 급수 불능이 되기 쉽다.
　　　　　　③ 급수온도가 높거나 압력이 높거나 낮으면 급수 불능이 되기 쉽다.

---

14. 인젝터(injector)의 급수 불능(고장) 원인 5가지를 쓰시오.

해답 ① 인젝터 본체가 과열되었을 때　　② 급수온도가 너무 높을 때
　　　③ 증기압력이 너무 높거나 낮을 때　④ 인젝터 내부 노즐이 막혔을 때
　　　⑤ 인젝터 내부로 공기가 누입될 때　⑥ 체크밸브가 고장일 때

---

15. 다음 그림은 인젝터 주변 배관도이다. 인젝터에 의한 급수를 개시할 때 밸브 또는 핸들(①~④)의 조작 순서를 차례로 쓰시오.

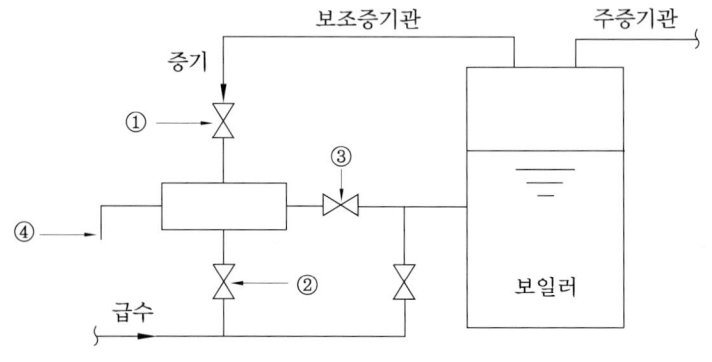

[해답] ③ → ② → ① → ④
[참고] (1) 인젝터 급수방법(작동방법)
① 인젝터 출구 측 급수정지밸브를 연다.
② 급수흡수밸브를 연다.
③ 증기정지밸브를 연다.
④ 인젝터 핸들을 연다.
(2) 인젝터 정지방법
① 인젝터 핸들을 닫는다.
② 급수흡수밸브를 닫는다.
③ 증기정지밸브를 닫는다.
④ 인젝터 출구 측 급수정지밸브를 닫는다.

16. 수관 보일러에서 사용되는 기수분리기의 종류 4가지를 쓰시오.

[해답] ① 사이클론형 ② 스크러버형 ③ 건조 스크린형 ④ 배플형

[참고]

기수분리기 종류	원리
사이클론형	원심력을 이용한 것
스크러버형	파형의 강판을 다수 조합한 것
건조 스크린형	금속망판을 이용한 것
배플형	급격한 방향 전환을 이용한 것

17. 보일러 송기장치 중에서 증기공급량을 조절하고 증기 공급 및 정지가 편리하도록 하기 위하여 사용되는 (1) 장치명을 쓰고 (2) 이 장치의 지름은 이 장치에 부착된 지름이 가장 큰 배관의 몇 배가 되어야 하는지를 쓰시오.

[해답] (1) 증기헤드(steam header) (2) 2배

18. 밸브 작동의 방법으로 분류한 증기감압밸브의 종류 3가지를 쓰시오.

[해답] ① 피스톤형 ② 벨로스형 ③ 다이어프램형

19. 증기 배관 내의 응축수를 제거하기 위하여 사용하는 증기 트랩(steam trap)의 구비조건을 5가지 쓰시오.

[해답] ① 마모나 부식에 강할 것(내구력이 있을 것)
② 마찰저항이 적을 것
③ 작동이 확실할 것
④ 공기를 뺄 수 있을 것
⑤ 워터해머에 강할 것

20. 다음 설명에 해당하는 신축이음장치의 종류를 보기에서 골라 그 번호를 쓰시오.

(1) 2개 이상의 엘보를 사용하여 방열기 입구 측 배관에 사용하며 누설의 우려가 크다.
(2) 고압 옥외 배관에 많이 사용하며 루프형과 밴드형이 있다.
(3) 단식과 복식의 2형식이 있으며 주로 저압 증기 배관에 사용한다.
(4) 열응력을 적게 받으며 일명 팩리스형이라고도 한다.
(5) 펌프 입구 및 출구 측에 많이 사용한다.

〈보기〉
① 만곡관형 신축이음   ② 플렉시블 신축이음   ③ 스위블형 신축이음
④ 벨로스형 신축이음   ⑤ 슬리브형 신축이음

해답 (1) ③ (2) ① (3) ⑤ (4) ④ (5) ②

21. 증기 트랩의 작동 원리에 따른 종류 3가지를 쓰시오.

해답 ① 기계식 트랩 ② 온도조절식 트랩 ③ 열역학식 트랩

22. 증기 트랩에 관한 문제이다. 각 물음에 답하시오.

(1) 기계식 트랩의 종류 2가지를 쓰시오.
(2) 온도조절식 트랩의 종류 2가지를 쓰시오.
(3) 열역학식 트랩의 종류 2가지를 쓰시오.
(4) 버킷식 트랩을 형식에 따라 2가지를 쓰시오.

해답 (1) ① 버킷식 트랩 ② 플로트식 트랩
     (2) ① 바이메탈식 트랩 ② 벨로스식 트랩
     (3) ① 오리피스식 트랩 ② 디스크식 트랩
     (4) ① 상향 버킷식 트랩 ② 하향 버킷식 트랩

23. 통풍방식에는 굴뚝의 통풍력에만 의존하는 (①)과 기계적인 방법에 의하는 강제통풍이 있으며 강제통풍에는 (②), 흡입통풍, (③) 등이 있다.

해답 ① 자연통풍 ② 압입통풍 ③ 평형통풍

24. 보일러의 강제통풍 방법 3가지를 연소가스의 유속이 빠른 것부터 차례로 쓰시오.

해답 ① 평형통풍 ② 흡입통풍 ③ 압입통풍

25. 다음은 보일러 부속장치에 대한 설명이다. 각 설명에 해당하는 부속장치의 명칭을 각각 쓰시오.

(1) 보일러 전열면 외측에 부착되는 그을음이나 재를 불어 떼는 장치로서 증기 분사식 또는 공기 분사식 등이 있다.
(2) 발생 증기를 일시 저장하는 장치로서 저부하 시 여분의 증기를 일시 저장하였다가 과부하 시 저장 증기를 방출하는 장치이다.
(3) 증기 사용 설비 배관 내의 응축수를 자동적으로 배출하여 수격작용 등을 방지하는 장치이다.
(4) 탱크 외부에서 탱크 내부보다 높은 압력 또는 온수보다 높은 열수를 받아들여 증기를 발생하는 장치이다.

해답 (1) 수트 블로어(soot blower)
(2) 증기 축열기(스팀 어큐뮬레이터: steam accumulator)
(3) 증기 트랩(steam trap)
(4) 플래쉬 탱크(flash tank)

26. 다음 그림은 트랩의 종류이다. 각각의 그림에 맞는 명칭을 쓰시오.

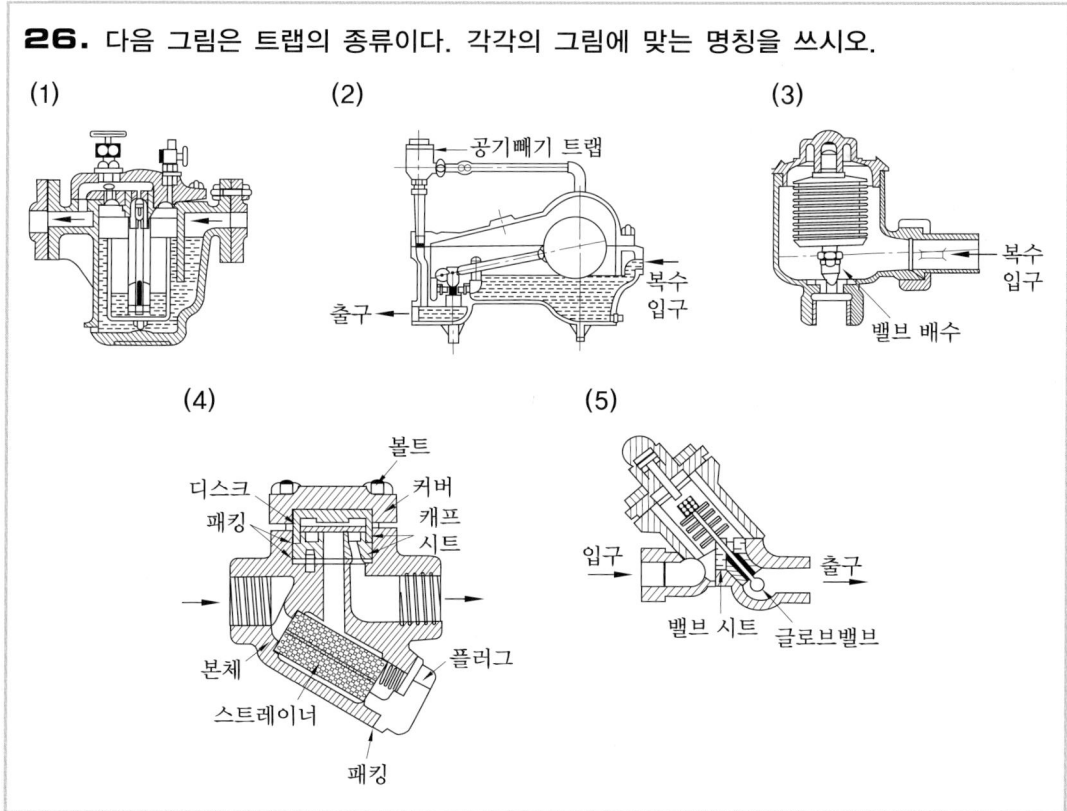

해답 (1) 버킷식 트랩 (2) 플로트식 트랩 (3) 벨로스식 트랩
(4) 디스크식 트랩 (5) 바이메탈식 트랩

27. 다음은 보일러의 통풍력에 대한 사항이다. ( ) 안에 "크다", "작다"를 쓰시오.

(1) 통풍력은 겨울철보다 여름철이 (   )
(2) 통풍력은 배기가스의 온도가 높을수록 (   )
(3) 통풍력은 연돌 단면적이 작을수록 (   )
(4) 통풍력은 연돌이 높을수록 (   )
(5) 통풍력은 외기온도가 높을수록 (   )

[해답] (1) 작다.　(2) 크다.　(3) 작다.　(4) 크다.　(5) 작다.

28. 배기가스의 평균온도 100℃, 외기온도 30℃, 연돌의 높이가 45 m일 때 이론 통풍력(mmH₂O)을 구하시오.

[해답] $355 \times 45 \times \left(\dfrac{1}{30+273} - \dfrac{1}{100+273} \right) = 9.89 \text{ mmH}_2\text{O}$

[참고] 통풍력 $= 355 \times H \times \left(\dfrac{1}{T_a} - \dfrac{1}{T_g} \right)$ [mmH₂O][mmAq]

29. 배기가스 평균온도 130℃, 외기온도 30℃, 외기의 비중량 1.29 kgf/m³, 가스의 비중량 1.34 kgf/m³, 연돌의 높이가 50 m일 때 이론 통풍력은 몇 mmAq인가?

[해답] $273 \times 50 \times \left(\dfrac{1.29}{30+273} - \dfrac{1.34}{130+273} \right) = 12.73 \text{ mmAq}$

[참고] 통풍력 $= 273 \times H \times \left(\dfrac{r_a}{T_a} - \dfrac{r_g}{T_g} \right)$ [mmH₂O][mmAq]

30. 원심식 송풍기의 종류 3가지를 쓰시오.

[해답] ① 터보형 송풍기　② 플레이트형 송풍기　③ 시로코형(다익형) 송풍기

31. 송풍기의 풍압이 2 mmH₂O이고, 연소에 필요한 공기량이 4500 m³/min일 때 송풍기의 동력은 몇 PS가 되어야 하는지 계산하시오. (단, 송풍기 효율은 50 %이다.)

[해답] $\dfrac{\frac{4500}{60} \times 2}{75 \times 0.5} = 4 \text{ PS}$

[참고] 송풍기 마력 $= \dfrac{Q[\text{m}^3/\text{s}] \times H[\text{mmH}_2\text{O}][\text{kgf/m}^2]}{75 \text{ kg} \cdot \text{m/s} \times 효율}$ [PS][hp]

32. 다음은 원심식 송풍기의 종류별 특징을 설명하였다. 해당되는 송풍기의 종류를 각각 쓰시오.

(1) ① 60~90개 정도의 전향 날개로 되어 있다.
② 풍량은 많으나 효율과 풍압이 낮다.
③ 소형이며 경량이고 흡입용 송풍기로 적당하다.

(2) ① 6~12개 정도의 방사형 날개로 되어 있다.
② 풍량이 많고 효율이 비교적 좋다.
③ 대용량에 적합하며 흡입용 송풍기로 사용한다.

(3) ① 16~24개 정도의 후향 날개로 되어 있다.
② 풍압이 높고 효율이 좋다.
③ 가압 연소용 송풍기로 많이 사용한다.

해답 (1) 시로코형(다익형) 송풍기
(2) 플레이트형 송풍기
(3) 터보형 송풍기

33. 송풍기 풍량 120 m³/min, 풍압이 300 kgf/m²인 시로코형 송풍기의 동력(kW)을 계산하시오. (단, 송풍기의 효율은 80 %이다.)

해답 $\dfrac{\dfrac{120}{60} \times 300}{102 \times 0.8} = 7.35 \text{ kW}$

참고 송풍기 동력 $= \dfrac{Q[\text{m}^3/\text{s}] \times H[\text{mmH}_2\text{O}][\text{kgf/m}^2]}{102 \text{ kg} \cdot \text{m/s} \times \text{효율}}$ [kW]

34. 풍압이 400 mmH₂O, 송풍기 효율이 70 %, 송풍기 동력이 8 kW인 터보형 송풍기의 풍량(m³/min)을 계산하시오.

해답 $\dfrac{102 \times 0.7 \times 8}{400} \times 60 = 85.68 \text{ m}^3/\text{min}$

35. 보일러 송풍기에 대한 다음 설명 중 ( ) 안에 적합한 용어를 쓰시오.

동일한 밀도의 기체를 취급하는 동일한 송풍기에서 회전수의 변화가 ±20 %의 범위 내에서 (①)은(는) 송풍기 회전수에 비례하고, (②)은(는) 송풍기 회전수의 제곱에 비례하며, (③)은(는) 송풍기 회전수의 세제곱에 비례한다.

해답 ① 풍량 ② 풍압 ③ 동력

36. 송풍기에서 회전수 변화에 따른 다음 ( ) 안에 알맞은 말을 쓰시오.

> 풍량은 회전수에 비례하고, 풍압은 회전수의 (①)에 비례하며 동력은 회전수의 (②)에 비례한다.

해답 ① 제곱 ② 세제곱

37. 보일러 가동 중 매연 발생 방지법을 5가지 기술하시오.

해답 ① 통풍력을 적절히 조절할 것
② 연소 기술을 향상시킬 것
③ 무리한 연소를 하지 말 것
④ 연소장치, 연소실을 개선할 것
⑤ 연료의 질이 좋은 것을 사용할 것
⑥ 연소실의 온도를 적절히 유지할 것
⑦ 매연제거장치인 집진장치를 설치할 것

38. 집진장치는 건식 집진장치, 습식(세정) 집진장치, 전기식 집진장치로 대별할 수 있는데 다음에 해당하는 집진장치를 〈보기〉에서 골라 그 번호를 쓰시오.

> (1) 건식 집진장치의 종류 3가지
> (2) 습식(세정) 집진장치의 종류 3가지
> (3) 전기식 집진장치의 종류 1가지
>
> ─────〈보기〉─────
> ① 백 필터   ② 코트렐 집진기   ③ 사이클론 집진장치
> ④ 충전탑   ⑤ 멀티클론 집진장치   ⑥ 사이클론 스크러버
> ⑦ 벤투리 스크러버

해답 (1) ①, ③, ⑤
(2) ④, ⑥, ⑦   (3) ②

39. 전기식 집진장치의 특징 3가지를 쓰시오.

해답 ① 집진효율이 높고 압력손실이 적다.
② 처리용량이 커서 대형 보일러에 사용한다.
③ 고온가스 처리에 적합하다.
④ 설치비가 비싸다.

40. 다음 (   ) 속에 알맞은 숫자 또는 용어를 기입하시오.

> 안전밸브의 종류에는 (①), (②), (③)이 있으며 이 밸브는 쉽게 검사할 수 있는 장소에 밸브축을 (④)으로 하여 가능한 한 보일러 동체에 직접 부착시켜야 한다. 또한 전열면적이 (⑤) m² 이하의 증기 보일러에서는 1개 이상 부착할 수 있다.

해답 ① 스프링식(용수철식) ② 추식(중추식) ③ 지렛대식(레버식) ④ 수직 ⑤ 50
참고 ①~③항은 순서에 관계없음

41. 보일러 부속장치 중 안전장치의 종류 5가지를 쓰시오.

해답 ① 안전밸브 ② 전자밸브(긴급연료 차단밸브)
③ 압력차단장치(압력차단기, 압력제한기) ④ 화염검출기(불꽃검출기)
⑤ 방폭문 ⑥ 저수위 경보기
⑦ 가용마개(용융마개)

42. 보일러 안전밸브의 종류 3가지를 쓰시오.

해답 ① 스프링식(용수철식) ② 추식(중추식) ③ 지렛대식(레버식)

43. 다음은 안전밸브 규정에 관한 내용이다. (   ) 속에 알맞은 숫자 또는 용어를 넣으시오.

> 증기 보일러에서는 (①)개 이상의 안전밸브를 설치해야 한다. 다만, 전열면적 (②) m² 이하의 증기 보일러에서는 1개 이상으로 하며, (③) 자형 입관을 부착한 보일러는 안전밸브를 부착하지 않아도 된다.

해답 ① 2 ② 50 ③ U

44. 증기 보일러에 부착하는 안전밸브는 25 A 이상으로 하여야 한다. 다만, 20 A 이상으로 할 수 있는 경우에 대한 설명이다. (   ) 속에 알맞은 숫자 또는 용어를 넣으시오.

> (1) 최고사용압력 (①) MPa 이하의 보일러
> (2) 최고사용압력 0.5 MPa 이하의 보일러로 동체의 안지름 500 mm 이하, 동체의 길이 (②) mm 이하의 보일러
> (3) 최고사용압력 0.5 MPa 이하의 보일러로 전열면적 (③) m² 이하의 보일러
> (4) 최대증발량 5 t/h 이하의 (④) 보일러
> (5) 소용량 보일러(소용량 강철제 및 소용량 주철제 보일러)

해답 ① 0.1 ② 1000 ③ 2 ④ 관류

45. 다음 ( ) 속에 적당한 용어를 넣으시오.

액상식 열매체 보일러 및 온도 393 K 이하의 온수 보일러에는 (①)밸브를 설치하며 온도 393K를 초과하는 온수 보일러에는 (②)밸브를 설치하여야 한다.

해답 ① 방출 ② 안전

46. 온수 보일러에서 전열면적이 15 m²인 경우에 방출관의 안지름을 몇 mm 이상으로 해야 하는지를 쓰시오.

해답 40 mm 이상

참고 전열면적에 따른 방출관의 크기

전열면적(m²)	10 미만	10 이상 15 미만	15 이상 20 미만	20 이상
방출관의 안지름	25 mm 이상	30 mm 이상	40 mm 이상	50 mm 이상

47. 안전밸브의 구비조건 5가지를 쓰시오.

해답
① 밸브의 개폐동작이 신속하고 자유로울 것
② 밸브의 지름과 양정이 충분할 것
③ 밸브의 작동이 확실하고 증기가 누설되지 않을 것
④ 증기압력이 정상으로 되면 즉시 분출이 정지될 것
⑤ 분출용량이 충분할 것

48. 안전밸브에서 증기가 누설되는 원인 5가지를 쓰시오.

해답
① 분출 조정압력이 낮을 때
② 스프링의 장력이 감쇄하였을 때
③ 밸브와 밸브 시트 사이에 이물질이 끼어 있을 때(또는 밸브 시트가 더러울 때)
④ 밸브와 밸브 시트 가공이 불량할 때(즉, 밸브와 밸브 시트가 맞지 않을 때)
⑤ 밸브축이 이완되었을 때(밸브가 밸브 시트를 균등하게 누르고 있지 않을 때)
⑥ 밸브 및 밸브 시트가 마모되었을 때

49. 다음 〈보기〉에 주어진 장치를 설정압이 낮은 것부터 높은 순(작동 순서)으로 바르게 나열하시오.

〈보기〉
• 압력제한기   • 안전밸브   • 압력조절기

해답 압력조절기 → 압력제한기 → 안전밸브

50. 다음 ( ) 속에 적당한 수치 및 용어를 기입하시오.

(①) 보일러 및 사용온도가 (②) K 이상인 온수 보일러에는 작동 유체의 온도가 최고사용온도를 초과하지 않도록 온도-(③) 제어장치를 설치해야 한다.

해답 ① 열매체 ② 393 ③ 연소

51. 보일러 안전장치 중 저수위 경보기(수위검출기)의 종류 3가지를 쓰시오.

해답 ① 맥도널식 ② 전극식 ③ 자석식

52. 다음 ( ) 속에 적당한 수치를 기입하시오.

전극식 저수위 경보기에서 전극봉은 (①)개월마다 청소를 해야 하며 플로트식은 (②)개월마다 플로트실을 분해 정비하고 수은 스위치 상태를 조사해야 한다.

해답 ① 3 ② 6

53. 화염 검출기에 대한 다음 설명의 ( ) 안에 알맞은 말을 넣으시오.

화염 검출기란 연소실의 화염상태를 감시하는 장치로서 그 종류에는 (①), (②), (③) 등이 있으며, 화염의 상태가 고르지 못하거나 화염이 실화되었을 경우 (④) 밸브에 연락하여 연료의 공급을 차단한다.

해답 ① 플레임 아이 ② 플레임 로드 ③ 스택 스위치 ④ 전자
참고 ①~③항은 순서에 관계없음

54. 버너 입구의 가장 인접한 위치에 설치하는 전자기적 특성에 의해 밸브가 개폐되는 솔레노이드 밸브(solenoid valve, 전자밸브)는 어떤 경우에 연료공급 차단 동작을 하는지 3가지를 쓰시오.

해답 ① 이상감수 시 ② 압력초과 시 ③ 점화(착화) 실패 및 화염 실화 시

55. 전자밸브(솔레노이드밸브)에 신호를 주는 장치(연동장치) 3가지를 쓰시오.

해답 ① 저수위 경보기(수위검출기)
  ② 압력차단기(압력차단장치=압력제한기)
  ③ 화염검출기

56. 다음은 보일러에서 화염의 유무를 검출하는 화염검출기에 대한 설명이다. 각각의 설명에 해당되는 화염검출기의 종류를 1가지씩 쓰시오.

(1) 광전관을 통해 화염의 적외선을 검출하는 것
(2) 화염의 이온화를 이용한 전기 전도성으로 검출하는 것
(3) 연도에 설치되어 연소가스의 온도차에 의한 바이메탈을 이용한 것

해답 (1) 플레임 아이 (2) 플레임 로드 (3) 스택 스위치

57. 금속의 탄성력을 이용한 탄성식 압력계의 종류 3가지를 쓰시오.

해답 ① 부르동관식 압력계 ② 벨로스식 압력계 ③ 다이어프램식 압력계

58. 다음의 특징에 해당하는 압력계의 종류를 쓰시오.

- 정도는 낮으나 고압 측정용이다.
- 사이펀관을 필요로 한다.
- 보일러에서 가장 많이 사용한다.

해답 부르동관식 압력계

59. 다음의 특징에 해당하는 압력계의 종류를 쓰시오.

- 정도가 높고 실험실에서 많이 사용한다.
- 가장 미세한 압력 측정에 적합하다.
- 액주식 압력계이다.

해답 경사관식 압력계

60. 다음은 보일러 설치시공 기준상 증기 보일러에 설치되는 압력계의 부착방법 설명이다. ( ) 안에 알맞은 용어 또는 숫자를 쓰시오.

압력계에 연결된 증기관은 최고사용압력에 견디는 것으로서 그 크기가 황동관 또는 동관을 사용할 때는 안지름이 (①) mm이상, 강관을 사용할 때에는 (②) mm 이상이어야 하며, 증기온도가 (③) K를 초과할 때에는 (④)관 또는 (⑤)관을 사용해서는 안 된다.

해답 ① 6.5 ② 12.7 ③ 483 ④ 동 ⑤ 황동

61. 보일러에서 사용하는 부르동관식 압력계 눈금판의 바깥지름을 60 mm 이상으로 할 수 있는 경우이다. ( ) 속에 알맞은 용어 또는 숫자를 쓰시오.

(1) 최고사용압력이 (①) MPa 이하로서 동체의 안지름이 (②) mm 이하이고 동체의 길이가 1000 mm 이하인 보일러
(2) 최고사용압력이 0.5 MPa 이하로서 전열면적이 (③) m² 이하인 보일러
(3) 최대증발량이 5 t/h 이하인 (④) 보일러
(4) (⑤) 보일러

해답 ① 0.5 ② 500 ③ 2 ④ 관류 ⑤ 소용량

62. 압력계의 최고 눈금은 보일러 최고사용압력의 (①)배 이하로 하되 (②)배 보다 작아서는 안 된다. ( ) 속에 적당한 수치를 넣으시오.

해답 ① 3 ② 1.5

63. 부르동관 압력계에 U자형의 곡관 또는 사이펀관(siphon tube)을 설치하는데, 다음 물음에 각각 답하시오.

(1) 내부 물질명을 쓰시오.
(2) 설치목적을 간단히 쓰시오.
(3) 안지름은 몇 mm 이상인지 쓰시오.

해답 (1) 물
(2) 고온의 증기로부터 압력계를 보호하기 위하여
(3) 6.5 mm 이상

64. 증기 보일러에서 사용하는 수면계의 (1) 종류 4가지를 쓰고 (2) 보일러에서 가장 많이 사용하는 수면계의 종류 1가지를 쓰시오.

해답 (1) ① 유리관식 수면계 ② 평형 반사식 수면계
③ 평형 투시식 수면계 ④ 2색 수면계 ⑤ 멀티포트식 수면계
(2) 평형 반사식 수면계

65. 수면계 유리관 파손 원인 5가지를 쓰시오.

해답 ① 외부로부터 충격을 받았을 때
② 유리관을 너무 오래 사용하였을 때
③ 유리관 자체의 재질이 나쁠 때
④ 상하의 너트를 너무 조였을 경우
⑤ 상하의 바탕쇠 중심선이 일치하지 않을 경우

66. 수면계 점검 시기 5가지를 쓰시오.

해답 ① 2개의 수면계 수위가 서로 다르게 나타날 때
② 보일러 가동 중 포밍, 프라이밍 현상이 일어나 수위 교란이 일어날 때
③ 수면계 수위에 의심이 갈 때
④ 보일러 가동 후 압력이 오르기 시작할 때
⑤ 보일러 가동 직전
⑥ 수면계를 수리 또는 교체한 후
⑦ 수면계 수위가 둔할 때

67. 수면계를 보일러 본체에 직접 연결하지 않고 수주(水柱)에 연결하는 이유 2가지를 쓰시오.

해답 ① 고온의 증기 및 보일러 수로부터 수면계를 보호하기 위하여
② 수위 교란으로 인한 수면계 수위의 오판을 방지하기 위하여

68. 증기 보일러에는 2개 이상의 수면계를 설치해야 하는데 수면계를 1개만 설치해도 되는 경우에 대한 다음 설명에서 ( ) 안에 알맞은 숫자 또는 용어를 쓰시오.

최고사용압력이 (①) MPa 이하로서 동체의 안지름이 (②) mm 미만인 경우에 있어서는 수면계 중 1개는 다른 종류의 수면측정장치로 할 수 있다. 또한 2개 이상의 (③) 수면계를 시설하는 경우에 한하여 유리 수면계를 1개 이상으로 할 수 있다.

해답 ① 1   ② 750   ③ 원격 지시

69. 다음 ( ) 안에 알맞은 용어를 쓰시오.

소용량 보일러 및 (①) 보일러에는 수면계를 1개 부착할 수 있으며 온수 보일러와 (②) 보일러에는 수면계를 부착하지 않는다.

해답 ① 소형 관류   ② 단관식 관류

70. 보일러 수저 분출장치의 설치목적 5가지를 쓰시오.

해답 ① 관수의 pH를 조절하기 위하여
② 동저면에 퇴적된 슬러지를 배출하기 위하여
③ 세관 시 폐액을 제거하기 위하여
④ 관수의 농축 방지를 위하여
⑤ 고수위를 방지하기 위하여

71. 수면계 점검 순서를 〈보기〉에서 바르게 번호로 나열하시오. (단, 증기밸브 및 물밸브는 열려 있고 응결수밸브는 닫혀 있는 상태이다.)

〈보기〉
① 증기밸브를 열어 증기를 취출 시험한 후 잠근다.
② 응결수밸브를 잠근다.
③ 마지막으로 증기밸브와 물밸브를 서서히 연다.
④ 증기밸브, 물밸브를 잠근다.
⑤ 응결수밸브를 열고 내부응결수를 취출 시험한다.
⑥ 물밸브를 열어 관수를 취출 시험 후 잠근다.

해답 ④ → ⑤ → ⑥ → ① → ② → ③

72. 다음 ( ) 속에 적당한 숫자를 기입하시오.

보일러 최고사용압력이 (①) MPa 이상의 보일러 분출관에는 분출밸브 2개나 분출밸브와 분출콕을 직렬로 설치해야 하며 분출밸브의 크기는 전열면적이 10 m² 초과인 경우에는 (②) A 이상, 전열면적이 10 m² 이하인 경우에는 (③) A 이상으로 할 수 있다.

해답 ① 0.7 ② 25 ③ 20

73. 자동제어계의 일반적인 동작 순서를 〈보기〉에서 골라 바르게 나열하시오.

〈보기〉
• 조작   • 판단   • 검출   • 비교

해답 검출 → 비교 → 판단 → 조작

74. 다음은 자동제어에 대한 내용이다. ( ) 안에 알맞은 말을 쓰시오.

보일러 자동제어의 기본 제어방식은 출력 측의 신호를 입력 측으로 되돌려 제어량의 값을 (①)와 비교하여 일치시키는 (②) 제어와, 미리 정해진 제어동작의 순서에 따라 순차적으로 다음 동작이 이루어지도록 되어 있는 (③) 제어이다. 또한 제어 결과에 따라 현재 진행 중인 제어동작을 다음 단계로 옮겨가지 못하도록 차단하는 장치를 (④)라 한다.

해답 ① 설정부 ② 피드백 ③ 시퀀스 ④ 인터로크

75. 다음은 피드백(feed back) 자동제어의 기본회로이다. 빈 사각형 (1), (2), (3) 안에 들어갈 용어를 쓰고, 수행되는 작업(하는 일)을 간단히 쓰시오.

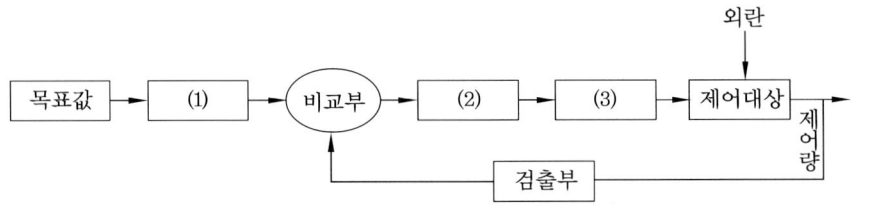

해답 (1) ① 용어 : 설정부, ② 수행되는 작업 : 목푯값을 설정하여 입력시켜 준다.
(2) ① 용어 : 조절부, ② 수행되는 작업 : 조작신호를 만들어 낸다.
(3) ① 용어 : 조작부, ② 수행되는 작업 : 조절부로부터 조작신호를 받아 조작량으로 바꾸어 준다.

76. 목푯값에 따른 자동제어로는 목푯값이 일정한 정치제어와 목푯값이 변화되는 추치제어가 있는데 추치제어의 종류 3가지를 쓰시오.

해답 ① 추종제어 ② 비율제어 ③ 프로그램 제어

77. 다음은 자동제어에 대한 설명이다. 명칭을 쓰시오.

(1) 미리 정해진 제어동작의 순서에 따라 순차적으로 다음 동작이 이루어지도록 되어 있는 자동제어의 명칭을 쓰시오.
(2) 출력 측의 신호를 입력 측으로 되돌려 제어량의 값을 목푯값과 비교하여 정정동작을 행하는 자동제어의 명칭을 쓰시오.

해답 (1) 시퀀스 제어   (2) 피드백 제어

78. 제어동작에 따른 불연속동작의 종류 3가지를 쓰시오.

해답 ① 2위치 동작(ON-OFF 동작)
② 다위치 동작
③ 불연속 속도동작
참고 연속 동작의 종류
① 비례(P)동작
② 적분(I)동작
③ 미분(D)동작

79. 다음은 연속동작의 종류별 특징이다. 해당 종류를 〈보기〉에서 골라 그 번호를 쓰시오.

(1) 제어량의 편차에 비례하는 동작이며 잔류편차가 생긴다.
(2) 편차의 크기와 지속시간에 비례하는 동작이며 잔류편차를 제거하고 제어의 안정성이 떨어지며 진동하는 경향이 있다.
(3) 편차가 변화하는 속도에 비례하여 조작량을 제어하는 동작이며 언제나 비례동작과 함께 쓰인다.
(4) 잔류편차를 제거하며 제어의 안정을 도모해 주고, 조절효과가 좋으며 조절속도가 빨라서 널리 이용한다.

〈보기〉
① PID(비례 적분 미분)동작 ② I(적분)동작
③ P(비례)동작 ④ D(미분)동작

해답 (1) ③ (2) ② (3) ④ (4) ①

---

80. 자동제어 조절계의 신호 전송방식 3가지를 전송거리가 먼 것부터 차례로 쓰시오.

해답 ① 전기식 ② 유압식 ③ 공기압식

---

81. 보일러를 연속 운전할 때 증기부하가 변하면 수위변동이 일어난다. 이때 일정수위를 유지하기 위한 수위검출 제어방식의 종류 3가지를 쓰시오.

해답 ① 1요소식(단요소식) ② 2요소식 ③ 3요소식

---

82. 다음은 보일러 자동제어 시스템의 신호 전송방법의 특성을 설명한 것이다. 각 설명에 맞는 전송방법을 쓰시오.

(1) 관로의 저항으로 전송이 지연될 수 있으며, 자동제어에는 용이하나 원거리 전송이 곤란하다.
(2) 신호 전달 지연이 거의 없으며, 원거리 전송이 용이하나 가격이 비싸다.
(3) 신호 전달 지연이 적으나 인화의 위험성이 있으며, 조작력이 강하고 응답이 빠르다.

해답 (1) 공기압식 (2) 전기식 (3) 유압식

---

83. 자동제어 조절계의 신호 전송에는 전기식, 유압식, 공기식이 있다. 이 중 전기식 신호 전송의 장점을 2가지 이상 쓰시오.

해답 ① 배선 설비가 용이하다. ② 신호 전달에 시간 지연이 없다.
③ 복잡한 신호에 용이하다. ④ 특수한 동작원이 필요 없다.

참고 전기식 신호전송의 단점
① 조작속도가 빠른 비례 조작부를 만들기가 곤란하다.
② 보수 및 취급에 기술을 요한다.
③ 가격이 비싸다.
④ 고온 다습한 곳은 곤란하다.

84. 다음 보일러 수위 제어방식에서 검출요소를 쓰시오.

(1) 1요소식   (2) 2요소식   (3) 3요소식

해답 (1) 수위 (2) 수위, 증기유량 (3) 수위, 증기유량, 급수유량

85. 보일러의 자동제어에 대한 약호이다. 각각 어떤 제어인지 쓰시오.

(1) A·C·C   (2) S·T·C   (3) F·W·C   (4) A·B·C

해답 (1) 자동연소제어 (2) 증기온도제어 (3) 급수제어 (4) 보일러 자동제어

86. 보일러 자동제어와 관련된 아래 빈 곳에 적당한 용어를 기입하시오.

종류	제어대상	조작량
증기온도제어	증기온도	①
급수제어	②	급수량
연소제어	③	④
	노내압력	⑤

해답 ① 전열량 ② 보일러 수위 ③ 증기압력 ④ 공기량과 연료량 ⑤ 연소가스량

87. 이미 정해진 순서에 따라 제어의 각 단계를 차례로 진행하는 자동제어의 명칭을 쓰시오.

해답 시퀀스 제어

88. 보일러 자동제어에 대한 다음 물음에 답하시오.

(1) 자동연소제어에서 제어량 2가지를 쓰시오.
(2) 증기압력을 제어할 때 조작하여야 하는 것을 2가지 쓰시오.

해답 (1) 증기압력, 노내의 압력 (2) 연료량, 공기량

89. 제어 결과에 따라 현재 진행 중인 제어동작을 다음 단계로 옮겨가지 못하도록 차단하는 장치를 인터로크라고 하는데 보일러에서 중요한 인터로크 장치를 5가지 쓰시오.

해답 ① 저수위 인터로크 ② 압력 초과 인터로크
③ 불착화 인터로크 ④ 프리퍼지 인터로크
⑤ 저연소 인터로크

90. 다음은 인터로크(interlock)의 종류별 설명이다. 해당되는 인터로크의 명칭을 쓰시오.

(1) 수위가 소정 수위 이하인 때에는 전자밸브를 닫아서 연소를 저지한다.
(2) 증기압력이 소정 압력을 초과할 때에는 전자밸브를 닫아서 연소를 저지한다.
(3) 버너에서 연료를 분사한 후, 소정의 시간이 경과하여도 착화를 볼 수 없을 때와 연소 중 어떠한 원인으로 화염이 소멸할 때에는 전자밸브를 닫아서 버너에서의 연료 분사가 중단된다.
(4) 유량조절밸브가 저연소상태로 되지 않으면 전자밸브를 열지 않아서 점화를 저지한다.
(5) 대형 보일러인 경우에 송풍기가 작동되지 않으면 전자밸브가 열리지 않고 점화를 저지한다.

해답 (1) 저수위 인터로크 (2) 압력 초과 인터로크 (3) 불착화 인터로크
(4) 저연소 인터로크 (5) 프리퍼지 인터로크

91. 스트레이너(strainer : 여과기)의 종류 3가지를 쓰시오.

해답 ① Y형 스트레이너(Y형 여과기) ② U형 스트레이너(U형 여과기)
③ V형 스트레이너(V형 여과기)

92. 보일러 배관 중에 여과기(스트레이너)를 설치해야 하는 장소를 5가지 쓰시오.

해답 ① 급유량계 입구 ② 급수량계 입구
③ 유예열기 입구 ④ 오일펌프 흡입 측
⑤ 급수펌프 흡입 측 ⑥ 감압밸브 입구

93. 보일러 연도에 설치 사용하는 폐열회수(열교환)장치의 종류 4가지를 설치 순서대로 (연도 입구에서 부터) 쓰시오.

해답 ① 과열기 ② 재열기 ③ 절탄기 ④ 공기예열기

94. 다음 설명에 해당하는 밸브의 명칭을 쓰시오.

> (1) 유체를 한쪽 방향으로만 흐르게 하며 유체의 압력 또는 중력에 의하여 유로를 폐쇄하는 밸브의 명칭을 쓰시오.
> (2) 파이프의 횡단면에 평행하게 작동하며, 일명 게이트밸브라 하여 유량 조절이 부적당하고 완전히 개방하면 유체의 저항이 작게 걸리는 밸브의 명칭을 쓰시오.
> (3) 밸브의 리프트(lift)가 작아 개폐시간이 짧고 누설이 적으며 유량 조절에 적당하나 유체의 흐름이 급격히 변화하여 유체의 저항이 많이 작용하는 밸브로 일명 스톱밸브라 불리는 것은 무엇인지 쓰시오.
> (4) 내부 구조가 글로브밸브와 비슷하며 유체의 흐름방향을 90°로 바꾸어 주는 데 사용하는 밸브의 명칭을 쓰시오.
> (5) 콕(cock)이라 하며 핸들의 90° 회전으로 유로를 급개폐할 수 있으며 유체의 저항이 적으나 기밀 유지가 어려운 밸브의 명칭을 쓰시오.

해답 (1) 체크밸브 (2) 슬루스밸브 (3) 글로브밸브 (4) 앵글밸브 (5) 볼밸브

---

95. 다음은 가정용 온수 보일러의 제어장치인 콤비네이션 릴레이(combination relay)에 관한 설명이다. (①)~(⑤) 속에 알맞은 말을 아래 보기에서 찾아 그 기호를 쓰시오.

> 콤비네이션 릴레이는 보일러의 (①)에 설치되는 제어장치로서, (②)와 아쿠아스탯(aquastat)의 기능을 합한 것이며, (③)의 주안전 제어장치로 사용되고, (④)차단, (⑤)점화, 순환펌프 회로가 한 개의 제어기로 만들어진 장치이다.

〈보기〉
㉮ 연도   ㉯ 본체   ㉰ 프로텍터 릴레이   ㉱ 온-오프 릴레이
㉲ 급수   ㉳ 버너   ㉴ 저온   ㉵ 중온
㉶ 고온   ㉷ 상온

해답 ① ㉯ ② ㉰ ③ ㉳ ④ ㉶ ⑤ ㉴

---

96. 다음은 콤비네이션 릴레이(combination relay)에 대한 설명이다. ( ) 안에 알맞은 용어를 쓰시오.

> 콤비네이션 릴레이는 (①)와 아쿠아스탯의 기능을 합한 것으로 (②)의 주안전 제어장치로서 고온 차단, (③), 순환펌프 회로가 한 개의 제어기로 만들어진 것으로 내부에 high, low 설정기가 장치되어 있다. high 온도는 (④)온도이고 low 온도는 (⑤)온도이다.

해답 ① 프로텍터 릴레이 ② 버너 ③ 저온 점화 ④ 버너 정지 ⑤ 순환펌프 작동

97. 다음 ( ) 안에 알맞은 용어를 쓰시오.

> 온수 보일러 (①)에 설치한 콤비네이션 릴레이는 (②) 릴레이와 아쿠아스탯의 기능을 합한 (③) 주안전 제어장치로 (④)차단, (⑤)점화, (⑥) 회로가 한 개의 제어기로 만들어진 제어장치이다.

해답 ① 본체 ② 프로텍터 ③ 버너 ④ 고온 ⑤ 저온 ⑥ 순환펌프

98. 다음은 가정용 온수 보일러(유류 연소용)의 자동제어장치 부품들이다. 이들이 부착되는 위치를 〈보기〉에서 찾아 쓰시오.

> (1) 콤비네이션 릴레이   (2) 프로텍터 릴레이   (3) 스택 릴레이
>
> ─────〈보기〉─────
> • 버너   • 보일러 본체   • 연도

해답 (1) 보일러 본체 (2) 버너 (3) 연도

99. 실내온도 조절기(room thermostat) 설치 시 유의사항 3가지를 쓰시오.

해답 ① 직사광선을 피할 것
② 바닥에서 1.5 m 위치에 설치할 것
③ 방열기 상단, 현관 입구 등을 피하여 설치할 것
④ 실내온도가 표준이 될 수 있는 장소에 설치할 것
⑤ 수직으로 설치할 것

100. 가정용 유류 연소 온수 보일러의 자동제어장치로서 프로텍터 릴레이 기능과 아쿠아스탯의 기능을 합친 자동제어장치 명칭을 쓰시오.

해답 콤비네이션 릴레이

101. 실내온도 조절기 구조에 따른 종류 3가지를 쓰시오.

해답 ① 바이메탈 스위치식
② 바이메탈 머큐리 스위치식
③ 다이어프램 팽창식

PART 04 보일러 배관

제1장　보일러 시공 도면 해독 및 작성
제2장　보일러 시공용 공구와 장비의 취급
제3장　배관 작업
제4장　시공재료의 열전달

보일러 시공 도면 해독 및 작성

1. 배관도시

1-1 관의 도시법

관은 하나의 실선으로 표시하고, 동일 도면 내의 관을 표시할 때 그 크기는 같은 굵기의 선으로 하는 것을 원칙으로 한다.

(1) 유체의 종류, 상태, 목적

관내를 흐르는 유체의 종류, 상태, 목적을 표시하는 경우는 문자 기호에 의해 인출선을 사용하여 도시하는 것을 원칙으로 한다. 단, 유체의 종류를 표시하는 문자 기호는 필요에 따라 관을 표시하는 선을 인출선 사이에 넣을 수 있다. 또, 유체의 종류 중 공기, 가스, 기름, 증기 및 물을 표시할 때는 표시한 기호를 사용한다.

(2) 유체 흐름의 표시

유체가 흐르는 방향은 화살표로 표시한다.

1-2 배관의 기초지식

(1) 배관의 도시 문자

유체의 종류	문자 기호	식별 색	유체의 종류	문자 기호	식별 색
물(급수)	W(water)	청색(파란색)	가스(LPG 등)	G(gas)	황색(노란색)
증기	S(steam)	검은황색	공기(통풍)	A(air)	백색(흰색)
기름(오일)	O(oil)	검은붉은색	전기(자동회로)	E	엷은황적색

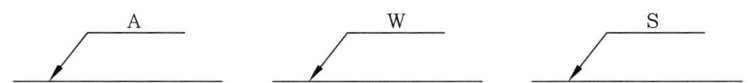

(2) 관의 접촉 표시

관 의 접 촉 종 류	표 시 기 호
① 관이 접촉해 있을 때	—•—
② 관이 접촉하지 않을 때	—⊥— — —
③ 관이 갈라져 있을 때	—•—

(3) 밸브와 계기 표시

종 류	기 호	종 류	기 호
글로브밸브	▷•◁	일반 조작밸브	
슬루스밸브(게이트밸브)	▷◁	전자밸브	Ⓢ
앵글밸브		전동밸브	Ⓜ
역지밸브(체크밸브)		도출밸브	⊕
안전밸브(스프링식)		공기빼기 밸브	
안전밸브(추식)		닫혀 있는 일반밸브	▶◀
일반 콕	◇	닫혀 있는 일반 콕	◆
삼방 콕		온도계·압력계	Ⓣ Ⓟ
다이어프램밸브		봉합밸브	Ⓣ
감압밸브		수동밸브	
볼밸브		증기 트랩	⊗

> **참고**
> ① 동심 줄이개 나사이음: ▷
> ② 편심 줄이개 나사이음: ▷
> ③ 오리피스 플랜지: ┤├
> ④ 줄임 플랜지: ▷
> ⑤ 플러그: ▷
> ⑥ 캡: ┤
> ⑦ 여과기(스트레이너):
> ⑧ 안전밸브:

(4) 관의 입체적 표시

관이 도면에 직각으로 앞쪽을 향해 구부러져 있을 때	———A——⊙
관이 앞쪽에서 도면 직각으로 구부러져 있을 때	———A——○
관 A가 앞쪽에서 도면 직각으로 구부러져 관 B에 접속할 때	—A—○—B—

참고

① 오는 티 : ⊢—⊙—⊣ ② 가는 티 : ⊢—○—⊣
③ 오는 엘보 나사이음 : ⊙— ④ 가는 엘보 나사이음 : ○—
⑤ 유니언 : ———|||———

(5) 관이음 방법

이음 종류	관 이 음					
연결방법	나사 이음	용접 이음	플랜지 이음	유니언 이음	턱걸이(소켓) 이음	납땜 이음
도시 기호	—┼—	—✕—	—╫—	—┤├—	—⊂—	—○—
이음 종류	신 축 이 음					
연결방법	루프형	슬리브형		벨로스형		스위블
도시 기호	∩	─┤ ├─		─⋈─		⌐⌙

(6) 강관의 종류와 KS 규격 기호 및 용도

종 류		KS 규격기호	용 도
배관용	배관용 탄소강 강관	SPP	사용압력이 낮은 증기, 물, 기름, 가스 및 공기 등의 배관용, 호칭지름 15~500 A
	압력 배관용 탄소강 강관	SPPS	350℃ 이하에서 사용하는 압력 배관용, 관의 호칭은 호칭지름과 두께(스케줄 번호)에 의하며, 호칭지름 6~500 A
	고압 배관용 탄소강 강관	SPPH	350℃ 이하에서 사용압력이 높은 고압 배관용, 관지름 6~168.3 mm 정도이나 특별한 규정은 없음
	고온 배관용 탄소강 강관	SPHT	350℃ 이상 온도의 배관용(350~450℃), 관의 호칭은 호칭지름과 스케줄 번호에 의함. 호칭지름 6~500 A
	배관용 아크용접 탄소강 강관	SPPY (SPW)	사용압력 10 kg/cm^{2}의 낮은 증기, 물, 기름, 가스 및 공기 등의 배관용, 호칭지름 350~1500 A
	배관용 합금강 강관	SPA	주로 고온도의 배관용, 두께는 스케줄 번호로 표시, 호칭지름 6~500 A
배관용	배관용 스테인리스 강관	STS×TP	내식용, 내열용 및 고온 배관용, 저온 배관용에도 사용. 두께는 스케줄 번호로 표시, 호칭지름 6~300 A
	저온 배관용 탄소강 강관	SPLT	빙점 이하 특히 저온도 배관용, 두께는 스케줄 번호로 표시, 호칭지름 6~500 A
수도용	수도용 아연도금 강관	SPPW	정수두 100 m 이하의 수두로써 주로 급수배관용, 호칭지름 10~300 A
	수도용 도복장 강관	SBPG	정수두 100 m 이하의 수두로써 주로 급수배관용, 호칭지름 80~1500 A
열전달용	보일러·열교환기용 탄소강 강관	STBH	관의 내외에서 열의 수수를 행함을 목적으로 하는 장소에 사용된다. 보일러의 수관, 연관, 과열관, 공기예열관, 화학공업, 석유공업의 열교환기, 가열로관 등에 사용
	보일러·열교환기용 합금강 강관	STHA	
	보일러·열교환기용 스테인리스 강관	STS×TB	
	저온 열교환기용 강관	STLT	빙점 이하 특히 낮은 온도에서 관의 내외에서 열의 수수를 행하는 열교환기관, 콘덴서관
구조용	일반 구조용 탄소강 강관	SPS	토목, 건축, 철탑, 지주와 기타의 구조물용
	기계 구조용 탄소강 강관	STM	기계, 항공기, 자동차, 자전거 등의 기계 부분품용
	구조용 합금강 강관	STA	항공기, 자동차, 기타의 구조물용

2. 보일러 시공 배관도

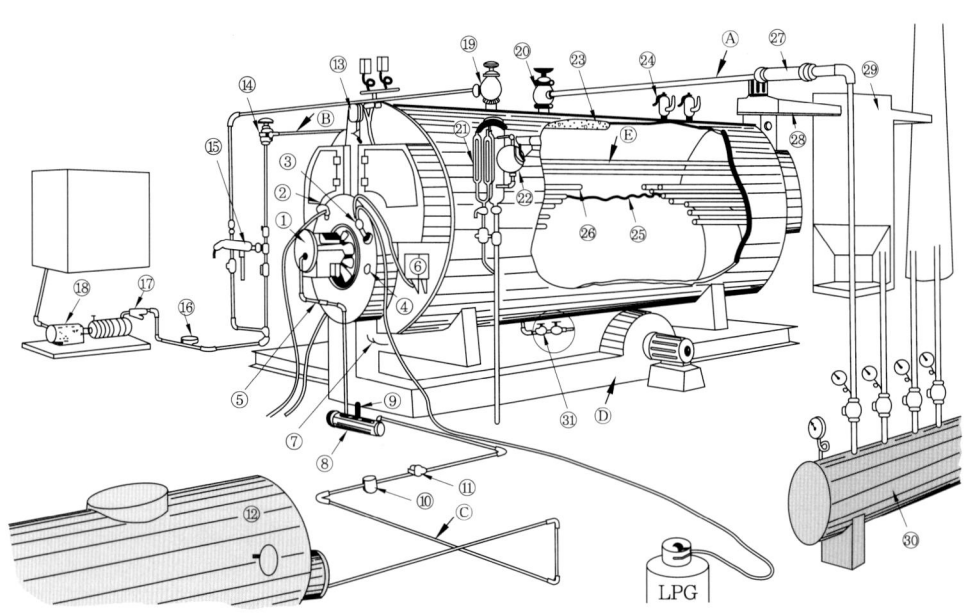

- 각부의 명칭
  - ① 버너
  - ② 윈드 박스
  - ③ 점화 토치
  - ④ 투시구
  - ⑤ 유조절밸브
  - ⑥ 점화트랜스
  - ⑦ 2차 공기 댐퍼
  - ⑧ 유예열기
  - ⑨ 유온도계
  - ⑩ 유여과기
  - ⑪ 유량계
  - ⑫ 서비스 탱크
  - ⑬ 압력계
  - ⑭ 급수정지밸브
  - ⑮ 인젝터
  - ⑯ 급수유량계
  - ⑰ 여과기
  - ⑱ 급수펌프
  - ⑲ 보조증기밸브
  - ⑳ 주증기밸브
  - ㉑ 수면계
  - ㉒ 고저 수위 경보기
  - ㉓ 비수방지관
  - ㉔ 안전밸브
  - ㉕ 파형 노통
  - ㉖ 연관
  - ㉗ 신축이음
  - ㉘ 연도
  - ㉙ 집진기
  - ㉚ 스팀헤드
  - ㉛ 분출장치

- 흐르는 유체명
  - Ⓐ 증기
  - Ⓑ 물
  - Ⓒ 중유
  - Ⓓ 공기
  - Ⓔ 연소가스

보일러의 개략도

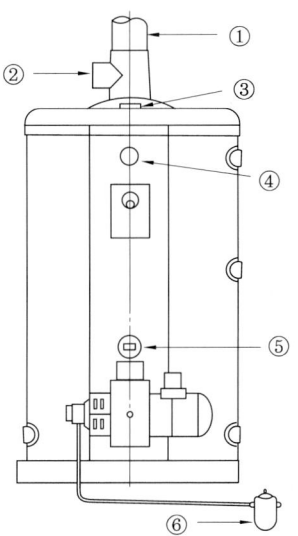

① 연통　　　　　② 역풍방지기　　　③ 난방 공급구
④ 온도계　　　　⑤ 투시구　　　　　⑥ 오일 필터

유류용 온수 보일러

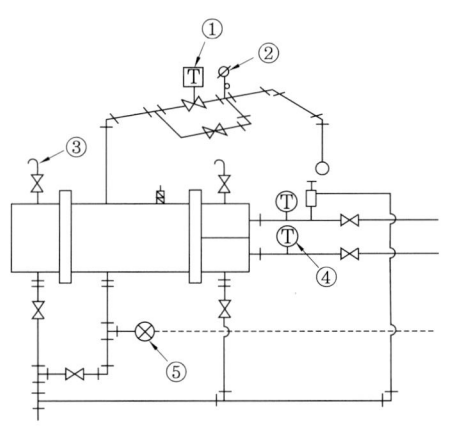

① 온도조절밸브　　② 압력계　　　　③ 안전밸브
④ 온도계　　　　　⑤ 증기 트랩

열교환기 주위 배관도

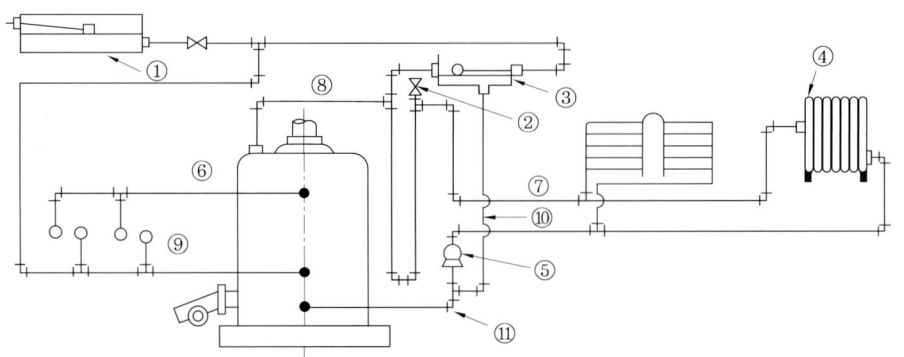

① 옥상 물탱크　　② 공기빼기 밸브　　③ 팽창 탱크
④ 방열기　　　　⑤ 순환펌프　　　　⑥ 급탕 공급관(급탕 온수관)
⑦ 송수주관　　　⑧ 방출관　　　　　⑨ 급탕 냉수관(급수관)
⑩ 팽창관　　　　⑪ 환수주관(난방 환수관)

유류용 온수 보일러 난방 구조도

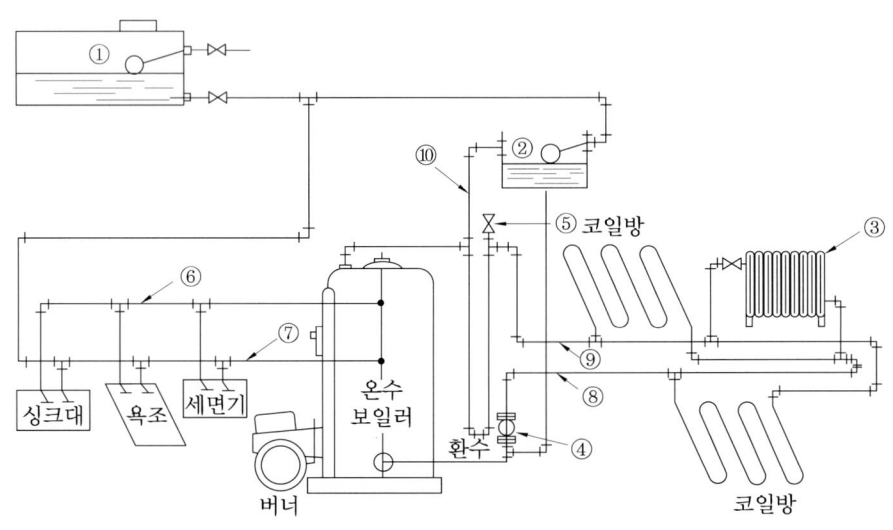

① 옥상 물탱크　　② 팽창 탱크　　　③ 방열기
④ 순환펌프　　　⑤ 공기빼기 밸브　⑥ 급탕관
⑦ 냉수 공급관　　⑧ 환수주관　　　⑨ 송수주관
⑩ 방출관

온수 보일러 배관도

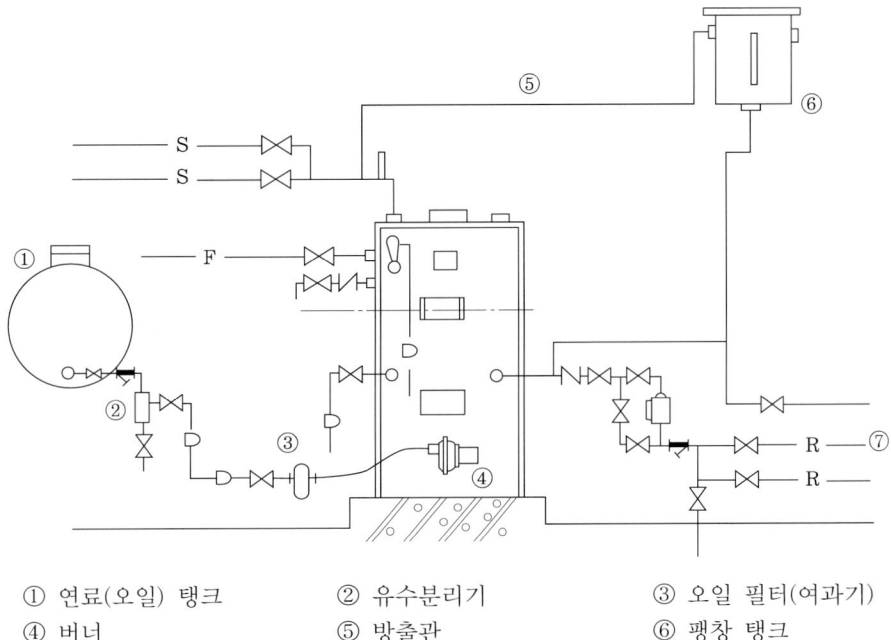

① 연료(오일) 탱크 ② 유수분리기 ③ 오일 필터(여과기)
④ 버너 ⑤ 방출관 ⑥ 팽창 탱크
⑦ 환수주관

온수 보일러 배관도

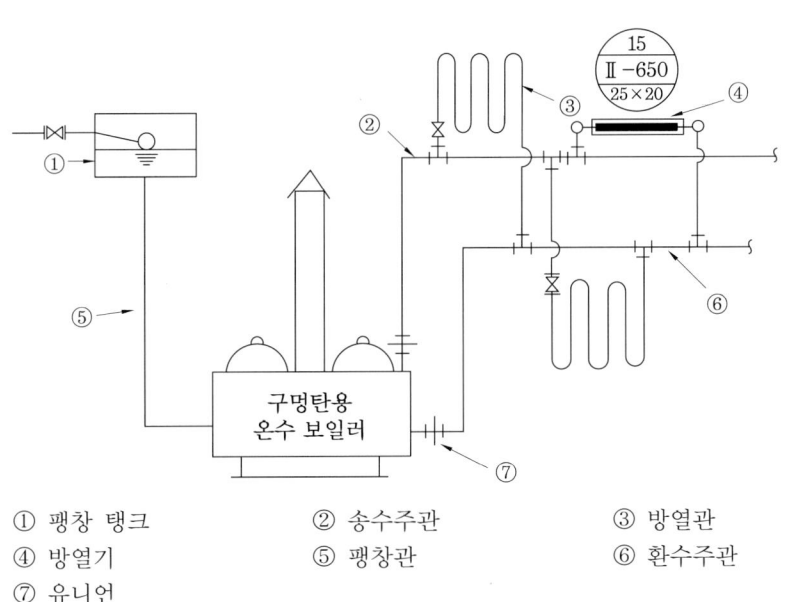

① 팽창 탱크 ② 송수주관 ③ 방열관
④ 방열기 ⑤ 팽창관 ⑥ 환수주관
⑦ 유니언

구멍탄용 온수 보일러 계통도

보일러 시공용 공구와 장비의 취급

1. 배관 공구 및 장비의 종류와 특성

1-1 배관 공구 및 장비

강관의 절단 공구로는 파이프 커터(1개날, 3개날, 링크형)와 쇠톱, 고속숫돌절단기가 있다.

(1) 파이프 커터(pipe cutter)

관 절단용으로 1개의 날에 2개의 롤러로 된 것과 날만 3개인 것이 있다. 파이프 커터로 관을 절단하면 관의 내면에 거스러미가 생기므로 리머로 거스러미를 절삭하여야 한다(될 수 있는 한 쇠톱으로 자르는 것이 좋다).

(2) 쇠톱

관 절단용 공구는 톱날을 끼우는 간격에 따라 200 mm(8″), 250 mm(10″), 300 mm(12″) 3종류가 있다. 톱날은 절단을 하려고 하는 공작물의 재질에 따라 톱날의 잇수가 결정된다.

(3) 파이프 바이스

관을 절단할 때나 나사를 낼 경우 관이 움직이지 않도록 고정하는 기구이다. 종류로는 고정식(일반작업대용), 가반식(현장용)이 있으며 체인 파이프 바이스도 있다.

(4) 파이프 리머(pipe reamer)

파이프 커터로 관을 절단할 경우 안쪽으로 생긴 거스러미를 제거하기 위한 것이다.

(5) 수평 바이스

강관 등의 조립, 열간 벤딩 등의 작업을 쉽게 하기 위해 관을 고정할 때 사용하며 크기는 좌우의 폭으로 표시한다.

(6) 파이프 렌치(pipe wrench)

관 접속부에 부속류의 분해 및 조립 시에 사용하며 크기 표시는 입을 최대로 벌려 놓은 전장으로 표시한다. 종류로는 스트레이트 파이프 렌치, 오프셋 파이프 렌치, 체인형 파이프 렌치, 스트랩 파이프 렌치가 있다.

(7) 수동용 나사절삭기

① **오스터형 나사절삭기** : 오스터의 날(체이서)은 보통 4개가 한 조로 되어 있으며 15~20 A는 14산, 25~150 A 까지는 11산이 좋다.

② **리드형 나사절삭기** : 좁은 공간에서 쉽게 작업하기 적합하며 날은 2개가 1조로 되어 있고 4개의 조(jaw)로 관의 중심을 맞출 수 있어 깨끗하게 나사를 칠 수 있으며 사용 파이프 지름은 4 R를 이용하여 15~50 A까지 절삭할 수 있다.

(8) 해머 (hammer)

못, 핀, 볼트, 쐐기 등을 막거나 뺄 때에 사용되며 타격하는 용도에 따라 쇠해머, 플라스틱해머, 동해머 등으로 나눌 수 있다.

> **참고**
> 쇠해머를 사용하면 공작물에 손상이 오기 때문에 상처가 생기기 쉬운 부분을 타격할 때 플라스틱, 나무, 동해머 등의 연질 해머가 사용되며 해머는 자루를 제외한 머리부의 무게에 따라 구분된다.

(9) 줄 (file)

금속 및 비금속판 또는 관을 깎거나 표면을 매끈하게 다듬질할 때 쓰이며, 단면의 형상에 따라 평줄, 각줄, 원줄, 반원줄, 삼각줄 등으로 분류된다. 100~400 mm까지 50 mm 간격으로 7종류의 크기가 있다.

(10) 멍키 (monkey) 및 스패너 (spanner)

각종 볼트 및 너트를 조이고 풀기 위하여 사용된다.

(11) 동력 나사절삭기

나사절삭 방법을 분류하면 나사절삭 바이트를 사용하여 선반으로 내는 방법 외에 오스터를 이용한 것, 호브에 의한 것, 다이헤드에 의한 것 등이 있다.

① **오스터식** : 동력으로 관을 저속 회전시키면서 나사절삭기를 밀어넣는 방법으로 나사가 절삭되며, 나사절삭기는 지지로드에 의해 자동 이송되어 나사를 깎는다(가장 간단하여 운반이 쉽고, 관지름이 적은 것에 주로 사용된다).

② **호브식** : 나사절삭용 전용 기계로서 호브를 100~180 rpm/min 의 저속도로 회전시키면 관은 어미 나사와 척의 연결에 의해 1회전 할 때마다 1피치만큼 이동하여 나사가 깎인다. 이 기계에 호브와 사이드커트를 함께 장치하면 관의 나사절삭과 절단을 동시에 할 수 있다.

③ **다이헤드식** : 관의 절단, 거스러미 제거, 나사가공 등을 연속 작업할 수 있는 기계로서

현장용으로 가장 많이 사용된다(일명 미싱이라고도 한다). 관을 척에 고정시키고 척을 일정속도로 회전시키면서 다이헤드를 밀어넣어 나사를 절삭한다.

(12) 파이프 벤딩 머신(pipe bending machine)

관을 일정한 모양으로 굽히기 위하여 사용하는 기계로서 램식과 로터리식이 있다.

① **램식(ram type)** : 현장용으로 많이 쓰이며 수동식은 50 A, 모터를 부착한 동력식은 100 A 이하의 관을 냉간 벤딩을 할 수 있다.

② **로터리식(rotary type)** : 공장에서 같은 모양의 벤딩된 제품을 대량 생산할 때 적합하며 관에 심봉을 넣고 구부린다.
　㈎ 상온에서는 관의 단면 변형이 없다.
　㈏ 두께에 관계없이 강관, 동관, 황동관, 스테인리스 강관 등 어느 것이나 쉽게 벤딩 할 수 있다.

> **참고**
> 관의 구부림 반지름은 관지름의 2.5배 이상이어야 한다.

(13) 동관 시공용 공구

① **토치 램프(torch lamp)** : 납땜 이음, 구부리기 등의 부분적 가열용, 가솔린용, 등유용이 있다.

② **사이징 툴(sizing tool)** : 동관의 끝 부분을 원으로 정형한다.

③ **플레어링 툴 세트(flaring tool set)** : 동관의 압축 접합에 사용된다(동관의 끝을 접시모양 (나팔관)으로 만들 때 사용된다).[플레어링 툴+블록=플레어링 툴 세트]

④ **튜브 벤더(tube bender)** : 동관 벤딩용 공구이다.

⑤ **익스팬더(expander, 나팔관 확관기)** : 동관의 관 끝 확관용 공구이다.

⑥ **튜브 커터(tube cutter)** : 동관(소구경) 절단용 공구이다.

⑦ **리머(reamer)** : 동관을 절단 후 관의 내외면에 생긴 거스러미를 제거하는 데 사용하며, 튜브 커터에 달린 것도 있다.

(14) 연관 시공용 공구

① **봄 볼(bome ball)** : 분기관 따내기 작업 시 주관에 구멍을 뚫는 공구이다.

② **드레서(dresser)** : 연관 표면의 산화물을 깎아낸다.

③ **벤드 벤(bend ben)** : 연관을 굽힐 때나 펼 때 사용한다.

④ **턴 핀(turn pin)** : 접합하려는 연관의 끝 부분을 소정의 관지름으로 넓힌다.

⑤ **맬릿(mallet)** : 턴 핀을 때려 박든가 접합부 주위를 오므리는 데 사용한다.

(15) 주철관 시공용 공구

① **납 용해용 공구 셀**: 냄비, 파이어 포트(fire pot), 납물용 국자, 산화납 찌꺼기 등이 있다.
② **클립(clip)**: 소켓 접합 시 용해된 납물의 비산을 방지한다.
③ **링크형 파이프 커터**: 주철관 전용 절단 공구이다.
④ **코킹 정**: 소켓 접합 시 코킹(다지기)에 사용한다.

(16) PVC 관 시공용 공구

① **가열기**: PVC 관의 접합 및 벤딩을 위해 관을 가열할 때 사용한다.
② **열풍 용접기(hot jet welder)**: PVC 관 접합 및 수리를 위한 용접 시 사용한다.
③ **파이프 커터**: PVC 관 전용으로 쓰이며 관을 절단할 때 쓰인다.
④ **리머**: PVC 관 절단 후 관 내면에 생긴 거스러미를 제거한다.

1-2 관이음쇠

강관용 이음쇠에는 나사 결합형, 용접 결합형, 플랜지 결합형이 있으며 나사 결합형은 가단 주철제와 강제가 있다.

① **나사결합 관이음쇠**
  ㈎ 배관의 방향을 바꿀 때 : 엘보(90°, 45°), 벤드
  ㈏ 관을 도중에서 분기할 때 : 티(T), 와이(Y), 크로스
  ㈐ 동경관을 직선 결합할 때 : 소켓, 유니언, 니플
  ㈑ 이경관을 연결할 때 : 리듀서, 줄임 엘보, 줄임 티, 부싱
  ㈒ 관 끝을 막을 때 : 플러그, 캡, 막힘 플랜지
  ㈓ 관의 분해, 수리 교체가 필요할 때 : 유니언, 플랜지

② **용접결합 관이음쇠**: 용접 이음용 조인트에는 강관제가 사용되며, 엘보·티·리듀서 등이 있다. 엘보에는 쇼트 엘보와 롱 엘보가 있으며, 관지름은 롱 엘보의 굽힘 반지름의 1.5배이고, 쇼트 엘보 굽힘 반지름의 1배이다. 조인트의 바깥지름·안지름·두께·수압은 일반 탄소용 수도관(SPP)과 같으며, 맞대기 용접은 50 A 이상의 것에 사용하고, 용접을 좋게 하기 위해서는 베벨 엔드 가공을 한다.

> **참고**
>
> **용접이음쇠**
>
> | 90°엘보 | 45°엘보 | 크로스 | T | 리턴 | 커플링 | 이경관 | 캡 | 니플 |
> |---|---|---|---|---|---|---|---|---|

③ **플랜지 결합 이음** : 관 끝에 용접이음 또는 나사이음을 하고, 양 플랜지 사이에 패킹을 넣어 볼트로 연결시키는 방법으로 배관 중간이나 밸브, 펌프, 열교환기, 각종 기기의 접속 및 기타 보수, 점검을 위해서 관의 해체, 교환을 필요로 하는 곳에 많이 사용된다.

㈎ 재질 : 강판, 주철, 주강, 단조강, 청동, 황동 등이 있다.
  ㉮ 청동 플랜지(황동 플랜지) : 호칭압력 16 kgf/cm^2
  ㉯ 주철 플랜지 : 호칭압력 20 kgf/cm^2
  ㉰ 몰리브덴강(크롬-몰리브덴강) : 호칭압력 30 kgf/cm^2 이상

㈏ 플랜지의 종류(관과의 부착방법에 따른 분류)
  ㉮ 소켓 용접형(slip on)
  ㉯ 맞대기 용접형(weld neck)
  ㉰ 나사 결합형
  ㉱ 삽입 용접형
  ㉲ 블라인드형
  ㉳ 랩 조인트(lapped joint)

CHAPTER 03 배관 작업

1. 각종 관의 가공 및 조립

1-1 관의 절단, 접합, 성형

(1) 강관의 이음 및 벤딩

① 관의 제작
  - (가) 관의 절단 : 절단용 공구나 기계를 사용하여 절단해야 하며, 절단 길이는 정확하게 계산된 후에 행하여야 한다. 또 관 끝면은 수직으로 거스러미가 없도록 마무리를 해야 한다.
  - (나) 관의 이음 : 나사이음, 용접이음, 플랜지 이음 등으로 구분된다. 나사이음의 경우에 나사절삭기로 절삭 시에는 절삭유를 수시로 친다. 나사절삭 후에는 패킹제를 감은 후에 연결부속에 끼워준다.
  - (다) 관의 설치 : 설치해야 할 개소에서 조립을 할 때는 파이프 나사산이 1~2개 정도 남도록 결합하되 배관의 방향, 경사 등을 확인한다.

② 강관의 이음
  - (가) 나사이음 : 이음에 나사를 끊어 파이프를 나사로써 연결한 것으로 가스 파이프의 양단에 $\frac{1}{16}$의 테이퍼를 가진 파이프용 나사를 깎고 평키, 대마 등을 넣어 나사 박음하여 누설을 방지한다. 따라서 가스 파이프 조인트라고도 말한다.
  - (나) 용접이음 : 가스 용접에 의한 방법과 전기 용접에 의한 방법이 있다. 용접 가공방법에 따라 맞대기 이음과 슬리브 이음이 있는데, 슬리브 이음은 누수의 염려도 없고 관지름의 변화도 없다. 슬리브의 길이는 1.2~1.7배로 하는 것이 좋다.

> **참고**
>
> **용접이음의 이점**
> ① 유체의 저항 손실이 적다.
> ② 접합부의 강도가 강하며 누수의 염려도 없다.
> ③ 보온 및 피복 시공이 용이하다.
> ④ 중량이 가볍다.
> ⑤ 시설의 유지 보수비가 절감된다.

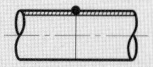
(a) 맞대기 용접

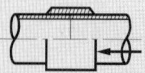
(b) 슬리브 용접

용접이음 방법

(다) 플랜지 이음 : 관 끝에 용접이음 또는 나사이음을 하고 양 플랜지 사이에 패킹을 넣어 볼트를 조여 연결시키는 방법이다. 주로 관지름이 50 A 이상의 배관에 적용하며 배관 중간이나 밸브, 펌프, 열교환기, 각종 기기의 접속 및 기타 보수, 점검을 위하여 관의 해체 및 교환을 필요로 하는 곳에 사용된다. 플랜지 이음 시공 시에는 작업하기 쉬운 위치를 선택하고, 볼트는 대칭으로 조여 준다.

③ **강관의 벤딩**

(가) 벤딩방법의 종류

㉮ 수동 벤딩

㉠ 냉간 벤딩
- 수동 롤러에 의한 방법(현장용)
- 냉간용 벤더에 의한 방법

㉡ 열간 벤딩 : 800~900℃까지 가열하여 벤딩, 관을 바이스에 물릴 때는 용접선이 중간에 놓이도록 한다.

㉯ 기계 벤딩

㉠ 로터리식 벤더에 의한 방법

㉡ 램식 벤더에 의한 방법

> **참고**
> 로터리식 벤더에 의한 기계 벤딩 시 모래 충진이 불필요하며 동일 치수의 것이 L형, U형 등 다량 생산의 목적으로 이용되고, 램식 벤더는 현장용에 많이 쓰인다.

(나) 벤딩의 이점

㉮ 연결 부속이 불필요하다.

㉯ 접합작업이 불필요하다.

㉰ 관내 흐름의 마찰저항이 작다.

(2) 동관의 이음

① **플레어 접합(flare joint, 압축 접합)** : 기계의 점검, 보수 또는 관을 분해할 경우를 대비한 접합방법이다. 관의 절단 시에는 동관 커터(tube cutter) 관지름이 20 mm 미만일 때(또는 쇠톱 20 mm 이상일 때)를 사용한다.

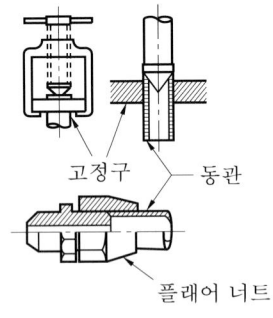

플래어 접합

> **참고**
> **주의해야 할 사항**
> ① 나팔관 제작 시 나팔관이 갈라지는 일이 없도록 한다.
> ② 압축접합이므로 시일제를 사용하지 않는다.
> ③ 결합하기에 적당한 공구를 사용하여 무리한 조임을 피한다.
> ④ 충분히 조이고 수압 시험 후 시운전을 할 때 다시 한 번 더 조여 준다.

② 용접 접합 : 모세관 현상을 이용한 방법으로서 연납땜과 경납땜으로 구분된다. 관이음쇠나 확관된 관에 동관을 끼운 후 용접에 적당한 온도로 가열하고 여기에 용접재(납)를 가해 틈새의 모세관 현상으로 접합이 이루어진다. 용접 시 틈새 간격이 작고 일정해야 하므로 사이징 툴, 확관기, 리머 등 필요한 공구로 정확하게 정형해야 된다.

③ 분기관 접합(brench pipe joint) : 상용압력 20 kg/cm² 정도까지의 배관용으로 관의 중간에서 연결 부속을 사용하지 않고 지관을 따내는 접합방법이다. 구멍의 크기는 지관의 바깥지름보다 1~2 mm 정도 크게 낸다.

(3) 동관의 분류

① 두께별 : K형, L형, M형
② 재질별 : 연질, 반연질, 경질, 반경질

1-2 배관지지 기구 (배관지지대, 배관지지물)

(1) 행어 (hanger)

배관의 하중을 위에서 걸어 당겨 받치는 지지구이며, 리지드 행어, 스프링 행어, 콘스탄트 행어 등이 있다.

① 리지드 행어(rigid hanger) : 수직방향에 변위가 없는 곳에 사용한다. 즉, 지지점 주위 상황에 따라 이동이 다양한 곳에 사용된다(특히 고온 또는 저온에 잡히는 파이프 클램프나 관에 직접 접촉되는 래그(rag) 등의 재질은 관의 재질과 동등 또는 그 이상의 것을 사용할 필요가 있는 동시에 가공 후의 열처리가 필요하다).

② 스프링 행어(spring hanger) : 대부분의 스프링 행어는 부하용량이 35~14000 kg이며, 이동거리는 0~120 mm의 범위이다. 스프링 행어는 로크핀이 있으며, 하중 조정은 턴버클로 행한다.

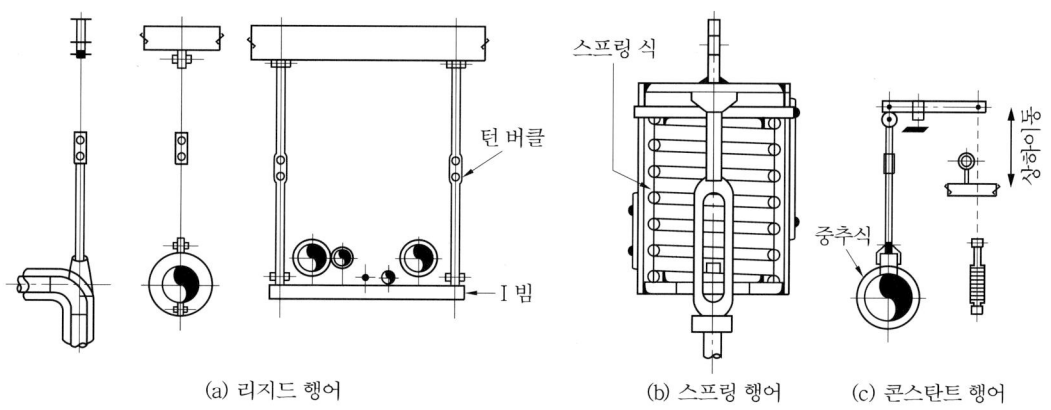

(a) 리지드 행어   (b) 스프링 행어   (c) 콘스탄트 행어

행어의 종류

③ **콘스탄트 행어(constant hanger)** : 지정 이동거리 범위 내에서 배관의 상하방향의 이동에 대해 항상 일정한 하중으로 배관을 지지할 수 있는 장치에 사용하며, 그 종류에는 코일 스프링을 사용하는 것과 중추식의 두 가지가 있다. 부하용량(지지하중)은 15~40000 kg 정도이고, 이동거리는 50~400 mm 정도이다.

(2) 서포트 (support)

배관하중을 아래에서 위로 떠받쳐 지지하는 기구로서 파이프 슈, 리지드 서포트, 롤러 서포트, 스프링 서포트 등이 있다.

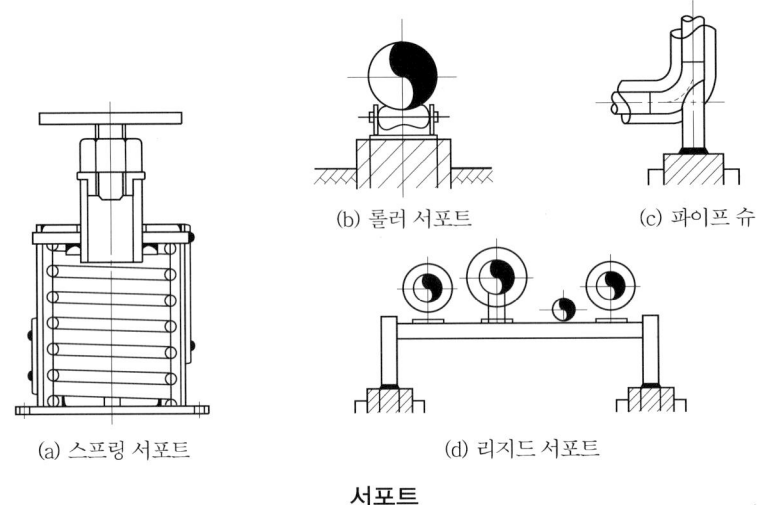

서포트

① **스프링 서포트(spring support)** : 상하이동이 자유롭고 파이프의 하중에 따라 스프링이 완충작용을 하여 배관을 지지하는 것이다.
② **롤러 서포트(roller support)** : 관을 아래서 지지하면서 신축을 자유롭게 하는 것으로 롤러가 관을 받치고 있다.
③ **파이프 슈(pipe shoe)** : 배관의 벤딩 부분과 수평 부분에 관으로 영구히 고정시켜 배관의 이동을 구속시키는 것이다.
④ **리지드 서포트(rigid support)** : I 빔으로 만든 지지대의 일종으로 정유시설의 송유관에 많이 사용한다.

(3) 리스트레인트(restraint)

신축으로 인한 배관의 상하좌우 이동을 구속하고 제한하는 목적에 사용하는 것으로써 앵커, 스토퍼, 가이드 등이 있다.
① **앵커(anchor)** : 배관의 이동 및 회전을 방지하기 위해 지지점 위치에 완전히 고정하는 지지금속으로 열팽창 신축에 의한 진동이 다른 부분에 영향을 미치지 않도록 배관을 분리하여 설치하고 잘 고정하여야 하며, 일종의 리지드 서포트라고도 할 수 있다.

② **스토퍼(stopper)** : 일정한 방향의 이동과 관이 회전하는 것을 구속하고, 나머지 방향은 자유롭게 이동할 수 있는 구조로 되어 있다.
  ㈎ 기기노즐 보호를 위한 안전밸브에서 분출하는 유체의 추력을 받는 곳이다.
  ㈏ 신축 조인트와 내압에 의한 축방향의 힘을 받는 곳에 사용된다.
③ **가이드(guide)** : 파이프 랙 위 배관의 벤딩부와 신축이음(루프형, 슬리브형) 부분에 설치하는 것으로 축과 직각방향의 이동을 구속하는 데 사용된다.

> **참고**
> 배관 라인의 축방향 이동을 허용하는 안내 역할도 담당한다.

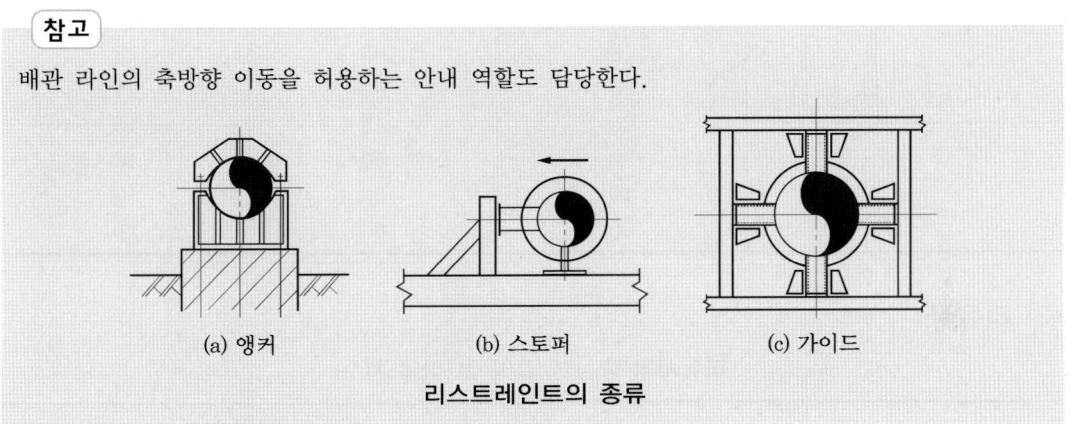

리스트레인트의 종류

(4) 브레이스 (brace)

배관 라인에 설치된 각종 펌프류, 압축기 등에서 발생되는 진동, 밸브류 등의 급속 개폐에 따른 수격작용, 충격 및 지진 등에 의한 진동현상을 제한하는 지지대로써 주로 진동방지용으로 쓰이는 방진기와 충격완화용으로 사용되는 완충기가 있다.

방진기나 완충기는 그 구조에 따라 스프링식과 유압식이 있다.

① **스프링식** : 주로 코일 스프링을 내장한 지지쇠로서 저온 배관용으로 많이 사용된다. 설치 후 배관계의 이동을 구속하게 되므로 배관 이동량이 많은 장소에는 잘 사용되지 않는다. 설치 시에는 배관의 이동을 곧바로 받는 방향으로 부착시키지 않고 그것을 도피시키는 방향으로 부착하는 것이 좋다.
② **유압식** : 공진을 피하는 곳에 특히 효과가 있으며, 배관의 열팽창에 대해서도 구속하지 않고 자유롭게 신축할 수 있어 대용량의 배관에 널리 쓰인다. 브레이스의 이동거리를 비교적 자유롭게 조정할 수 있는 장점을 지니고 있으나 부착장소의 주위온도에 대해 유의하여야 한다.

1-3 종류에 따른 관이음쇠의 중심선 길이 및 여유 치수

(1) 소켓

소켓의 중심선 길이 및 여유 치수

호칭지름[mm]	L[mm]	여유 치수[mm] $L-2a$
15	35	13
20	40	14
25	45	15
32	50	16
40	55	19
50	60	20

(2) 리듀서

리듀서의 중심선 길이 및 여유 치수

호칭지름[mm]	L[mm]	여유 치수[mm]		
		$A-a$	$B-b$	$L-(a+b)$
20×15	38	7	7	14
25×20	42	7	7	14
32×20	48	9	9	18
32×25	48	8	8	16
40×25	52	10	9	19
40×32	52	9	8	17
50×32	58	11	10	21
50×40	58	10	10	20

(3) 90°, 45° 엘보

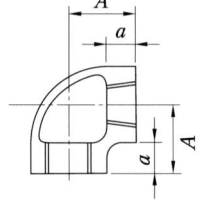

90° 엘보

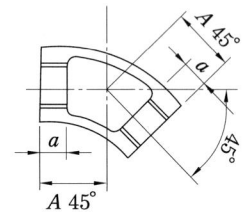

45° 엘보

90° 엘보와 45° 엘보의 중심선 길이 및 여유 치수

호칭지름	중심선에서 단면까지의 거리[mm]		여유 치수 [mm]	
	$A(90°)$	$A(45°)$	90° 엘보	45° 엘보
15	27	21	16	10
20	32	25	19	12
25	38	29	23	14
32	46	34	29	17
40	48	37	30	19
50	57	42	37	22

(4) 이경 엘보

이경 엘보의 중심선 길이 및 여유 치수

호칭지름[mm]	중심에서 단면까지의 거리 [mm]		여유 치수[mm]	
	A	B	$A-a$	$B-b$
20×15	29	30	16	19
25×15	32	33	17	22
25×20	34	35	19	22
32×20	38	40	21	27
32×25	41	42	23	30
40×25	41	45	23	30
40×32	45	48	27	31

(5) 티 (T)

티의 중심선 길이 및 여유 치수

호칭지름[mm]	중심에서 단면까지의 거리[mm]	여유 치수 $A-a$[mm]
15	27	16
20	32	19
25	38	23
32	46	29
40	48	30
52	57	37

(6) 이경 티

이경 티의 중심선 길이 및 여유 치수

호칭지름[mm]	중심에서 단면까지의 거리[mm]		여유 치수[mm]	
	A	B	A−a	B−b
20×15	29	30	16	19
25×15	32	33	17	22
20×20	34	35	19	22
32×20	38	40	21	27
32×25	40	42	23	27
40×20	38	43	20	30
40×25	41	45	23	30
40×32	45	48	27	31
50×20	41	49	21	36
50×25	44	51	24	36
50×32	48	54	28	37
50×40	52	55	32	37

(7) 크로스

크로스의 중심선 길이

호칭	중심에서 단면까지의 거리[mm]
	A
15(1/2)	27(28)
20(3/4)	32(33)
25(1)	38(38)
32(1 1/4)	46(45)
40(1 1/2)	48(50)
50(2)	57(58)

(8) 이경 크로스

이경 크로스의 중심선 길이

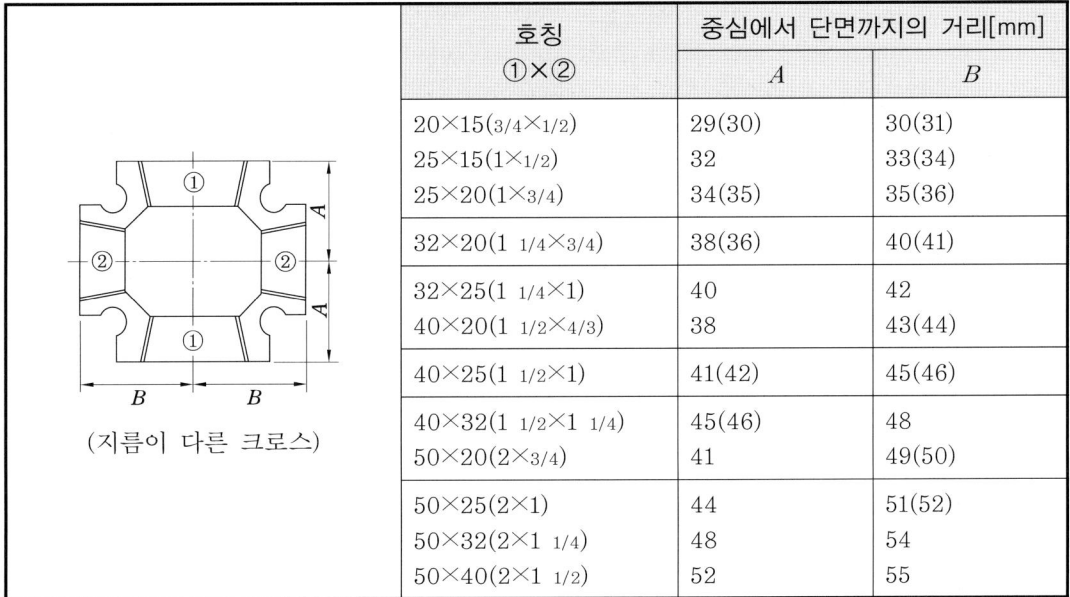

(지름이 다른 크로스)

호칭 ①×②	중심에서 단면까지의 거리[mm]	
	A	B
20×15(3/4×1/2)	29(30)	30(31)
25×15(1×1/2)	32	33(34)
25×20(1×3/4)	34(35)	35(36)
32×20(1 1/4×3/4)	38(36)	40(41)
32×25(1 1/4×1)	40	42
40×20(1 1/2×4/3)	38	43(44)
40×25(1 1/2×1)	41(42)	45(46)
40×32(1 1/2×1 1/4)	45(46)	48
50×20(2×3/4)	41	49(50)
50×25(2×1)	44	51(52)
50×32(2×1 1/4)	48	54
50×40(2×1 1/2)	52	55

(9) 부싱

부싱의 중심선 길이

호칭	L	E	맞변거리 B 6각
15×10(1/2×3/8)	21(24)	16	26
20×8(3/4×1/4)	24(26)	18	32
20×10(3/4×3/8)	24(26)	18	32
20×15(3/4×1/2)	24(26)	18	32
25×8(1×1/4)	27(29)	20	38
25×10(1×3/8)	27(29)	20	38
25×15(1×1/2)	27(29)	20	38
25×20(1×3/4)	27(29)	20	38
32×10(1×1/2×3/8)	30(31)	22	46
32×15(1 1/4×1/2)	30(31)	22	46
32×20(1 1/4×3/4)	30(31)	22	46
32×25(1 1/4×1)	30(31)	22	46
40×10(1 1/2×3/8)	32(31)	23	54
40×15(1 1/2×1/2)	32(31)	23	54
40×20(1 1/2×3/4)	32(31)	23	54

(10) 캡

캡의 중심선 길이

호칭	높이 H	머리부 바깥 부분 반지름 R
15(1/2)	20(19)	78
20(3/4)	24(22)	95
25(1)	28(24)	125
32(1)	30(27)	150
40(1)	32(27)	170
50(2)	36(32)	215

(11) 플러그

플러그의 중심선 길이

호칭	머리부(4각)	
	맞변거리 B	높이 b
15(1/2)	14(13)	10(7)
20(3/4)	17(15)	11(8)
25(1)	19(18)	12(9)
32(1 1/4)	23	13(12)
40(1 1/2)	26(27)	14
50(2)	32(33)	15

(12) 유니언

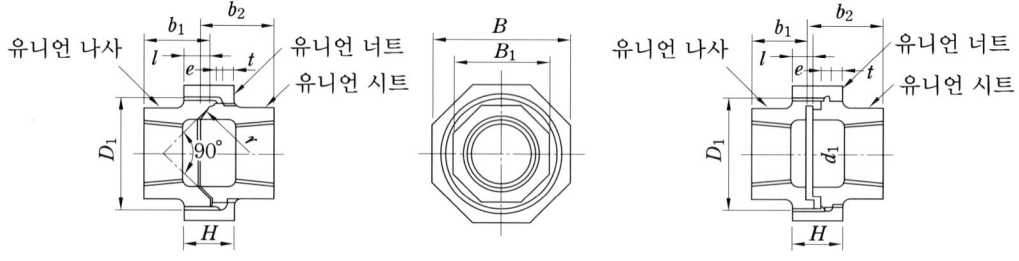

유니언의 중심선 길이

(단위 : mm)

호칭	유니언 나사 및 유니언 플랜지					맞변거리 B_1		유니언 너트				참고 D 나사부
	나사길이 l	b_1	플랜지두께 e	b_2	d_1	8각	10각	높이 H	두께 t	맞변거리 B		나사의 호칭 D_1
										8각	10각	
15(1/2)	9	21	3	21.5	24	27	–	17	3	42	–	M35×2
20(3/4)	9.5	24.5	3.5	26	30	33	–	18.5	3.5	49	–	M42×2
25(1)	10	27	4	29	38	41	–	20	4	59	–	M51×2
32(1 1/4)	11	30	4.5	32	46	–	50	22	4.5	–	69	M60×2
40(1 1/2)	12	33	5	35.5	53	–	56	24.5	5	–	78	M68×2
50(2)	13.5	37	5.5	39.5	65	–	69	27	5.5	–	93	M82×2

비고 : ① F형 유니언에는 적당한 개스킷을 사용한다.
② C형 유니언에는 개스킷을 사용하지 않는 것이 보통이지만 청동판제 개스킷을 사용하여도 좋다.
③ C형 유니언에는 가상선의 부분에 적당한 시트를 끼워도 좋다.
④ C형 유니언의 유니언 플랜지에는 적당한 r을 부착해야 한다.

> **참고**
>
> 절단하여야 할 배관길이의 산출법
>
>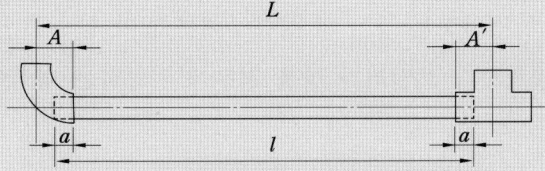
>
> L : 도면상 중심거리(mm) a : 암나사부의 최소길이(최소 물림길이)(mm)
> A : 부속의 중심거리(mm) l : 실제 배관의 절단길이(mm)
> ∴ $l = L - 2A + 2a$

[예제] 관의 길이가 300 mm일 때 20 A 파이프에서 관의 실제 절단길이를 산출하라.

[풀이] $l = L - 2A + 2a$에서
$l = 300 - (2 \times 32) + (2 \times 13)$
  $= 262$ mm

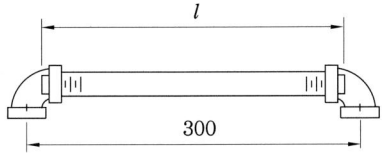

> **참고**
>
> 45° 경사진 경우 배관길이의 계산 L의 거리는
> 피타고라스 정리에 의하여
> $L^2 = b^2 + b^2$ $L = \sqrt{2b^2}$
> ∴ $L = \sqrt{2} \times b$
> $l = \sqrt{2} \times b - 2A + 2a$
>
>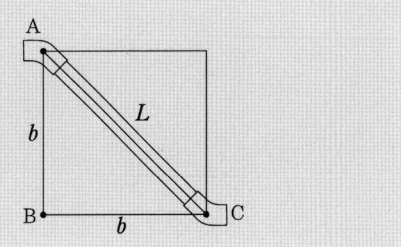

예제 호칭지름이 25 A인 강관에서 2개의 45° 엘보가 연결되어 있다. 이때 파이프의 실제 절단길이는 얼마인가?

풀이 $l = \sqrt{2} \times b - 2A + 2a$ 에서
$= \sqrt{2} \times 200 - (2 \times 29) + (2 \times 15)$
$= 254.84$
∴ 255 mm

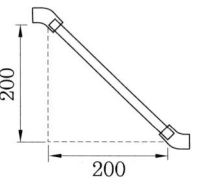

2. 방열관 시공

2-1 난방 형식

(1) 상향 순환식

송수주관보다 환수주관을 약간 높게, 즉 경사도는 $\frac{1}{200}$ 의 상향구배를 잡아 환수주관말단에 공기방출기를 설치하는 형식으로 방열관보다 보일러가 낮을 경우에 시공하는 형식이다.

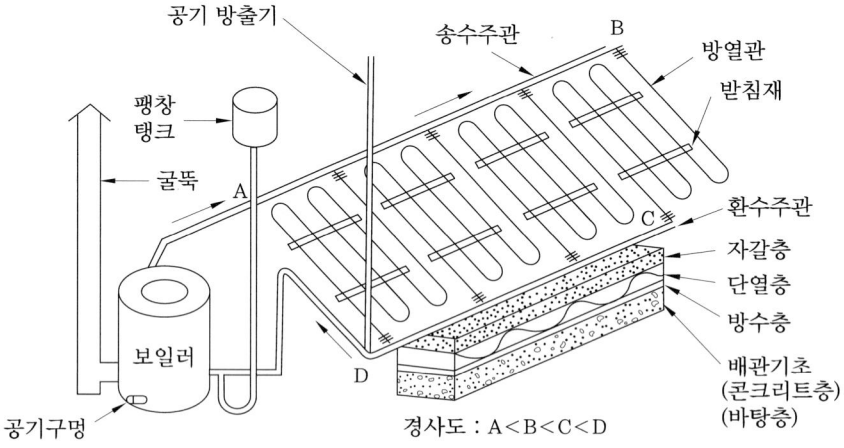

상향식의 온수온돌 구조

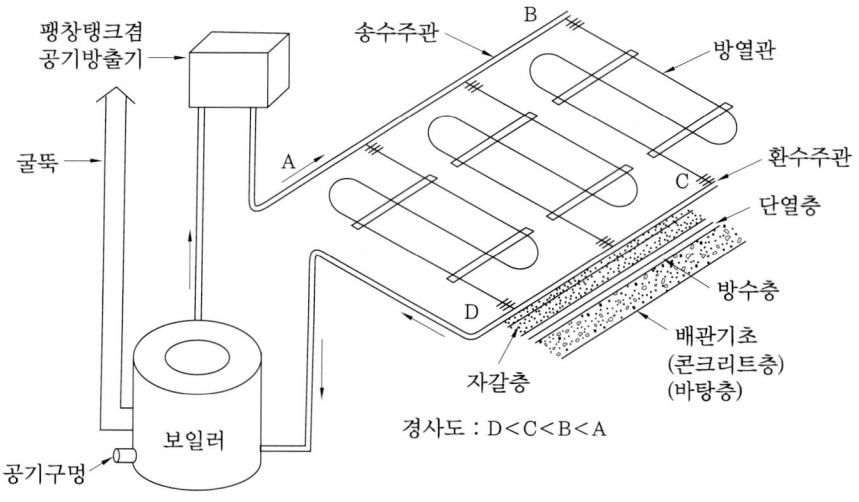

하향식의 온수온돌 구조

(2) 하향 순환식

송수주관이 환수주관보다 약간 높게, 즉 경사도는 $\frac{1}{200}$ 의 하향구배를 잡아 공기방출기는 팽창 탱크와 겸용하여 설치하고 보일러가 방열관보다 높게 있을 경우에 시공하는 형식이다.

2-2 방열관 시공

(1) 온수온돌 시공 순서

온수온돌은 다음과 같은 순서에 따라 시공한다(상향순환식인 경우).
① 배관기초
② 방수처리
③ 단열처리
④ 받침재 설치
⑤ 배관 작업
⑥ 공기방출기 설치
⑦ 보일러 설치
⑧ 팽창 탱크 설치
⑨ 굴뚝 설치
⑩ 수압 시험
⑪ 온수 순환 시험 및 경사조정
⑫ 골재충진 작업
⑬ 시멘트 모르타르 바르기
⑭ 양생 및 건조 작업

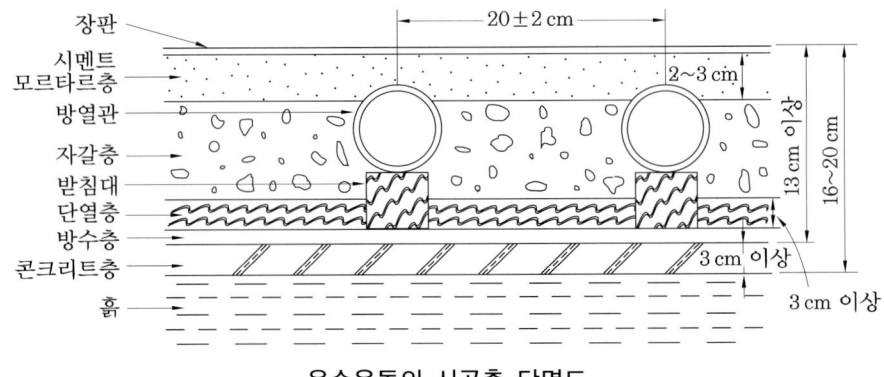

온수온돌의 시공층 단면도

(2) 방열관 배관방식

① **직렬식**: 관을 직렬로 연결시키는 것으로써 배관이 비교적 용이하고 관이음쇠가 적게 들어도 되는 이점이 있으나 관로저항이 크게 되므로 난방면적이 10 m² 이상에서는 곤란하다.

② **병렬식**: 분리 주관식과 인접 주관식이 있으나 분리 주관식은 관로저항이 비교적 적고 비용도 합리적으로 가장 좋다.

③ **사다리꼴식**: 나사이음의 경우 관이음쇠가 많이 들어가게 되어 경제적인 면에서 불리하나 용접구조인 경우 매우 편리한 점이 있으며 배관저항이 적고 구배 잡기가 쉬워 양산이 가능하다 (난방면적이 큰 경우에 적합하다).

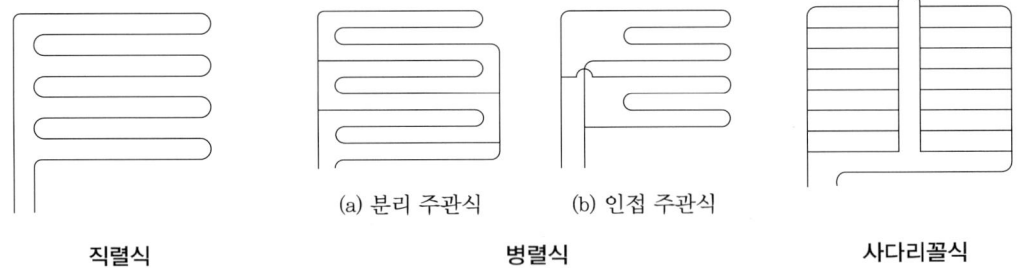

직렬식 병렬식 사다리꼴식
(a) 분리 주관식 (b) 인접 주관식

(3) 방열관의 경사 시공법

관의 경사는 $\frac{1}{200}$ 이상을 원칙으로 하되, 세로방향 경사는 되도록 수평으로 한다. 다만, 주관과 연결되는 관은 $\frac{1}{200}$ 의 경사를 둔다.

① 상향식 배관인 경우 가장 높은 곳은 공기방출기가 설치되어야 하는 D 부분이고, 낮은 곳은 방 입구인 A 부분이다. 높은 곳부터 순서로 나열하면 D > C > B > A = E의 순서이다. E 지점은 D 지점에 공기방출기를 설치한 후 급경사 하향 구배로 하므로 A지점과 거의 비슷한 위치가 된다.

② 하향식인 경우에 가장 높은 곳은 방입구 A 지점이며, B, C, D, E 순으로 E지점이 가장 낮게 된다.

③ 환수주관의 급경사 하향 구배의 끝 부분이 보일러 환수주관 연결부보다 높은 위치에 있어야 한다.

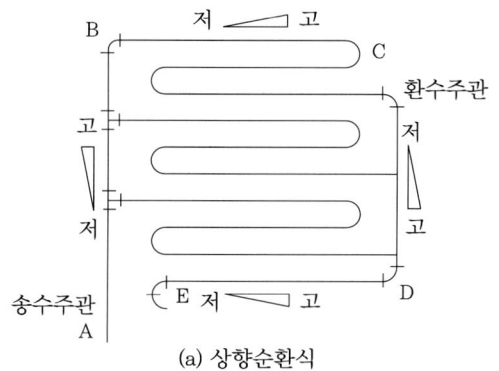
(a) 상향순환식

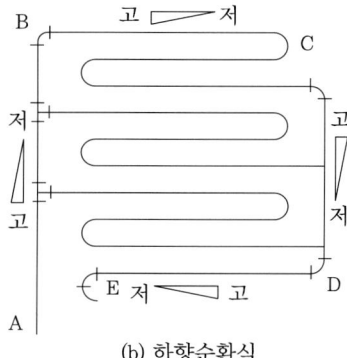
(b) 하향순환식

방열관 시공도

(4) 팽창 탱크 설치

① 온수 보일러의 안전장치로 온수가 열을 받아 팽창하면 팽창수를 흡수하여 보일러나 배관의 파손을 방지한다.
② 장치 내를 운전 중 소정의 압력으로 유지하고 온수온도를 유지한다. 따라서 시공기준에 명시한 바와 같이 온돌 높이보다 1 m 이상 높게(개방식인 경우) 설치하여 일정 압력이 걸리게 하여야 한다.
③ 팽창한 물의 배출을 방지하여 장치의 열 경제성의 저하를 막는다.
④ 장치를 가동하지 않을 경우에도 일정 압력을 유지하여 물의 누설 등에 의한 장애와 공기의 침입을 방지한다.

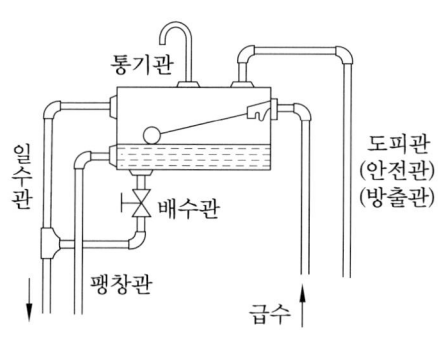
개방식 팽창 탱크

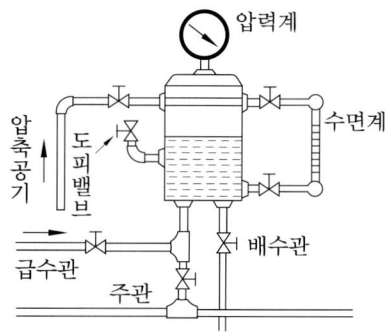
밀폐식 팽창 탱크

> **참고**
>
> **팽창 탱크에 연결되는 팽창관 및 방출관(안전관)의 크기**
>
> | 보일러 용량(kcal/h) | 30000 이하 | 30000초과~150000 이하 | 150000 초과 |
> |---|---|---|---|
> | 팽창관 및 방출관의 크기 | 15 mm 이상 | 25 mm 이상 | 30 mm 이상 |

3. 방열기

(1) 방열기의 종류

방열기(radiator)는 그 구조, 재료 및 사용 열매의 종류에 따라서 다음과 같이 분류할 수 있다.

① **구조에 따른 분류**
  - ㈎ 주형 방열기(column radiator) : 2주형 방열기, 3주형 방열기, 3세주형 방열기, 5세주형 방열기의 4종이 있다.
  - ㈏ 벽걸이형 방열기(wall radiator) : 주철제로 만든 것으로서 횡형(가로형, horizon), 종형(세로형, vertical)의 2종류가 있다.
  - ㈐ 길드 방열기(gilled radiator) : 1 m 정도의 주철제로 된 파이프 방열기이다.
  - ㈑ 대류 방열기(convectos) : 철판제 캐비닛 속에 휜 튜브 또는 컨벡터의 가열기를 장입하여 여기에 증기 및 온수를 통하는 형식이다(외관도 좋고 효율도 좋으므로 널리 사용되고 있다). 대류 방열기는 주형 방열기나 벽걸이 방열기와 마찬가지로 실내 바닥 위에 설치하는 노출식과 벽 속에 매입하여 공기 취입구와 방출구를 만들어 공기를 대류 순환시키게 한 음폐식이 있다.
  - ㈒ 관 방열기 : 강관을 조립하여 관의 표면적 그대로를 방열면으로 사용하는 것으로써 고압의 증기에도 사용할 수 있다.

② **사용 재료에 따른 분류** : 주철제 방열기, 강판제 방열기, 기타 특수금속제 방열기

③ **열매의 종류에 따른 분류** : 증기용, 온수용

(2) 방열기 호칭법 (방열기 도시법)

방열기의 호칭은 종류별·섹션 수에 따라 2주는 'Ⅱ', 3주는 'Ⅲ'으로 표시하고 3세주는 '3', 5세주는 '5'로 표시하며, 벽걸이는 'W', 횡형은 'H', 종형은 'V'로 표시한다.

방열기 호칭 및 도시법

종 류		기 호
주형 (기둥형)	2주형	Ⅱ
	3주형	Ⅲ
	3세주형	3
	5세주형	5
벽걸이형	횡 형	W - H
	종 형	W - V

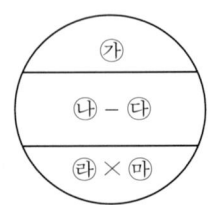

㈎ 섹션 수
㈏ 방열기 종별
㈐ 방열기형(섹션 높이)
㈑ 유입측관경
㈒ 유출측관경

(3) 방열기의 계산

① 방열기의 표준 발열량

$$H_r = K_r(t_r - t_o)$$

여기서, H_r : 방열기의 방열량(kcal/m²h)
K_r : 방열기의 방열계수(kcal/m²h℃)
t_r : 방열기 내 열매의 평균온도(℃)
t_o : 실내의 공기온도(℃)

(가) 주형 방열기에 증기가 흐르는 경우
  ㉮ 방열계수 : 7.78 kcal/m²h℃
  ㉯ 증기 평균온도 : 102 ℃ ㉰ 실내온도 : 18.5 ℃

$$H_r = 7.78 \times (102 - 18.5) = 649.63 ≒ 650 \text{ kcal/m}^2\text{h}$$

(나) 주형 방열기에 온수가 흐르는 경우
  ㉮ 방열계수 : 7.31 kcal/m²h℃
  ㉯ 온수 평균온도 : 80℃ ㉰ 실내온도 : 18.5 ℃

$$H_r = 7.31 \times (80 - 18.5) = 449.565 ≒ 450 \text{ kcal/m}^2\text{h}$$

> **참고**
> 방열기 내에 흐르는 열매의 평균온도 = $\dfrac{\text{방열기 입구온도} + \text{방열기 출구온도}}{2}$

② 상당 방열면적(E.D.R)

$$S = \frac{H_r}{Q_o}$$

여기서, S : 소요 상당 방열면적(m²)
H_r : 그 실에 필요한 전 방열량, 즉 실의 난방 부하(kcal/h)
Q_o : 방열기의 방열량(kcal/m²h)

③ 방열기의 소요 수 계산

(가) 증기난방의 경우 $N_s = \dfrac{H_r}{650 \times a}$

(나) 온수난방의 경우 $N_w = \dfrac{H_r}{450 \times a}$

N_s : 증기 방열기의 섹션 수 N_w : 온수 방열기의 소요 개수
H_r : 실의 난방 부하(kcal/h) a : 방열기 형식에 따른 섹션 1개당 면적(m²)

④ 방열기 내의 증기 응축량

증기난방에서 방출기로부터 방출하는 열량의 대부분은 증기잠열이다. 그러므로 방열기 내에 응축되는 증기량은 방열기의 방열량에다 그 증기압력에서의 증발잠열을 나눔으로써 구해진다.

$$Q_c = \frac{Q}{L}$$

Q_c : 증기 응축량(kg/m^2h)
Q : 방열기의 방열량($kcal/m^2h$)
L : 그 증기압력에서의 증발잠열($kcal/kg$)

4. 난방설비

4-1 증기난방 설비

(1) 증기난방의 원리 (열의 대류 원리를 이용하며 증발잠열을 이용)

보일러 연소실에서 연료를 연소하여 물에 열량을 주며 물은 증발잠열을 안고 증기가 되어 증기관 내를 흘러서 방열기에 보내진다. 방열기 내의 증기는 증발잠열을 방출하고 증기는 응축수로 된다. 방출된 잠열은 방열기 표면을 통하여 대류작용에 의해 실내공기에 열을 전달하여 공기의 온도를 높여 난방을 하는 방식이다.

① 장점
  ㈎ 증발잠열(기화열)을 이용하므로 열의 운반능력이 크다.
  ㈏ 방열면적이 작고, 복귀관의 관지름이 작아도 되므로 시설비를 절감할 수가 있다.
  ㈐ 예열시간이 짧다.
  ㈑ 예열에 따른 손실이 적다.
  ㈒ 건물 높이에 제한을 받지 않는다.

② 단점
  ㈎ 난방 부하에 따른 방열량을 조절하기가 곤란하다.
  ㈏ 수격작용(워터해머) 등의 소음이 나기 쉽다.
  ㈐ 보일러 취급에 숙련을 요한다.
  ㈑ 동결할 우려가 있다.
  ㈒ 실내 쾌감도가 낮다.
  ㈓ 방열기 표면온도가 높아 화상의 우려가 크다.

(2) 증기난방의 분류

증기의 응축에 의하여 발생되는 응축수를 처리하는 방법에 따라 중력 환수식 증기난방법, 기계 환수식 증기난방법, 진공 환수식 증기난방법이 있다.

① **중력 환수식 증기난방법** : 응축수를 중력작용에 의해서 보일러에 유입시키는 것으로 저압 보일러에 사용되며 단관식과 복관식이 있다(자연 환수식 증기난방법).
  ㈎ 단관식 : 응축수와 증기가 동일 배관 내에서 역방향으로 흐른다.
    ㉮ 설비가 비교적 싸다.
    ㉯ 증기의 흐름이 방해되어 수격작용의 발생이 일어나는 수가 있다.
    ㉰ 소규모 난방에 많이 사용한다.
  ㈏ 복관식 : 증기와 응축수가 각기 다른 배관에서 흐른다(대체적으로 큰 규모의 난방 설비에 채택된다).

② **기계 환수식 증기난방법** : 환수주관을 수수 탱크에 접속하여 응축수를 이 탱크에 모아 펌프로 이 물에 수압을 주어 보일러로 송수하면 보일러의 높이에는 관계없이 환수할 수 있다. 즉 중력 환수식의 배관을 그대로 두고 그 환수주관과 수수 탱크와의 사이는 중력식으로 조작하고 수수 탱크에 모인 응축수를 보일러에 급수하는 방식이다.
  ㈎ 위치는 방열기와 동일한 바닥면 또는 높은 위치가 되어도 지장이 없다.
  ㈏ 수수 탱크는 최저 위치에 있는 방열기보다 낮은 위치에 설치해야 한다.
  ㈐ 각 방열기에 공기배출밸브를 설치할 필요가 없다.
  ㈑ 하부 태핑은 방열기 트랩을 경유하여 환수관에 접속한다.

③ **진공 환수식 증기난방법** : 환수주관의 말단 보일러 바로 앞에 진공펌프를 접속하여 환수관 중의 응축수와 공기를 흡인해 진공도 100~250 mmHg 정도의 진공상태를 유지, 증기의 순환을 촉진하는 방법이다.
  ㈎ 다른 방법에 비해 증기 회전이 빠르고 확실하다.
  ㈏ 환수관의 관지름을 작게 할 수 있다.
  ㈐ 방열기의 설치장소에 제한을 받지 않는다.
  ㈑ 방열기의 방열량 조절을 광범위하게 할 수 있어 대규모 난방에 많이 사용된다.

> **참고**
> ① 증기주관과 환수주관은 선하향 구배로서 $\frac{1}{200} \sim \frac{1}{300}$ 정도가 좋다.
> ② 리프트 피팅(lift fitting) 이음방법은 환수주관보다 높은 곳에 진공펌프가 있을 때와 방열기보다 높은 곳에 환수주관을 배관하는 경우 적용되는 이음방법이며 1단 흡상 높이는 1.5 m 이내이다.
> ③ 진공펌프에는 회전식과 왕복동식 2종류가 있다.

(3) 환수배관법에 따른 증기난방

① **습식 환수배관법** : 환수주관이 보일러 수면보다 낮은 위치에 배관되어서, 즉 누수상태

로 흐르는 경우를 습식 환수관이라 한다(환수관 지름을 가늘게 할 수 있으나 겨울철 동결의 우려가 있다).

② **건식 환수배관법** : 환수주관이 보일러 수면보다 높은 위치에 배관되어 있는 경우를 건식 환수관이라 한다(환수관에 증기 침입을 방지하기 위하여 증기 트랩을 설치한다).

(4) 저압 및 고압의 증기난방

① **저압의 증기난방** : 게이지압 0.15~0.35 kgf/cm² 정도의 증기를 사용하는 난방
② **고압의 증기난방** : 보통 게이지압 1 kgf/cm² 이상(1~3 kgf/cm² 정도)의 증기를 사용하는 난방

(5) 증기난방의 설계법

① **필요 방열면적**

$$S = \frac{H_L}{650}$$

여기서, S : 필요 방열면적(m²) H_L : 필요 난방 부하(kcal/h)
650 : 방열기 1 m² 당 1시간에 방출하는 열량(kcal/m²·h)

② **각 배관 구간을 흐르는 증기량**

$$Q = \frac{650 \cdot S}{539}$$

여기서, Q : 필요 증기량(kg/h) S : 방열면적(m²)
539 : 게이지압 0.2 kgf/cm²에 해당하는 증발잠열(kcal/kg)

③ **증기 배관의 마찰저항손실** : 관내의 증기가 유동할 때에 관의 내벽과 마찰저항 때문에 그 흐름이 다소 방해를 받아 증기가 가지는 에너지의 일부가 소모된다. 즉, 증기압력의 강하현상이 관의 마찰저항손실이다.

$$R = \lambda \cdot \frac{l}{d} \cdot \frac{V^2}{2g} \cdot \rho$$

여기서, R : 마찰손실수두(mmH₂O, kgf/m²), l : 관의 길이(m)
λ : 마찰손실계수, V : 증기의 유속(m/s)
d : 관의 지름(m), ρ : 증기의 비중량(kgf/m³)
g : 중력가속도(9.8 m/s²)

④ **보일러 주위의 배관**
• **하트포드 접속법(hartford connection)** : 보일러의 물이 환수관에 역류하여 보일러 속의 수면이 저수위 이하로 내려가는 경우가 있다. 이것을 방지하기 위하여 증기관

과 환수관 사이에 균형관(밸런스관)을 설치하여 증기압력과 환수관의 균형을 유지시킴으로써 보일러의 물이 환수관으로 들어가지 않도록 방지하는 역할을 한다.

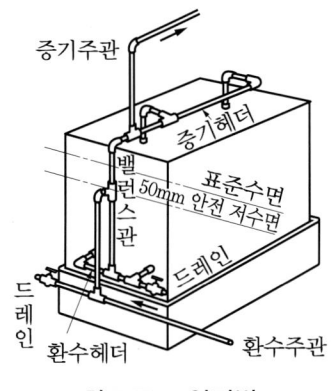

하트포드 연결법

하트포드 접속법의 밸런스관 관지름

보일러의 화상면적(m²)	밸런스관 관지름(mm)
0.37 이하	40
0.37~1.4	65
1.4 이상	100

> **참고**
> ① 밸런스관(균형관)은 보일러 표준수위보다 50 mm 아래에 연결해야 한다.
> ② 하트포드 접속법은 저압 증기난방의 습식 환수방식에 사용된다.

> **참고**
>
>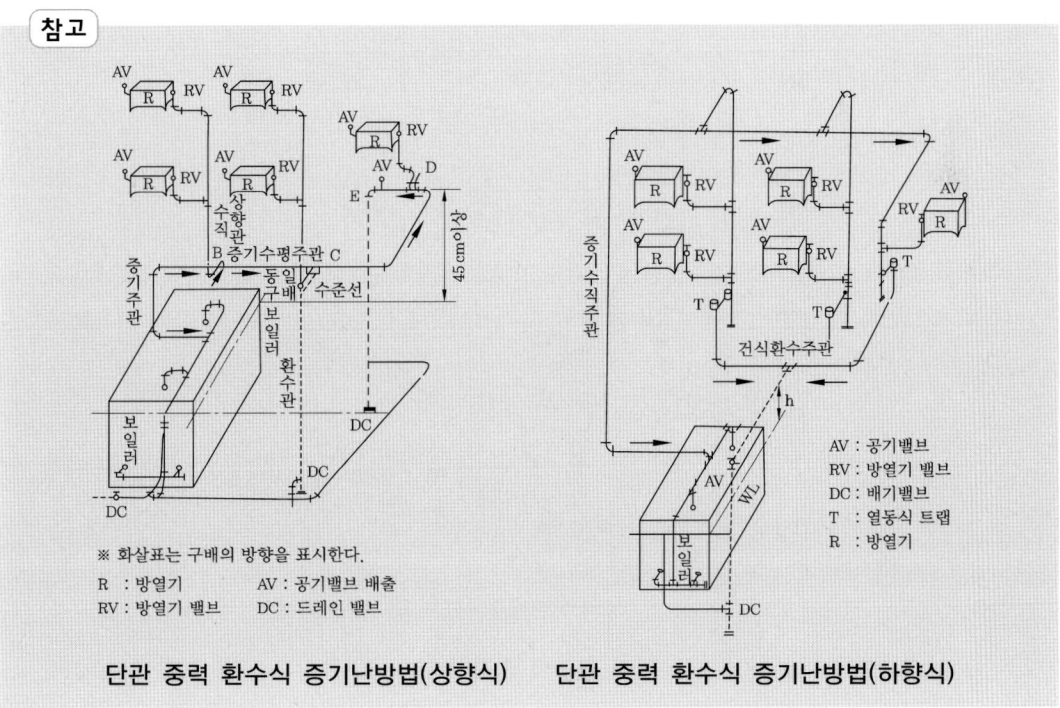
>
> 단관 중력 환수식 증기난방법(상향식)   단관 중력 환수식 증기난방법(하향식)

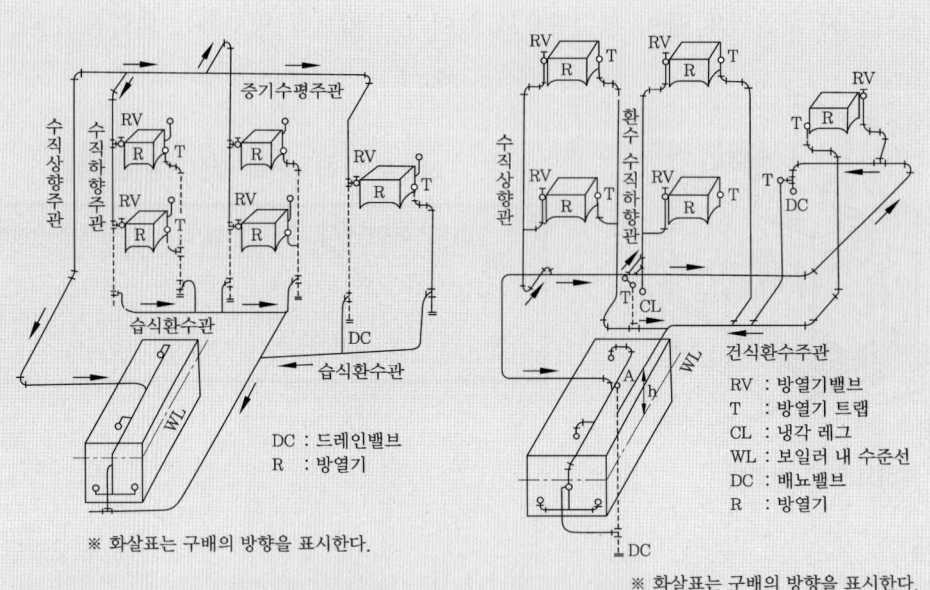

복관 중력 환수식 증기난방법(하향식)   복관 중력 환수식 증기난방법(상향식)

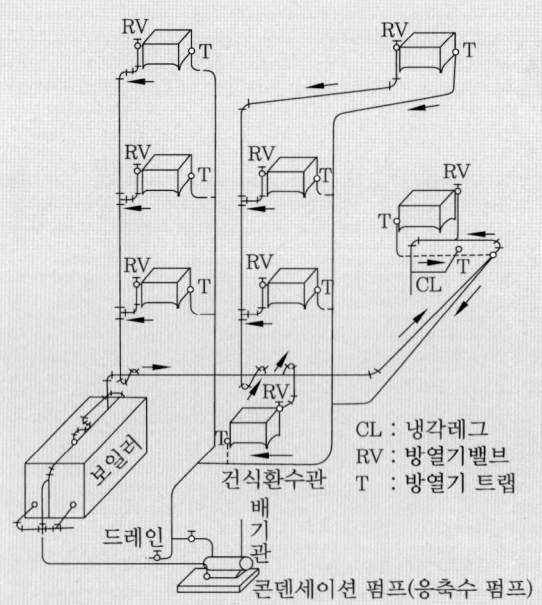

기계 환수식 증기난방법

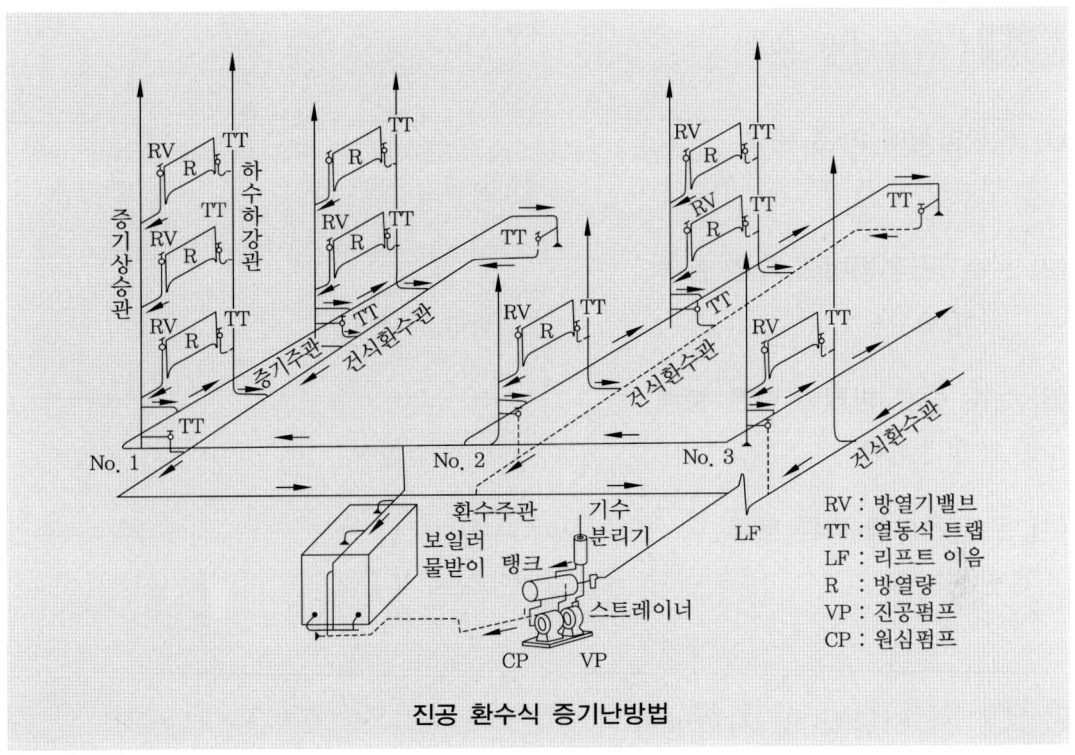

진공 환수식 증기난방법

4-2 온수난방 설비

(1) 장점

① 난방 부하변동에 따른 온도조절이 용이하다.
② 동결의 우려가 없다.
③ 방열기 표면온도가 낮아 화상의 우려가 적다.
④ 실내 쾌감도가 높다.
⑤ 쉽게 냉각되지 않는다.

(2) 단점

① 예열시간이 길며 예열에 따른 손실이 크다.
② 동일 방열량에 대해 방열면적이 많이 필요하다.
③ 시설비가 많이 든다.
④ 건물 높이에 제한을 받는다.

4-3 온수난방 분류

(1) 배관방식에 따른 분류
① 단관식　　　　　　　　② 복관식

(2) 온수 공급 방법에 따른 분류
① 상향 순환식　　　　　　② 하향 순환식

(3) 온수 순환 방법에 따른 분류
① 자연 순환식　　　　　　② 강제 순환식

(4) 온수 온도에 따른 분류
① 저온수식　　　　　　　② 고온수식

4-4 복사난방 및 지역난방

난방법을 크게 2가지로 나누면 개별 난방법과 중앙집중식 난방법이 있으며 중앙집중식 난방법에는 방열기를 이용한 직접난방법, 가열된 공기를 덕터를 통해 난방시키는 간접난방법, 방열관을 이용한 복사난방법이 있다.

(1) 복사난방 (패널난방)

① **복사난방의 원리**
　벽, 바닥, 천장 등에 패널을 매입하고, 여기서 나오는 열을 이용하여 난방하는 형식이다. 방열기를 사용하는 난방법에서는 방열량의 70~80 %가 대류열에 의하지만, 복사난방은 50~70 % 복사열로 난방하고 있으므로 쾌감도가 대류식 난방에 비해 좋다.

② **특징**
　㈎ 장점
　　㉮ 실내온도 분포가 균등하고 쾌감도가 높다.
　　㉯ 별도의 방열기를 설치하지 않으므로 공간 이용도가 높다.
　　㉰ 방이 개방상태에 있더라도 난방효과가 있다.
　　㉱ 공기온도가 비교적 낮으므로 같은 방열량에 대해서도 손실열량이 비교적 적다.
　　㉲ 공기의 대류가 적으므로 바닥면의 먼지가 상승하는 일이 없다.
　　㉳ 증기 트랩이 필요없다.

(나) 단점
  ㉮ 방열체의 열용량이 크므로 외기온도가 급변하였을 때 방열량을 조절하기가 어렵다.
  ㉯ 천장이나 벽을 가열면으로 할 경우 시공상 어려움이 많으며, 균열이 생기기 쉽고 고장 시 발견이 어렵다.
  ㉰ 방열 패널 배관에서의 열손실을 방지하기 위해 단열층이 필요하며 이에 따른 시공비가 많이 든다.

> **참고**
> ① 가열면의 위치에 따라 복사난방을 천장 난방, 바닥 난방, 벽 난방으로 분류한다.
> ② 온수온돌 난방은 저온 복사난방이다.

③ **방열 패널의 종류**
  ㉮ 바닥 패널 : 바닥면을 가열면으로 하는 것이며 가열 표면의 온도를 30℃ 이상으로 올리는 것은 좋지 않다. 열량 손실이 큰 방에서는 바닥면만으로는 방열량이 부족할 수가 있다. 바닥면에서 시설하므로 시공이 비교적 쉽다.
  ㉯ 천장 패널 : 천장을 가열면으로 하기 때문에 시공은 어렵지만 가열면의 온도는 50℃까지 올릴 수 있다. 따라서, 패널면적이 작아도 되며 열량 손실이 큰 방에 적합하다. 천장이 높은 극장이나 공회당 같은 곳에서는 부적당하다(천장 표면온도는 약 43℃ 이하, 천장고 3 m 이하에서는 30~40℃가 되도록 한다).
  ㉰ 벽 패널 : 시공상 특수 벽체 구조로 하지 않으면 실외로의 열손실이 많아진다. 창문 주위 부근에 설치하여 바닥 패널이나 천장 패널의 보조로 쓰인다(벽면의 표면온도는 균열이 생기지 않도록 약 43℃ 이하로 한다).

(2) 지역난방

① **지역난방의 개요**
  지역난방은 어떤 일정지역 내의 한 장소에 보일러실을 설치하여, 여기서 증기 또는 온수를 공급하여 난방을 하는 방식이다.

② **특징**
  ㉮ 각 건물에 보일러를 설치하는 경우에 비해 열효율이 좋고 연료비와 인건비가 절감된다.
  ㉯ 설비의 고도화에 따른 도시 매연이 감소된다.
  ㉰ 각 건물에 보일러를 설치하는 경우에 비해 건물의 유효면적이 증대된다.
  ㉱ 요철(땅의 높이 차이) 지역에는 부적합하다.

③ **지역난방의 열매체**
  ㉮ 증기 사용 시 : 게이지 압력으로 1~15 kgf/cm^{2}의 증기 사용
  ㉯ 온수 사용 시 : 일반적으로 100℃ 이상의 고온수 사용

시공재료의 열전달

1. 보온재의 종류 및 특성

1-1 보온의 정의와 목적

보온이라는 것은 단열이라는 뜻과 같은 것으로써, 어떠한 열원에서 발생되는 열의 일부가 소요되는 요소에 공급되지 않고, 외부로 방출되는 것을 차단시켜 소요의 열을 보존하여 열효율을 유지하게 하는 설비를 말한다.

그리고 보온 자체는 열원이나 열의 이동과정에서 외부로의 열의 전도를 지연시켜 열손실을 최소로 하기 위한 것인데, 여기에 사용되는 재료를 총칭하여 단열재 또는 보온재라고 한다. 그러므로 보온재(단열재)라는 것은 여러 가지의 재질에 독립기포 또는 폐공(closed pore)으로 된 다공질 또는 세포조직을 형성시켜, 이것에 의해 열전도를 지연시킴으로써 적절한 열효율이 나타나게끔 하는 것을 말한다.

> **참고**
> 내화재, 단열재, 보온재, 보랭재를 구분짓는 것은 안전사용온도를 기준으로 한다.

1-2 보온재의 구비조건

① 보온능력이 커야 한다(열전도율이 낮을 것).
② 불연성의 것으로 사용온도에서 장시간 사용하여도 내구성이 있어야 하며, 변질되지 않아야 한다.
③ 가벼워야 한다(비중이 작을 것).
④ 어느 정도의 기계적 강도가 있어야 한다.
⑤ 시공이 용이하고 확실하게 할 수 있는 것이어야 한다.
⑥ 흡습성이나 흡수성이 없어야 한다.
⑦ 화학적, 기계적으로 안정적일 것

1-3 보온재의 열전도율

일반적으로 상온(20℃)에서 열전도율이 0.1 kcal/h·m·℃ 이하인 것을 단열재 또는 보온재라 한다. 비교적 높은 온도에서 사용하는 것을 단열재 또는 보온재라 부르고 상온 이하에서 사용되는 것을 보랭재라 한다.

> **참고**
> 보온재의 열전도율은 다음의 영향을 받는다.
> ① 온도가 상승하면 직선적으로 증대한다.
> ② 비중이 클수록 증가한다.
> ③ 수분을 포함하면 특히 증가한다(물의 열전도율 : 0.48 kcal/h·m·℃).

1-4 보온재의 종류

- 재질에 따른 분류 : 유기질 보온재, 무기질 보온재, 금속질 보온재
- 안전사용온도에 따른 분류
    - 저온용 보온재 : 우모펠트, 양모, 닭털, 톱밥, 탄화코르크, 면, 폼류(발포체류)
    - 일반용 보온재 : 탄산마그네슘, 유리솜, 규조토, 암면, 광제면, 석면
    - 고온용 보온재 : 펄라이트, 규산칼슘, 세라믹 파이버, 실리카 파이브

(1) 유기질 보온재의 종류 및 특성

유기질 보온재의 안전사용온도의 범위는 100~150℃ 정도로써, 대체적으로 저온용 보온재(또는 보랭재)가 사용되는 수가 많다.

그 종류에는 코르크, 종이, 펄프, 면, 포, 목재, 염화비닐 폼, 우레탄 폼, 우모펠트, 양모펠트 등이 있다.

① **펠트류** : 양모, 우모를 이용하여 펠트(felt)상으로 제작한 것으로 곡면 등에도 시공이 가능하다.
   (가) 습기 존재하에서 부식, 충해를 받기 때문에 방습처리가 필요하다.
   (나) 아스팔트로 방습한 것은 -60℃까지의 보랭용에 사용할 수 있다.
   (다) 열전도율 : 0.042~0.050 kcal/h·m·℃, 안전사용온도 : 100℃ 이하

② **텍스류** : 톱밥, 목재, 펄프를 원료로 해서 압축판 모양으로 제작한 것이다.
   (가) 실내벽, 천장 등에 보온 및 방음 장치에 사용한다.
   (나) 열전도율 : 0.057~0.058 kcal/h·m·℃, 안전사용온도 : 120℃ 이하

③ **플라스틱 폼** : 고무 또는 합성수지를 주원료로 하고 발포제를 가하든가 화학반응에 의한 가스의 발생 또는 가압 불활성 가스 등에 의해서 다포체로 한 것이다.

성질 \ 종류	리바 폼	염화비닐 폼	폴리스틸렌 폼	우레탄 폼
부피비중(g/cm³)	0.07~0.1	0.03~0.3	0.02~0.35	0.02~0.3
열전도율(70±5℃)	0.03 kcal/h·m·℃	0.03 kcal/h·m·℃	0.03 kcal/h·m·℃	0.03 kcal/h·m·℃
안전사용온도(℃)	50	60	70	130

④ **탄화코르크**: 코르크 입자를 금형으로 압축 충전하고 300℃ 정도로 가열 제조한다. 방수성의 향상을 위해 아스팔트를 결합한 것을 탄화코르크라 하며 우수한 보랭재이다.
  (가) 냉장고, 건축용 보온·보랭재, 배관 보랭재, 냉수·냉매 배관, 냉각기 펌프 등의 보랭용으로 사용한다.
  (나) 열전도율 : 0.046~0.049 kcal/h·m·℃
  (다) 안전사용온도 : 130℃
  (라) 부피 비중 : 0.18~0.2

(2) 무기질 보온재의 종류 및 특성

일반적으로 안전사용온도(500~800℃)의 범위가 높고 넓으며, 강도가 높다. 종류에는 천연품(석면, 규조토, 질석, 펄라이트), 인공품(암면, 유리섬유, 광제면, 염기성 탄산마그네슘, 폼유리) 등이 있다.

① **탄산마그네슘 보온재**: 염기성 탄산마그네슘 85%와 석면 15%를 배합한 것으로 물에 개서 사용하는 보온재이다. 열전도율이 가장 낮으며, 300~320℃에서 열분해한다.
  (가) 석면 혼합비율에 따라 열전도율이 좌우된다.
  (나) 열전도율 : 0.05~0.07 kcal/h·m·℃
  (다) 안전사용온도 : 250℃ 이하
  (라) 부피 비중 : 0.22~0.35

② **폼글라스(발포초자) 보온재**: 유리 분말에 발포제를 가하여 가열 용융시켜 발포 용착시킨 것으로 판상, 관상으로 제조되어 있다.
  (가) 기계적 강도가 크며 흡수성이 작다.
  (나) 열전도율 : 0.05~0.06 kcal/h·m·℃
  (다) 안전사용온도 : 300℃
  (라) 부피 비중 : 0.16~0.18

③ **유리섬유(glass wool) 보온재**: 용융유리를 압축공기나 원심력을 이용하여 섬유형태로 제조한 것으로 보온재, 보온통, 판 등으로 성형된다.
  (가) 흡음률이 높다.
  (나) 흡습성이 크기 때문에 방수처리를 하여야 한다.
  (다) 보랭·보온재로 냉장고, 일반 건축의 벽체, 덕트 등에 사용된다.
  (라) 열전도율 : 0.036~0.057 kcal/h·m·℃

㉑ 안전사용온도 : 350℃ 이하
　　㉒ 부피 비중 : 0.01~0.096
④ **규조토질 보온재** : 규조토 건조 분말에 석면 또는 삼여물을 혼합한 것으로 물반죽 시공을 한다.
　　㉮ 열전도율이 다른 보온재보다 크다.
　　㉯ 시공 후 건조시간이 길며, 접착성이 좋다.
　　㉰ 철사망 등 보강재를 사용하여야 한다.
　　㉱ 열전도율 : 0.083~0.095 kcal/h·m·℃
　　㉲ 부피 비중 : 0.5~0.6
　　㉳ 안전사용온도
　　　㉮ 석면 : 500℃
　　　㉯ 마여물혼합 : 250℃
⑤ **암면 보온재(rock wool)** : 안산암이나 현무암, 석회석 등의 원료 암석을 전기로에서 500~2000℃ 정도로 용융시켜 원심력 압축 공기 또는 압축 수증기로 날려 무기질 분자 구조로만 형성하여 섬유상으로 만든 것이다.
　　㉮ 흡수성이 작고 풍화의 염려가 적다.
　　㉯ 알칼리에는 강하나 강산에는 약하다.
　　㉰ 400℃ 이하의 관, 덕트, 탱크 보온재로 적합하다.
　　㉱ 열전도율 : 0.039~0.048 kcal/h·m·℃
　　㉲ 안전사용온도 : 400~600℃ 이하
　　㉳ 부피 비중 : 0.1~0.4
⑥ **광재면 보온재** : 용광로(고로)의 슬랙을 이용해서 암면 제조방법과 같이 제조하며 특징은 암면과 비슷하다.
⑦ **석면 보온재(아스베스트)** : 사교암의 클리소 타일(백색)이나 각섬암계의 아모사이트 석면(갈색)을 보온재로 사용, 석면사로 주로 제조되며 패킹, 석면판, 슬레이트 등에 사용되고 보온재로는 판, 통, 매트, 끈 등이 있다.
　　㉮ 천연품으로 제조되며, 특히 진동이 심한 부분에 사용된다.
　　㉯ 파이프, 탱크, 노벽 등의 보온재로 사용된다.
　　㉰ 800℃ 정도에서 강도 및 보온성이 떨어진다.
　　㉱ 열전도율 : 0.048~0.065 kcal/h·m·℃
　　㉲ 안전사용온도 : 400℃ 이하 (400℃를 초과하면 탈수 분해된다.)
　　㉳ 부피 비중 : 0.18~0.40
⑧ **규산칼슘 보온재** : 규산질, 석회질, 암면 등을 혼합하여 수열 반응시켜 규산칼슘을 주원료로 한 결정체 보온재이다.
　　㉮ 내수성 및 내구성이 우수하다.
　　㉯ 곡강도가 높고 반영구적이며 시공이 간편하다.

(다) 열전도율 : 0.053~0.065 kcal/h·m·℃
(라) 안전사용온도 : 650℃
(마) 부피 비중 : 0.22

⑨ **펄라이트 보온재** : 흑요석, 진주암 등을 1000℃ 정도에서 팽창시켜 다공질로 하고 접착제 및 석면 등을 배합하여 판상, 통상으로 제작한 것이다.
(가) 경량이고 흡습성 및 열전도율은 작고 내열도는 높다.
(나) 열전도율 : 0.055~0.065 kcal/h·m·℃
(다) 안전사용온도 : 650℃
(라) 부피 비중 : 0.2~0.3

⑩ **실리카 파이버 및 세라믹 파이버** : 융해석영을 섬유상으로 만든 실리카울이나 고석회질로 만든 탄산글라스로부터 섬유를 산처리해서 고규산으로 만든 것이다.
(가) 융점이 높고 내약품성이 우수하다.
(나) 열전도율 : 0.035~0.06 kcal/h·m·℃
(다) 부피 비중 : 0.05~0.15
(라) 안전사용온도 : 실리카 파이버(1100℃), 세라믹 파이버(1300℃)

⑪ **팽창질석 보온재(버미클라이트)** : 질석을 1000℃ 정도로 가열하여 체적을 8~20배 정도로 팽창시켜 다공질로 만든 물질이다.
(가) 가볍고 단열성이 우수하다.
(나) 열전도율 : 0.1~0.2 kcal/h·m·℃
(다) 안전사용온도 : 650℃
(라) 부피 비중 : 0.2~0.3

(3) 금속 보온재

금속 특유의 복사열에 대한 반사 특성을 이용하여 보온 효과를 얻는 것으로 대표적인 것은 알루미늄박(泊)이다.

알루미늄박 보온재는 판(板) 또는 박(泊)을 사용하여 공기층을 중첩시킨 것으로 그 표면은 열복사에 대한 방사능을 이용한 것이다.

알루미늄박의 공기층 두께는 100 mm 이하일 때 효과가 제일 좋다.

> **참고**
> **보온효율 계산 공식**
> $$\eta = \frac{Q_0 - Q}{Q_0} \times 100 = \%$$
> 여기서, η : 보온효율(%), Q_0 : 나관의 방사손실열량(kcal/h)
> Q : 보온면의 방사손실열량(kcal/h)
> 위 공식에서 보온효율에 따른 손실열량 Q_r을 구하고자 할 때,
> $Q_r = (1 - 보온효율) \times 나관의 손실열량$

2. 열전도, 열전달, 열관류(열통과)

2-1 열전도량

열전도는 고체벽을 통해서 일어나며 푸리에 법칙을 따르고 있다. 고체벽의 두께 b [m], 열전도율 λ [kcal/m·h·℃], 고체의 고온측 온도 t_1 [℃], 고체의 저온측 온도 t_2 [℃], 전열면적 F [m²]라고 하면

$$열전도량\,(\text{kcal/h}) = \lambda \times \frac{(t_1 - t_2)}{b} \times F$$

2-2 열전달량

① 연소실에서 노벽에 의한 열전달량 $= \alpha_1 \times (t_1 - t_w) \times F$ [kcal/h]
② 노벽에서 대기에 의한 열전달량 $= \alpha_2 \times (t_0 - t_2) \times F$ [kcal/h]

여기서, α_1 : 연소실에서 노벽까지의 열전달률 (kcal/m²·h·℃)
α_2 : 노벽에서 대기까지의 열전달률 (kcal/m²·h·℃)
t_1 : 연소실에서 가스의 온도 (℃) t_w : 연소실 노벽면의 온도 (℃)
t_0 : 대기측 벽면의 온도 (℃) t_2 : 대기의 온도 (℃)
F : 노벽 전열면적 (m²)

2-3 열관류율(열통과율), 열관류량(열통과량)

① 열관류율(열통과율) K [kcal/h·m²·℃] $= \dfrac{1}{\dfrac{1}{\alpha_1} + \dfrac{b}{\lambda} + \dfrac{1}{\alpha_2}}$

② 열관류량(열통과량) Q [kcal/h] $= K \times F \times (t_1 - t_2)$

여기서, α_1 : 연소실에서 노벽까지의 열전달률 (kcal/m²·h·℃)
α_2 : 노벽에서 대기까지의 열전달률 (kcal/m²·h·℃)
λ : 노벽의 열전도율 (kcal/m·h·℃) b : 노벽 두께 (m)
t_1 : 연소실에서 가스의 온도 (℃) t_2 : 대기의 온도 (℃)
F : 노벽 전열면적 (m²)

예상문제

01. 다음은 배관도의 치수 기입에서 배관 높이를 표시하는 기호이다. 이 기호들은 각각 무엇을 기준으로 한 높이를 나타내는가를 간단히 쓰시오.

(1) EL	(2) GL	(3) FL
(4) BOP	(5) TOP	

해답 ① EL(elevation line) : 기준선으로부터 배관 높이를 표시한다.
② GL(ground line) : 포장된 지표면을 기준으로 배관장치의 높이를 표시한다.
③ FL(floor line) : 건물의 1층 바닥면을 기준으로 하여 높이를 표시한다.
④ BOP(bottom of pipe) : EL에서 관 외경의 밑면까지를 높이로 표시한다.
⑤ TOP(top of pipe) : EL에서 관 외경의 윗면까지를 높이로 표시한다.

02. 다음은 도면에 표시되는 유체의 종류를 나타내는 기호이다. 각각 유체의 명칭을 쓰시오.

(1) A	(2) G	(3) O
(4) S	(5) W	

해답 (1) 공기 (2) 가스 (3) 기름 (4) 수증기 (5) 물

03. 다음 배관의 이음 도시 기호를 그려 넣으시오.

(1) 플랜지 이음	(2) 나사 이음	(3) 유니언 이음
(4) 턱걸이(소켓) 이음	(5) 용접 이음	(6) 땜 이음(땜 용접)

해답 (1)  (2)  (3)
(4)  (5) 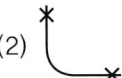 (6)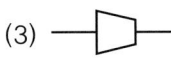

04. 다음은 각 이음쇠의 이음방법을 표시한 것이다. 이음쇠의 명칭과 이음방법을 쓰시오.

(1) 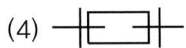	(2) 	(3)
(4)	(5)	

[해답] (1) 유니언 나사이음   (2) 엘보 용접이음
(3) 부싱 나사이음   (4) 슬리브 신축이음 플랜지 이음
(5) 리듀서 나사이음

□**5.** 다음 배관 도시 기호에 대한 명칭을 쓰시오.

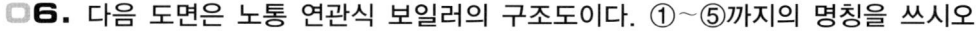

[해답] (1) 글로브밸브 (2) 슬루스밸브 (3) 다이어프램밸브 (4) 체크밸브
(5) 안전밸브 (6) 감압밸브 (7) 콕 (8) 공기빼기 밸브 (9) 전자밸브
(10) 오는 티 (11) 가는 티 (12) 부싱 (13) 캡 (14) 줄이개(리듀서)
(15) 압력계 (16) 온도계

□**6.** 다음 도면은 노통 연관식 보일러의 구조도이다. ①~⑤까지의 명칭을 쓰시오.

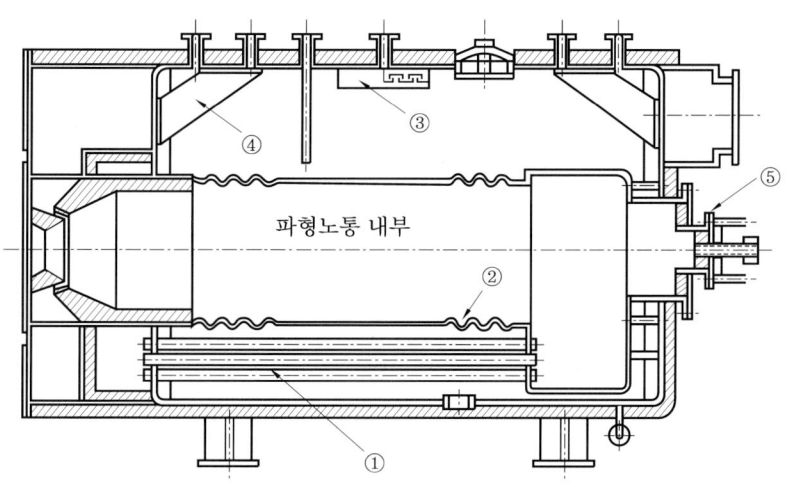

[해답] ① 연관   ② 파형노통   ③ 비수방지관
④ 거싯 스테이   ⑤ 방폭문

□**7.** 다음 도시된 도면은 열교환기 주위 배관도이다. 표시된 각부의 명칭을 쓰시오.

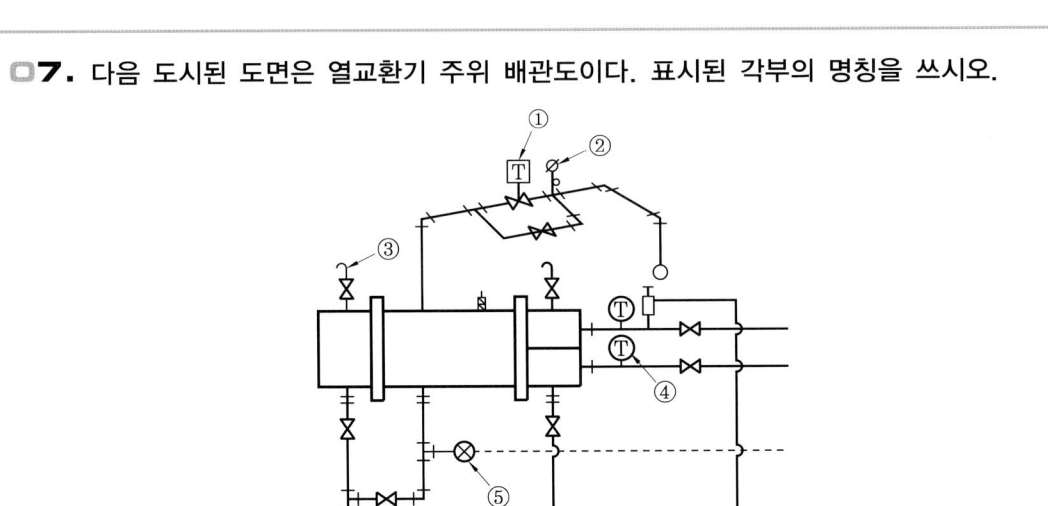

해답 ① 온도조절밸브 ② 압력계 ③ 안전밸브
④ 온도계 ⑤ 증기 트랩

□**8.** 다음 그림은 오일 서비스 탱크의 개략도이다. 아래 각 명칭에 해당하는 부위의 번호를 쓰시오.

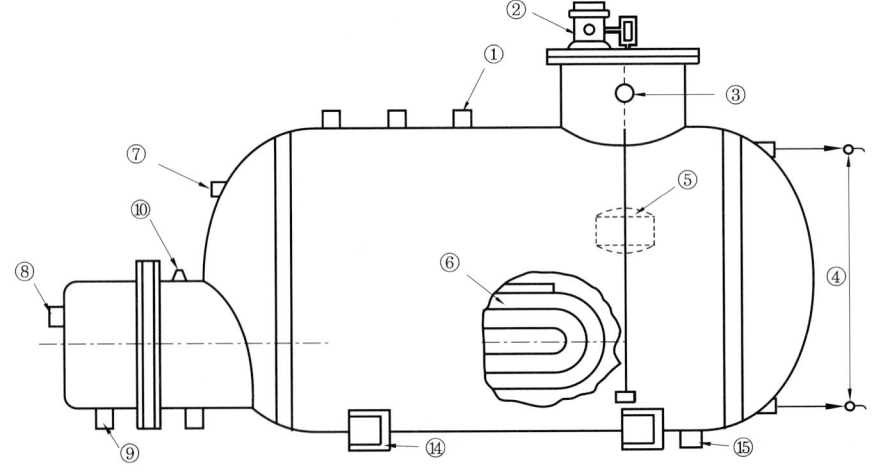

(1) 증기 입구 (2) 가열코일 (3) 온도계 부착구
(4) 플로트 스위치 (5) 유면계

해답 (1) ⑧ (2) ⑥ (3) ⑩ (4) ② (5) ④

9. 다음 그림은 어떤 온수 보일러의 계통도이다. ①~⑤의 명칭을 쓰시오.

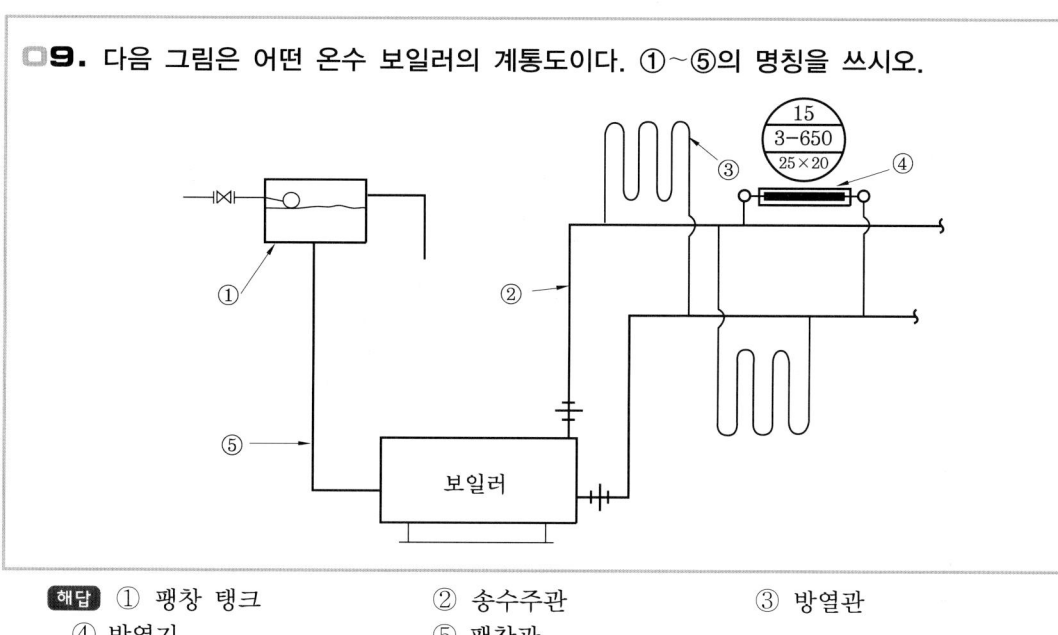

해답 ① 팽창 탱크   ② 송수주관   ③ 방열관
④ 방열기   ⑤ 팽창관

10. 다음 도면은 증기 보일러의 인젝터(injector) 주위 배관도를 미완성한 것이다. ①, ②, ③, ④ 지점에 알맞은 부품에 대한 도시 기호를 그려 넣어 옳게 완성하시오.

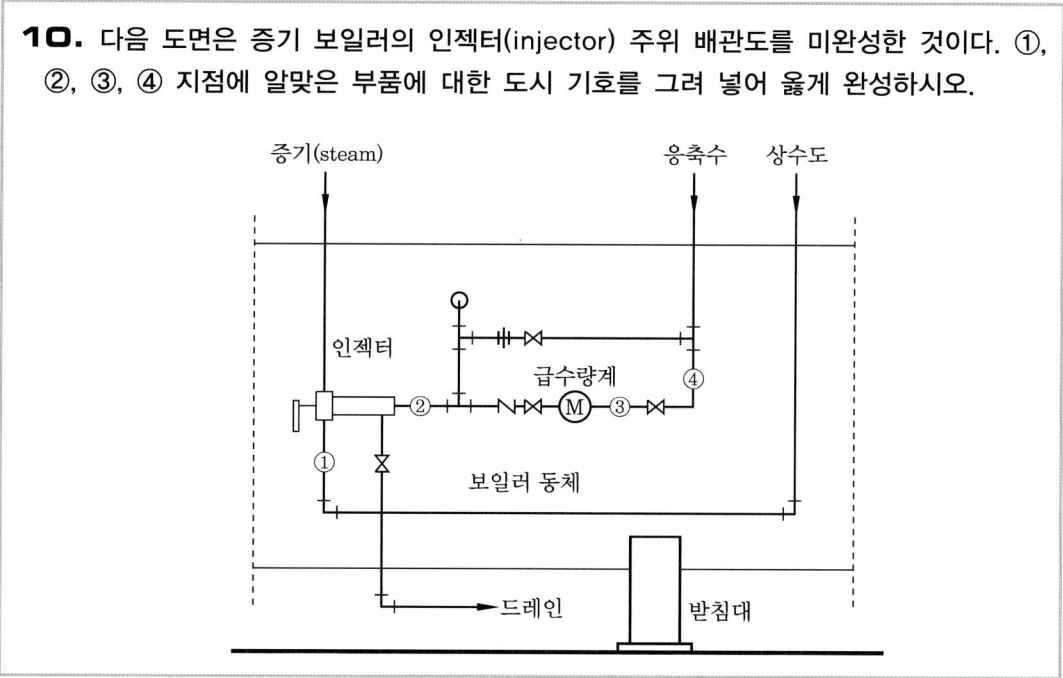

11. 다음은 온수 보일러의 시공도이다. ①~⑤의 명칭을 쓰시오.

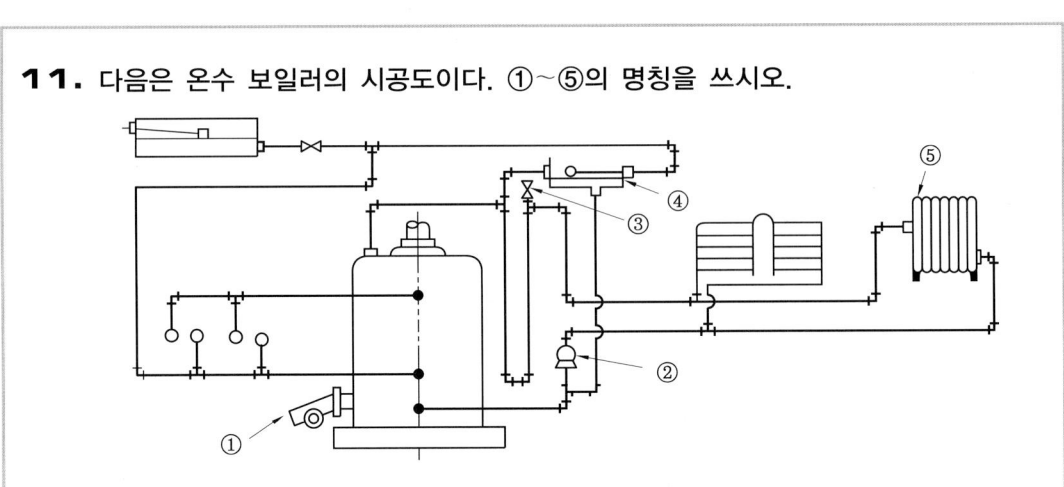

해답 ① 버너　　　② 온수 순환펌프　　　③ 공기빼기 밸브
　　 ④ 팽창 탱크　　⑤ 방열기

12. 다음은 유류용 온수 보일러의 배관 계통도이다. ①~⑦ 명칭을 쓰시오.

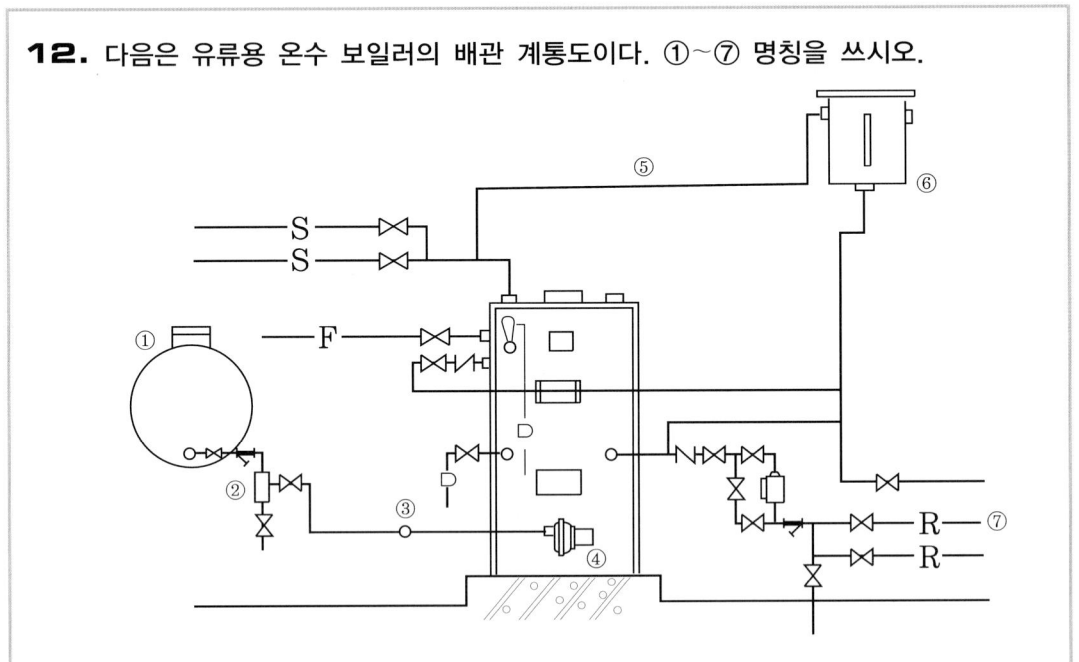

해답 ① 연료(오일) 탱크
　　 ② 유수분리기
　　 ③ 오일 필터(여과기)
　　 ④ 버너
　　 ⑤ 방출관
　　 ⑥ 팽창 탱크
　　 ⑦ 환수주관

13. 다음 도면은 온수 보일러의 배관방법이다. ①~⑩번까지의 명칭을 쓰시오.

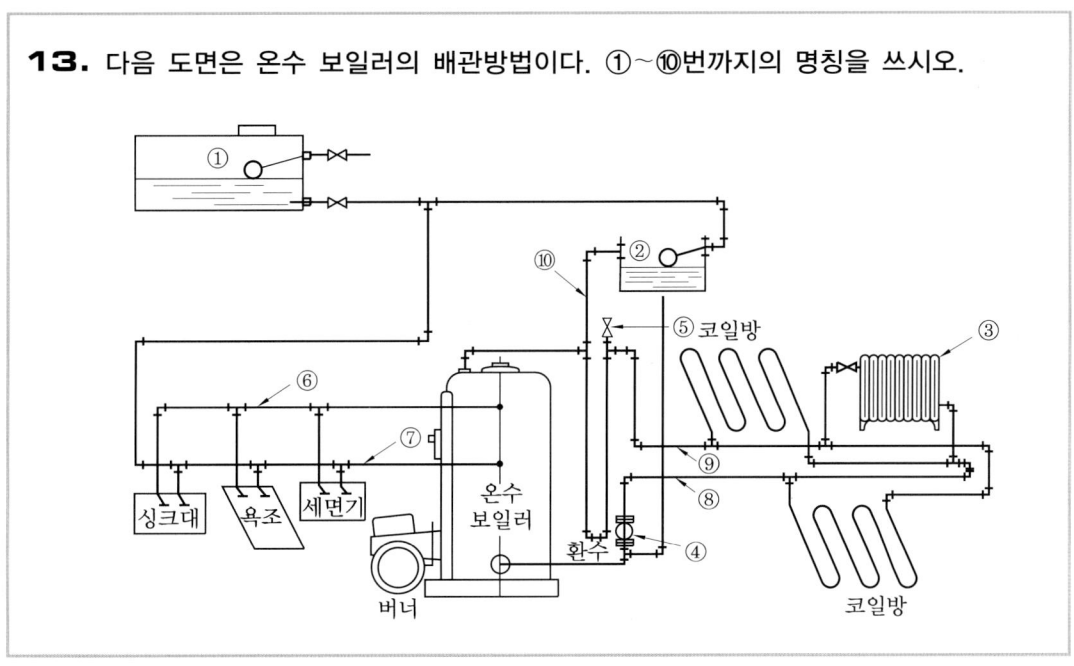

해답 ① 옥상 물탱크 ② 팽창 탱크 ③ 방열기 ④ 순환펌프 ⑤ 공기빼기 밸브
⑥ 급탕관 ⑦ 냉수 공급관 ⑧ 환수주관 ⑨ 송수주관 ⑩ 방출관

14. 다음 유류 연소용 온수 보일러의 ①~⑥ 명칭을 쓰시오.

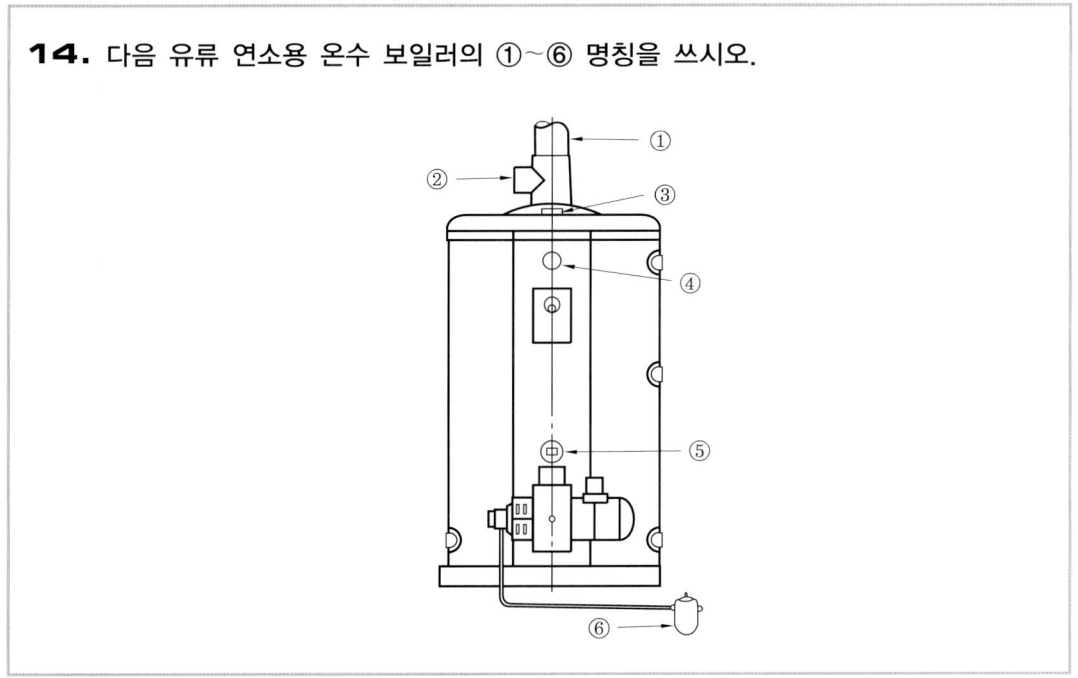

해답 ① 연통 ② 역풍 방지구 ③ 난방 공급구 ④ 온도계
⑤ 투시구 ⑥ 오일 필터

15. 다음은 온수 보일러의 순환펌프 주위 배관도를 나타낸 것이다. ①~⑤의 부품 명칭을 쓰시오.

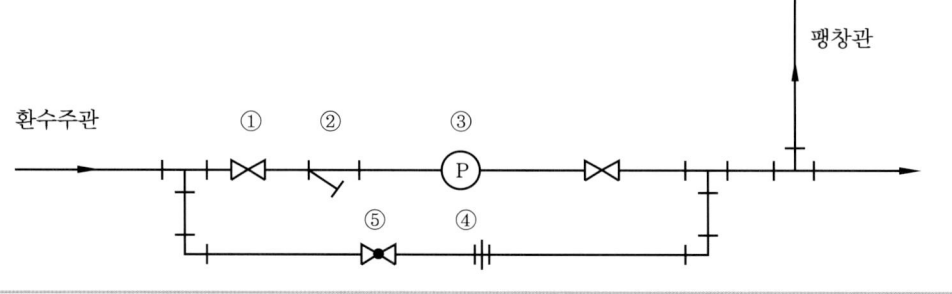

해답 ① 슬루스밸브(게이트밸브) ② 여과기(스트레이너)
③ 온수 순환펌프 ④ 유니언 ⑤ 글로브밸브

16. 다음 그림과 같은 난방설비 배관도에 대하여 아래 물음에 답하시오.

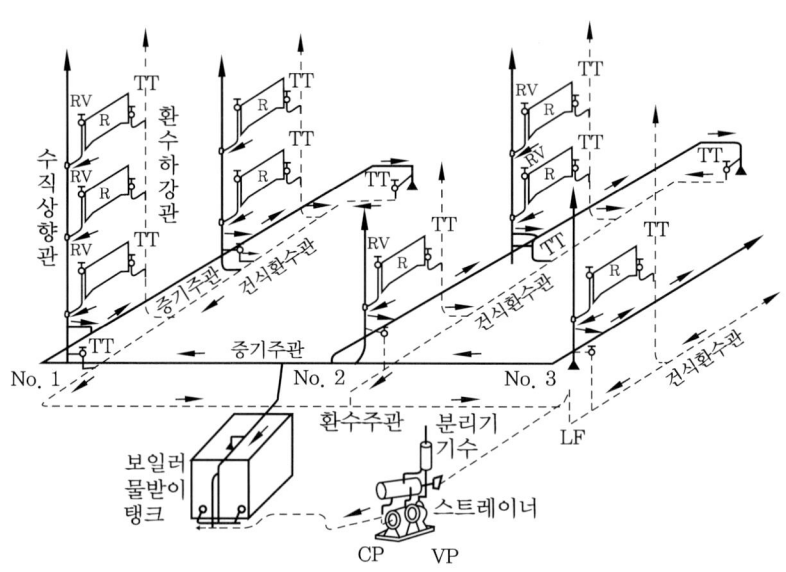

(1) 그림과 같은 증기난방법은 응축수 환수방식에 따라 분류할 때 어떤 난방법인지 쓰시오.
(2) 위 그림 중의 다음과 같은 약어는 각각 무엇인지 쓰시오.
① RV ② TT ③ LF ④ VP

해답 (1) 진공 환수식 증기난방법
(2) ① RV : 방열기 밸브   ② TT : 열동식 트랩
③ LF : 리프트 이음   ④ VP : 진공펌프
참고 CP : 원심펌프, R : 방열기

17. 다음 도면을 보고 물음에 답하시오.

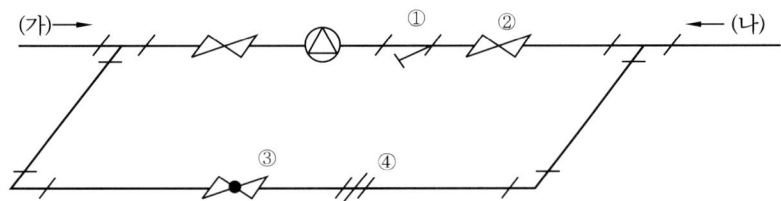

(1) 도면의 ①~④의 부품 명칭을 쓰시오.
(2) 유체의 흐름방향은 (가), (나) 중 어느 방향인가?

해답 (1) ① 스트레이너(여과기) ② 게이트밸브 ③ 글로브밸브 ④ 유니언
(2) (나)

18. 다음 그림은 복관식 중력 순환 온수난방법의 개략도이다. AV, RV가 뜻하는 것은 무엇인가 쓰시오.

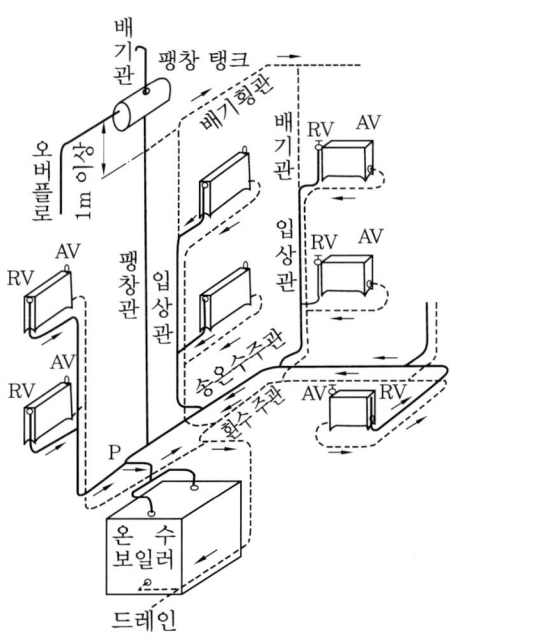

해답 AV : 공기빼기 밸브(air vent valve), RV : 방열기 밸브(radiator valve)

19. 다음 그림은 저압 증기 보일러 주위의 하트포드 배관을 나타낸 것이다. 아래 물음에 답하시오.

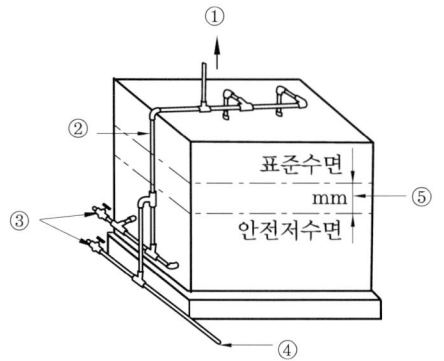

(1) 다음 ①~④의 명칭을 쓰시오.
(2) ⑤의 표준수면에서 안전저수면의 간격(mm)은 몇 정도로 하는가?

해답 (1) ① 증기주관, ② 밸런스관, ③ 드레인밸브, ④ 환수주관
(2) 50 mm

20. 열교환기가 과열되지 않도록 증기의 공급을 차단하고 공급 온수의 온도가 일정하게 제어되도록 열교환기 주변 배관을 구성하려고 한다. 〈보기〉에서 알맞은 부속장치를 찾아 ( ) 속에 번호를 기입하시오.

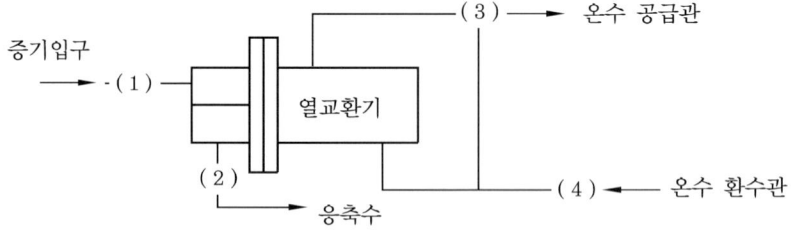

─〈보기〉─
① 온수 순환펌프 ② 증기트랩장치
③ 전동 2방 밸브 ④ 전동 3방 밸브

해답 (1) ③ (2) ② (3) ④ (4) ①

21. 다음 그림은 구멍탄용 온수 보일러 설치 시공도의 한 예이다. 다음 물음에 답하시오.

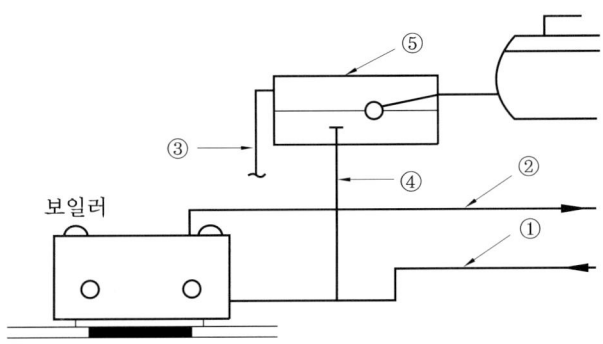

(1) ①~⑤까지의 명칭을 쓰시오.
(2) ④의 돌출부는 ⑤의 바닥면보다 최소 얼마 이상 올라와야 되는가?

해답 (1) ① 환수주관 ② 송수주관 ③ 오버플로관 ④ 팽창관 ⑤ 팽창 탱크
(2) 25 mm 이상

22. 다음 도면(계통도)을 보고 물음에 답하시오.

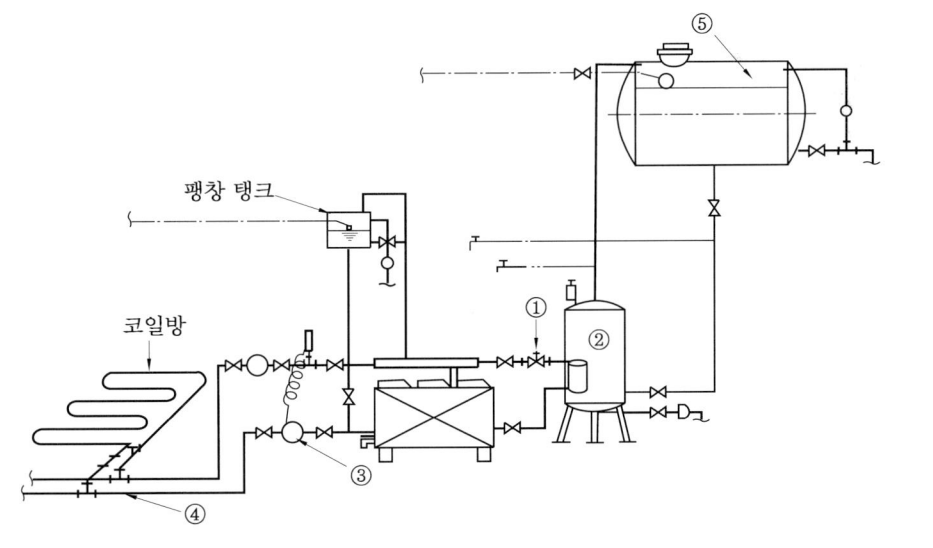

(1) ①~⑤까지의 명칭을 쓰시오.
(2) 도면에서 밸브가 설치되어서는 안 되는 곳이 있다. 어느 부위인지 쓰시오.

해답 (1) ① 온도조절밸브 ② 온수 탱크 ③ 순환펌프 ④ 환수주관 ⑤ 옥상 물탱크
(2) 팽창관

23. 다음 도면은 온수 보일러의 계통도이다. 다음 물음에 답하시오.

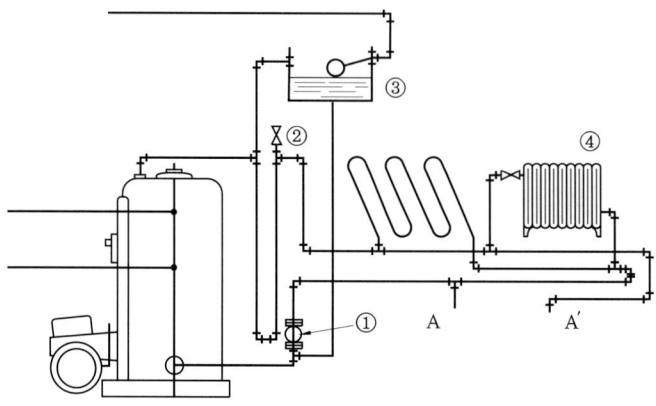

(1) A와 A′ 사이에 분리주관식 방열관을 작도하시오.
(2) ①~④의 명칭을 쓰시오.

해답 (1) A와 A′ 분리주관식 방열관

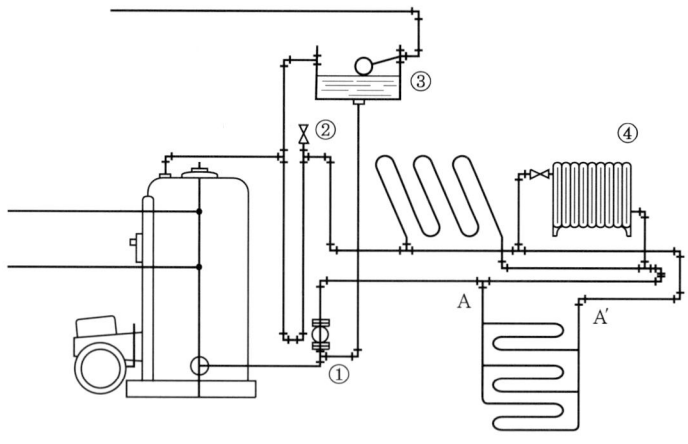

(2) ① 순환펌프 ② 공기빼기 밸브 ③ 팽창 탱크 ④ 방열기

24. 온수 순환펌프를 설치하고자 한다. 다음의 부속을 사용하여 배관도를 완성하시오.

- 펌프 ⓟ : 1개
- 밸브 : 3개
- 스트레이너 : 1개
- 유니언 : 3개
- 티 : 2개
- 엘보 : 2개

해답
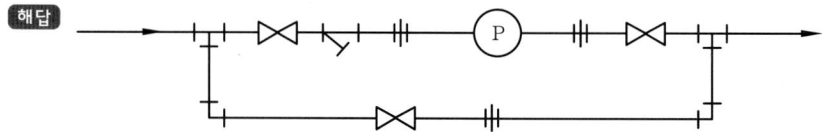

25. 그림과 같은 온수난방설비에 대한 다음 물음에 답하시오.

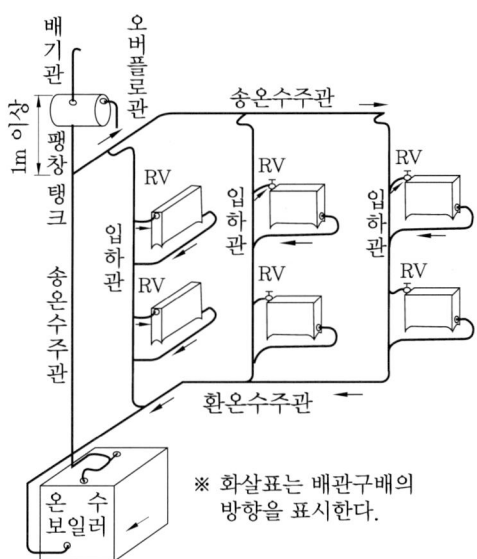

(1) 온수 순환방법에 따른 종류는?
(2) 온수의 공급방법(방향)에 따른 종류는?
(3) 보일러와 방열기의 위치(높이)에 따른 종류는?

해답 (1) 자연순환식   (2) 하향공급식   (3) 상향순환식

---

26. 다음 그림은 증기주관 관말 트랩의 주위 배관도이다. (1), (2) 안에 적합한 치수를 쓰고, (3), (4)의 명칭을 쓰시오.

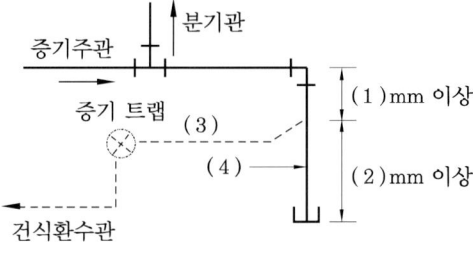

해답 (1) 100 (2) 150 (3) 냉각관 (4) 드레인 포켓

참고 ① 주증기관에서 응축수를 건식환수관에 배출하려면 주관과 같은 지름으로 100 mm 이상 내리고 하부로 150 mm 이상 연장해서 드레인 포켓을 설치해야 하며, 냉각관(cooling leg)은 트랩 앞에서 1.5 m 이상 떨어진 곳까지 나관 배관한다.
② 트랩이나 스트레이너 등의 고장·수리·교환 등에 대비하기 위해 바이패스관을 설치한다.

27. 다음 도면은 구멍탄용 온수 보일러 계통도이다. 다음 물음에 답하시오.

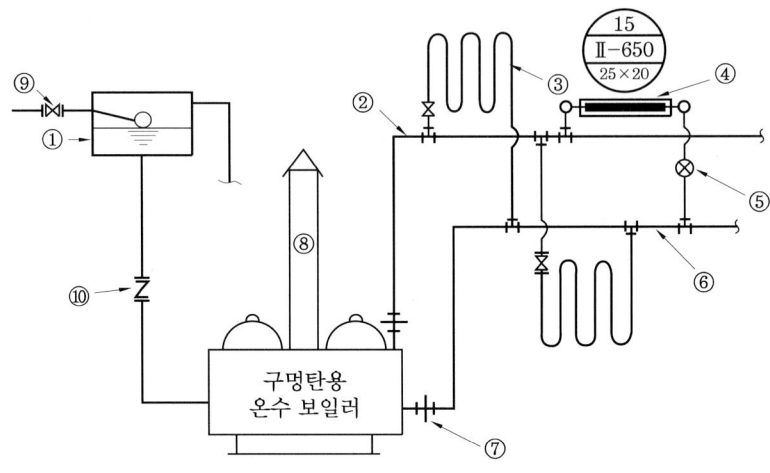

(1) ①~⑩까지의 명칭을 쓰시오.
(2) 도면에서 필요 없는 것이 표시된 곳이 2곳 있다. 답란에 번호를 쓰시오.
(3) ④번과 벽면 사이는 얼마 정도의 공간을 두는가?
(4) ④번에서 15의 뜻은 무엇인가?
(5) ④번에서 Ⅱ의 뜻은 무엇인가?
(6) ④번에서 650의 뜻은 무엇인가?
(7) ④번에서 25의 뜻은 무엇인가?
(8) ④번에서 20의 뜻은 무엇인가?

해답 (1) ① 팽창 탱크 ② 송수주관 ③ 방열관 ④ 방열기 ⑤ 방열기 트랩
⑥ 환수주관 ⑦ 유니언 ⑧ 연통 ⑨ 급수차단밸브 ⑩ 체크밸브
(2) ⑤, ⑩
(3) 50~60 mm
(4) 섹션 수 15개
(5) 2주형 방열기
(6) 방열기 높이 650 mm
(7) 유입관지름 25 A
(8) 유출관지름 20 A

28. 다음 도면은 유류용 온수 보일러의 배관도이다. 도면을 보고 다음 물음에 답하시오.

(1) 도면의 보일러가 전열면적이 4.5 m²인 경우 Ⓐ관의 크기는 호칭지름이 얼마 이상 이어야 하는가?
(2) 방열 코일면보다 방열기가 더 높은 위치에 설치되어 있다면 도면의 Ⓑ는 방열기 보다 몇 m 이상 높게 설치해야 하는가?
(3) ①을 온수온돌의 배관방식 중 사다리꼴식으로 교체한다면 이 배관방식의 특징을 간단히 쓰시오.
(4) 도면의 방열기는 주철제 3세주형 방열기(높이 650 mm) 10섹션을 조합하였고 유입관 및 유출관의 관지름이 $\frac{3}{4}$ in이다. 방열기 도시법에 의하여 도시하시오.
(5) 벽과 방열기의 알맞은 간격거리는 얼마인가?
(6) ②의 배관방식인 경우 한 갈래의 방열관 길이는 몇 m 이하로 하여야 하는가?

해답 (1) 호칭지름 25 mm 이상
(2) 1 m 이상
(3) ① 용접이음에 적당하다. ② 배관의 저항이 적다. ③ 구배 잡기가 용이하다.
    ④ 복잡한 구조에 적합하다. ⑤ 관이음쇠가 많이 소요되어 경제성면에서는 불리하다.
    ⑥ 난방면적이 큰 경우
(4)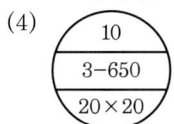
(5) 50~60 mm
(6) 15 m 이하

29. 다음 도면을 보고 ①~⑤번의 부속 수량을 쓰시오.

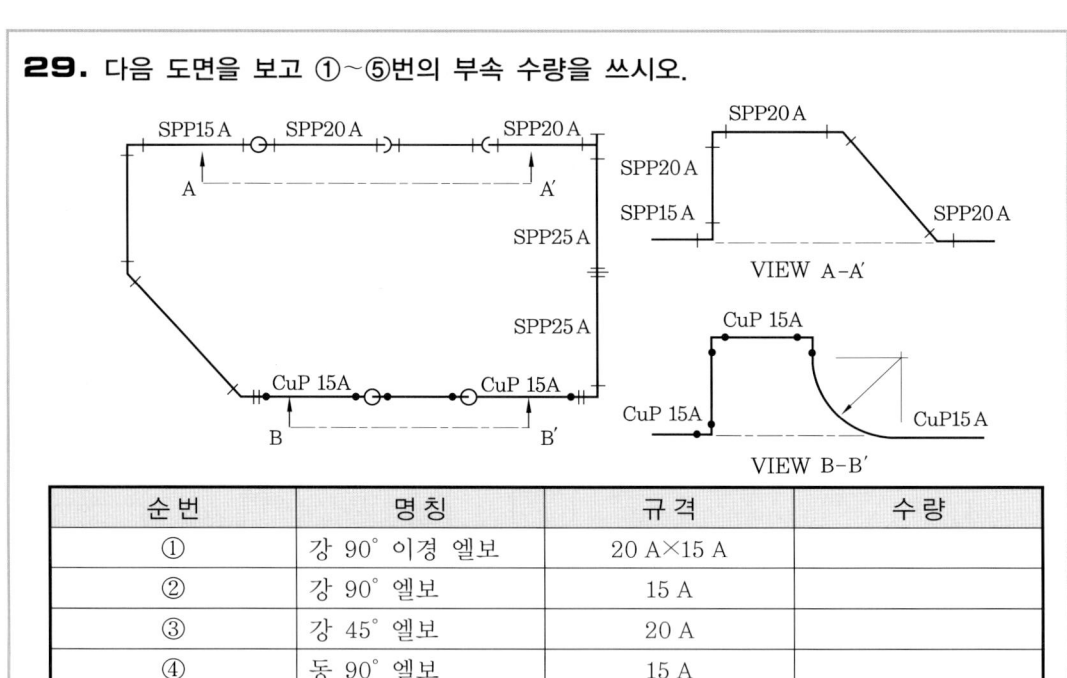

순번	명칭	규격	수량
①	강 90° 이경 엘보	20 A×15 A	
②	강 90° 엘보	15 A	
③	강 45° 엘보	20 A	
④	동 90° 엘보	15 A	
⑤	동 CM 어댑터	15 A	

해답 ① 1개 ② 1개 ③ 2개 ④ 3개 ⑤ 2개

30. 배관에서 유량계를 설치하고자 할 때 다음의 부속을 사용하여 배관도를 도시하시오.

해답

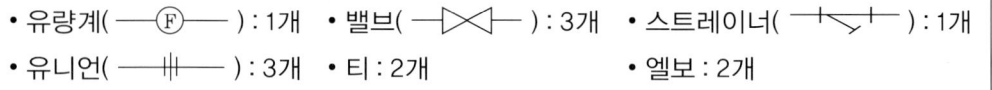

31. 다음의 배관 명칭을 KS규격 기호로 표시 하시오.

(1) 배관용 합금 강관 (2) 저온 배관용 강관
(3) 일반 구조용 탄소 강관 (4) 구조용 합금 강관
(5) 보일러 및 열교환기용 합금 강관

해답 (1) SPA (2) SPLT (3) SPS (4) STA (5) STHA

32. 다음 각 강관의 KS규격 기호를 아래 보기에서 찾아 그 번호를 쓰시오.

(1) 배관용 탄소 강관 (2) 압력 배관용 탄소 강관
(3) 고온 배관용 탄소 강관 (4) 고압 배관용 탄소 강관
(5) 보일러 및 열교환기용 탄소 강관

〈보기〉
① SPPH ② SPA ③ SPP ④ SPHT
⑤ STBH ⑥ SPPS ⑦ STHA ⑧ SPLT

[해답] (1) ③ (2) ⑥ (3) ④ (4) ① (5) ⑤

[참고] ① SPPH(steel pipe pressure high) ② SPA(steel pipe alloy) ③ SPP(steel pipe piping) ④ SPHT(steel pipe high temperature) ⑤ SPPS(steel pipe pressure service) ⑥ STHA(steel tube heat alloy) ⑦ SPLT(steel pipe low temperature) ⑧ SPS(steel pipe structure) ⑨ STA(steel tube alloy) ⑩ SPW(steel pipe welding) ⑪ STH(steel tube heat) ⑫ STBH(steel tube boiler heat)

33. 압력용기의 사용압력이 40 kgf/cm², 용기 재료의 인장강도가 20 kgf/mm²일 때 스케줄 번호(Sch No)를 계산하시오. (단, 안전율은 4이다.)

[해답] $10 \times \dfrac{40}{\frac{20}{4}} = 80$

[참고] 스케줄 번호(Schedale number)란 관의 두께를 표시한 것으로 사용압력 P(kgf/cm²), 재료의 허용응력 S(kgf/mm²)라고 하면

$$\text{Sch No} = 10 \times \frac{P}{S} = 10 \times \frac{P}{\dfrac{\text{인장강도}(kgf/mm^2)}{\text{안전율}}}$$

34. 보일러를 배관 작업할 때 같은 지름의 강관을 직선상으로 결합할 때 사용되는 관이음쇠의 종류 4가지를 쓰시오.

[해답] ① 소켓 ② 니플 ③ 유니언 ④ 플랜지

35. 강관 배관 작업 시 지름이 다른 강관을 결합할 때 사용되는 관이음쇠의 종류 4가지를 쓰시오.

[해답] ① 리듀서 ② 부싱 ③ 줄임 엘보 ④ 줄임 티

36. 강관 배관 작업에서 관을 도중에서 분기할 때 사용하는 관이음쇠의 종류 3가지를 쓰시오.

해답 ① 티 ② 와이 ③ 크로스

37. 강관 배관 작업에서 관 끝을 막을 때 사용하는 관이음쇠의 종류 3가지를 쓰시오.

해답 ① 플러그 ② 캡 ③ 막힘 플랜지

38. 강관 배관 작업 시 관의 분해, 수리 교체를 위하여 사용하는 이음쇠의 종류 2가지를 쓰시오.

해답 ① 유니언 ② 플랜지

39. 강관 절단용 공구 종류 3가지를 쓰시오.

해답 ① 쇠톱 ② 파이프 커터 ③ 고속숫돌절단기

40. 관절단용 공구인 쇠톱은 톱날을 끼우는 (fitting hole) 간격에 따라 (①)mm, (②)mm, 300mm 3종류가 있다. ( ) 속에 적당한 숫자를 쓰시오.

해답 ① 200 ② 250

41. 강관 작업용 공구를 5가지 쓰시오.

해답 ① 파이프 커터 ② 나사절삭기 ③ 파이프 렌치 ④ 줄 ⑤ 파이프 리머

42. 동력을 사용하는 나사절삭기의 종류를 3가지 쓰시오.

해답 ① 오스터식 ② 호브식 ③ 다이헤드식

43. 강관 공작용 기계 중 다이헤드식 나사절삭기에서 할 수 있는 작업 3가지를 쓰시오.

해답 ① 파이프 절단 ② 파이프 나사절삭 ③ 거스러미(burr) 제거

44. 강관 접합방법 3가지를 쓰시오.

해답 ① 나사 접합 ② 용접 접합 ③ 플랜지 접합

45. 배관 시공에서 용접이음의 장점 3가지를 쓰시오.

해답 ① 이음부의 강도가 크고, 하자 발생이 적다.
② 이음부 관 두께가 일정하므로 마찰저항이 작다.
③ 배관의 보온, 피복시공이 쉽다.
④ 시공시간을 단축할 수 있고 유지비, 보수비가 절약된다.
참고 용접이음의 단점
① 재질의 변형이 일어나기 쉽다.
② 용접부의 변형과 수축이 발생한다.
③ 용접부의 잔류응력이 현저하다.

46. 다음 공구들의 규격(크기) 표시는 어떻게 나타내는지 간단히 쓰시오.

(1) 파이프 커터   (2) 쇠톱   (3) 파이프 바이스

해답 (1) 절단 가능한 관지름 치수를 호칭번호로 표시
(2) 고정구멍 사이의 거리
(3) 물릴 수 있는 관경의 크기로 표시
참고 기타 공구들의 규격 표시
① 탁상 바이스 : 조(jaw)의 폭으로 표시
② 파이프 렌치 : 사용할 수 있는 최대의 관을 물었을 때의 전 길이로 표시

47. 리드형 나사절삭기(reed type die stock)로 작업 시 유의할 점을 3가지 쓰시오.

해답 ① 단번에 깊이 물리지 말고 여러 번에 걸쳐서 나사산을 가공한다.
② 절삭유를 충분히 공급한다.
③ 절삭기에 무리한 힘을 가하지 않는다.
④ 관을 바이스에 완전히 고정시킨다.

48. 다음은 강관 굽힘가공을 위해 쓰이는 기계에 관한 설명이다. ( ) 안에 알맞은 말을 쓰시오.

강관의 굽힘가공을 위해 사용되고 있는 파이프 벤딩 머신은 센터 포머, 앤드 포머, 램 실린더, 잭 또는 유압 펌프 등으로 구성된 이동식 현장용인 (①)식과, 공장에서 동일 모양의 굽힘된 제품을 다량 생산할 때 사용하는 (②)식으로 구분된다.

해답 ① 램 ② 로터리

49. 로터리 벤더(rotary vender)에 의한 구부림(벤딩)을 하였더니 주름이 발생하였다. 그 원인을 3가지 기술하시오.

해답 ① 관이 미끄러진다. ② 받침쇠가 너무 들어가 있다.
③ 굽힘형 홈이 관지름보다 크거나 작다. ④ 바깥지름에 비해 두께가 얇다.
⑤ 굽힘형이 주축에서 빗나가 있다.

50. 동관 접합방법 3가지를 쓰시오.

해답 ① 플레어 접합(압축 접합) ② 용접 접합 ③ 분기관 접합 ④ 납땜 접합

51. 동관 작업 시 필요한 공구 명칭 5가지를 쓰시오.

해답 ① 튜브 커터 ② 리머 ③ 사이징 툴 ④ 익스팬더(확관기) ⑤ 튜브 벤더 ⑥ 플레어링 툴 세트 ⑦ 토치 램프 ⑧ 스파크 라이터 ⑨ 줄

52. 동관의 끝을 나팔관 모양으로 확관하여 기계적으로 접합할 때 다음 물음에 답하시오.

(1) 접합방법은? (2) 공구 명칭은?

해답 (1) 플레어링(압축) 접합 (2) 플레어링 툴 세트

53. 다음 내용 중에서 동관 작업에 사용되는 공구 명칭을 쓰시오.

(1) 동관의 끝을 나팔관 모양으로 확관하여 기계적으로 접합하는 공구는?
(2) 동관의 끝을 확관하는 데 필요한 공구는?
(3) 동관 작업 후 관끝을 원형으로 교정하는 데 필요한 공구는?

해답 (1) 플레어링 툴 세트 (2) 익스팬더(확관기) (3) 사이징 툴

54. 주철관 접합방법 5가지를 쓰시오.

해답 ① 소켓 접합 ② 플랜지 접합 ③ 빅토리 접합 ④ 타이톤 접합 ⑤ 기계적 접합

55. 주철관 작업에 사용되는 공구 4가지를 쓰시오.

해답 ① 클립 ② 링크형 파이프 커터 ③ 코킹 정 ④ 납 용해용 공구 셀

56. 연관 작업에 사용되는 공구 5가지를 쓰시오.

해답 ① 봄 볼 ② 드레서 ③ 벤드 벤 ④ 턴 핀 ⑤ 맬릿

57. 다음 배관 작업용 공구들을 주철관용, 동관용, 연관(鉛管)용으로 구분하시오. (단, 주철관용이면 "주철관", 동관용이면 "동관", 연관용이면 "연관"으로 기입할 것)

(1) 턴 핀 (2) 익스팬더 (3) 클립
(4) 벤드 벤 (5) 사이징 툴

해답 (1) 연관 (2) 동관 (3) 주철관 (4) 연관 (5) 동관

58. 보일러 배관 작업 시 다음 각 경우에 사용해야 할 배관 지지물을 쓰시오.

(1) 배관의 중량을 위에서 끌어당겨 지지하는 경우
(2) 열팽창에 의한 배관의 측면 이동을 구속하고, 제한하는 경우
(3) 배관의 중량을 아래에서 위로 떠받쳐 지지하는 경우

해답 (1) 행어 (2) 리스트레인트 (3) 서포트
참고 배관 지지물의 종류
① 행어 : 리지드 행어, 스프링 행어, 콘스탄트 행어
② 리스트레인트 : 앵커, 스토퍼, 가이드
③ 서포트 : 스프링 서포트, 리지드 서포트, 롤러 서포트, 파이프 슈

59. 다음은 배관 지지물에 대한 설명이다. 〈보기〉에서 배관 지지물의 명칭을 찾아 쓰시오.

(1) 배관을 위에서 걸어 당겨 지지할 목적으로 사용
(2) 배관을 아래에서 위로 지지할 목적으로 사용
(3) 배관의 신축으로 인한 배관의 상하, 좌우 이동을 제한하고 구속하는 목적으로 사용
(4) 배관에 설치된 펌프류, 압축기 등에서 진동현상을 제한하는 목적으로 사용

─────〈보기〉─────
• 리스트레인트   • 행어   • 서포트   • 브레이스   • 신축이음관

해답 (1) 행어 (2) 서포트 (3) 리스트레인트 (4) 브레이스

60. 배관을 지지할 목적으로 사용되는 행어(hanger)의 종류 3가지를 쓰시오.

해답 ① 리지드 행어 ② 스프링 행어 ③ 콘스탄트 행어

61. 배관의 지지쇠인 서포트(support) 종류를 4가지 쓰시오.

해답 ① 스프링 서포트 ② 리지드 서포트 ③ 롤러 서포트 ④ 파이프 슈

62. 배관지지기구 중 리스트레인트의 종류 3가지를 쓰시오.

해답 ① 앵커 ② 스토퍼 ③ 가이드

63. 관의 이음부에서의 누수를 방지하기 위하여 사용되는 플랜지 패킹 재료 3가지를 쓰시오.

해답 ① 고무 패킹 ② 석면 조인트 시트 ③ 합성수지 패킹 ④ 오일 실 패킹 ⑤ 금속 패킹

64. 강관의 나사 접합 시 접합부에서의 누수를 방지하기 위하여 사용되는 나사용 패킹 재료 3가지를 쓰시오.

해답 ① 페인트 ② 일산화연 ③ 액상 합성수지 ④ 광명단

65. 다음 문제에 해당하는 패킹(packing) 재료를 보기에서 골라 각각 2가지씩 쓰시오.

(1) 플랜지 패킹   (2) 나사용 패킹   (3) 글랜드 패킹

〈보기〉
- 석면 얀
- 일산화연
- 네오프렌
- 액상 합성수지
- 아마존 패킹
- 금속 패킹

해답 (1) 네오프렌, 금속 패킹 (2) 일산화연, 액상 합성수지 (3) 석면 얀, 아마존 패킹

66. 다음 설명에 해당되는 방청 도료를 〈보기〉에서 골라 쓰시오.

(1) 연단에 아마인유를 배합한 것으로 다른 착색 도료의 초벽으로 사용한다.
(2) 알루미늄 분말에 유성 바니시를 섞은 도료이며 열을 잘 반사하여 난방용 방열기에 사용한다.
(3) 산화 제2철에 보일유나 아마인유를 섞은 도료이며 도막이 부드러우나 녹방지 효과는 불량하다

〈보기〉
- 고농도 아연도료
- 산화철 도료
- 광명단 도료
- 알루미늄 도료
- 합성수지 도료

해답 (1) 광명단 도료 (2) 알루미늄 도료 (3) 산화철 도료

67. 배관의 부식을 방지하는 데 사용되는 방청용 도료 종류 5가지를 쓰시오.

해답 ① 광명단 도료 ② 알루미늄 도료 ③ 합성수지 도료 ④ 산화철 도료 ⑤ 타르 및 아스팔트 ⑥ 고농도 아연도료

68. 호칭지름 15 A 관으로서 다음 그림과 같이 나사이음을 할 때 중심 간의 길이를 600 mm로 하려면 관의 절단길이 l은 얼마로 하면 되는지 계산하시오. (단, 호칭 15 A 엘보의 중심선에서 단면까지의 길이는 27 mm, 나사에 물리는 최소의 길이는 11 mm이다.)

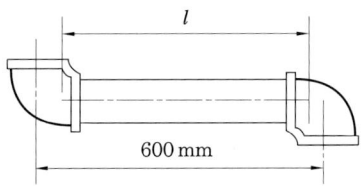

해답 $600 - 2 \times (27 - 11) = 568$ mm

69. 호칭지름 15 A 일반 배관용 탄소강관에 엘보, 티, 45° 엘보를 사용하여 다음 그림과 같이 나사이음을 할 때 (1)과 (2) 부분의 실제 강관 절단길이는 각각 얼마인가 계산하시오.

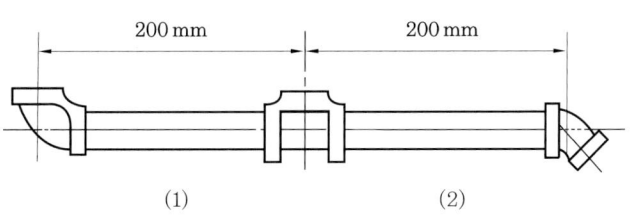

해답 (1) $200 - \{(27-11)+(27-11)\} = 168$ mm
    (2) $200 - \{(27-11)+(21-11)\} = 174$ mm

70. 25 A 배관 양 끝에 90°와 45° 엘보를 결합하여 배관 중심거리를 500 mm로 하려고 하면 배관길이는 얼마로 절단해야 하는가? (단, 90° 엘보의 중심거리는 38 mm, 45° 엘보의 중심거리는 29 mm이고, 최소 물림길이는 15 mm이다.)

해답 $500 - \{(38-15)+(29-15)\} = 463$ mm

71. 호칭 20 A 강관을 반지름(R) 100 mm로 90°로 가공하려 할 때 굽힘부의 곡선길이 (mm)를 계산하시오.

해답 $200 \times \pi \times \dfrac{90}{360} = 157.08$ mm

72. 8℃의 강관 6 m가 있다. 이 강관 속으로 온수가 순환하여 강관이 80℃가 되었다면 열팽창에 의해서 관의 길이는 몇 mm 늘어나는지 계산하시오. (단, 강관의 평균 선팽창 계수 $\alpha = 0.000012/℃$라 한다.)

해답 $6 \times 0.000012 \times (80-8) \times 1000 = 5.18$ mm

73. 다음 도면은 배관 조립도이다. 도면에서 $A - A'$의 상세도를 작도(作圖)하시오.

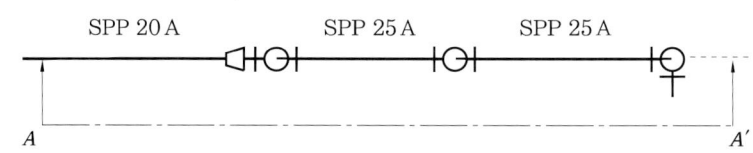

해답

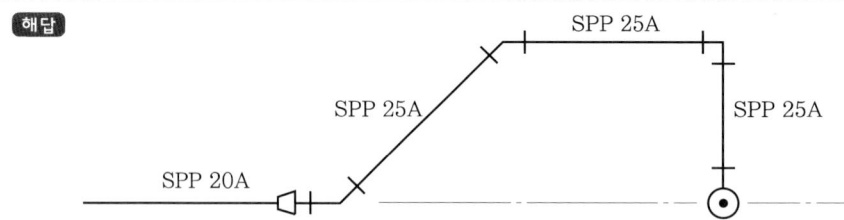

74. 다음은 온수온돌 시공 순서이다. 순서에 맞도록 ( ) 안에 알맞은 작업명을 적어 넣으시오.

배관기초 → (①) → 단열처리 → (②) → 배관 작업 → (③) → 보일러 설치 → (④) → 굴뚝 설치 → 수압 시험 → (⑤) → 골재 충진 작업 → (⑥) → 양생 건조 작업

해답 ① 방수처리 ② 받침재 설치 ③ 공기방출기 설치 ④ 팽창 탱크 설치 ⑤ 온수순환 시험 및 경사 조정 ⑥ 시멘트 몰탈 바르기

75. 다음은 온수온돌 시공방법이다. ( ) 안에 알맞은 숫자를 적으시오.

온수온돌에서 방열관의 피치는 (①) mm이고, 받침재의 간격은 강관일 때 (②) m 이내, 동관 및 PVC일 때는 (③) m이다.

해답 ① 200±20 ② 1.5 ③ 1

76. 온수온돌 방열관 배관에서 방열관 형식 3가지를 쓰시오.

해답 ① 직렬식
② 병렬식(인접주관식, 분리주관식)
③ 사다리꼴식

77. 다음은 온수온돌의 시공층 단면도이다. 도면의 ①~⑦번까지의 명칭을 쓰시오.

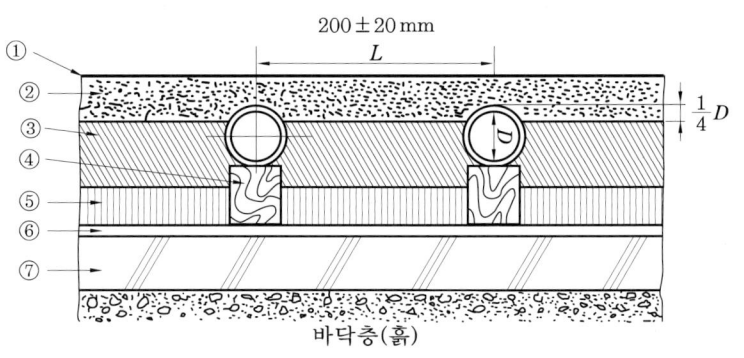

해답 ① 장판 ② 시멘트 모르타르층 ③ 자갈층 ④ 받침재 ⑤ 단열보온재층
⑥ 방수층 ⑦ 기초 콘크리트층

78. 다음 그림은 온수온돌에서의 방열관의 배관방식이다. 각각의 명칭을 쓰시오.

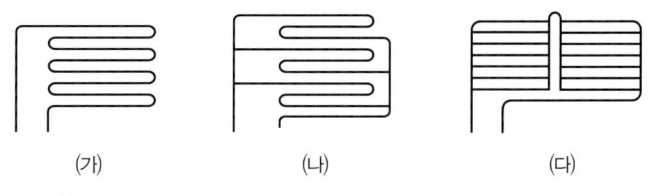

해답 (가) 직렬식 (나) 병렬식(분리주관식) (다) 사다리꼴식
참고 병렬식(인접주관식)

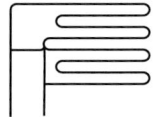

79. 온수온돌 난방의 가열코일(heating coil)에서 배관 배열방식 중 직렬식과 병렬식의 배관 모양을 각각 도시하시오. (단, 병렬식은 인접주관식으로 도시할 것)

해답 ① 직렬식   ② 병렬식(인접주관식)

 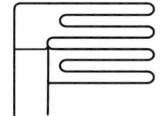

참고 ① 병렬식(분리주관식) ② 사다리꼴식

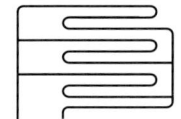 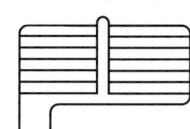

80. 다음은 온수 보일러의 공급방식(방향)에 대한 설명이다. 명칭을 쓰시오.

(1) 방열기 아래쪽에 송수주관을 설치하며, 송수주관을 올림 방향으로 배관하여 난방하는 방식
(2) 송수주관을 연직으로 설치하여 송수주관 수평부를 방열기보다 높은 쪽에 오게 하여 온수를 아래로 공급하여 난방하는 방식

해답 (1) 상향순환식 (2) 하향순환식

81. 다음 그림은 온수 방열관의 형상을 나타낸 것이다. 물음에 답하시오.

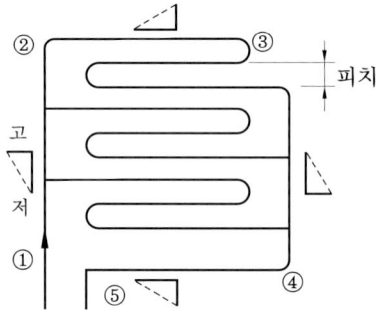

(1) 방열관의 피치는 얼마인가?
(2) 방열관의 나열방식에 따른 명칭을 쓰시오.
(3) 공기 방출기의 설치위치는 ①~⑤번 중 어느 부분인가?

해답 (1) 20±2 cm (2) 병렬식(분리주관식) (3) ④

82. 온수 보일러 설치 시공 기준 중 순환펌프 설치방법을 설명한 것이다. ( ) 안에 알맞은 말을 보기에서 골라 써 넣으시오.

순환펌프에는 자연순환이 불가능한 구조를 제외하고는 (①) 회로를 설치해야 하며, 펌프와 전원 콘센트 간의 거리는 가능한 한 (②)로 하고, 누전 등의 위험이 없어야 할 뿐만 아니라, 순환펌프의 모터 부분을 (③)으로 설치함을 원칙으로 한다. 또한 펌프의 흡입 측에는 (④)를 설치하여야 하며, (⑤)에 설치함을 원칙으로 한다.

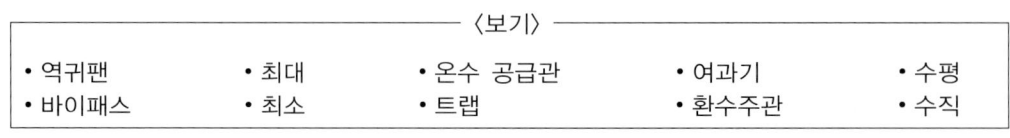

해답 ① 바이패스 ② 최소 ③ 수평 ④ 여과기 ⑤ 환수주관

83. 자연순환식 온수온돌 배관을 보고 다음 물음에 답하시오.

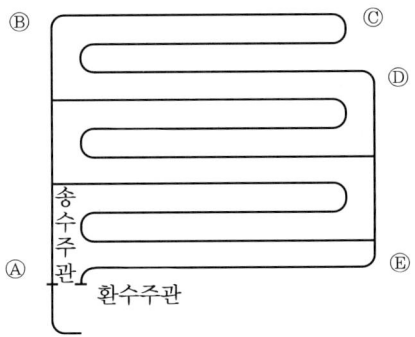

(1) 이 배관이 상향순환식일 경우 공기 방출기의 설치위치는 Ⓐ에서 Ⓔ 중 어느 곳, 또는 다른 어떤 위치가 적당한가? Ⓐ~Ⓔ 중에 있으면 기호로, 다른 위치이면 그 위치를 서술하시오.
(2) 이 배관이 하향순환식일 경우 공기 방출기의 설치위치는 Ⓐ에서 Ⓔ 중 어느 곳, 또는 다른 어떤 위치가 적당한가? Ⓐ~Ⓔ 중에 있으면 기호로, 다른 위치이면 그 위치를 서술하시오.
(3) 도면과 같은 방열관의 배치 형식 명칭은 무엇인가?

해답 (1) Ⓔ (2) Ⓐ (3) 병렬식(분리주관식)

84. 다음은 전열면적 14 m² 이하의 유류 연소용 온수 보일러의 순환펌프 설치 시공에 관한 사항이다. ( ) 안에 알맞은 말을 쓰시오.

(1) 순환펌프 설치 시 보일러 본체, ( ) 등에 의한 방열에 의해 영향을 받을 우려가 없는 곳에 설치하여야 한다.
(2) 순환펌프에는 ( ) 회로를 설치하여야 한다.
(3) 순환펌프의 흡입 측에는 (①)를 설치하여야 하며 펌프의 양측에는 (②)를 설치하여야 한다.
(4) 순환펌프는 ( )에 설치함을 원칙으로 한다.

해답 (1) 연도 (2) 바이패스 (3) ① 여과기, ② 밸브 (4) 환수주관

85. 시공업자가 온수 보일러를 설치, 시공한 후 가동 전에 확인하여야 할 사항 5가지를 쓰시오.

해답 ① 수압 시험 ② 온수 순환 시험 검사 ③ 보일러 연소 및 배기성능 검사 ④ 연료 계통의 누설상태 검사 ⑤ 자동제어에 의한 작동 검사

86. 다음은 온수 보일러의 설치 시공 기준 중 보일러의 설치에 대한 설명이다. (　) 안에 알맞은 말이나 숫자를 보기에서 골라 그 번호를 쓰시오.

> 보일러는 (①)으로(지게) 설치하여야 하며, 보일러실 바닥보다 (②) 설치하여야 하고, 주위에 적당한 공간을 두어 조작, 보수 및 청소가 용이하여야 한다. 또한 수도관 및 (③) kgf/cm² 이상의 수두압이 발생하는 급수관은 보일러에 직접 연결(④)

> ─ 〈보기〉 ─
> ㉮ 수평　　㉯ 경사　　㉰ 낮게　　㉱ 높게　　㉲ 5
> ㉳ 1　　㉴ 10　　㉵ 해야 한다.　　㉶ 하여서는 안 된다.

[해답] ① ㉮　② ㉱　③ ㉳　④ ㉶

87. 온수 보일러에서 송수, 환수주관 및 급탕관의 크기에 대하여 쓰시오.

> (1) 송수 및 환수주관은 보일러 용량이 30000 kcal/h 이하는 (①) 이상을, 30000 kcal/h 초과는 (②) 이상을 원칙으로 한다.
> (2) 급탕관은 보일러 용량이 50000 kcal/h 이하는 (①) 이상을, 50000 kcal/h 초과는 (②) 이상을 원칙으로 한다.

[해답] (1) ① 호칭지름 25 mm, ② 호칭지름 30 mm
(2) ① 호칭지름 15 mm, ② 호칭지름 20 mm

88. 다음은 유류용 보일러의 연도에 관한 설명이다. (　) 안에 알맞은 답을 쓰시오.

> 연도의 굽힘 수는 가능한 (①)개소 이내로 하고, 수평부의 경사는 (②)기울기 이상으로 하여야 한다. 다만, 보일러 자체가 가압통풍식으로 화실 내의 연소압력이 (③) 보다 높을 경우에는 예외일 수도 있다.

[해답] ① 3　② $\dfrac{1}{10}$　③ 대기압

89. 온수 보일러 시공업자는 보일러 설치 후 자기가 설치한 시설에 대하여 설치 시공 도면을 작성하여 3년간 보존해야 하는데, 그 도면에 표시해야 할 사항 5가지를 쓰시오.

[해답] ① 모든 배관의 크기, 치수 및 경로　② 배관 매설 시 매설위치와 연결부위
③ 밸브의 종류 및 설치위치　　　　　　④ 안전장치의 설치위치
⑤ 작성 연월일　　　　　　　　　　　　⑥ 특기사항

참고 설치 시공 기록부 표시사항
① 시공기간
② 건축주의 성명 및 전화
③ 건축주의 주소 및 건축물 소재지
④ 보일러 종류 및 제조업체명
⑤ 보일러의 용량 및 대수
⑥ 특기사항

90. 온수 보일러에서 사용되는 팽창 탱크를 구조상 분류할 때 2가지를 쓰시오.

해답 ① 개방식 팽창 탱크 ② 밀폐식 팽창 탱크

91. 온수 보일러에 설치되는 팽창 탱크의 기능(역할)을 2가지 쓰시오.

해답 ① 운전 중 장치 내의 온도상승에 의한 체적팽창 및 그 압력을 흡수한다.
② 팽창된 온수의 넘침을 방지하여 열손실을 방지한다.
③ 운전 중 장치 내 압력을 소정의 압력으로 유지하고, 온수온도를 유지한다.
④ 장치 내 보충수 공급 및 공기 침입을 방지한다.

92. 온수난방에서 밀폐식 팽창 탱크에 연결된 관의 종류 및 계기의 종류 5가지를 쓰시오.

해답 ① 급수관 ② 배수관 ③ 압력계 ④ 수면계 ⑤ 압축공기관 ⑥ 안전밸브
참고 개방식 팽창 탱크에 연결된 관의 종류
① 팽창관 ② 급수관 ③ 배수관 ④ 오버플로관(일수관) ⑤ 방출관

93. 온수난방에서 쓰이는 팽창 탱크(expansion tank) 중 개방식 팽창 탱크에 연결되는 관의 종류를 5가지 쓰시오.

해답 ① 방출관(안전관) ② 오버 플로관(일수관) ③ 팽창관 ④ 급수관 ⑤ 배수관

94. 개방식 팽창 탱크에서 탱크 내의 수위보다 아래에 연결되는 관의 종류를 2가지 쓰시오.

해답 ① 팽창관 ② 배수관

95. 다음은 온수 보일러의 팽창 탱크에 대한 설명이다. ( ) 안에 알맞은 내용을 쓰시오.

온수 보일러에는 (①) 또는 (②) 팽창 탱크가 있으며 개방식 팽창 탱크는 방열면보다 (③) m 이상 높은 곳에 설치하여야 하며, 팽창관은 팽창 탱크 바닥면보다 (④) mm 이상 높게 설치한다.

해답 ① 개방식 ② 밀폐식 ③ 1 ④ 25

96. 그림은 개방식 팽창 탱크의 구조도이다. 밸브를 배관 중간에 설치하는 관을 2개 골라 쓰시오.

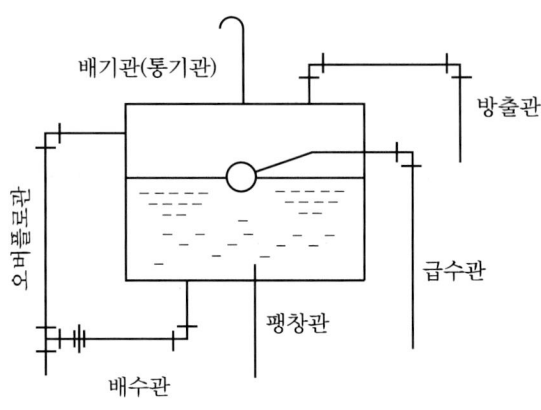

[해답] 급수관, 배수관

97. 다음은 개방식 팽창 탱크이다. ①~⑤의 배관명칭을 쓰시오.

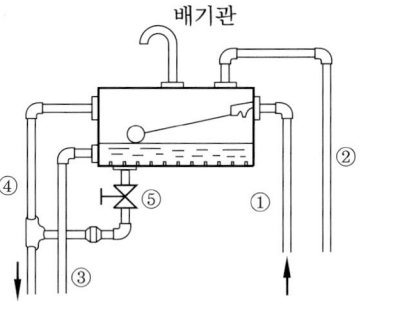

[해답] ① 급수관 ② 방출관 ③ 팽창관 ④ 오버플로관 ⑤ 배수관

98. 전 수량이 1800 L인 온수난방에서 가열 전 온도가 6℃인 온수를 86℃로 가열하여 난방할 때 보일러 수 팽창량(L)을 계산하시오.(단, 6℃ 물의 밀도는 0.99997 kg/L, 86℃ 온수의 밀도는 0.96800 kg/L이다.)

[해답] $\left(\dfrac{1}{0.96800} - \dfrac{1}{0.99997}\right) \times 1800 = 59.45 \text{ L}$

[참고] 온수팽창량(L) = $\left(\dfrac{1}{\text{가열 후의 물의 밀도}} - \dfrac{1}{\text{가열 전의 물의 밀도}}\right) \times$ 전 수량

99. 다음은 팽창 탱크에 대한 설명이다. 설명을 읽고 해당되는 관 이름을 〈보기〉에서 찾아 쓰시오.

(1) 팽창 탱크 내 수위가 일정수위 이상으로 올라갈 때 물을 배출하는 관
(2) 보일러 장치 내 물의 팽창을 팽창 탱크로 유도하거나 부족수를 공급하는 관
(3) 팽창 탱크 내 물을 공급하는 관
(4) 팽창 탱크 내 물을 완전히 빼낼 때 쓰는 관
(5) 보일러 내의 물의 증가에 의해 압력 상승을 방지하는 관

〈보기〉
• 팽창관   • 압축공기관   • 배기관   • 오버플로관   • 배수관   • 급수관   • 방출관

해답 (1) 오버플로관 (2) 팽창관 (3) 급수관 (4) 배수관 (5) 방출관

---

100. 다음은 열사용 기자재 관리규칙에 의한 유류 연소용 온수 보일러의 팽창 탱크 설치 시공에 대한 기준 설명이다. ( ) 안에 적당한 말을 넣으시오. (단, 팽창 탱크가 보일러에 내장된 경우가 아님)

(1) 팽창 탱크 용량은 보일러 및 배관 내의 보유수량이 200 L까지는 (①) L, 보유수량이 200 L를 초과하는 경우 그 초과량 100 L마다 (②) L씩 가산한 용량 이상이어야 한다.
(2) 팽창관의 끝 부분은 팽창 탱크 바닥면보다 (③) mm 정도 높게 배관되어야 한다.
(3) 밀폐식의 경우 배관 계통 내의 압력이 제한압력 이상으로 되면 자동적으로 (④)를 배출시킬 수 있도록 (⑤)를 설치해야 한다.

해답 ① 20 ② 10 ③ 25 ④ 과잉수 ⑤ 방출밸브

---

101. 다음은 온수난방에서 팽창관 및 방출관에 대한 사항이다. ( ) 안에 알맞은 용어(숫자)를 쓰시오.

(1) 방출관 및 팽창관의 크기는 보일러 용량이 30000 kcal/h 이하인 경우 호칭지름 (①) mm 이상, 30000 초과 150000 kcal/h 이하의 경우는 호칭지름 (②) mm 이상이어야 한다.
(2) 팽창관 및 방출관에는 물 또는 발생증기의 흐름을 방해하는 (①) 및 (②)가 있어서는 안된다.
(3) 강제 순환식의 경우 팽창관 및 방출관의 설치위치는 (①)에 의하여 폐쇄 또는 차단되지 않는 위치에 설치한다.

해답 (1) ① 15, ② 25 (2) ① 밸브, ② 체크밸브 (3) ① 순환펌프

102. 16℃의 물이 들어가 96℃의 물로 되는 온수 보일러가 있다. 보일러의 개방식 팽창 탱크 크기(L)를 계산하시오. (단, 방열기 출구의 온수 밀도 ρ_γ=0.99897 kg/L, 방열기 입구의 온수 밀도 ρ_f=0.96122 kg/L, 전 수량은 1500 L, α=2이다.)

해답 $(\dfrac{1}{0.96122} - \dfrac{1}{0.99897}) \times 1500 \times 2 = 117.94$ L

참고 팽창 탱크 크기 = 온수팽창량 × α = $(\dfrac{1}{\rho_f} - \dfrac{1}{\rho_\gamma}) \times V \times \alpha$

103. 주형(柱形 : 기둥형) 방열기의 종류 4가지를 쓰시오.

해답 ① 2주형 ② 3주형 ③ 3세주형 ④ 5세주형

104. 주형(柱形 : 기둥형) 방열기에서 세주형 방열기의 종류 2가지를 쓰시오.

해답 ① 3세주형 ② 5세주형

105. 다음은 방열기에 대한 설명이다. ( ) 안에 알맞은 용어를 〈보기〉에서 찾아 쓰시오.

방열기는 (①), (②)이 많이 사용되고 있으며, 방열기 쪽수는 (③) 이내로 하며 최고사용압력은 (④)이다.

─〈보기〉─
- 2주형 · 3주형 · 3세주형 · 5세주형 · 10쪽 · 15쪽 · 20쪽
- 5 kgf/cm² (0.5 MPa) · 10 kgf/cm² (1.0 MPa)

해답 ① 3세주형 ② 5세주형 ③ 15쪽 ④ 5 kgf/cm²(0.5 MPa)

106. 구조에 따른 방열기(radiator)의 종류 5가지를 쓰시오.

해답 ① 주형 방열기 ② 벽걸이형 방열기 ③ 길드 방열기
④ 대류 방열기 ⑤ 관 방열기

107. 주형(기둥형) 방열기 설치 시에는 벽면에서 (①) mm 떨어지게, 벽걸이형 방열기 설치시에는 바닥면과 방열기 밑면까지의 간격을 (②) mm 정도로 하는 것이 좋다. ( ) 속에 적당한 수치를 넣으시오.

해답 ① 50∼60 ② 150

108. 다음 방열기 형식을 도면에 표시할 때 사용하는 기호로 쓰시오.

(1) 2주형   (2) 3세주형   (3) 5세주형
(4) 벽걸이형   (5) 수평형   (6) 수직형

해답 (1) Ⅱ (2) 3 (3) 5 (4) W (5) H (6) V

109. 다음 표시된 것은 주형 방열기이다. 표시된 기호를 설명하시오.

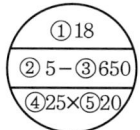

해답 ① 섹션 수 18개 ② 5세주형 ③ 방열기 높이 650 mm
④ 유입관지름 25 A ⑤ 유출관지름 20 A

110. 다음 도면에 표시된 것은 벽걸이형 방열기 도시 기호이다. 표시된 ①~⑤번 항목은 무엇을 의미하는지 설명하시오.

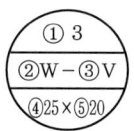

해답 ① 섹션 수 3개 ② 벽걸이형 방열기 ③ 수직형
④ 유입관지름 25 A ⑤ 유출관지름 20 A

111. 다음은 방열기 도시 기호에 대한 물음에 답하시오.

(1) 종별, 형 및 치수는 얼마인가?
(2) 방열기 쪽수는 몇 개인가?

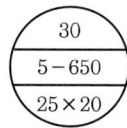

해답 (1) ① 종별 : 5세주형
② 형 : 높이 650 mm
③ 치수 : 유입관지름 25 A, 유출관지름 20 A
(2) 30쪽

112. 주철제 5세주형 방열기로 높이가 650 mm, 쪽수가 20개인 것을 조립하고 유입 측 관지름 25 mm, 유출 측 관지름이 20 mm일 때 방열기의 도시 기호로 표시하시오.

해답

```
    20
  5-650
  25×20
```

113. 다음 방열기 도시 기호에 해당하는 방열기 명칭을 쓰시오.

(1) W-H   (2) W-V

해답 (1) 벽걸이형 횡형 (2) 벽걸이형 종형

참고 ① W : wall(벽)
② H : horizontal(횡형=수평형)
③ V : vertical(종형=수직형)

114. 다음은 방열기 도시 기호이다. 물음에 답하시오.

(1) 유입관은 몇 A인가?
(2) 'W-V'는 무엇인가?
(3) 섹션수(쪽수)는 몇 개인가?

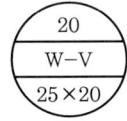

해답 (1) 25A (2) 벽걸이형 종형 (3) 20개

115. 도면에 표시된 것은 벽걸이형 방열기 도시 기호이다. 표시된 ①~⑤까지 항목을 설명하시오.

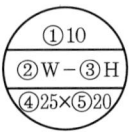

해답 ① 섹션 수 10개 ② 벽걸이형 방열기 ③ 수평형
④ 유입관지름 25 A ⑤ 유출관지름 20 A

116. (1) 주철제 증기 방열기의 표준 방열량(kcal/h·m²)과 (2) 주철제 온수 방열기의 표준 방열량(kcal/h·m²)을 각각 쓰시오.

해답 (1) 650 kcal/hm² (2) 450 kcal/hm²

117. 벽걸이 수직형 방열기를 설치할 때 섹션 수가 5개이고 방열기의 유입 측 관지름이 25 A, 유출 측 관지름이 20 A일 때 방열기 도시 기호를 완성하시오.

해답
```
    5
   W-V
  25×20
```

118. 길드 방열기를 설치할 때 섹션 수가 4개이고, S형이며 방열기의 유입관지름이 20 A, 유출관지름이 15 A일 때 방열기 도시 기호를 완성하시오.

해답
```
    4
   G-S
  20×15
```

119. 다음 조건과 같은 방열기의 방열량($kcal/h \cdot m^2$)을 계산하시오.

- 방열기 입구의 온수온도 : 80℃
- 방열기 출구의 온수온도 : 65℃
- 방열기 방열계수 : 7.3 $kcal/h \cdot m^2 \cdot$ ℃
- 실내온도 : 20℃

해답 $7.3 \times (\frac{80+65}{2} - 20) = 383.25 \text{ kcal/hm}^2$

참고 방열기 방열량=방열기 방열계수×(방열기 내의 온수 평균온도-실내온도)

120. 온수난방의 난방 부하가 16200 kcal/h이며 방열기의 방열면적이 쪽당 0.24 m^2일 때 방열기의 쪽수를 구하시오.

해답 $\frac{16200}{450 \times 0.24} = 150$ 쪽

참고 난방부하(kcal/h) = 방열기 방열량×방열기 면적 = 방열기 방열량×방열기 쪽당 방열면적×방열기 쪽수

121. 어느 응접실의 난방 부하가 6000 kcal/h이고, 온수를 열매체로 하는 3세주 650 mm의 주철제 방열기를 설치한다면 섹션 수는 최소한 몇 개가 필요한가? (단, 3세주 650 mm의 주철제 방열기 1섹션당 표면적은 0.15 m^2이다.)

해답 $\frac{6000}{450 \times 0.15} = 89$ 개

122. 거실의 난방 부하가 6500 kcal/h인 온수 보일러에서 방열기 입구의 온수온도가 70℃, 출구온도가 60℃, 난방온도가 18.5℃, 방열계수가 7 kcal/h·m²℃일 때 상당방열면적(m²)을 계산하시오.

해답 $\dfrac{6500}{7 \times \left(\dfrac{70+60}{2} - 18.5\right)} = 19.97 \ m^2$

123. 다음은 온수난방 설비에 대한 설명이다. ( ) 안에 알맞은 말을 쓰시오.

온수난방의 종류는 온수의 순환방식에 따라 (①) 순환식, (②) 순환식으로 나눌 수 있으며, 급탕관과 환수관을 동일관으로 하느냐, 별개의 관으로 하느냐에 따라 (③)식, (④)식으로 분류할 수 있고, (⑤) 방향에 따라 상향식과 하향식으로 구분한다.

해답 ① 자연 ② 강제 ③ 단관 ④ 복관 ⑤ 공급

124. 다음 그림은 보일러 주위 배관도(하트 포트 접속법)이다. 다음 물음에 답하시오.

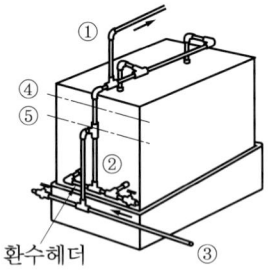

(1) 증기주관은 몇 번인가?
(2) 균형관 및 표준수위면은 몇 번과 몇 번인가?
(3) 환수주관의 분기 설치위치는 표준수면에서 몇 mm 하부에 설치하는가?

해답 (1) ① (2) ②, ④ (3) 50 mm

125. 증기난방에서 응축수의 환수방법을 3가지 쓰시오.

해답 ① 중력 환수식 ② 기계 환수식 ③ 진공 환수식

126. 난방방식에서 온수난방의 (1) 장점 3가지와 (2) 단점 3가지를 각각 쓰시오.

해답 (1) 장점
① 난방 부하변동에 따른 온도조절이 용이하다.
② 동결의 우려가 없다.
③ 방열기 표면온도가 낮아 화상의 우려가 적다.
④ 실내 쾌감도가 높다.
⑤ 쉽게 냉각되지 않는다.
(2) 단점
① 예열시간이 길며 예열에 따른 손실이 크다.
② 동일 방열량에 대해 방열면적이 많이 필요하다.
③ 시설비가 많이 든다.
④ 건물 높이에 제한을 받는다.

127. 난방방식에서 증기난방의 (1) 장점 3가지와 (2) 단점 3가지를 각각 쓰시오.

해답 (1) 장점
① 증발잠열(기화열)을 이용하므로 열의 운반능력이 크다.
② 방열면적이 작고, 복귀관의 관지름이 작아도 되므로 시설비를 절감할 수가 있다.
③ 예열시간이 짧다.
④ 예열에 따른 손실이 적다.
⑤ 건물 높이에 제한을 받지 않는다.
(2) 단점
① 난방 부하에 따른 방열량을 조절하기가 곤란하다.
② 수격작용(워터해머) 등의 소음이 나기 쉽다.
③ 보일러 취급에 숙련을 요한다.
④ 동결할 우려가 있다.
⑤ 실내 쾌감도가 낮다.
⑥ 방열기 표면온도가 높아 화상의 우려가 크다.

128. 다음은 증기난방의 배관방법에 대하여 설명한 것이다. ( ) 안의 내용 중 옳은 것에 ○ 표를 하시오.

보일러부터의 증기주관이 지하실의 천장 또는 1층 바닥 밑을 가로질러 입상관을 분기하여 각 층 방열기에 보내는 방식을(상향식, 하향식)이라 하며, 환수주관이 보일러 수면보다 높은 위치에 배관되는 경우를 (건식, 습식) 환수배관법이라 한다. 환수주관을 배관하는 리프트형 이음의 높이는(1.5, 2) m 이내이다.

해답 ○ 표시를 해야 되는 내용 : 상향식, 건식, 1.5

129. 증기난방에서 응축수 환수방법 중 진공 환수식 방법의 특징 3가지를 쓰시오.

[해답] ① 다른 방법에 비해 증기 회전이 빠르고 확실하다.
② 환수관의 관지름을 작게 할 수 있다.
③ 방열기의 설치장소에 제한을 받지 않는다.
④ 방열기의 방열량 조절을 광범위하게 할 수 있어 대규모 난방에 많이 사용된다.

130. 진공 환수식 증기난방법에서 다음 물음에 각각 답하시오.

(1) 진공펌프의 설치위치는?
(2) 환수관의 진공도(mmHg)는 어느 정도로 유지되는가?
(3) 리프트 피팅 배관 이음방법에서 1단 흡상 높이는 몇 m 이내로 해야 하는가?

[해답] (1) 환수주관 말단 보일러 바로 앞
(2) 100~250 mmHg
(3) 1.5 m 이내

131. 지하실 또는 어느 일정한 장소에 보일러를 설치하여 각 난방 소요처에 증기, 온수 또는 열기 등을 공급하는 방식을 중앙식 난방법이라 한다. 이 중앙식 난방법의 종류를 크게 나누어 3가지 쓰시오.

[해답] ① 직접 난방법
② 간접 난방법
③ 복사 난방법

132. 다음은 난방방법에 대한 설명이다. 해당하는 난방법의 명칭을 쓰시오.

(1) 지하실 등 특정 장소에서 공기를 가열하여 덕트(duct)를 이용해 각 실에 공기를 공급하여 난방하는 방법
(2) 실내의 벽체, 천장에 패널을 매입하여 이곳에서 복사되는 열을 이용하는 방법
(3) 방열기 내에 온수 또는 증기를 공급하여 난방하는 방법

[해답] (1) 간접 난방법
(2) 복사 난방법
(3) 직접 난방법

133. 복사난방의 (1) 장점 3가지와 (2) 단점 3가지를 각각 쓰시오.

해답 (1) 장점
　① 실내온도 분포가 균등하고 쾌감도가 높다.
　② 별도의 방열기를 설치하지 않으므로 공간 이용도가 높다.
　③ 방이 개방상태일 때도 난방효과가 있다.
　④ 공기온도가 비교적 낮으므로 같은 방열량에 대해서도 손실열량이 비교적 적다.
　⑤ 공기의 대류가 적으므로 바닥면의 먼지가 상승하는 일이 없다.
(2) 단점
　① 방열체의 열용량이 크므로 외기온도가 급변하였을 때 방열량을 조절하기가 어렵다.
　② 천장이나 벽을 가열면으로 할 경우 시공상 어려움이 많으며, 균열이 생기기 쉽고 고장 시 발견이 어렵다.
　③ 방열 패널 배관에서의 열손실을 방지하기 위해 단열층이 필요하며 이에 따른 시공비가 많이 든다.

134. 다음은 대류난방과 비교한 복사난방의 특징을 설명한 것이다. ( ) 안의 내용 중 옳은 것에 ○ 표를 하시오.

> 복사난방은 (공기, 구조체)를 가열대상으로 하므로 방의 높이에 따른 온도편차가 (작고, 크고), 쾌감도가 좋다. 또한 환기에 따른 손실 열량도 그만큼 (많이, 적게) 든다. 가열대상의 열용량이 (크므로, 작으므로) 필요에 따라 즉각적인 대응이 (곤란하고, 쉽고), 시공이 어려우며, 하자 발생위치를 확인하기 (쉽다, 어렵다).

해답 ○ 표시를 해야 되는 내용 : 구조체, 작고, 적게, 크므로, 곤란하고, 어렵다

135. 패널의 위치에 따른 복사난방(패널히팅)의 종류 3가지를 쓰시오.

해답 ① 천장 패널　② 벽 패널　③ 바닥 패널

136. 복사(방사) 난방에서 패널의 위치 3곳을 쓰시오.

해답 ① 바닥　② 벽　③ 천장

137. 어떤 일정 지역에 증기 또는 온수를 공급하여 난방하는 방식을 지역난방이라 하는데 이 지역난방의 특징 3가지를 쓰시오.

해답 ① 각 건물에 보일러를 설치하는 경우에 비해 열효율이 좋고 연료비와 인건비가 절감된다.
② 설비의 고도화에 따른 도시 매연이 감소된다.
③ 각 건물에 보일러를 설치하는 경우에 비해 건물의 유효면적이 증대된다.
④ 요철(땅의 높이 차이) 지역에는 부적합하다.

138. 내화재, 단열재, 보온재, 보랭재를 구분짓는 것은 무엇을 기준으로 하는가를 쓰시오.

해답 안전사용온도

139. 보온재의 구비조건을 5가지 쓰시오.

해답 ① 열전도율이 낮을 것
② 불연성이며 내구성을 가질 것
③ 시공이 용이할 것
④ 비중(밀도)이 작을 것
⑤ 흡습성이나 흡수성이 없을 것

140. 보온재는 재질에 따라 유기질, 무기질, 금속질 보온재로 구분할 수 있는데 다음의 물음에 각각 답하시오.

(1) 유기질 보온재의 종류 3가지를 쓰시오.
(2) 무기질 보온재의 종류 3가지를 쓰시오.
(3) 금속질 보온재의 종류 1가지를 쓰시오.

해답 (1) 우모 펠트, 양모 펠트, 코르크, 면, 리바 폼, 염화비닐 폼, 우레탄 폼
(2) 석면, 암면, 규조토, 광제면, 유리섬유, 탄산마그네슘
(3) 알루미늄박

141. 노재는 내화물, 단열재 및 보온재를 합하여 말하는 것으로, 그 개별적인 특성을 충분히 알고 사용하여야 한다. 다음 보기의 재료를 낮은 온도 사용재료부터 높은 온도 사용재료 순으로 기호를 이용해 나열하시오.

―― 〈보기〉 ――
① 무기질 보온재　　② 내화물　　③ 유기질 보온재
④ 단열재　　　　　　⑤ 보랭재　　⑥ 내화 단열재

해답 ⑤ → ③ → ① → ④ → ⑥ → ②

참고 안전사용온도
① 보랭재 : 100℃ 이하
② 유기질 보온재 : 100~150℃ 정도
③ 무기질 보온재 : 300~600℃ 정도
④ 단열재 : 800~1200℃ 정도
⑤ 내화 단열재 : 1300℃ 정도
⑥ 내화물 : 1580℃ 이상

142. 보온재는 안전사용온도에 따라 저온용, 일반용, 고온용으로 구분할 수 있는데 안전사용온도가 300~600℃ 정도인 일반용 보온재의 종류 3가지를 쓰시오.

해답 ① 석면 ② 암면 ③ 규조토 ④ 광제면 ⑤ 유리섬유

143. 안전사용온도가 650~1200℃ 정도인 고온용 보온재의 종류 3가지를 쓰시오.

해답 ① 규산칼슘 ② 펄라이트 ③ 세라믹 파이브

144. 금속 특유의 복사열에 대한 반사 특성을 이용한 대표적인 금속질 보온재 1가지를 쓰시오.

해답 알루미늄박

145. 다음 보기에서 보온재 중 사용온도가 높은 순서대로 쓰시오.

〈보기〉
① 석면 ② 글라스 울(유리솜) ③ 실리카
④ 테플론 ⑤ 캐스터블 내화물

해답 ⑤ → ③ → ① → ② → ④

참고 안전사용온도
① 캐스터블 내화물 : 1500℃ 정도
② 실리카 : 1000℃ 정도
③ 석면 : 500℃ 정도
④ 글라스 울 : 350℃ 정도
⑤ 테플론 : 100℃ 이하

146. 다음은 보온재에 대한 설명이다. 보기에서 해당하는 부분의 기호를 찾아 쓰시오.

보온재는 (①)이(가) 작고, 균일할수록, 두께가 두꺼울수록, (②)가(이) 작을수록 열전도율이 작아지고 (③)가(이) 높을수록 (④)이(가) 클수록 열전도율이 커진다.

〈보기〉
㉮ 기공 ㉯ 부피 ㉰ 중량 ㉱ 밀도(비중) ㉲ 재질
㉳ 온도 ㉴ 속도 ㉵ 내구성 ㉶ 흡습성(흡수성)

해답 ① ㉮ ② ㉱ ③ ㉳ ④ ㉶

147. 다음 ( ) 안에 '증가' 또는 '감소'를 쓰시오.

(1) 각종 재료의 열전도율은 기공이 많을수록 ( )한다.
(2) 각종 재료의 열전도율은 습도가 높을수록 ( )한다.
(3) 각종 재료의 열전도율은 밀도가 크면 ( )한다.
(4) 각종 재료의 열전도율은 온도가 상승하면 ( )한다.

해답 (1) 증가
  (2) 증가
  (3) 증가
  (4) 증가

148. 보온을 하지 않은 나관에서의 방사열량이 200 kcal/hm² 이고 석면 보온재로 보온을 하였을 때의 방사열량이 30 kcal/hm² 일 때 보온효율(%)을 계산하시오.

해답 $\left(\dfrac{200-30}{200}\right) \times 100 = 85\%$

149. 다음은 보온재에 대한 설명이다. ( ) 안에 알맞은 용어를 쓰시오.

보온재의 열전도율은 단위체적당 기공 숫자가 (①)수록, 재료의 온도가 (②)수록, 재질 내의 수분이 (③)수록, 재질의 비중이 (④)수록, 재료의 두께가 (⑤)수록 작아진다.

해답 ① 적을 ② 낮을 ③ 적을 ④ 작을 ⑤ 두꺼울

150. 난방 배관 보온관의 총 열손실이 5000 kcal/h이다. 보온효율이 80 %일 때 나관의 열손실 열량(kcal/h)을 계산하시오.

해답 $\dfrac{x-5000}{x} = 0.8$ 에서

$x = \dfrac{5000}{0.2} = 25000 \text{ kcal/h}$

151. 바깥지름이 50 mm인 보온을 하지 않은 관의 표면온도가 90℃, 관의 총길이가 100 m, 표면 열전달률이 20 kcal/h·m²·℃, 외기온도가 10℃이다. 이 강관을 보온을 한 결과 보온효율이 70 %이었다면, 보온관의 열손실은 몇 kcal/h인지 계산하시오. (단, 원주율 π는 3.14로 계산한다.)

해답 $0.05 \times 3.14 \times 100 \times 20 \times (90-10) \times 0.3 = 7536 \text{ kcal/h}$

152. 두께 200 mm인 벽돌의 열전도율이 0.02 kcal/h·m·℃이고, 내벽의 온도가 300 ℃, 외벽의 온도가 30℃이다. 이 벽 1 m²를 통하여 손실되는 열량(kcal/h)은 얼마인가 계산하시오.

해답 $0.02 \times \dfrac{(300-30)}{0.2} \times 1 = 27 \text{ kcal/h}$

153. 열전도율이 0.9 kcal/h·m·℃인 재질로 된 평면벽의 양측 온도가 800℃와 100℃이다. 이 벽을 통한 열전도량이 단위면적, 단위 시간당 1400 kcal/h·m²일 때 벽의 두께는 몇 cm인가를 계산하시오.

해답 $\dfrac{0.9 \times 700}{1400} \times 100 = 45 \text{ cm}$

참고 $0.9 \times \dfrac{(800-100)}{x} = 1400$ 에서

$x = \dfrac{0.9 \times 700}{1400} = 0.45\text{m} = 45\text{cm}$

154. 두께가 15 cm, 면적이 10 m²인 벽이 있는데 내면온도가 200℃, 외면온도가 20℃일 때 벽을 통한 열손실 열량(kcal/h)을 계산하시오. (단, 벽재료의 열전도도 $\lambda = 0.038$ kcal/h·m·℃이다.)

해답 $0.038 \times \dfrac{(200-20)}{0.15} \times 10 = 456 \text{ kcal/h}$

155. 내화벽돌 두께 240 mm, 단열벽돌 두께 120 mm, 보통벽돌 두께 120 mm로 되어 있는 노벽이 있다. 각각의 열전도율이 1.2 kcal/m·h·℃, 0.05 kcal/m·h·℃, 0.5 kcal/m·h·℃일 때 손실열량(kcal/m²·h)을 구하시오. (단, 노벽 내면의 온도 1300℃, 외면의 온도 150℃이다.)

해답 $\dfrac{(1300-150)}{\dfrac{0.24}{1.2}+\dfrac{0.12}{0.05}+\dfrac{0.12}{0.5}} = 404.93 \text{ kcal/m}^2\text{h}$

156. 실내 측 열전달률이 7.2 kcal/h·m²·℃, 실외 측 열전달률이 1.4 kcal/h·m²·℃, 열전도율이 20 kcal/h·m·℃인 벽의 두께가 10 cm인 경우 열관류율(kcal/h·m²·℃)을 계산하시오.

해답 $\dfrac{1}{\dfrac{1}{7.2}+\dfrac{0.1}{20}+\dfrac{1}{1.4}} = 1.17 \text{ kcal/hm}^2\text{℃}$

157. 열관류율 1.8 kcal/h·m²·℃인 벽체의 내·외면의 온도가 28℃와 -5℃일 때 벽체 50 m²에 대한 손실량(kcal/h)을 계산하시오.

해답 $1.8 \times 50 \times (28+5) = 2970 \text{ kcal/h}$

158. 온수 보일러의 열관류율을 0.4 kcal/h·m²·℃ 이하로 하려고 한다. 열전도율이 0.02 kcal/h·m·℃인 보온재를 사용한다면 두께는 몇 mm 이상으로 해야 하는가?

해답 $\dfrac{0.02}{0.4} \times 1000 = 50 \text{ mm}$

참고 $k = \dfrac{1}{\dfrac{b}{\lambda}}$ 에서

$b = \dfrac{\lambda}{k}$ [m]

159. 10℃ 물 400 kg과 90℃ 물 100 kg의 혼합 후 물의 온도(℃)를 계산하시오.

해답 ① 10℃ 물이 얻은 열량 $Q_1 = 400 \times 1 \times (x-10)$
② 90℃ 물이 빼앗긴 열량 $Q_2 = 100 \times 1 \times (90-x)$
$Q_1 = Q_2$ 이므로
$400 \times 1 \times (x-10) = 100 \times 1 \times (90-x)$ 에서
$400x - 400 \times 10 = 100 \times 90 - 100x$ 이고
$400x + 100x = 100 \times 90 + 400 \times 10$
$\therefore x = \dfrac{13000}{500} = 26\text{℃}$

참고 위 문제를 다음과 같이 풀이 할 수도 있다.

평균온도 $tm\,[\text{℃}] = \dfrac{G_1 C_1 t_1 + G_2 C_2 t_2}{G_1 C_1 + G_2 C_2}$ 에서

$\dfrac{400 \times 1 \times 10 + 100 \times 1 \times 90}{400 \times 1 + 100 \times 1} = 26\text{℃}$

160. 20℃ 물 300 kg으로 80℃ 물 몇 kg이 있어야 44℃ 온수가 되는가를 계산하시오.

해답 ① 20℃ 물이 얻은 열량 $Q_1 = 300 \times 1 \times (44-20)$
② 80℃ 물이 빼앗긴 열량 $Q_2 = x \times 1 \times (80-44)$
$Q_1 = Q_2$ 이므로
$300 \times 1 \times (44-20) = x \times 1 \times (80-44)$ 에서
$7200 = 80x - 44x$
$\therefore x = \dfrac{7200}{36} = 200 \text{ kg}$

참고 위 문제를 다음과 같이 풀이 할 수도 있다.

평균온도 $\text{tm}[℃] = \dfrac{G_1 C_1 t_1 + G_2 C_2 t_2}{G_1 C_1 + G_2 C_2}$ 에서

$44 = \dfrac{300 \times 1 \times 20 + G_2 \times 1 \times 80}{300 \times 1 + G_2 \times 1}$ 이므로

$44 = \dfrac{6000 + 80 G_2}{300 + G_2}$

$44 \times (300 + G_2) = 6000 + 80 G_2$
$13200 + 44 G_2 = 6000 + 80 G_2$
$13200 - 6000 = 80 G_2 - 44 G_2$
$\therefore G_2 = \dfrac{7200}{36} = 200 \text{ kg}$

부 록

- 작업형 실기 시험
- 2012년도 출제문제
- 2013년도 출제문제
- 2014년도 출제문제
- 2015년도 출제문제
- 2016년도 출제문제
- 2017년도 출제문제
- 2018년도 출제문제
- 2019년도 출제문제

일러두기 : 본 과년도 문제는 수험생의 기억에 의한 내용을 종합 정리하여 수록하였으므로 다소 차이가 있을 수 있습니다. 참고하여 공부하시기 바랍니다.

작업형 실기 시험

작업형 실기 시험 수험자 유의사항

■ 시험시간 : 3시간 20분
1. **요구사항** : 지급된 재료를 이용하여 도면과 같이 강관 및 동관의 조립 작업을 하시오.
2. **수검자 유의사항**
   ① 수험자가 지참한 공구와 지정된 시설만을 사용하며, 안전수칙을 준수해야 한다.
   ② 재료의 재지급은 허용되지 않으며, 도면은 작업이 완료된 후 작품과 동시에 제출한다.
   ③ 동관의 접합은 가스 용접으로 한다.
   ④ 관을 절단할 때는 파이프 커터, 튜브 커터 또는 쇠톱을 사용하여 절단한 후 확공기나 원형줄로 파이프 내의 거스러미를 제거해야 한다.
   ⑤ 시험 종료 후 작품의 수압 시험 시 누수 여부를 감독위원으로부터 확인받아야 한다.
   ⑥ 지급된 재료 중 이음쇠 부속품이 불량인 경우에는 교환이 가능하나, 조립 중 무리한 힘을 가하여 파손된 경우에는 교환할 수 없다.
   ⑦ 다음 사항에 해당하는 작품은 채점 대상에서 제외한다.
   ㈎ 미완성 작품
   - 시험시간(3시간 20분)을 초과한 작품
   ㈏ 오작품
   ㉮ 도면치수 중 부분치수가 ±15 mm (전체길이는 가로, 세로 ±30 mm) 이상 차이 나는 작품
   ㉯ 수압 시험 시 0.3 MPa (3 kgf/cm^2) 이하에서 누수가 되는 작품
   ㉰ 평행도가 30 mm 이상 차이나는 작품
   ㉱ 외관 및 기능도가 극히 불량한 작품
   ㉲ 도면과 상이하게 조립된 작품
   ㉳ 지급된 재료 이외의 다른 재료를 사용한 작품

작업형 실기 시험 수험자 지참 준비물

번호	재료명	규격	단위	수량	비고
1	강철자	300, 600, 1000 mm	EA	1	배관 작업용
2	걸레	면	장	1	약간
3	고무 해머	경질	EA	1	
4	동관 벤더	20 A	대	1	지참 희망자에 한함
5	동관 벤더	15 A	대	1	지참 희망자에 한함
6	몽키 스패너	250～300 mm	EA	1	
7	보안경	가스 용접용	EA	1	
8	쇠톱	300	EA	1	톱날 포함
9	신발(안전화)	작업화	족	1	
10	와이어 브러시	300 mm	EA	1	
11	전자계산기	공학 또는 일반용	EA	1	배관 작업용
12	줄(반원, 평, 둥근)	종목(250～300)	각	1	
13	직각자	400×600	EA	1	
14	튜브 커터	동관 절단용	EA	1	
15	파이프 렌치	300～350 mm	EA	1	
16	파이프 리머	15 A～25 A	EA	1	
17	파이프 커터	15 A～50 A	EA	1	
18	해머(철제)	500 g	EA	1	
19	흑색 또는 청색 필기구 (연필, 굵은 사인펜 제외)	사무용	EA	1	
20	익스팬더(동관 확관기)	15 A～20 A	EA	1	지참 희망자에 한함

비고 동력나사절삭기는 시험장에 비치되어 있으며, 나사절삭을 위해 수험자 본인이 지참한 경우 개인장비 사용이 가능합니다. [단, 동력나사절삭기의 배관커터기능은 사용하실 수 없으며, 관 절단 시 수험자가 지참한 수동공구(수동파이프 커터, 튜브 커터, 쇠톱 등)을 사용하여야 합니다.)]

작업형 실기 시험 채점 기준표

주요항목	세부항목	항목별 채점 방법					배점
치수 정밀도	부분길이 치수 8개소 8개소×3점=24점	각 측정 개소마다 최대오차를 측정					24
		오차 (mm)	3 이하	3 초과 4 이하	4 초과 5 이하	기타	
		배점	3	2	1	0	
외관	강관의 외관 : 강관 표면의 흠집이나 일그러진 곳의 개소를 점검	결함 개소	1개소 이하	2개소	3개소	4개소 이상	3
		배점	3	2	1	0	
	동관의 외관 : 표면에 공구 등의 흠집이나 일그러진 개소를 점검	결함 개소	없음	1개소	2개소	3개소 이상	3
		배점	3	2	1	0	
조립 상태	강관의 조립 상태 : 잔류 나사산이 없거나 3산 이상인 곳을 점검	결함 개소	2개소 이하	3~4 개소	5~6 개소	기타	3
		배점	3	2	1	0	
	동관의 조립 상태 : 용접부 폭 및 상태를 점검	비드 폭이 균일하고 상태가 양호하면 2점, 이음쇠 표면까지 납땜한 자국(덧땜자국)이 있거나, 상태가 불량한 경우 등 기타 0점					2
수압	수압 시험	각 단계에서 최소 1분 이상 수압을 건 상태에서 누수 여부를 점검					9
		수압 (kgf/cm²)	9 이상	9 미만 6 이상	6 미만 3 이상		
		배점	9	6	3		
평행도	평행도 : 작품을 정반 위에 올려놓고 평면도 상에서 평행도 오차가 가장 큰 곳을 측정	오차 (mm)	10 이하	10 초과 20 이하	20 초과		3
		배점	3	1	0		
안전 관리	작업 복장 상태, 공구 등 정리정돈 상태, 안전 보호구 착용 여부, 안전 수칙 준수 여부						3

작업형 실기 시험 공개 도면 ①

| 자격종목 | 에너지관리기능사 | 과제명 | 강관 및 동관 조립 | 척도 | N.S |

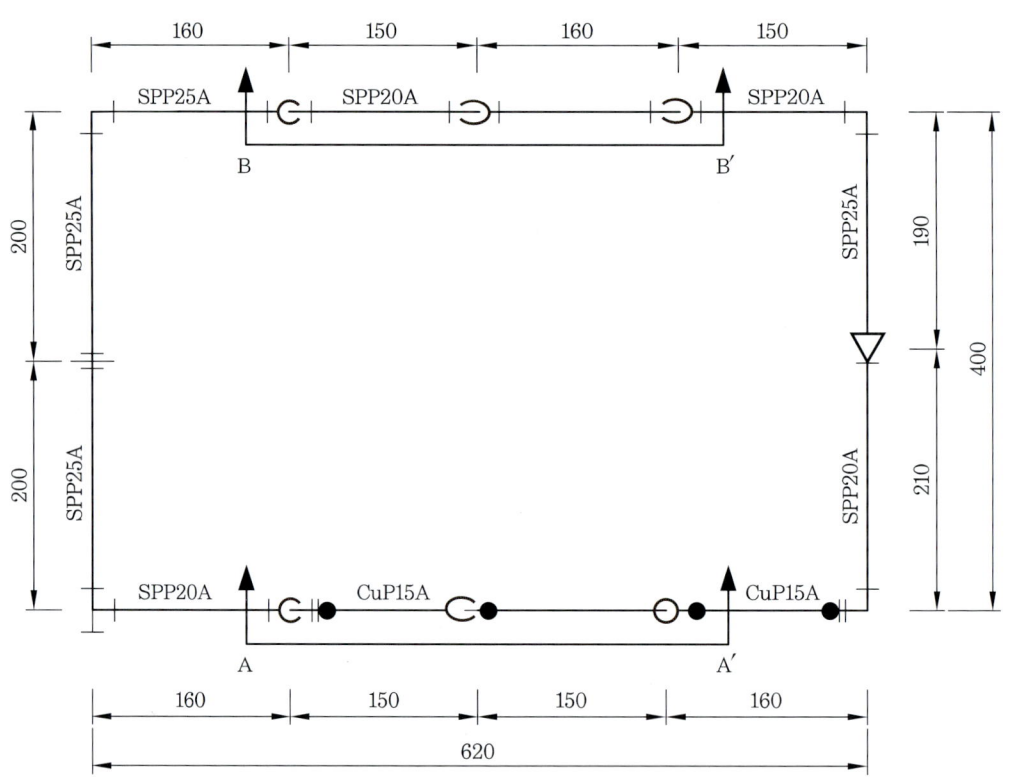

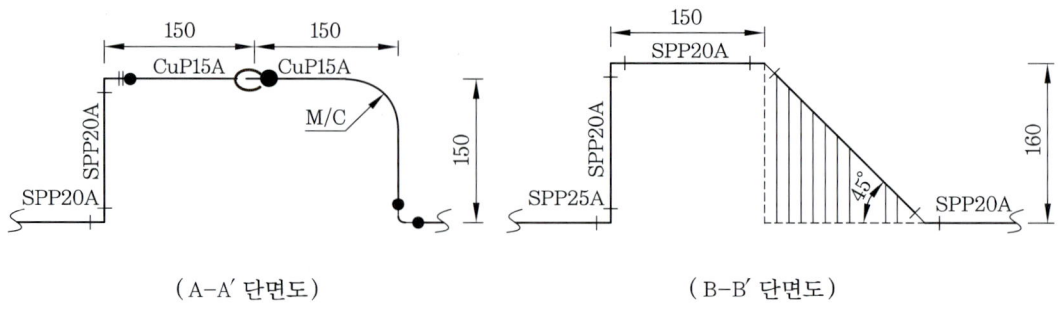

(A-A' 단면도)　　　　　　(B-B' 단면도)

작업형 실기 시험 공개 도면 ① (완성 작품)

| 자격종목 | 에너지관리기능사 | 과제명 | 강관 및 동관 조립 | 척도 | N.S |

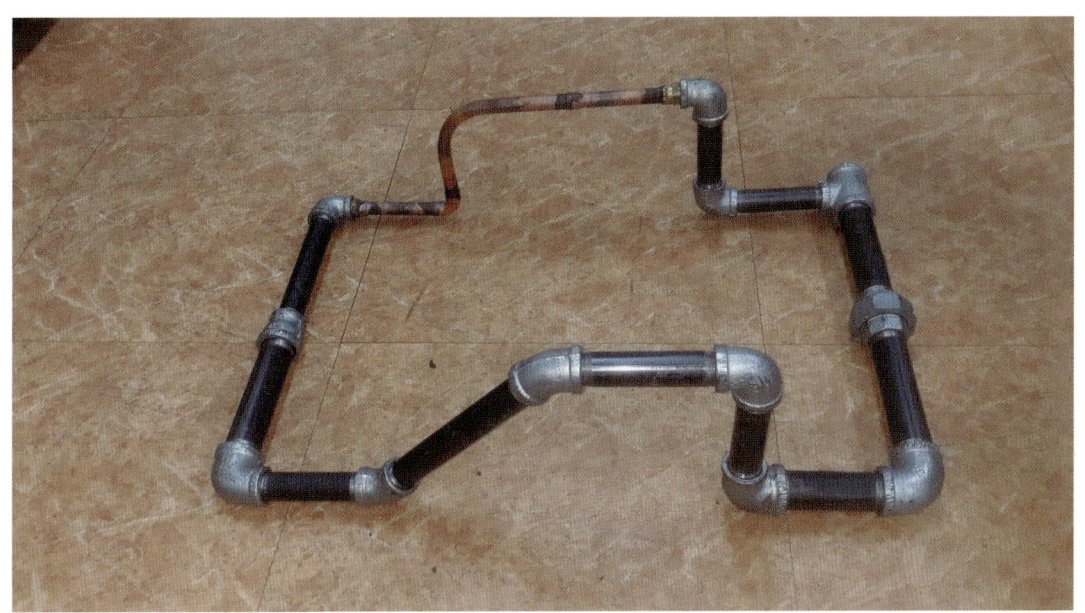

작업형 실기 시험 공개 도면 ②

| 자격종목 | 에너지관리기능사 | 과제명 | 강관 및 동관 조립 | 척도 | N.S |

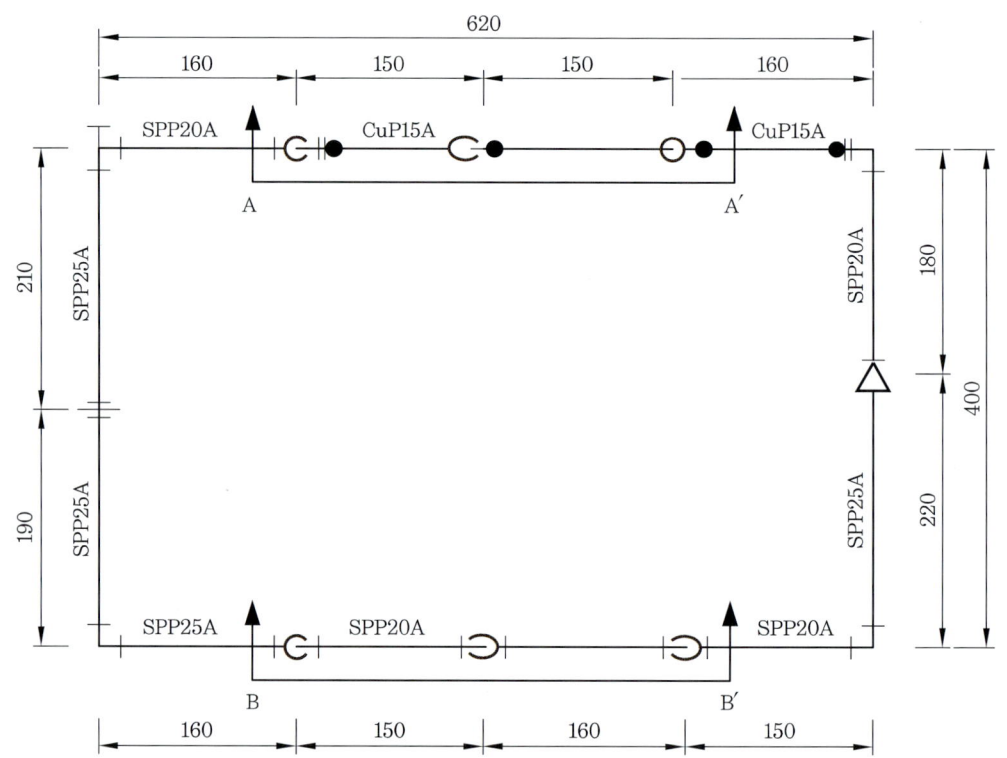

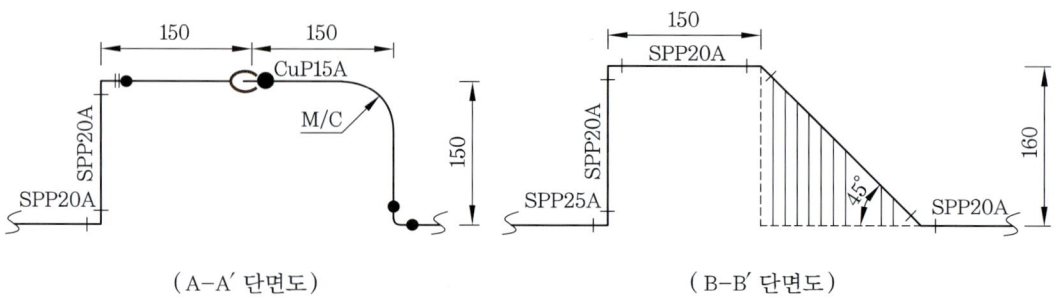

(A-A' 단면도)　　　　(B-B' 단면도)

작업형 실기 시험 공개 도면 ② (완성 작품)

| 자격종목 | 에너지관리기능사 | 과제명 | 강관 및 동관 조립 | 척도 | N.S |

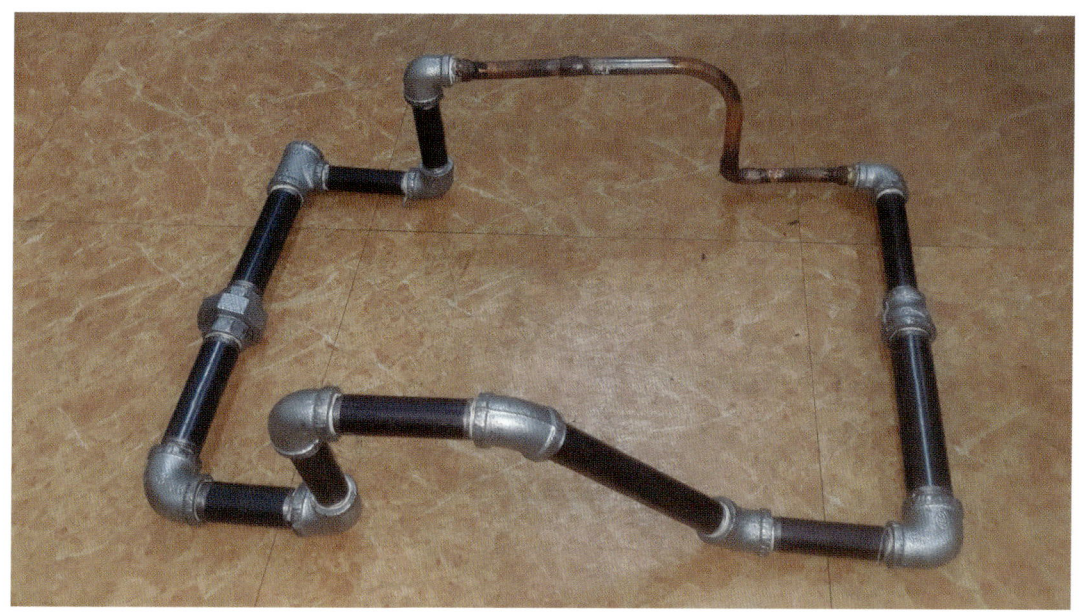

작업형 실기 시험 공개 도면 ③

| 자격종목 | 에너지관리기능사 | 과제명 | 강관 및 동관 조립 | 척도 | N.S |

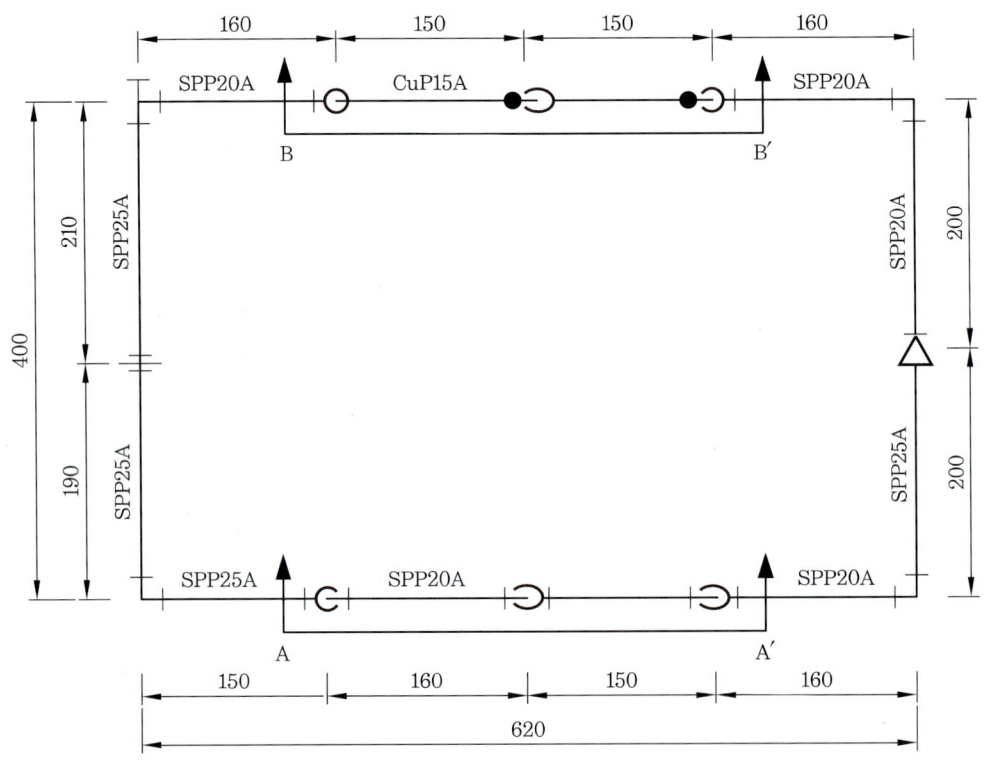

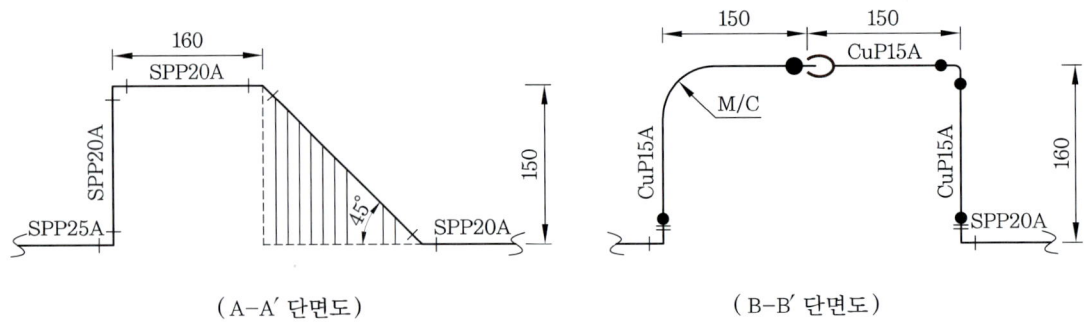

(A-A' 단면도)　　　(B-B' 단면도)

작업형 실기 시험 공개 도면 ③ (완성 작품)

자격종목	에너지관리기능사	과제명	강관 및 동관 조립	척도	N.S

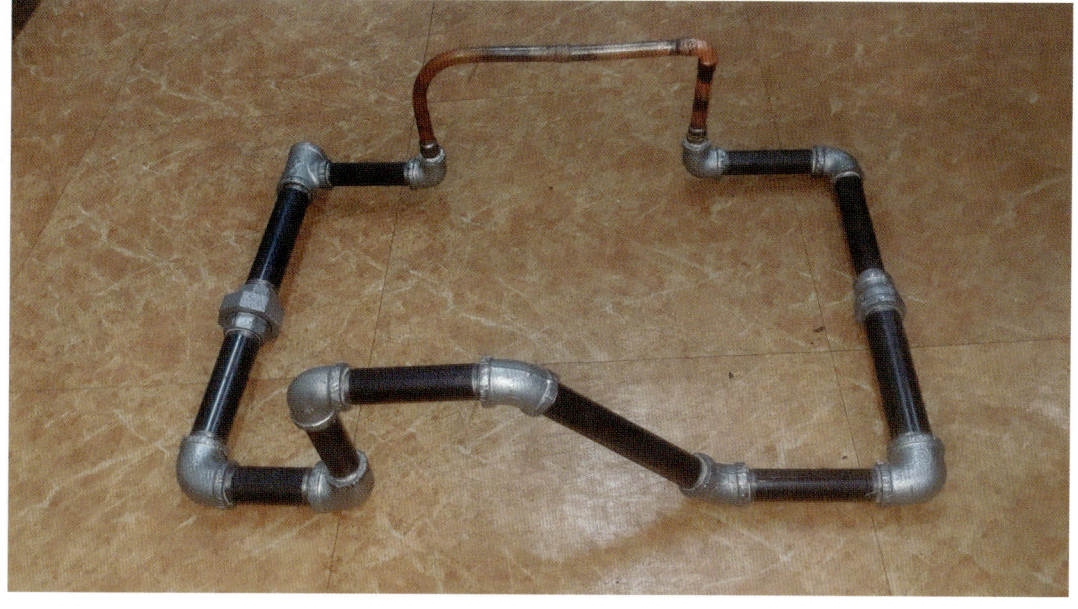

작업형 실기 시험 공개 도면 ④

| 자격종목 | 에너지관리기능사 | 과제명 | 강관 및 동관 조립 | 척도 | N.S |

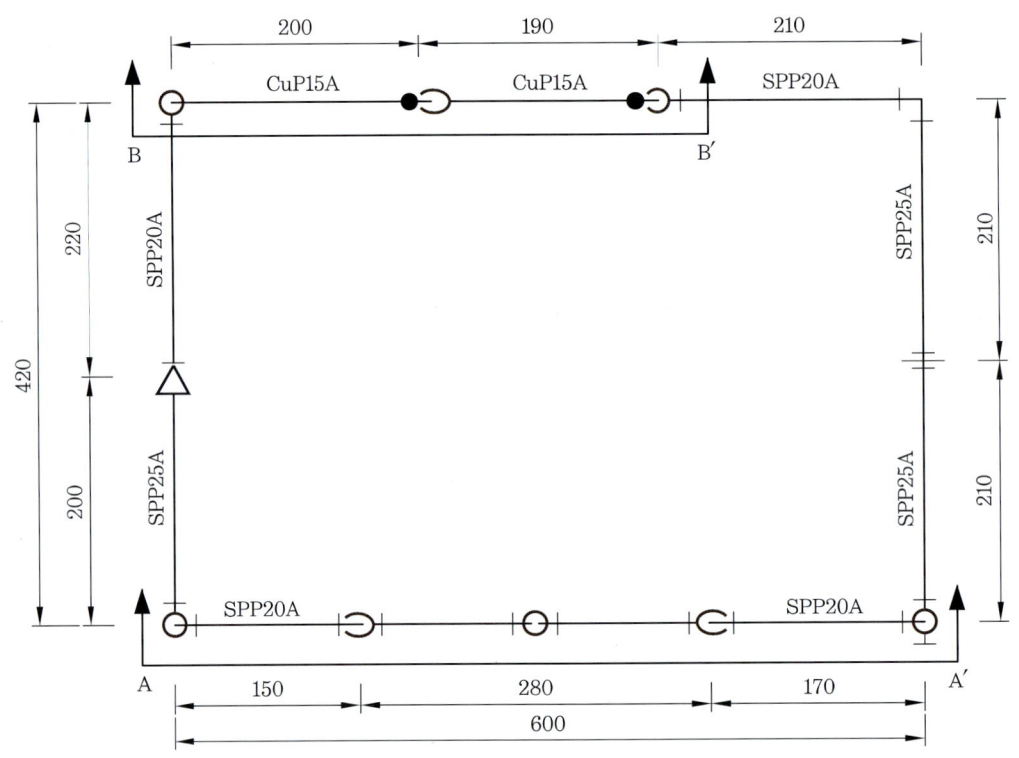

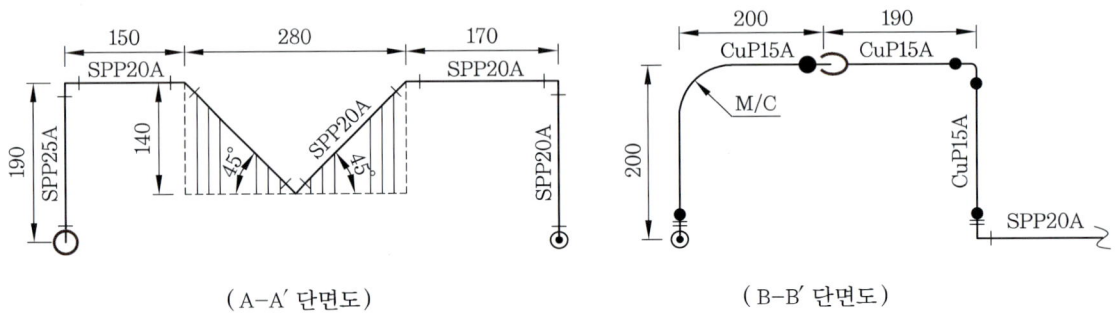

(A-A' 단면도)   (B-B' 단면도)

작업형 실기 시험 공개 도면 ④ (완성 작품)

| 자격종목 | 에너지관리기능사 | 과제명 | 강관 및 동관 조립 | 척도 | N.S |

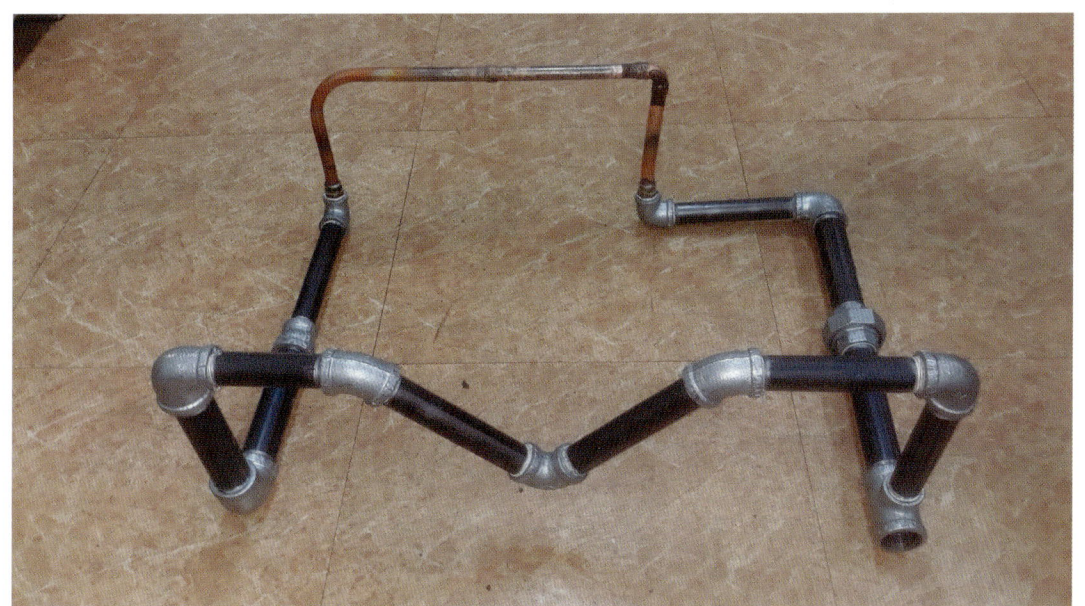

작업형 실기 시험 공개 도면 ⑤

| 자격종목 | 에너지관리기능사 | 과제명 | 강관 및 동관 조립 | 척도 | N.S |

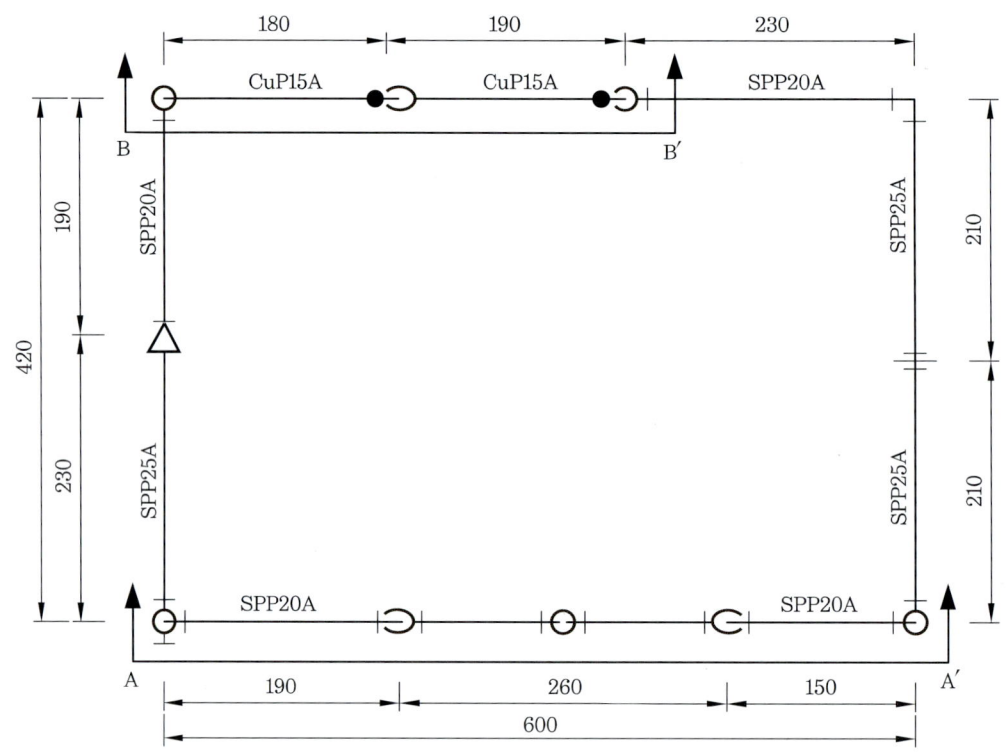

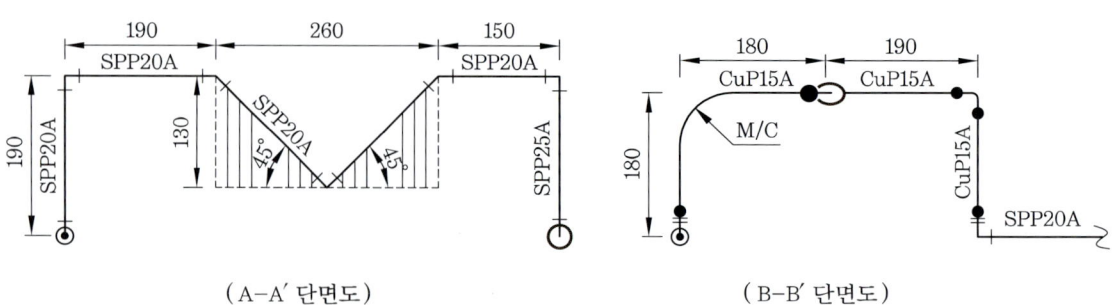

(A-A′ 단면도)　　　　(B-B′ 단면도)

작업형 실기 시험 공개 도면 ⑤ (완성 작품)

자격종목	에너지관리기능사	과제명	강관 및 동관 조립	척도	N.S

작업형 실기 시험 공개 도면 ⑥

| 자격종목 | 에너지관리기능사 | 과제명 | 강관 및 동관 조립 | 척도 | N.S |

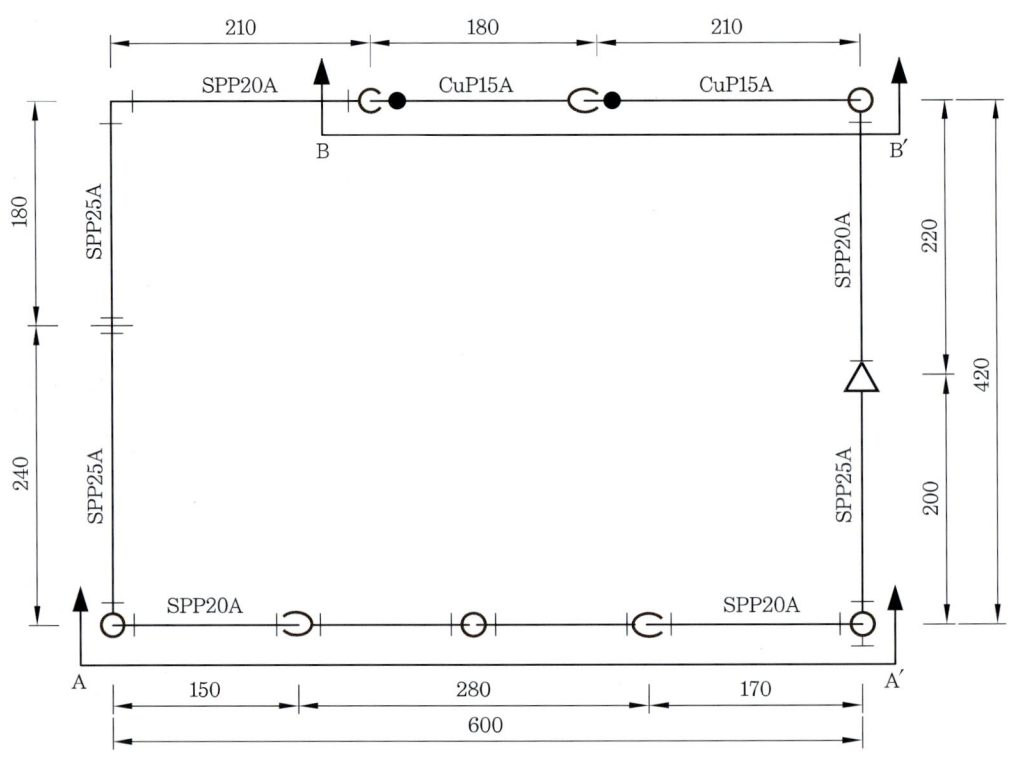

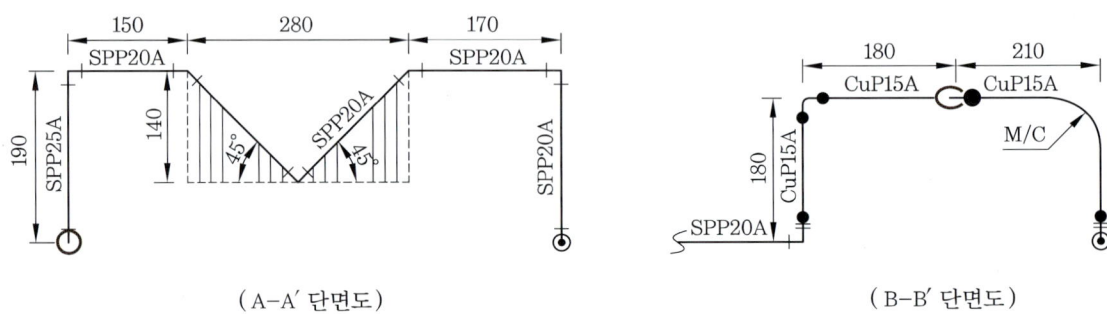

(A-A' 단면도)　　　　　　(B-B' 단면도)

작업형 실기 시험 공개 도면 ⑥ (완성 작품)

| 자격종목 | 에너지관리기능사 | 과제명 | 강관 및 동관 조립 | 척도 | N.S |

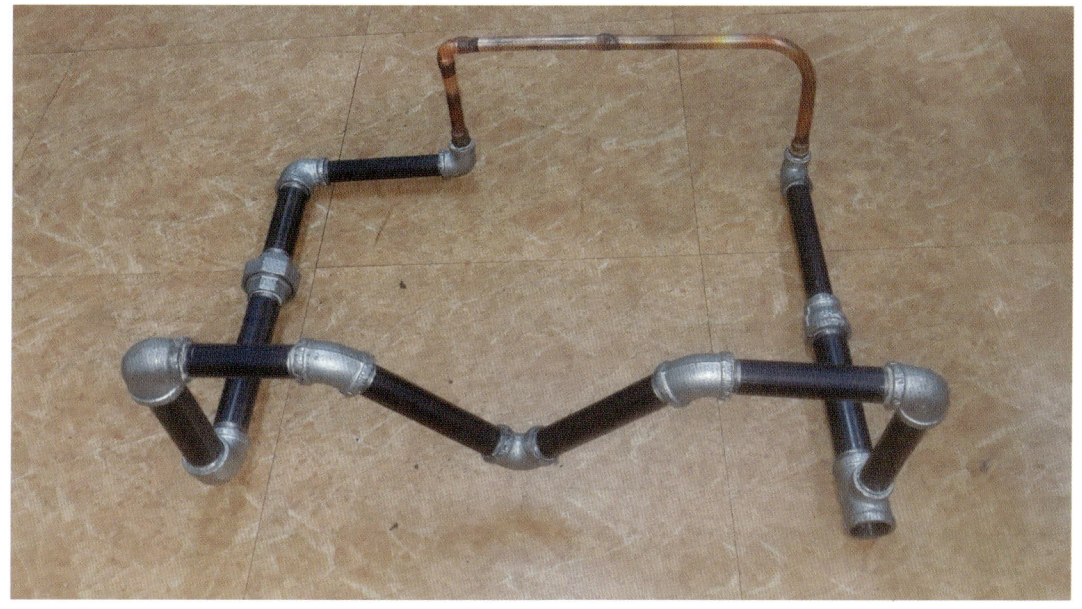

2012년도 출제문제

2012년 3월 25일 출제문제(필답형 주관식)

1. 전열면적이 12 m²이고 온수 보일러의 최고사용압력이 0.25 MPa일 때 수압 시험 압력은 몇 MPa로 해야 하는가?

해답 0.5 MPa
참고 소형 온수 보일러(전열면적이 14 m² 이하이며 최고사용압력이 0.35 MPa 이하의 온수를 발생하는 것)의 수압 시험압력은 최고사용압력의 2배의 압력으로 한다. 다만, 시험압력이 0.2 MPa 미만인 경우에는 0.2 MPa로 한다.

2. 배관의 지지쇠인 서포트(support) 종류 4가지를 쓰시오.

해답 ① 파이프 슈 ② 리지드 서포트 ③ 롤러 서포트 ④ 스프링 서포트

3. 가정용 온수 보일러의 열출력을 구할 때 고려해야 할 부하의 종류 3가지를 쓰시오.

해답 ① 난방 부하 ② 급탕 부하 ③ 배관 부하 ④ 예열 부하
참고 온수 보일러 열출력(kcal/h) = 난방 부하 + 급탕 부하 + 배관 부하 + 예열 부하

4. 주철제 5세주형 방열기로 높이가 650 mm, 쪽수가 20개인 것을 조립하고 유입 측 관지름이 25 mm, 유출 측 관지름이 20 mm일 때 방열기의 도시 기호를 표시하시오.

해답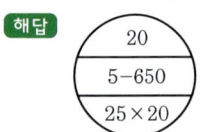

5. 나관에서의 열손실 열량이 5000 kcal/h, 보온 피복 후 열손실 열량이 1000 kcal/h일 때 보온효율(%)을 계산하시오.

해답 【식】 $\left(\dfrac{5000-1000}{5000}\right) \times 100 = 80\ \%$ 　　　　　　　　　【답】 80 %

6. 온수 보일러 연료 연소 시 연소실 내 연소온도를 높이는 방법 3가지를 쓰시오.

해답 ① 발열량이 높은 연료를 사용할 것
② 연료를 완전연소시킬 것
③ 과잉공기량을 될 수 있는 한 적게 할 것
④ 연료와 연소용 공기를 예열시켜 공급할 것
⑤ 복사열 손실을 줄일 것
⑥ 연료와 연소용 공기의 혼합을 좋게 할 것

7. 사무실 벽면적이 120 m^{2}이고 열통과율 0.18 kcal/m^{2}h℃, 실내온도 20℃, 실외온도 −5℃일 때 손실 열량(kcal/h)을 계산하시오.

해답 【식】 $0.18 \times 120 \times \{20-(-5)\} = 540\ \text{kcal/h}$　　　　【답】 540 kcal/h

8. 파이프 렌치의 종류 2가지를 쓰시오.

해답 ① 체인형 파이프 렌치　② 오프셋 파이프 렌치
③ 스트랩 파이프 렌치　④ 스트레이트 파이프 렌치

9. 15℃ 물 160 kg으로 75℃ 물 몇 kg이 있어야 40℃ 온수가 되는가를 계산하시오.
(단, 답은 소수 첫째 자리에서 반올림하여 정수 자리까지 구하시오.)

해답 【식】 $40 = \dfrac{160 \times 1 \times 15 + x \times 1 \times 75}{160 \times 1 + x \times 1}$ 에서 $40 = \dfrac{2400 + 75x}{160 + x}$

$40(160 + x) = 2400 + 75x$
$6400 + 40x = 2400 + 75x$
$6400 - 2400 = 75x - 40x$
∴ $x = \dfrac{4000}{35} = 114\ \text{kg}$

【답】 114 kg

참고 위 문제를 다음과 같이 풀이할 수 있다.
① 15℃ 물이 얻은 열량 $Q_1 = 160 \times 1 \times (40-15)$
② 75℃ 물이 빼앗긴 열량 $Q_2 = x \times 1 \times (75-40)$
$Q_1 = Q_2$이므로 $160 \times 1 \times (40-15) = x \times 1 \times (75-40)$에서
$4000 = 75x - 40x$
∴ $x = \dfrac{4000}{35} = 114\ \text{kg}$

2012년 3월 31일 출제문제 (작업형 출제 도면)

| 자격종목 | 에너지관리기능사 | 과제명 | 강관 및 동관 조립 | 척도 | N.S |

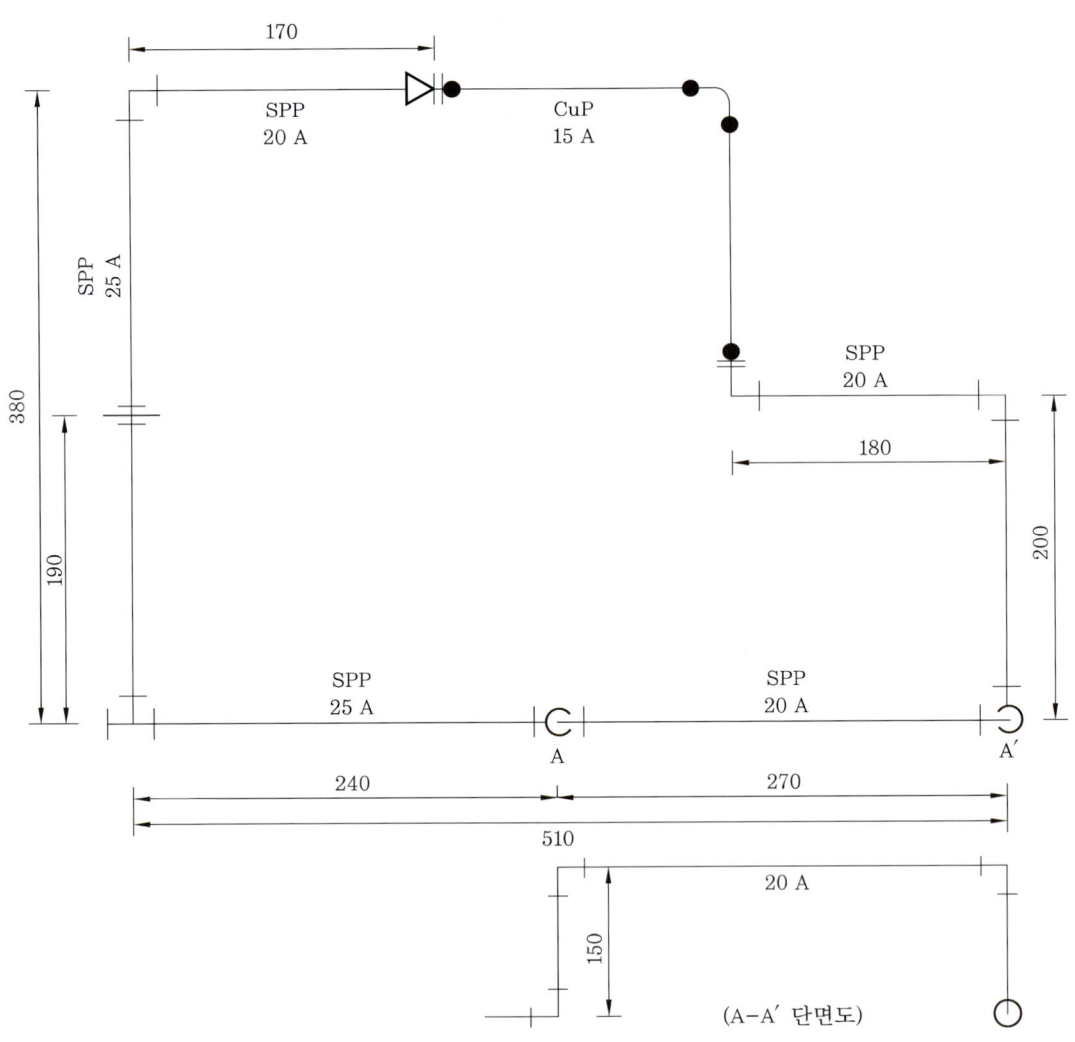

2012년 3월 31일 출제문제 (작업형 완성 작품)

| 자격종목 | 에너지관리기능사 | 과제명 | 강관 및 동관 조립 | 척도 | N.S |

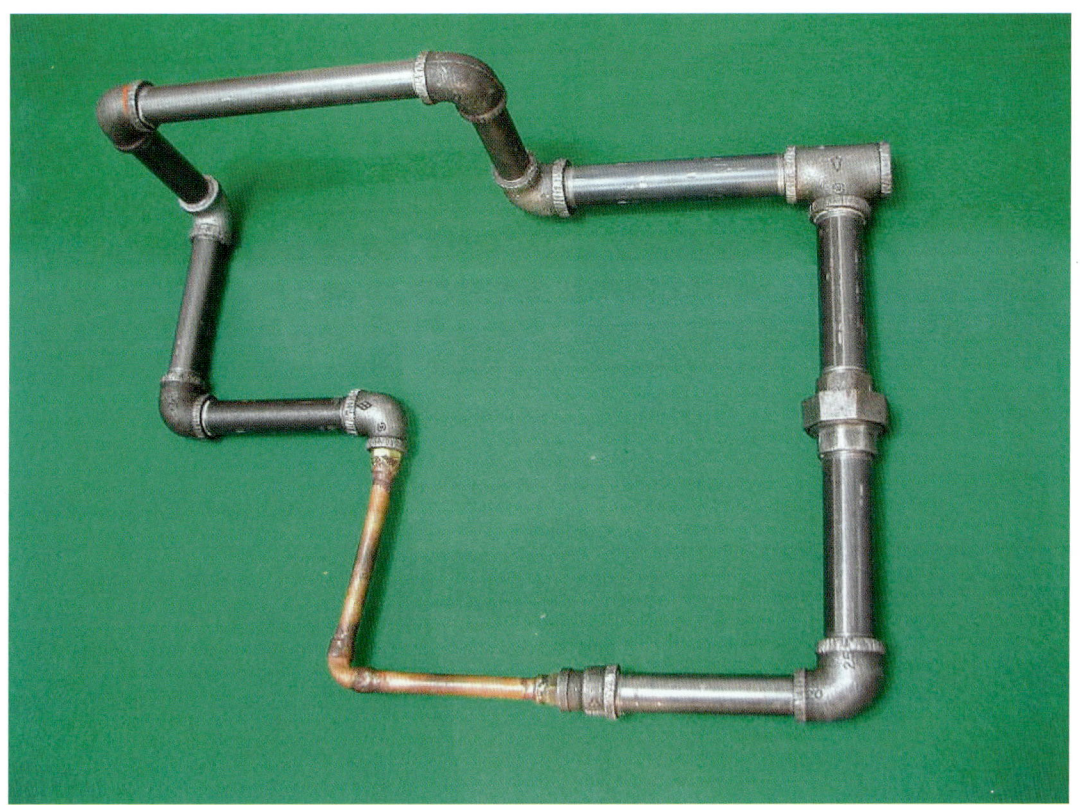

2012년 5월 27일 출제문제(필답형 주관식)

1. 주형 방열기 중 (1) 세주형 방열기의 종류 2가지와 (2) 벽걸이형 방열기의 종류 2가지를 쓰시오.

해답 (1) ① 3세주형 ② 5세주형   (2) ① 수직형 ② 수평형

2. 호칭 20 A 강관을 반지름(R) 200 mm로 90°로 가공하려 할 때 굽힘부의 곡선길이 (mm)를 계산하시오.

해답 【식】 $400 \times \pi \times \dfrac{90}{360} = 314.16$ mm

【답】 314.16 mm

3. 벽의 두께를 b[m], 열전도율을 λ[kcal/mh℃], 내측 열전달률을 a[kcal/m²h℃], 외측 열전달률을 A[kcal/m²h℃]라고 할 때 열관류율 k[kcal/m²h℃]를 구하는 공식을 만드시오.

해답 $k = \dfrac{1}{\dfrac{1}{a} + \dfrac{b}{\lambda} + \dfrac{1}{A}}$

4. 다음은 온수온돌의 시공층 단면도이다. ②, ③, ⑤, ⑥, ⑦의 명칭을 쓰시오.

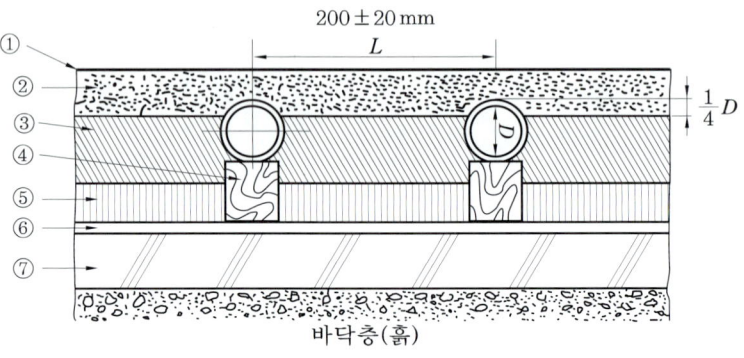

해답 ② 시멘트 모르타르층 ③ 자갈층 ⑤ 단열층
⑥ 방수층 ⑦ 기초 콘크리트층 (바탕층)

참고 ① 장판 ④ 받침대 (받침재)

5. 다음 그림에서 온수 난방 및 급탕 설비 등에 대한 배관 라인을 완성하시오. (단, 방 바닥의 방열관은 직렬식 배관이며, 주방 및 목욕탕의 냉수 라인 도시는 생략한다.)

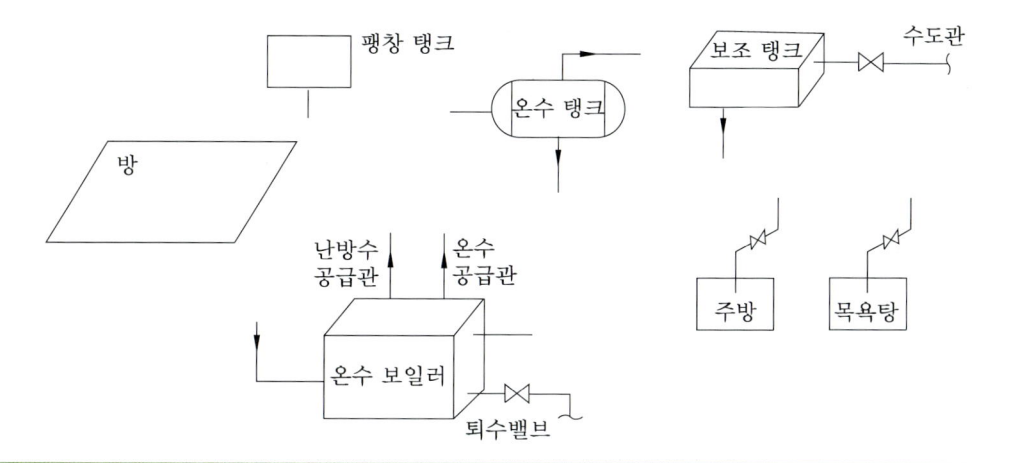

해답

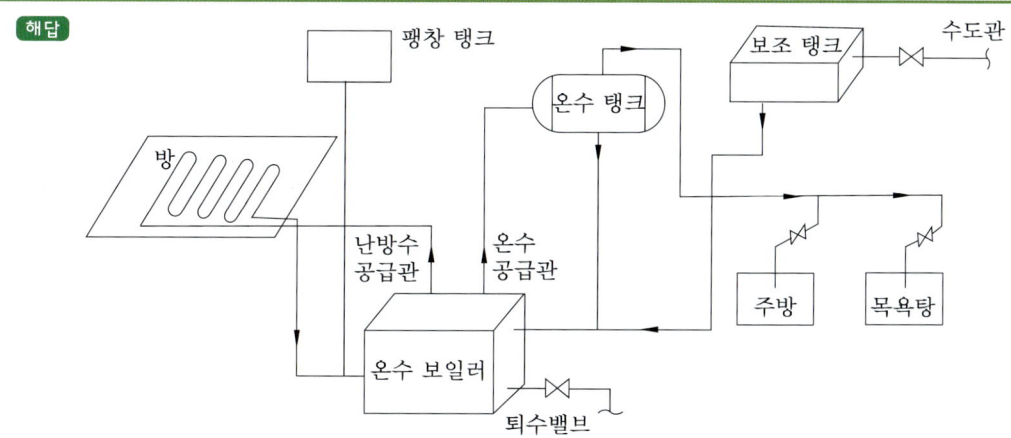

6. 다음 ( ) 안에 적당한 용어 또는 숫자를 쓰시오.

소형 온수 보일러의 수압시험압력은 (①)의 (②)배로 하며 단, 그 값이 (③) MPa 미만 시에는 (④) MPa로 한다.

해답 ① 최고사용압력 ② 2 ③ 0.2 ④ 0.2

7. 난방용 온수공급량이 12 T/day, 난방용 송수온도 80℃, 난방용 환수온도 65℃ 일 때 난방 부하(kcal/h)를 계산하시오. (단, 온수의 평균비열은 1 kcal/kg℃이다.)

해답 【식】 $\dfrac{12 \times 1000 \times 1 \times (80-65)}{24} = 7500 \text{ kcal/h}$

【답】 7500 kcal/h

08. 다음 ( ) 속에 적당한 용어 및 숫자를 쓰시오.

> 어떤 일정지역 내의 한 장소에 보일러실을 설치하여 증기 또는 온수를 공급하는 난방방식을 (①)이라 하고 증기난방에서 응축수 환수방식에 따라 중력 환수식, 기계 환수식, (②)으로 분류하며 온수난방에서 고온수난방의 온수온도는 (③)℃ 이상의 온수를 사용한다.

[해답] ① 지역난방 ② 진공 환수식 ③ 100

09. 연료의 발열량을 측정하는 열량계에 대한 관계가 맞도록 연결하시오.

> (가) 봄브 열량계 •   • (A) 기체 연료의 발열량 측정
> (나) 시그마 열량계 •   • (B) 액체 연료의 발열량 측정

[해답] (가)와 (B)를 연결하고 (나)와 (A)를 연결할 것
[참고] ① 봄브 열량계 : 고체 연료 및 점도가 큰 액체 연료 발열량 측정에 사용
② 융커스식 열량계 : 기체 연료 및 기화하기 쉬운 액체 연료 발열량 측정에 사용
③ 시그마 열량계 : 기체 연료 발열량 측정에 사용

10. 통풍방식에는 자연통풍방식과 강제통풍방식이 있으며 강제통풍방식은 압입통풍, 흡입통풍, 평형통풍으로 구분한다. 다음 설명에 해당하는 통풍방식을 각각 쓰시오.

> (1) 연소실 앞에 설치된 송풍기로 공기를 압입하는 방식
> (2) 연도 끝에 설치된 송풍기로 연소가스를 빨아들여 배출하는 방식
> (3) 연소실 앞에서 압입하는 방식과 연도에서 흡입하는 방식을 병행한 방식
> (4) 연소가스와 외부공기와의 밀도차를 이용하는 방식

[해답] (1) 압입통풍 (2) 흡입통풍 (3) 평형통풍 (4) 자연통풍

2012년 5월 28일 출제문제 (작업형 출제 도면)

| 자격종목 | 에너지관리기능사 | 과제명 | 강관 및 동관 조립 | 척도 | N.S |

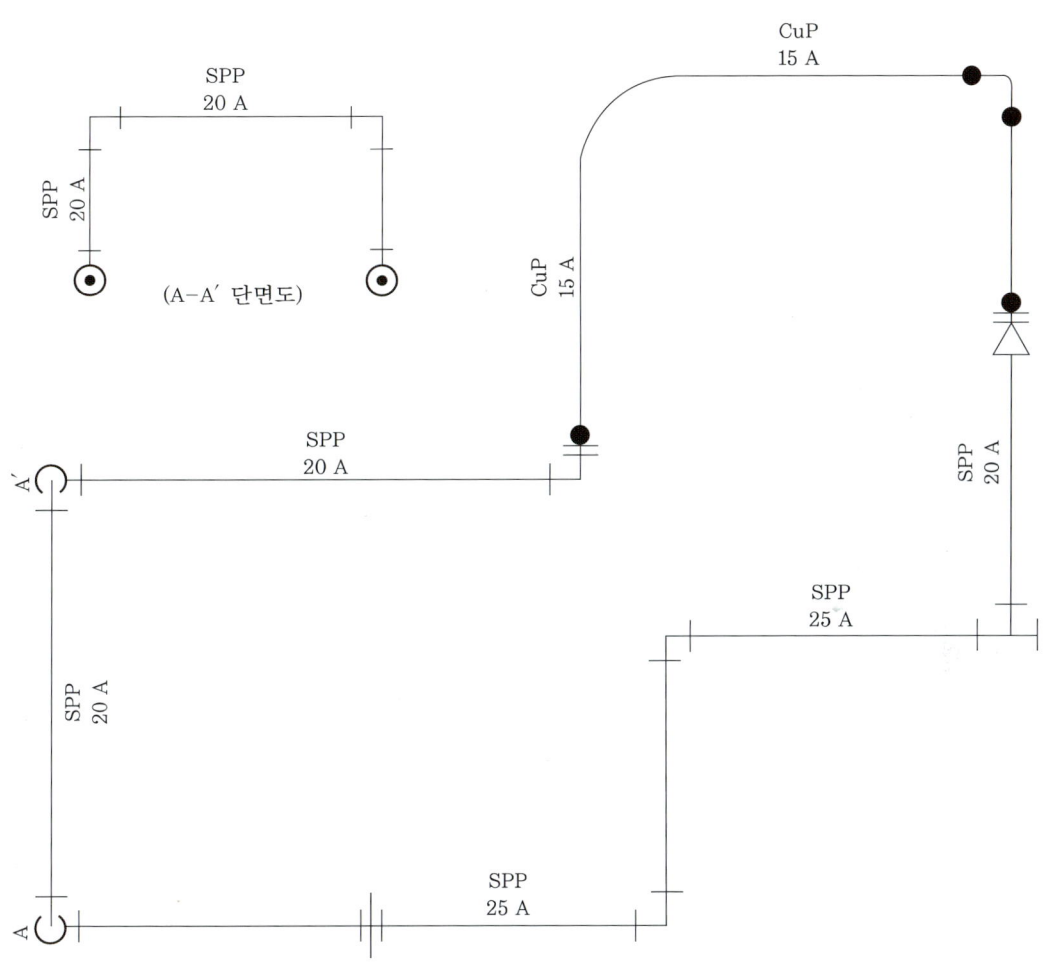

2012년 5월 28일 출제문제 (작업형 완성 작품)

| 자격종목 | 에너지관리기능사 | 과제명 | 강관 및 동관 조립 | 척도 | N.S |

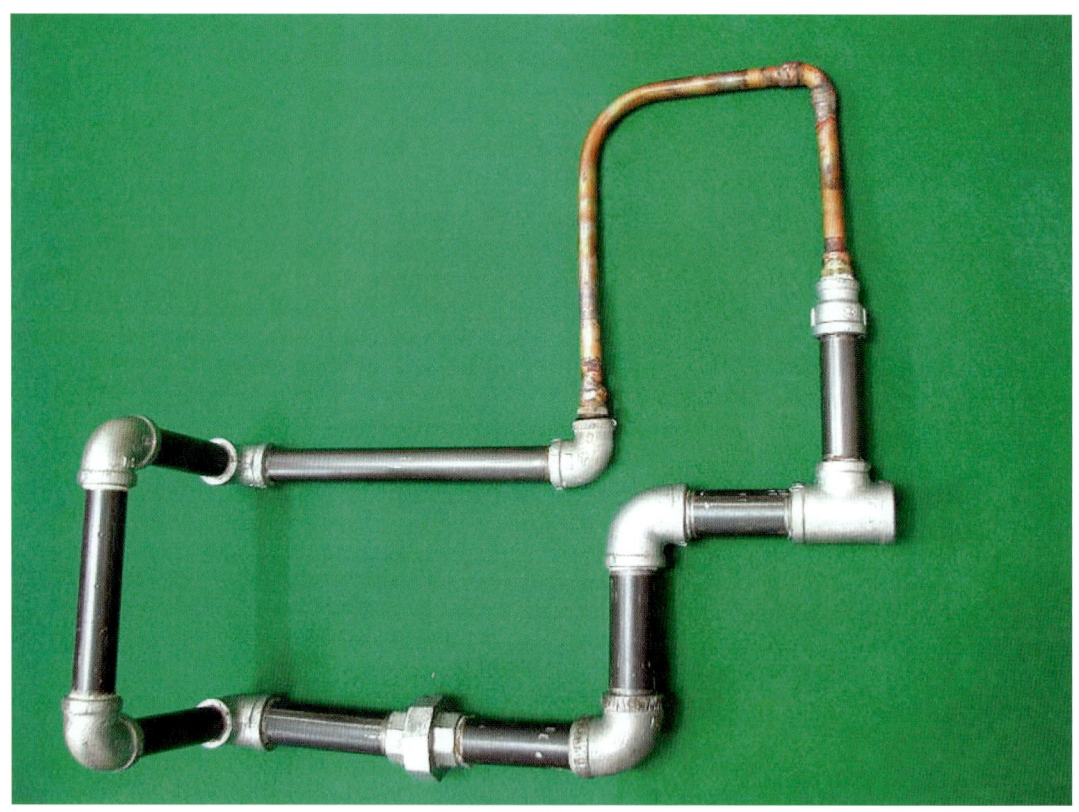

2012년 9월 9일 출제문제 (필답형 주관식)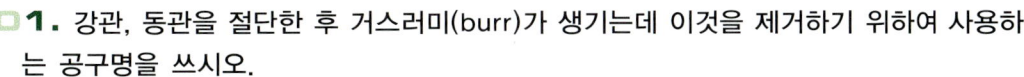

1. 강관, 동관을 절단한 후 거스러미(burr)가 생기는데 이것을 제거하기 위하여 사용하는 공구명을 쓰시오.

[해답] 파이프 리머(pipe reamer)

2. 자동제어회로에서 피드백 제어의 제어부 4개를 쓰시오.

[해답] ① 설정부 ② 조절부 ③ 조작부 ④ 검출부

3. 액화천연가스(LNG)의 주성분 2가지를 쓰시오.

[해답] ① 메탄(CH_4) ② 에탄(C_2H_6)
[참고] ① 건성가스 주성분 : 메탄(CH_4)
② 습성가스 주성분 : 메탄(CH_4), 에탄(C_2H_6)

4. 온수난방에서 온수순환 방식에 따른 종류 2가지를 쓰시오.

[해답] ① 자연순환식(중력순환식) ② 강제순환식
[참고] ① 온수공급 방식에 따른 종류 : 상향순환식, 하향순환식
② 배관방식에 따른 종류 : 단관식, 복관식
③ 온수온도에 따른 종류 : 보통온수식, 고온수식

5. 주형(柱形) 방열기에서 세주형 방열기의 종류 2가지를 쓰시오.

[해답] ① 3세주형 ② 5세주형

6. 온수 보일러 열출력 부하(H) 종류 중 다음에 해당하는 것을 쓰시오. (단, Q_2는 급탕 및 취사 부하이다.)

$$H = Q_1 + Q_2 + Q_3 + Q_4$$

[해답] ① Q_1 = 난방 부하 ② Q_3 = 배관 부하 ③ Q_4 = 예열 부하

7. 보온재 두께 50 mm, 면적 12 m², 내측온도 300℃, 외측온도 20℃, 열전도량 4000 kcal/h일 때 보온재의 열전도율(kcal/hm℃)을 구하시오.

해답 【식】 $4000 = x \times \dfrac{(300-20)}{0.05} \times 12$ 에서

$$x = \dfrac{4000 \times 0.05}{(300-20) \times 12} = 0.06 \text{ kcal/hm℃}$$

【답】 0.06 kcal/hm℃

참고 열전도량 Q[kcal/h], 열전도율 λ[kcal/hm℃], 두께 b[m], 고온측 온도 t_1[℃], 저온측 온도 t_2[℃], 면적 F[m²]라면

$$Q = \lambda \times \dfrac{(t_1 - t_2)}{b} \times F$$

8. 다음 설명에 해당하는 화염검출기의 종류를 〈보기〉에서 골라 쓰시오.

(1) 화염의 발광체를 이용한 것이며 화염의 복사선을 광전관이 잡아 화염의 유무를 검출해 주고 가스 및 기름 버너에 주로 사용한다.
(2) 화염의 이온화를 이용한 것이며 연소시간이 짧은 가스 점화 버너에서 주로 사용한다.
(3) 연소가스의 발열체를 이용한 것이며 연도에 설치한 바이메탈의 신축으로 화염의 유무를 검출해 주고 가격이 싸고 구조도 간단하지만 화염 검출의 응답이 느리고 소용량 온수 보일러에서 사용한다.

〈보기〉
• 아쿠아스탯   • 스택 스위치   • 플레임 아이
• 콤비네이션 릴레이   • 플레임 로드   • 스택 릴레이

해답 (1) 플레임 아이 (2) 플레임 로드 (3) 스택 스위치

9. 난방부하 15300 kcal/h인 가스 보일러에서 효율이 85 %일 때 시간 당 연료사용량(Nm³/h)을 구하시오. (단, 연료의 저위 발열량은 6000 kcal/Nm³이다.)

해답 【식】 $\dfrac{15300}{x \times 6000} \times 100 = 85\%$ 에서

$$x = \dfrac{15300 \times 100}{6000 \times 85} = 3 \text{ Nm}^3/\text{h}$$

【답】 3 Nm³/h

10. 다음 방열기를 역환수관식(reverse return)으로 배관하려고 한다. 도면을 보고 배관을 완성하시오.

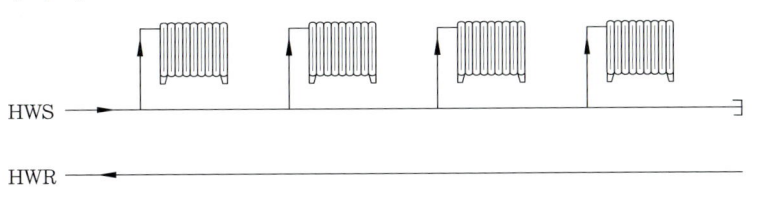

해답

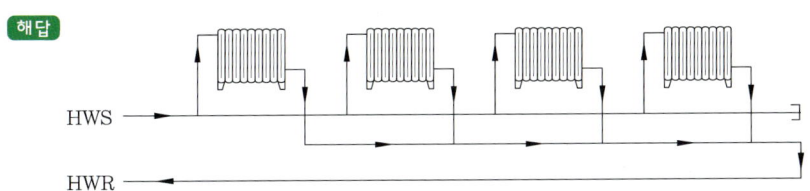

참고 ① HWS : 온수공급
② HWR : 온수환수
③ 역환수관식(역귀환방식)의 특징은 각 실의 난방을 균등하게 할 수 있으나 관로 저항을 많이 일으킨다.

11. 다음 그림은 구멍탄용 온수 보일러 설치 시공도의 한 예이다. 다음 물음에 답하시오.

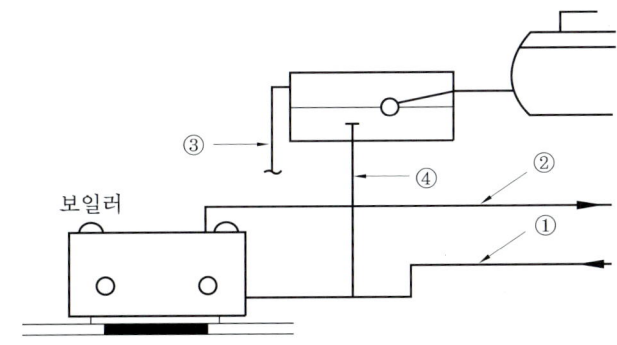

(1) ①~④까지의 명칭을 쓰시오.
(2) ④의 돌출부는 팽창탱크 바닥면보다 최소 얼마 이상 올라와야 되는가를 쓰시오.

해답 (1) ① 환수주관 ② 송수주관 ③ 오버 플로관(일수관) ④ 팽창관
(2) 25 mm 이상

2012년 9월 10일 출제문제 (작업형 출제 도면)

| 자격종목 | 에너지관리기능사 | 과제명 | 강관 및 동관 조립 | 척도 | N.S |

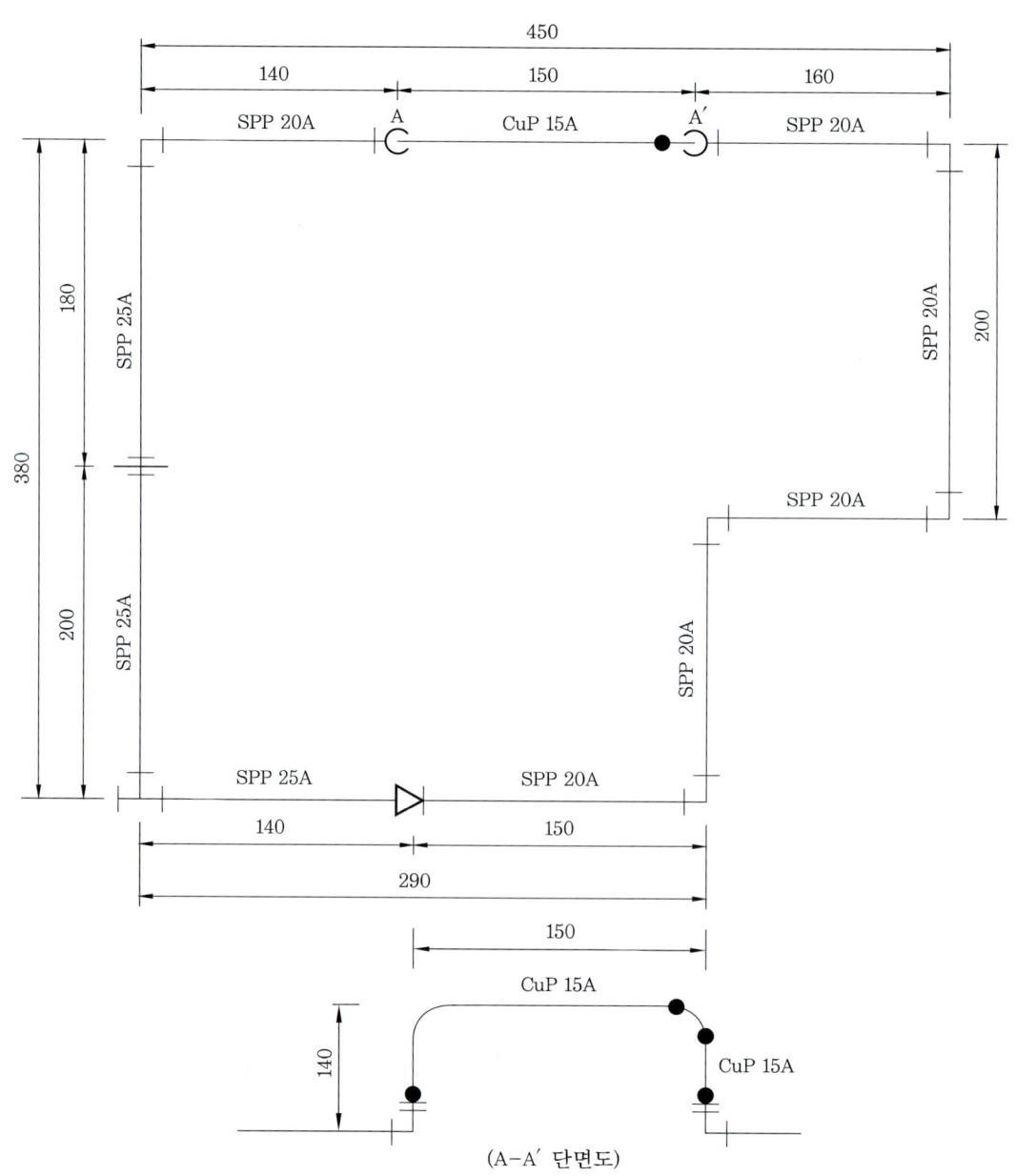

2012년 9월 10일 출제문제(작업형 완성 작품)

| 자격종목 | 에너지관리기능사 | 과제명 | 강관 및 동관 조립 | 척도 | N.S |

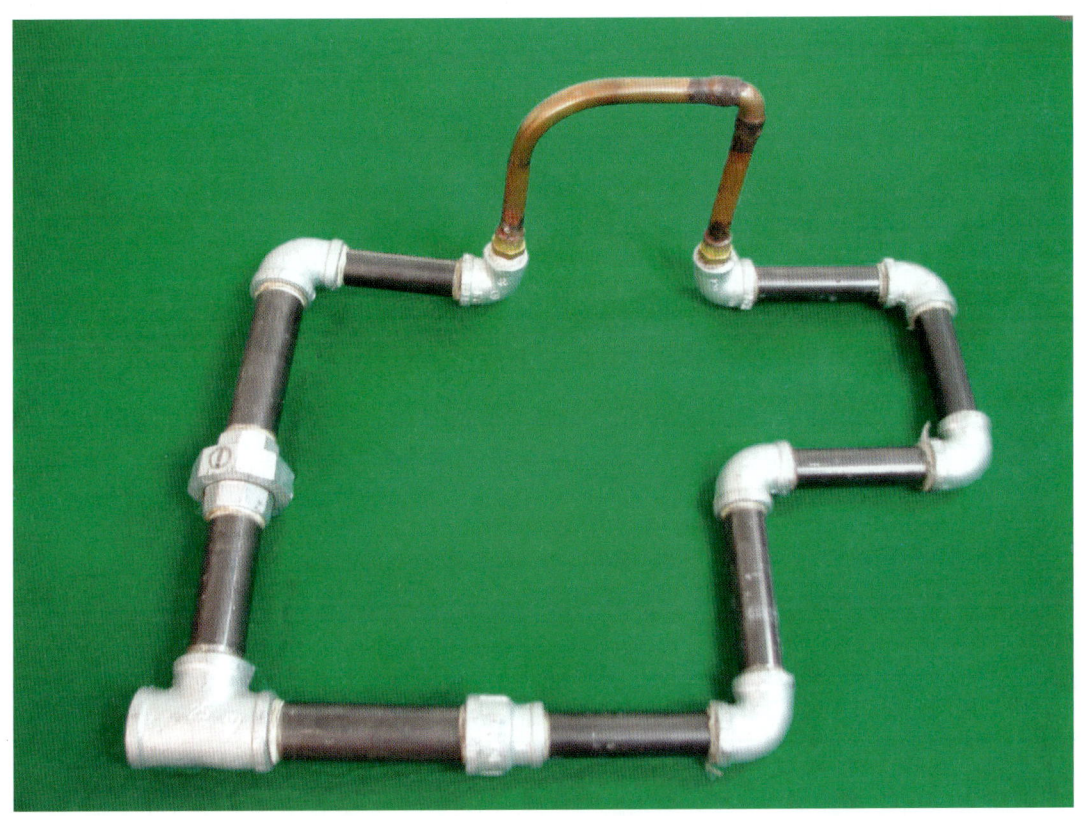

2012년 12월 1일 출제문제 (필답형 주관식)

1. 배관을 지지할 목적으로 사용되는 행어(hanger)의 종류 3가지를 쓰시오.

해답 ① 리지드 행어
② 스프링 행어
③ 콘스탄트 행어

2. 다음 방열기 도시기호에 대한 물음에 답하시오.

(1) 방열기 쪽수는 몇 개인가?
(2) 형별 및 치수는 얼마인가?
(3) 유입관경(mm) 및 유출관경(mm)은 얼마인가?

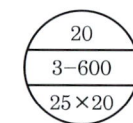

해답 (1) 20개
(2) 형별 : 3세주형, 치수 : 600 mm
(3) 유입관경 : 25 mm, 유출관경 : 20 mm

3. 어떤 일정 지역에 증기 또는 온수를 공급하여 난방하는 방식을 지역난방이라 하는데 이 지역난방의 특징 3가지를 쓰시오.

해답 ① 각 건물에 보일러를 설치하는 경우에 비해 열효율이 좋고 연료비와 인건비가 절감된다.
② 설비의 고도화에 따른 도시 매연이 감소된다.
③ 각 건물에 보일러를 설치하는 경우에 비해 건물의 유효면적이 증대된다.
④ 요철(땅의 높이 차이) 지역에는 부적합하다.

4. 복사난방의 단점 3가지를 쓰시오.

해답 ① 방열체의 열용량이 크므로 외기온도가 급변하였을 때 방열량을 조절하기가 어렵다.
② 천장이나 벽을 가열면으로 할 경우 시공상 어려움이 많으며, 균열이 생기기 쉽고 고장 시 발견이 어렵다.
③ 방열 패널 배관에서의 열손실을 방지하기 위해 단열층이 필요하며 이에 따른 시공비가 많이 든다.

참고 복사난방의 장점
① 실내온도 분포가 균등하고 쾌감도가 높다.
② 별도의 방열기를 설치하지 않으므로 공간 이용도가 높다.
③ 방이 개방상태일 때도 난방효과가 있다.
④ 공기온도가 비교적 낮으므로 같은 방열량에 대해서도 손실열량이 비교적 적다.
⑤ 공기의 대류가 적으므로 바닥면의 먼지가 상승하는 일이 없다.

05. 난방부하 18,000 kcal/h이고 방열기 1개당 20쪽 짜리이며 쪽당 방열면적이 0.2 m² 일 때 주철제 온수난방 보일러에서 이러한 방열기 몇 개가 필요한가?

해답 【식】 $0.2 \times 20 \times 450 \times x = 18,000$ 에서

$$x = \frac{18000}{0.2 \times 20 \times 450} = 10 \text{개}$$

【답】 10개

06. 보일러 수위검출 제어방식 3가지를 쓰시오.

해답 ① 1 요소식
② 2 요소식
③ 3 요소식

07. 온수 보일러에서 난방 부하가 12000 kcal/h, 급탕 부하가 8000 kcal/h, 배관 부하가 5000 kcal/h, 시동 부하가 6000 kcal/h일 때 이 보일러의 정격출력(kcal/h)을 계산하시오.

해답 【식】 $12000 + 8000 + 5000 + 6000 = 31000 \text{ kcal/h}$

【답】 31000 kcal/h

참고 ① 정격출력 = 난방 부하 + 급탕 부하 + 배관 부하 + 시동(예열) 부하
② 상용출력 = 난방 부하 + 급탕 부하 + 배관 부하

08. 동관 연납 용접작업 시 필요한 공구 5가지를 쓰시오. (준비 단계에서 작업이 끝날 때까지)

해답 ① 스파크 라이터
② 튜브 커터
③ 사이징 툴
④ 줄
⑤ 리머
⑥ 익스팬더

09. 통풍력 10 mm H₂O, 외기온도 20℃, 연소가스온도 150℃, 외기의 비중량 1.29 kgf/m³, 연소가스의 비중량 1.34 kgf/m³일 때 굴뚝 높이는 몇 m인가?

해답 【식】 $\dfrac{10}{273 \times \left(\dfrac{1.29}{20+273} - \dfrac{1.34}{150+273} \right)} = 29.66 \text{ m}$

【답】 29.66 m

10. 아래 그림은 스테인리스강관 배관 시공법을 도시한 것이다. 청동주물 본체 이음쇠에 스테인리스강관을 삽입하고, 동합금제 링을 캡 너트로 조여 접속하는 방식의 결합법은 무엇인가?

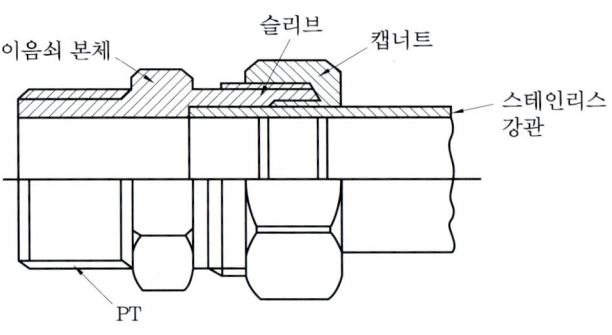

해답 MR 조인트

참고 몰코 이음 결합법은 몰코 조인트 이음쇠를 스테인리스강관에 삽입하고 전용압착공구(press tool)로 약 10초간 압착해 준다.

2012년 12월 7일 출제문제 (작업형 출제 도면)

| 자격종목 | 에너지관리기능사 | 과제명 | 강관 및 동관 조립 | 척도 | N.S |

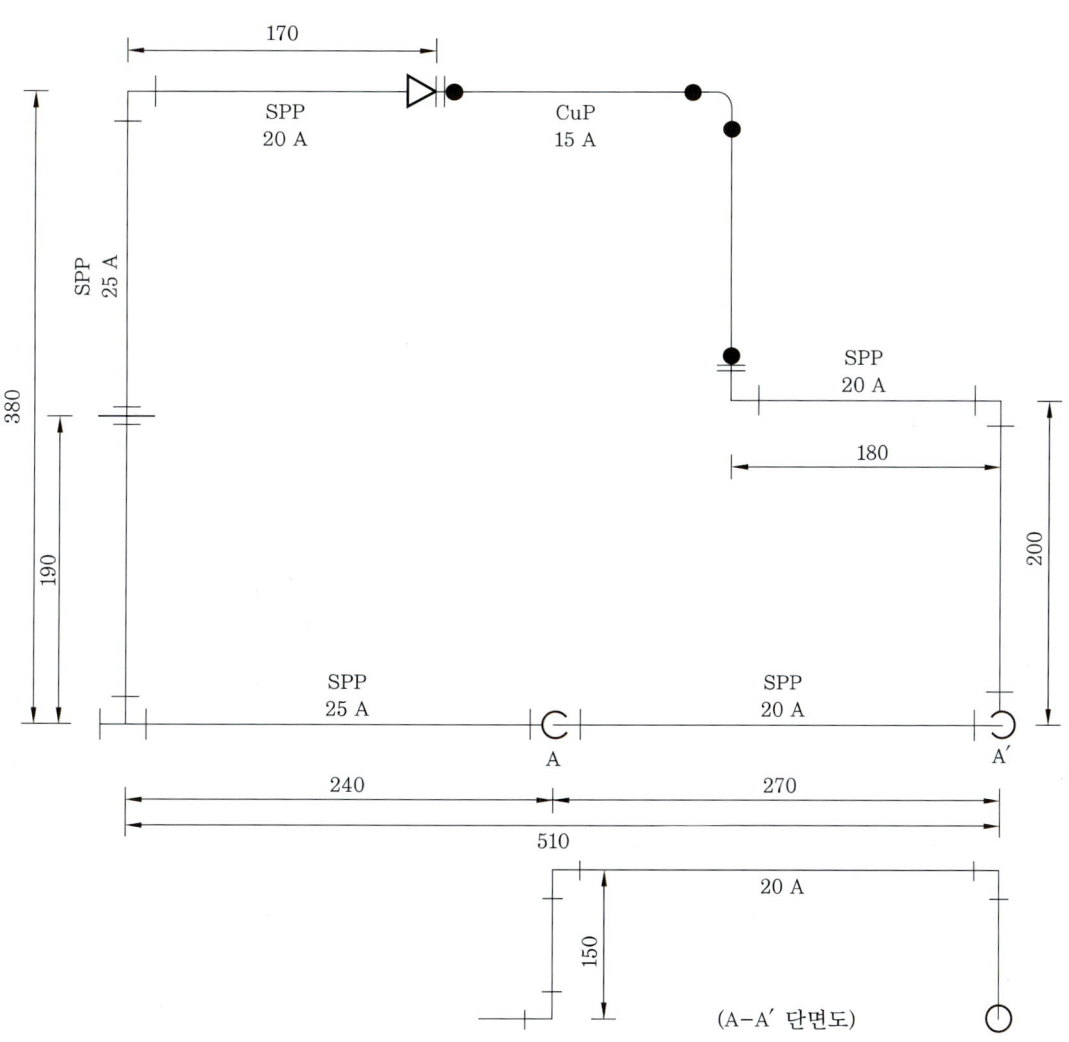

2012년 12월 7일 출제문제 (작업형 완성 작품)

| 자격종목 | 에너지관리기능사 | 과제명 | 강관 및 동관 조립 | 척도 | N.S |

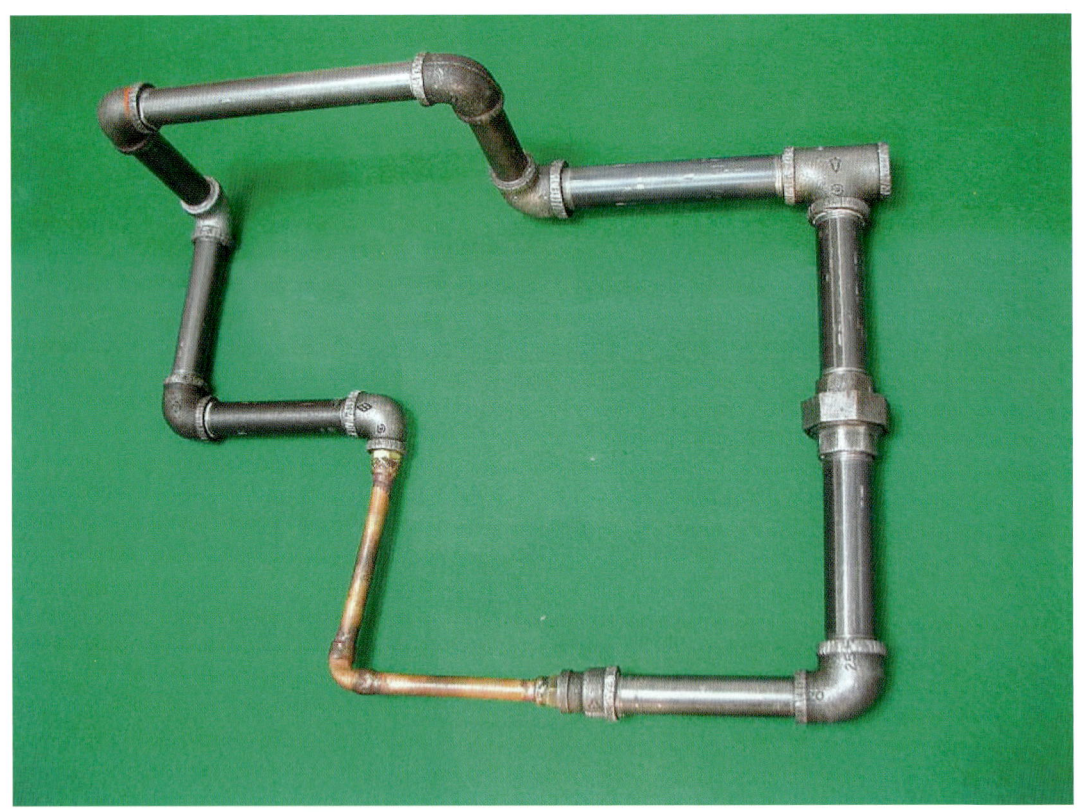

2013년도 출제문제

2013년 3월 17일 출제문제 (필답형 주관식)

1. 온수난방에서 (1) 배관방식에 따른 종류 2가지와 (2) 온수 공급방식에 따른 종류 2가지를 쓰시오.

[해답] (1) ① 단관식 ② 복관식
(2) ① 상향순환식 ② 하향 순환식
[참고] (1) 온수 순환방식에 따른 종류 : ① 자연순환식 ② 강제 순환식
(2) 온수온도에 따른 종류 : ① 보통 온수식(저온수식) ② 고온수식

2. 연돌의 높이가 50 m, 배기가스의 평균온도 200℃, 외기온도가 25℃, 대기의 비중량이 1.29 kg/Nm³, 가스의 비중량이 1.34 kg/Nm³일 때 이론 통풍력(mmH₂O)을 계산하시오. (단, 답은 소수 3째 자리에서 반올림하여 2째 자리까지 구하시오.)

[해답] 【식】 $273 \times 50 \times \left(\dfrac{1.29}{25+273} - \dfrac{1.34}{200+273} \right) = 20.42 \text{ mmH}_2\text{O}$

【답】 20.42 mmH₂O

3. (1) 동력용 나사절삭기의 종류 3가지를 쓰고 (2) 3가지 중 3가지 동작을 연속으로 할 수 있는 것을 쓰시오.

[해답] (1) ① 오스터식 ② 호브식 ③ 다이헤드식
(2) 다이헤드식
[참고] (1) 동력용 나사절삭기 중 파이프 절단, 거스러미(burr) 제거, 나사절삭 3가지 동작을 연속으로 할 수 있는 것은 다이헤드식이다.
(2) 수동 나사절삭기의 종류에는 ① 오스터형 ② 리드형 ③ 베이브 리드형이 있다.

4. 다음 조건과 같은 방열기의 방열량(kcal/hm²)을 계산하시오.

- 방열기 입구의 온수온도 : 90℃
- 방열기 출구의 온수온도 : 70℃
- 방열기 방열계수 : 7 kcal/hm² ℃
- 실내온도 : 18℃

해답 【식】 $7 \times \left(\dfrac{90+70}{2} - 18\right) = 434 \text{ kcal/hm}^2$

【답】 434 kcal/hm^2

참고 방열기 방열계수가 $7 \text{ kcal/hm}^2\text{℃}$ 라는 것은 방열기 내의 온수평균온도와 실내온도 차이가 1℃ 일 때 방열기 방열량이 7 kcal/hm^2을 말한다.

---

05. 통풍력을 높이는 방법 3가지를 쓰시오.

해답 ① 연돌 높이를 높인다.
② 연돌 상부 단면적을 크게 한다.
③ 배기가스 온도를 높인다.
④ 연도의 길이를 짧게 하고 굴곡부를 적게 한다.
⑤ 송풍기 용량을 증대시킨다.
⑥ 연도 및 연돌로부터 열방사가 적도록 한다.
⑦ 연도 및 연돌로 냉기의 침입이 없도록 한다.

---

06. 배관에서 유량계를 설치하고자 할 때 다음의 부속을 사용하여 배관도를 도시하시오.

• 유량계(—Ⓕ—) : 1개   • 밸브(—⋈—) : 3개   • 스트레이너(—▷|—) : 1개
• 유니언(—‖—) : 3개   • 티 : 2개   • 엘보 : 2개
• → →

해답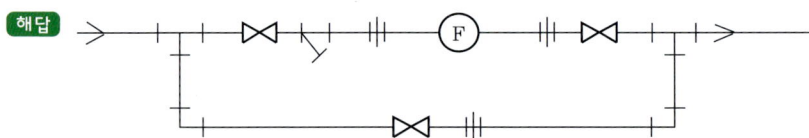

---

07. 벽의 두께를 $b[\text{m}]$, 열전도율을 $\lambda[\text{kcal/mh℃}]$, 내측 열전달률을 $\alpha_1[\text{kcal/m}^2\text{h℃}]$, 외측 열전달률을 $\alpha_2[\text{kcal/m}^2\text{h℃}]$라고 할 때 열관류율 $K[\text{kcal/m}^2\text{h℃}]$를 구하는 공식을 만드시오.

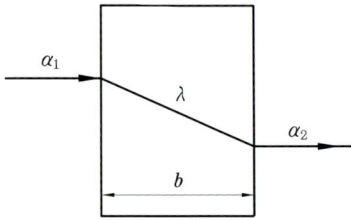

해답 $K = \dfrac{1}{\dfrac{1}{\alpha_1} + \dfrac{b}{\lambda} + \dfrac{1}{\alpha_2}} [\text{kcal/m}^2\text{h℃}]$

8. 다음 화염검출기 중 가스전용 점화 버너에 사용되는 것 3가지를 골라 번호를 쓰시오.

① CdS셀　② PbS셀　③ 적외선 광전관　④ 자외선 광전관　⑤ 플레임 로드

해답 ②, ④, ⑤

참고 연료에 따른 각종 화염검출기의 적합성

검출기의 종류	연료의 종류		
	가스	등유, 경유, A 중유	B중유, C중유
플레임 로드	검출	부적합	부적합
CdS셀	검출 불가	검출 불안정	검출
PbS셀	검출	검출	검출
정류식 광전관	검출 불가	검출 불안정	검출
자외선 광전관	검출	검출	검출

9. 어떤 가스 온수 보일러의 부하(열량)가 20000 kcal/h이고 이 보일러의 효율이 80 %일 때 가스연료 소모량(m³/h)은 얼마인가? (단, 가스의 저위 발열량은 10000 kcal/m³이다.)

해답 【식】 $\dfrac{20000}{x \times 10000} \times 100 = 80$ 에서

$x = \dfrac{20000 \times 100}{10000 \times 80} = 2.5 \text{ m}^3/\text{h}$

【답】 2.5 m³/h

10. 다음은 동관 공구의 종류별 용도에 대한 설명이다. 해당 공구명을 각각 쓰시오.

① 동관 끝 부분을 원형으로 정형한다.
② 동관 끝을 나팔관으로 확장한다.
③ 동관을 확관한다.
④ 동관을 절단하는데 사용한다.
⑤ 동관 절단 후 거스러미 제거에 사용한다.

해답 ① 사이징 툴　② 플레어링 툴 세트　③ 익스팬더　④ 튜브커터　⑤ 리머

2013년 3월 23일 출제문제 (작업형 출제 도면)

자격종목	에너지관리기능사	과제명	강관 및 동관 조립	척도	N.S

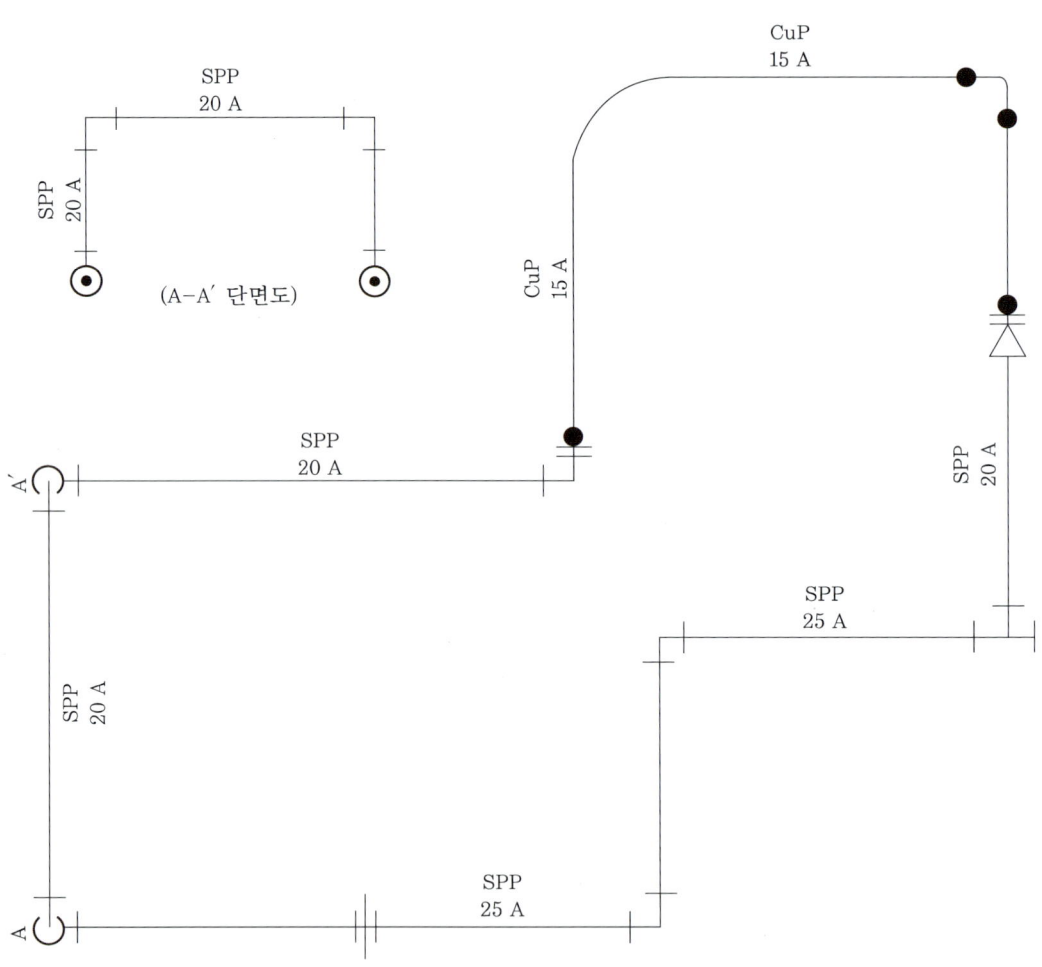

2013년 3월 23일 출제문제 (작업형 완성 작품)

| 자격종목 | 에너지관리기능사 | 과제명 | 강관 및 동관 조립 | 척도 | N.S |

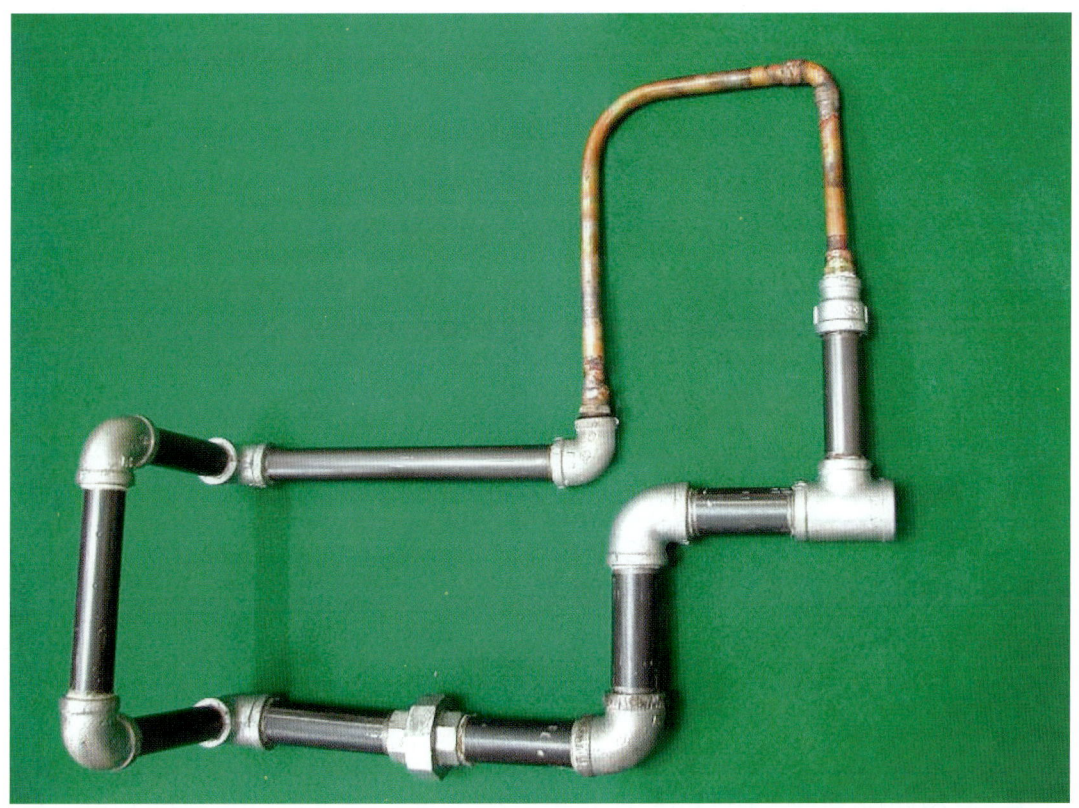

2013년 5월 26일 출제문제 (필답형 주관식)

1. 다음 ( ) 속에 알맞은 용어나 수치를 써넣으시오.

> 압력계와 연결되는 증기관이 황동관 또는 (가)일 경우에는 안지름이 6.5 mm 이상이어야 하고 증기온도가 (나)를 넘으면 반드시 (다)를 사용하여야 하고 황동관이나 (라)를 사용할 수 없다.

해답 가 : 동관, 나 : 210℃, 다 : 강관, 라 : 동관

2. 온수 보일러 1일 난방 부하가 108000 kcal/day, 급탕 부하가 96500 kcal/day, 시동 부하가 65000 kcal/day, 배관 부하가 90500 kcal/day일 때 정격열출력(kcal/h)를 계산하시오.

해답 【식】 $\dfrac{108000+96500+90500+65000}{24}=15000$ kcal/h

【답】 15000 kcal/h

3. 자연순환식 온수배관에서 저항을 많이 받는 부위 3곳을 쓰시오.

해답 ① 엘보가 설치된 곳 ② 티가 설치된 곳 ③ 밸브가 설치된 곳

4. 다음은 방열기 도시 기호에 대한 물음이다. 각각 답하시오.

(1) 쪽수 (2) 종별
(3) 치수 (4) 유입관경
(5) 총 방열기 쪽수

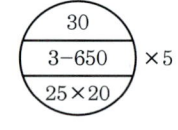

해답 (1) 30쪽 (2) 3세주형 (3) 650 mm (4) 25 mm (5) 30×5 = 150쪽

5. 온수난방을 하는 주철제 방열기에서 입구온도가 85℃, 출구온도가 67℃이다. 이때 실내 공기온도는 20℃이며 온수난방의 표준 방열량은 450 kcal/hm², 표준 온도차는 62℃로 할 때 주철제 방열기의 소요 방열량(kcal/hm²)을 계산하시오.

해답 【식】 $62 : 450 = \left(\dfrac{85+67}{2}-20\right) : x$ 에서

$x = \dfrac{450 \times \left(\dfrac{85+67}{2}-20\right)}{62} = 406.45$ kcal/hm²

【답】 406.45 kcal/hm²

06. 강관절단 시 가스절단 방법 외 절단 방법 4가지를 쓰시오.

해답 ① 파이프 커터로 절단
② 쇠톱으로 절단
③ 고속 숫돌 절단기로 절단
④ 동력용 나사절삭기(다이헤드식)로 절단

07. 나관에서의 열손실이 5000 kcal/h, 보온 피복 후 열손실이 1000 kcal/h일 때 보온 효율(%)을 계산하시오.

해답 【식】 $\left(\dfrac{5000-1000}{5000}\right) \times 100 = 80\%$

【답】 80 %

08. 다음 ( ) 속에 알맞은 수치를 넣으시오.

> 증기 보일러 안전밸브 및 압력방출장치의 크기는 호칭지름 (가) A 이상으로 하여야 하지만 다만 최고사용압력이 0.1 MPa 이하인 경우에는 (나) A 이상으로 할 수 있다.

해답 가 : 25 나 : 20

09. 자동제어 방식 중 인터로크의 제어동작 5가지를 쓰시오.

해답 ① 프리퍼지 인터로크
② 불착화 인터로크
③ 저연소 인터로크
④ 저수위 인터로크
⑤ 압력초과 인터로크

10. 원심력 송풍기에서 풍량 조절 방법 3가지를 쓰시오.

해답 ① 댐퍼 조절에 의한 방법
② 전동기의 회전수 변화에 의한 방법
③ 섹션 베인의 개도에 의한 방법

2013년 5월 31일 출제문제 (작업형 출제 도면)

| 자격종목 | 에너지관리기능사 | 과제명 | 강관 및 동관 조립 | 척도 | N.S |

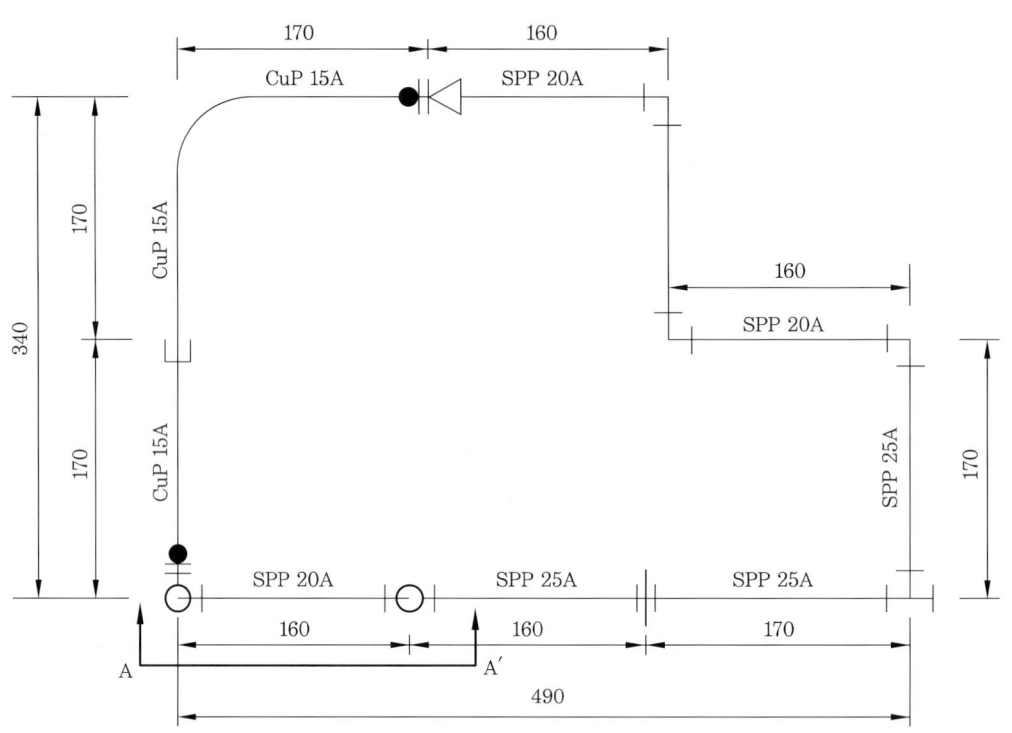

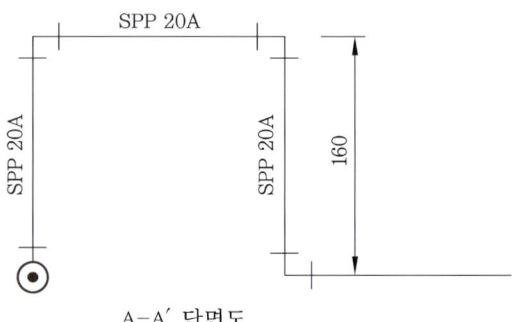

A-A′ 단면도

2013년 5월 30일 출제문제 (작업형 완성 작품)

자격종목	에너지관리기능사	과제명	강관 및 동관 조립	척도	N.S

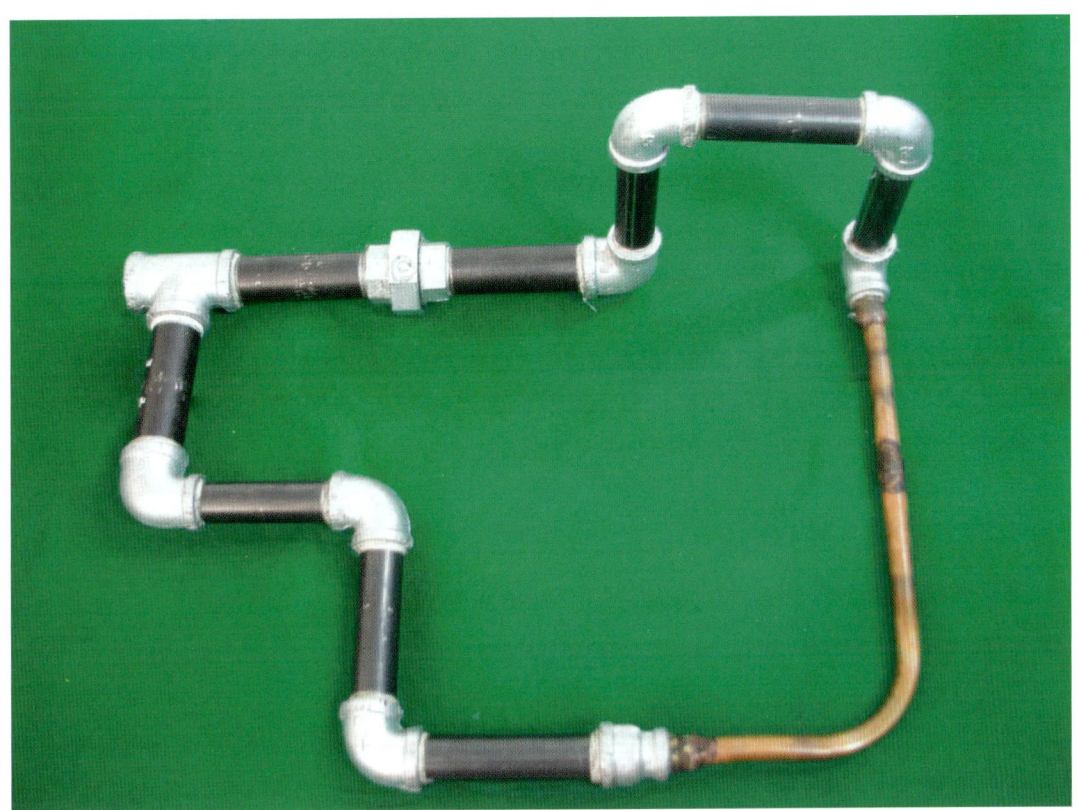

2013년 9월 1일 출제문제 (필답형 주관식)

1. 보온을 하지 않은 나관에서의 방사열량이 30000 kcal/hm²이고 보온재로 보온을 하였을 때의 방사열량이 4500 kcal/hm²일 때 보온 효율(%)을 계산하시오.

해답 $\left(\dfrac{30000-4500}{30000}\right) \times 100 = 85\,\%$

2. 어떤 가스 온수 보일러의 부하(열량)가 25600 kcal/h이고, 이 보일러의 효율이 80 %일 때 가스 연료 소모량(m³/h)은 얼마인가? (단, 가스의 저위 발열량은 10000 kcal/m³이다.)

해답 $\dfrac{25600}{x \times 10000} \times 100 = 80$ 에서 $x = \dfrac{25600 \times 100}{10000 \times 80} = 3.2\ \text{m}^3/\text{h}$

3. 어떤 배관의 안지름이 20 mm이고 흐르는 유체의 유속이 1.5 m/s라면 관속을 흐르는 유량(m³/h)은 얼마인지 계산하시오. (단, 답은 소수 둘째자리에서 반올림할 것)

해답 $\dfrac{\pi \times (0.02)^2}{4} \times 1.5 \times 3600 = 1.7\ \text{m}^3/\text{h}$

4. 패널의 위치에 따른 복사난방(패널 히팅)의 종류 3가지를 쓰시오.

해답 ① 천장 패널 ② 벽 패널 ③ 바닥 패널

5. 배수 펌프 설치 시 부속품을 〈보기〉에서 골라 순서대로 적으시오.

( ) → 게이트 밸브 → ( ) → ( ) → 펌프 → ( ) → ( ) → 게이트 밸브

〈보기〉
- 체크 밸브
- 후드
- 여과기
- 플렉시블 이음

해답 (후드) → 게이트 밸브 → (여과기) → (플렉시블 이음) → 펌프 → (플렉시블 이음) → (체크 밸브) → 게이트 밸브

06. 플레이트(방사형) 송풍기의 특징 4가지를 쓰시오.

[해답] ① 효율이 비교적 좋다.
② 풍량이 많고 흡입 송풍기로 많이 사용한다.
③ 대용량에 적합하다.
④ 마모에 강하고 플레이트의 교체가 쉽다.
⑤ 풍압이 비교적 높다.

07. 다음 동합금 이음쇠에 대한 물음에 답하시오.

(1) 한쪽은 동관이 삽입되어 용접되도록 되어 있고 다른 쪽은 숫나사로 되어 있어 강관 부속에 나사 이음이 되도록 되어 있는 이음쇠의 명칭은 무엇인가?
(2) 한쪽은 동관이 삽입되어 용접되도록 되어 있고 다른 쪽은 암나사로 되어 있어 강관의 숫나사와 연결되도록 되어 있는 이음쇠의 명칭은 무엇인가?

[해답] (1) C×M 어댑터 (2) C×F 어댑터
[참고] ① C(female solder cup) : 이음재 내로 관이 들어가 접합되는 형태
② M(male npt thead) : ANSI 규격 관형나사가 밖으로 난 나사이음용 이음재
　　　　　　　　　　(예 C×M 어댑터)
③ F(female npt thead) : ANSI 규격 관형나사가 안으로 난 나사이음용 이음재
　　　　　　　　　　(예 C×F 어댑터)

08. 다음은 유류 연소용 온수 보일러의 팽창 탱크 설치 시공에 대한 기준 설명이다. (　) 안에 적당한 숫자 또는 용어를 넣으시오. (단, 팽창 탱크가 보일러에 내장된 경우가 아니다.)

• 팽창 탱크 용량은 보일러 및 배관 내의 보유수량이 200 L까지는 20 L, 보유수량이 200 L를 초과하는 경우 그 초과량 100 L마다 (　가　) L씩 가산한 용량 이상이어야 한다.
• 팽창관의 끝 부분은 팽창 탱크 바닥면보다 (　나　) mm 정도 높게 배관되어야 한다.
• 밀폐식의 경우 배관 계통 내의 압력이 제한 압력 이상으로 되면 자동적으로 과잉수를 배출시킬 수 있도록 (　다　)를 설치해야 한다.
• 온수 보일러에는 개방식 또는 밀폐식 팽창 탱크가 있으며 개방식 팽창 탱크는 방열면 보다 (　라　) m 이상 높은 곳에 설치하여야 하며 온수 온도가 (　마　)℃ 이상인 경우에는 밀폐식 팽창 탱크를 설치해야 한다.

[해답] 가 : 10　나 : 25　다 : 방출 밸브　라 : 1　마 : 100

09. 이경관 32 A, 25 A 규격을 어떻게 나타내는지 쓰시오.

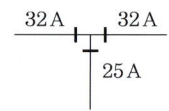

해답 32×32×25

10. 다음 그림은 복관식 중력 순환 온수난방법의 개략도이다. AV, RV가 뜻하는 것은 무엇인지 쓰시오.

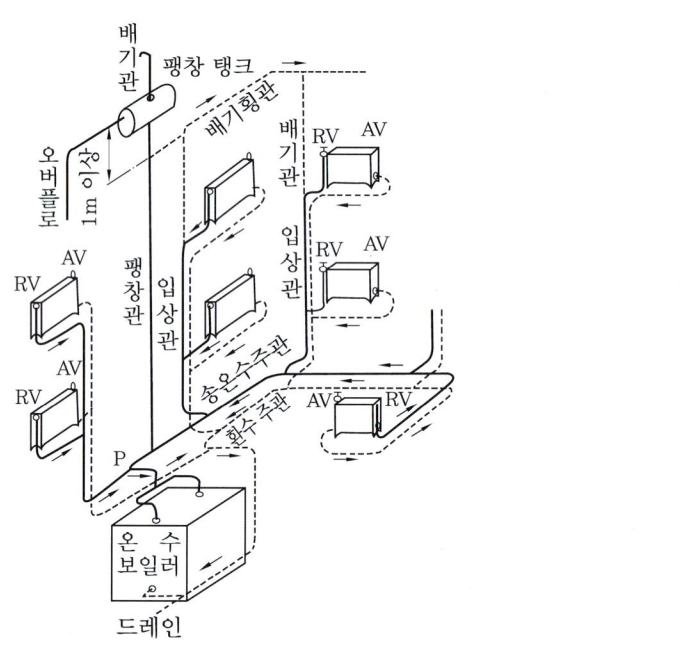

해답 AV : 공기빼기 밸브(air went valve), RV : 방열기 밸브(radiator valve)

2013년 9월 2일 출제문제 (작업형 출제 도면)

| 자격종목 | 에너지관리기능사 | 과제명 | 강관 및 동관 조립 | 척도 | N.S |

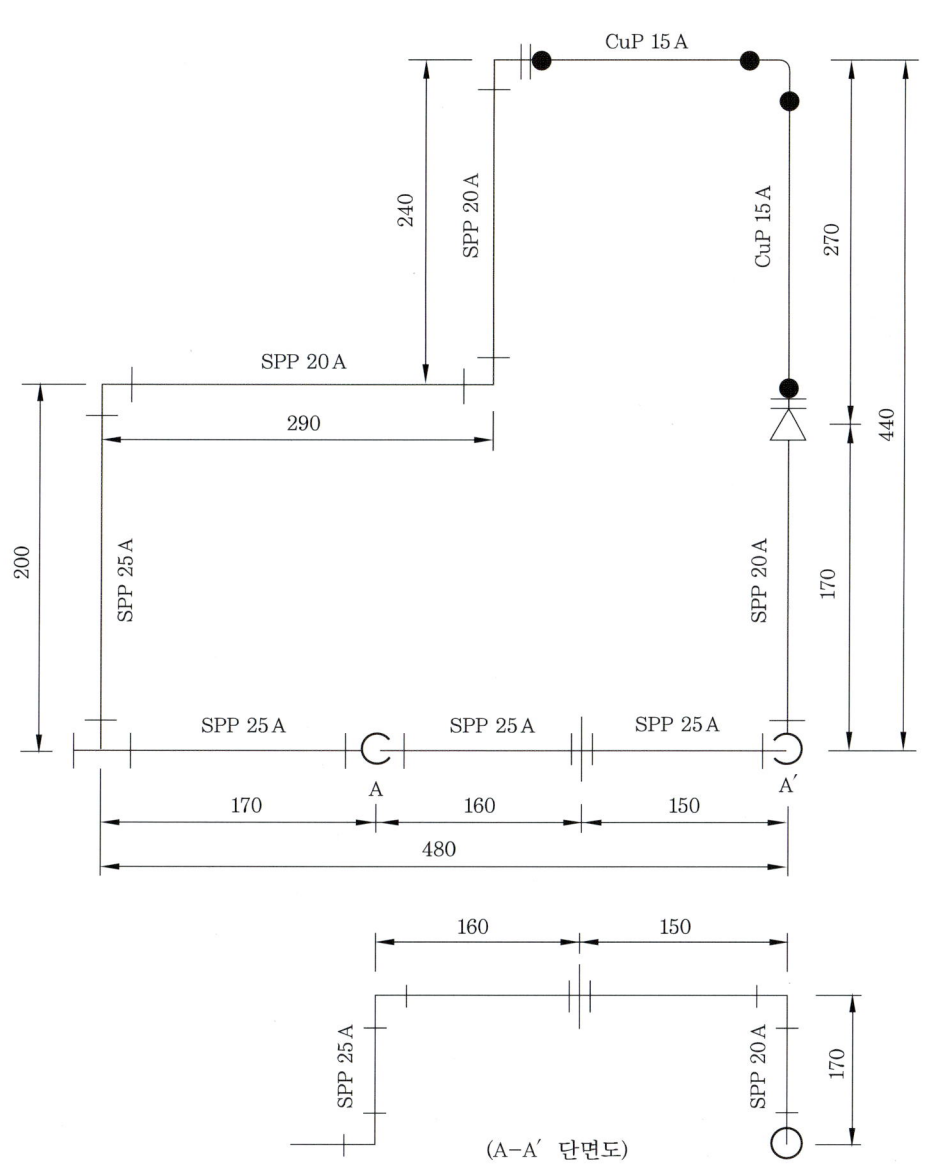

(A-A′ 단면도)

2013년 9월 2일 출제문제 (작업형 완성 작품)

| 자격종목 | 에너지관리기능사 | 과제명 | 강관 및 동관 조립 | 척도 | N.S |

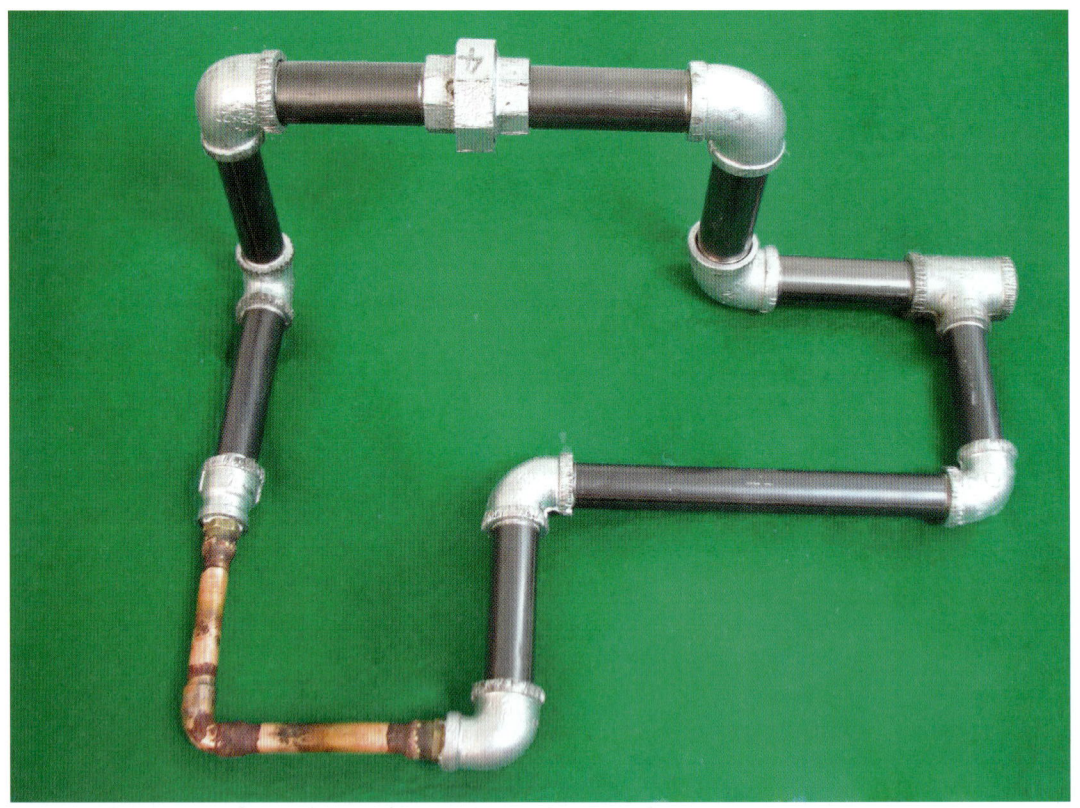

2013년 11월 23일 출제문제 (필답형 주관식)

1. 온수가 배관 내를 흐를 때 관 내부와 마찰을 일으켜 압력손실을 가져오게 되는데, 이러한 손실을 줄이기 위하여 다음 각각을 어떻게 해야 하는지 간단히 쓰시오.

(가) 굽힘 개소 : (나) 관경 :
(다) 배관 길이 : (라) 유속 :
(마) 유체 점도 :

해답
(가) 굽힘 개소 : 굽힘 개소를 적게 한다.
(나) 관경 : 관경을 크게 한다.
(다) 배관 길이 : 배관 길이를 짧게 한다.
(라) 유속 : 유속을 느리게 한다.
(마) 유체 점도 : 유체의 점도를 낮게 한다.

2. 방열기를 실내에 설치할 때에 외기에 접한 창문 아래에 설치한다. 그 이유를 2가지만 쓰시오.

해답
① 창문 가까이 냉기 하강 방지를 위하여
② 복사난방 효과를 상승시키기 위하여

3. 보일러 통풍 방법 중 강제 통풍의 종류를 3가지 쓰시오.

해답 ① 압입 통풍 ② 흡입 통풍 ③ 평형 통풍
참고 강제 통풍의 종류
① 압입(가압) 통풍
② 흡입(흡인=유인) 통풍
③ 평형 통풍

4. 실내온도조절기(room thermostat)를 구조에 따라 분류하여 2가지만 쓰시오.

해답 ① 바이메탈 스위치식
② 다이어프램 팽창식
참고 바이메탈 머큐리 스위치식도 있다.

5. 내경 20 mm인 관을 통하여 보일러에 시간당 250 L의 급수를 하는 경우 관내 급수의 유속은 몇 m/s인지 구하시오. (단, 급수 $1 m^3$는 1000L이다.)

해답 【식】 $\dfrac{4 \times \dfrac{250}{3600 \times 1000}}{\pi \times (0.02)^2} = 0.22 \text{ m/s}$

【답】 0.22 m/s

참고 ① 관의 내경 $D[\text{m}]$, 유속 $V[\text{m/s}]$, 유량 $Q[\text{m}^3/\text{s}]$라면
$Q = \dfrac{\pi D^2}{4} \times V$에서 $V = \dfrac{4Q}{\pi D^2}$이다.

② 250 l/h를 m^3/s로 환산하면 $\dfrac{250}{3600 \times 1000}$ 이다.

6. 어떤 보일러 외부 표면으로부터 보일러실 내로 열전달이 되고 있다. 보일러 외부의 표면적이 40 m²이고, 온도가 80℃이며, 실내 온도가 20℃이면 열전달량은 몇 kcal/h인지 구하시오. (단, 보일러 외면과 실내 공기와의 열전달계수는 0.25 kcal/m²·h·℃이다.)

해답 【식】 0.25×40×(80−20)=600 kcal/h

【답】 600 kcal/h

참고 열전달량(kcal/h)=열전달계수(kcal/m²·h·℃)×면적(m²)×온도차(℃)

7. 다음은 방열기 주위의 신축 이음 배관으로 적용되는 스위블 이음에 대한 설명이다. ( )에 알맞은 내용을 아래에 기입하시오.

"스위블 이음은 최소한 (가)개 이상의 (나)를(을) 사용하여 이음부의 (다)를(을) 이용한 것으로 비교적 간편한 신축 이음 형태이다. 그러나 (라)가(이) 헐거워져 누수의 원인이 될 수 있고, 굴곡부에서 내부 유체의 (마) 강하를 가져온다."

해답 가 : 2, 나 : 엘보, 다 : 비틀림, 라 : 나사 이음부, 마 : 압력

8. 용기 내의 어떤 가스의 압력이 6 kgf/cm², 체적 50 L, 온도 5℃였는데 이 가스가 단열 상태로 상태 변화를 일으킨 후 압력이 6 kgf/cm², 온도가 35℃로 되었다면 체적은 몇 리터(L)인지 구하시오.

해답 【식】 $\dfrac{50}{(5+273)} = \dfrac{x}{(35+273)}$에서 $x = \dfrac{(35+273)}{(5+273)} \times 50 = 55.40 \text{L}$

【답】 55.40L

9. 배관 도면에 다음과 같은 표시 기호가 있을 때 기기의 명칭을 〈보기〉에서 골라 쓰시오.

(1) F.C.U   (2) CONV   (3) A.V

〈보기〉
• 팬코일 유닛   • 콘벡터   • 공기빼기 밸브   • 체크 밸브

해답 (1) F.C.U : 팬코일 유닛
(2) CONV : 콘벡터
(3) A.V : 공기빼기 밸브

10. 유체를 일정한 방향으로만 흐르게 하고 역류를 방지하는 데 사용하는 체크 밸브를 구조에 따라 분류되는 명칭 4가지를 쓰시오.

해답 ① 스윙형 체크 밸브
② 리프트형 체크 밸브
③ 볼형 체크 밸브
④ 벤투리형 체크 밸브
⑤ 스모렌스키형 체크 밸브

참고 체크 밸브의 종류
① 스윙형 체크 밸브
② 리프트 디스크형 체크 밸브
③ 리프트 디스크형 경사 체크 밸브
④ 리프트 피스톤형 체크 밸브
⑤ 벤투리형 체크 밸브
⑥ 수평 설치용 볼형 체크 밸브
⑦ 수직 설치용 볼형 체크 밸브
⑧ 스모렌스키형 체크 밸브

2013년 11월 30일 출제문제 (작업형 출제 도면)

| 자격종목 | 에너지관리기능사 | 과제명 | 강관 및 동관 조립 | 척도 | N.S |

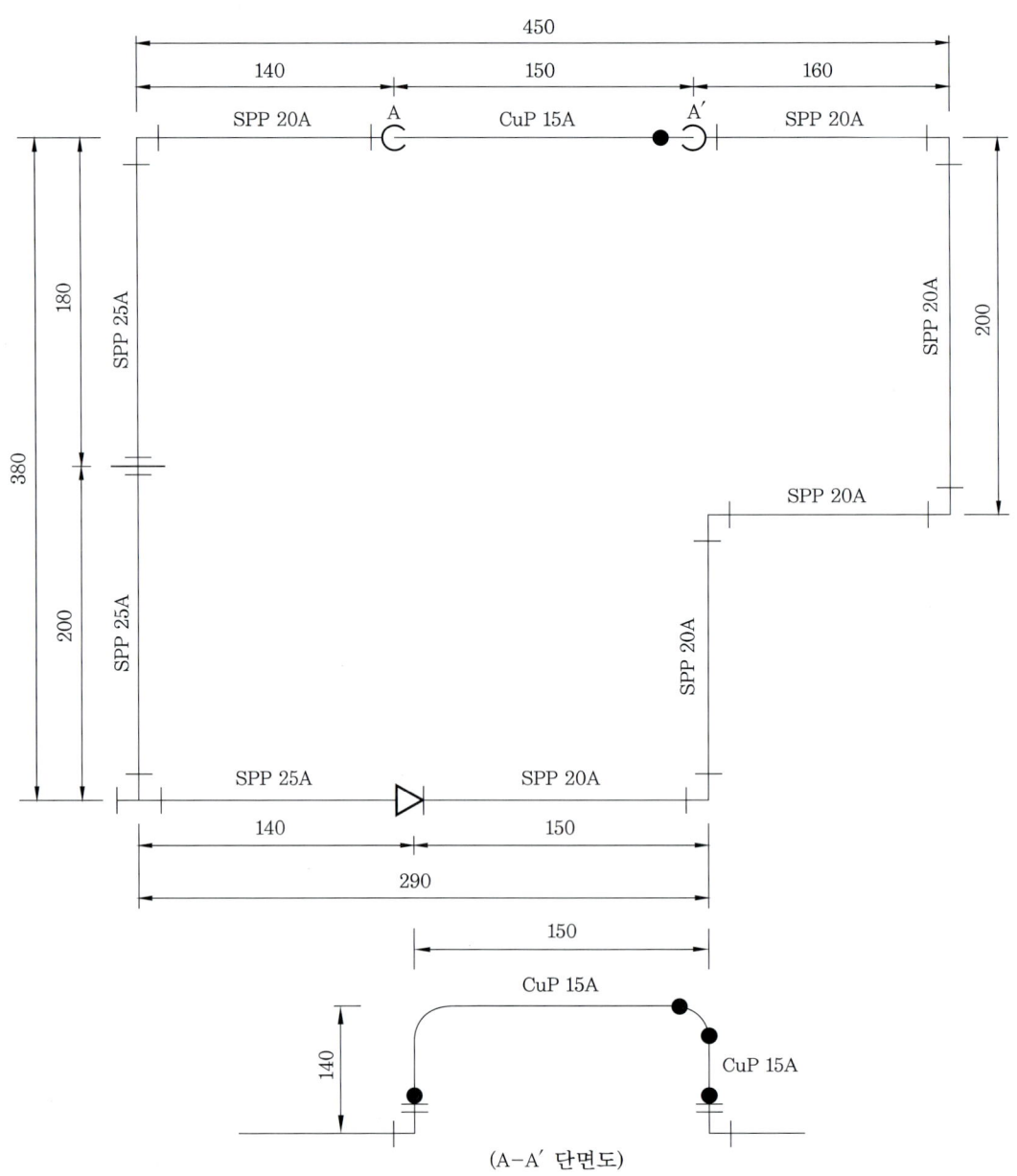

2013년 11월 30일 출제문제 (작업형 완성 작품)

| 자격종목 | 에너지관리기능사 | 과제명 | 강관 및 동관 조립 | 척도 | N.S |

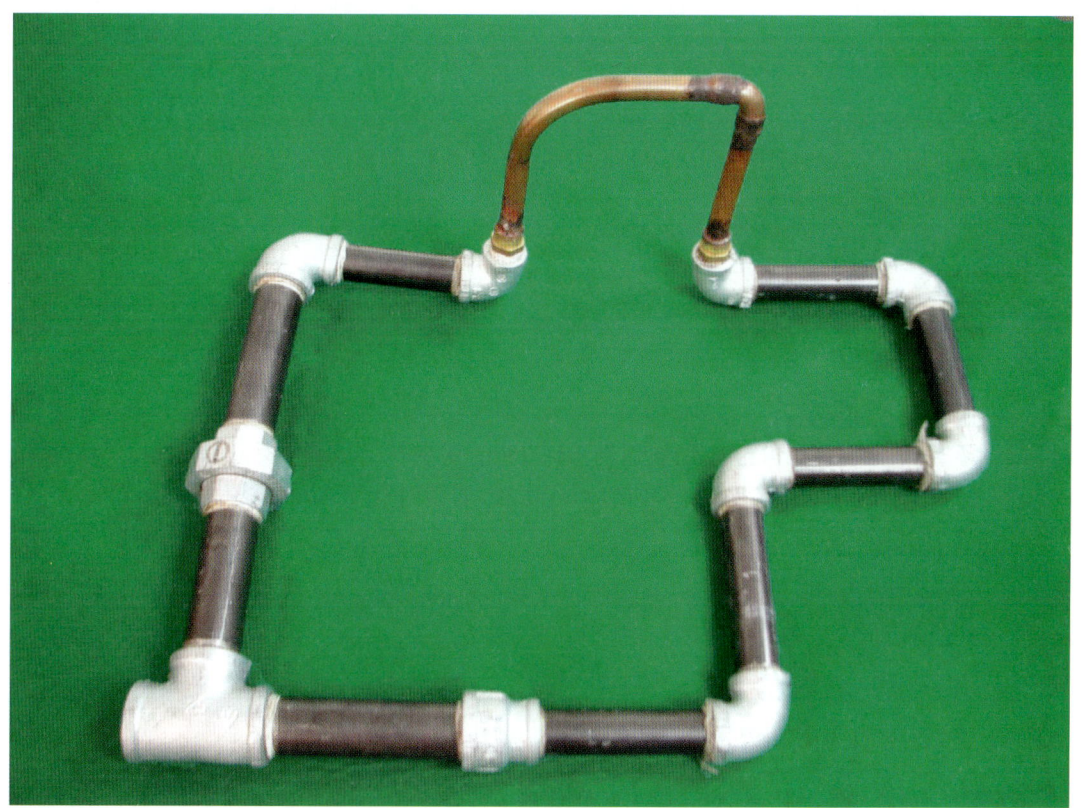

2014년도 출제문제

2014년 3월 23일 출제문제 (필답형 주관식)

1. 증기난방의 응축수 처리 방법(환수 방법) 3가지를 나열하시오.

해답 ① 중력환수식 ② 기계환수식 ③ 진공환수식

2. 온수난방의 난방부하가 2250 kcal/h이며 방열기 쪽당 방열면적이 0.2 m²일 때 방열기의 쪽수를 구하시오.

해답 【식】 $450 \times 0.2 \times x = 2250$ 에서
$x = \dfrac{2250}{450 \times 0.2} = 25$ 쪽

【답】 25쪽

3. 주철제 5세주형 방열기로 높이가 650 mm, 쪽수가 20개인 것을 조립하고 유입측 관지름 25 mm, 유출 측 관지름이 20 mm일 때 방열기의 도시 기호를 표시하시오.

해답

4. 증기난방과 비교하였을 때 온수난방의 특징 4가지를 쓰시오.

해답 ① 난방부하 변동에 따른 온도조절이 용이하다.
② 동결의 우려가 없다.
③ 방열기 표면온도가 낮아 화상의 우려가 적다.
④ 실내 쾌감도가 높다.
⑤ 쉽게 냉각되지 않는다.
⑥ 예열시간이 길며 예열에 따른 손실이 크다.
⑦ 동일 방열량에 대해 방열면적이 많이 필요하다.
⑧ 시설비가 많이 든다.
⑨ 건물 높이에 제한을 받는다.
참고 ①~⑤항까지는 온수난방의 장점이며, ⑥~⑨항까지는 온수난방의 단점이다.

□**5.** 보일러 자동제어 중 (1) ACC (2) FWC (3) STC의 조작량이 아닌 제어량을 1가지씩 쓰시오.

해답 (1) ACC : 증기압력(또는 노내압력) (2) FWC : 보일러 수위 (3) STC : 증기온도

참고 보일러 자동제어(ABC)

종류와 약칭	제어량 (제어대상)	조작량
증기온도제어(STC)	증기온도	전열량
급수제어(FWC)	보일러 수위	급수량
연소제어(ACC)	증기압력(노내 압력)	공기량, 연료량, 연소가스량

□**6.** 다음 배관의 이음 도시 기호를 그려 넣으시오.

(1) 나사 이음   (2) 플랜지 이음   (3) 소켓 이음   (4) 유니언 이음

해답 (1) ──┼── (2) ──┼┼── (3) ──⊂── (4) ──┼┼┼──

□**7.** 방열관 배관 방식에는 직렬식, 병렬식, 사다리꼴식이 있다. 병렬식 중 (1) 분리주관식과 (2) 인접주관식 배관 도시를 각각 완성하시오.

(1) 분리주관식    (2) 인접주관식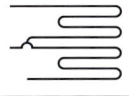

해답 (1) 분리주관식 : 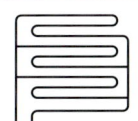   (2) 인접주관식 :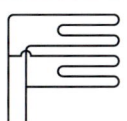

□**8.** 다음은 온수보일러의 시공도이다. (1) 급탕 온수관 (2) 난방 환수관 (3) 급수관 (4) 팽창관 (5) 방열관을 도면에서 보고 그 번호를 쓰시오.

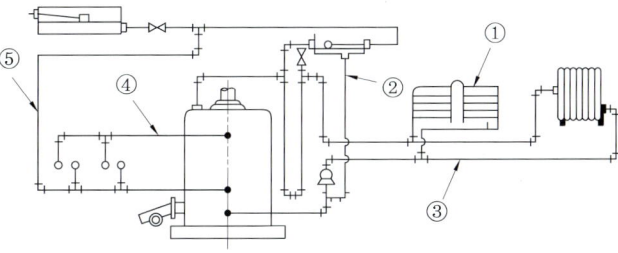

해답 (1) ④ (2) ③ (3) ⑤ (4) ② (5) ①

09. 밀폐식 팽창 탱크의 수면에서 최고부의 방열기까지 높이는 12 m, 순환 펌프의 양정은 10 m, 증기온도 105 ℃에서 증기의 압력은 1.23 kgf/cm² 일 때 밀폐식 팽창탱크의 필요 압력에 상당하는 수두압은 몇 mAq인가?

해답 【식】 $12 + 1.23 \times 10 + \frac{1}{2} \times 10 + 2 = 31.3$ mAq

【답】 31.3 mAq

참고 $H = h + h_1 + \frac{1}{2} \times h_p + A_v$

여기서, H : 밀폐식 팽창탱크의 필요압력(게이지압)에 상당하는 수두압(mAq)
 h : 밀폐식 팽창탱크 내 수면에서 배관 최고부까지의 높이(m)
 h_1 : 필요 온도에 대한 포화증기압(게이지압)에 상당하는 수두압(mAq)
 h_p : 순환펌프의 양정(m)
 A_v : 손실압력(2mAq)

※ 주의 : h_1[mAq]이므로 kgf/cm²×10으로 계산하여 mAq 값으로 할 것
 (1kgf/cm²=10mAq이므로)

10. 아래의 내용 중 현열과 잠열을 동시에 가지는 것을 모두 골라 번호를 적으시오.

① 창문의 창틀　　② 실내의 형광등　　③ 벽체
④ 사람의 인체열　　⑤ 송풍기 덕트로 돌아오는 공기　　⑥ 외기부하

해답 ④, ⑤, ⑥

참고 ① 고체(창문의 창틀, 벽체 등) 및 전기제품의 등기(조명기구)는 수분이 없으므로 현열만 가진다.
② 사람의 인체열, 덕트의 공기, 외기부하 등은 수분을 함유하고 있으므로 현열과 잠열을 동시에 가진다.

2014년 3월 28일 출제문제(작업형 출제 도면)

| 자격종목 | 에너지관리기능사 | 과제명 | 강관 및 동관 조립 | 척도 | N.S |

1. **시험시간** : 3시간 20분
2. **도면**

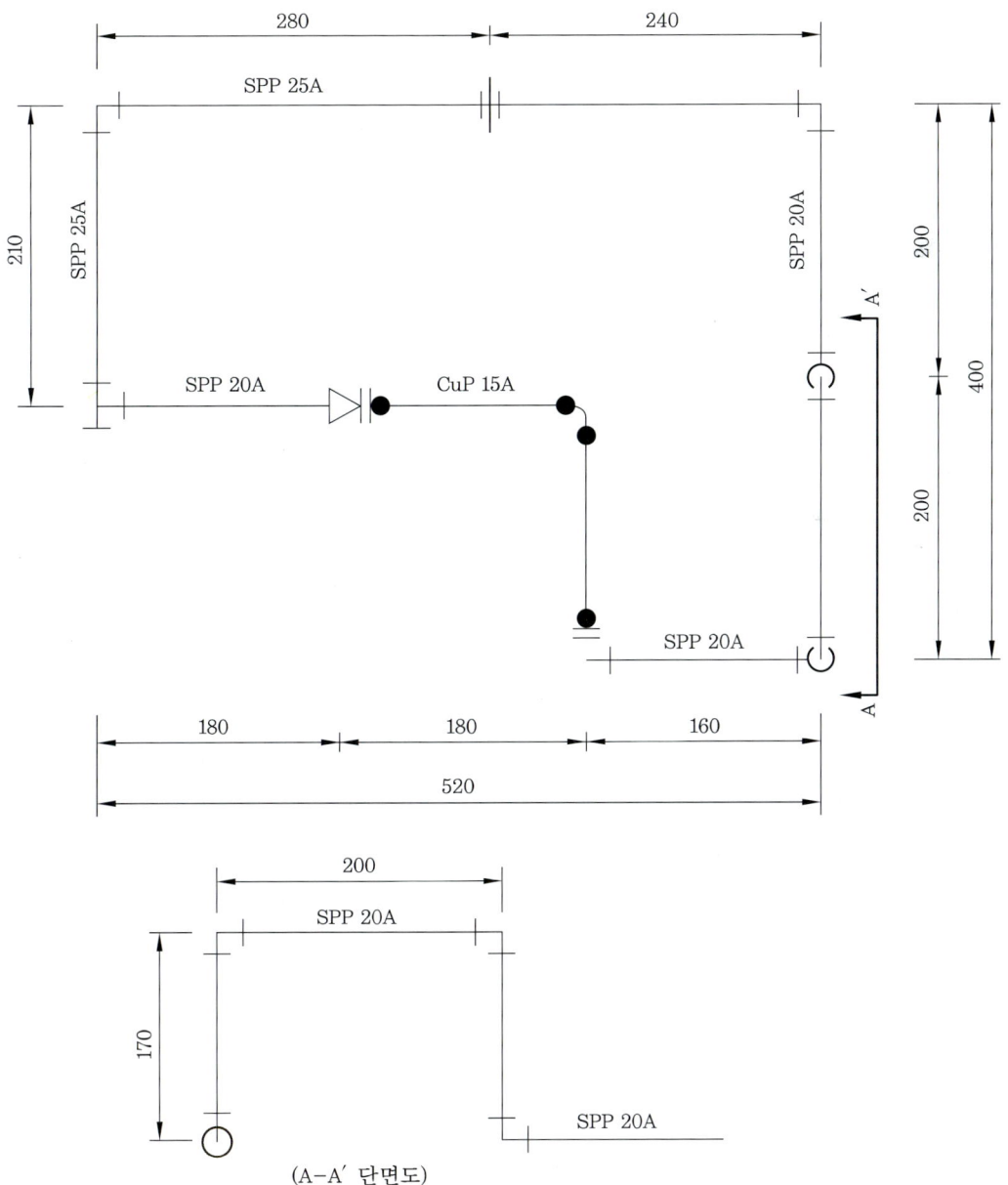

(A-A' 단면도)

2014년 3월 28일 출제문제 (작업형 완성 작품)

| 자격종목 | 에너지관리기능사 | 과제명 | 강관 및 동관 조립 | 척도 | N.S |

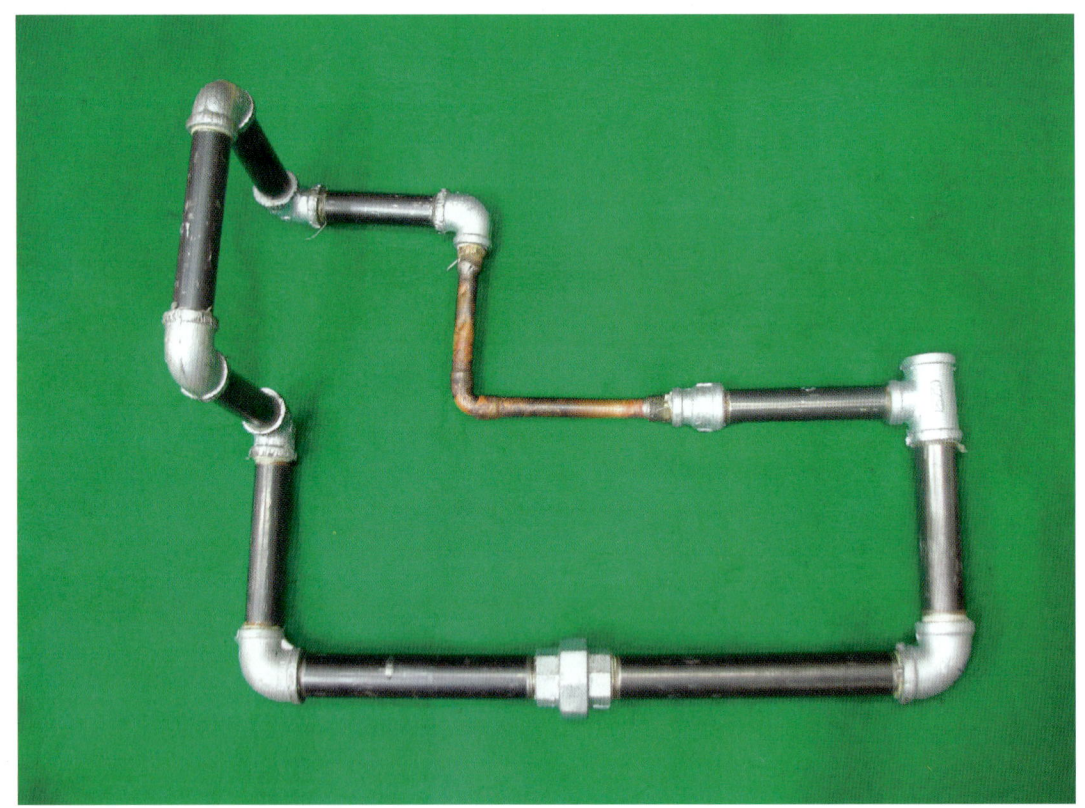

2014년 5월 25일 출제문제 (필답형 주관식)

01. 다음 도면과 같이 배관작업을 하고자 한다. 아래 표를 보고 품목별 소요수량을 기재하시오.

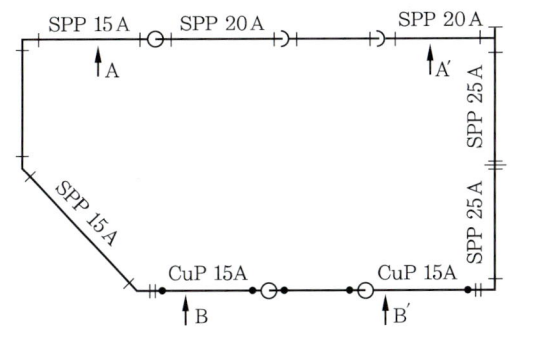
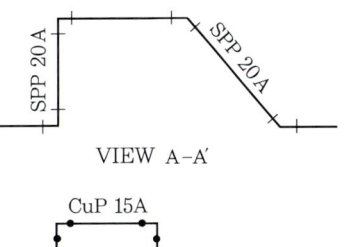

번 호	품 명	규 격	수 량
1	강 90° 이경 엘보	20 A×15 A	가
2	강 90° 엘보	15 A	나
3	강 45° 엘보	20 A	다
4	동 90° 엘보	15 A	라
5	동 CM 어댑터	15 A	마

해답 가 : 1개 나 : 1개 다 : 2개 라 : 3개 마 : 2개

02. 주철관 이음법 중 소켓이음에 대한 설명이다. ( ) 안에 알맞은 용어를 〈보기〉에서 골라 쓰시오.

"(가) 이음이라고도 하며, 주로 건축물의 배수·배관 및 (나)에 많이 사용된다. 주철관의 (다)쪽에 스피것(spigot)이 있는 쪽을 넣어 맞춘 다음, 얀을 단단히 꼬아 감고 정으로 박아 넣는다. 얀 삽입의 길이는 수도관의 경우에는 삽입 길이의 (라), 배수관의 경우에는 (마) 정도가 알맞다."

〈보기〉
- 배수관
- $\frac{1}{3}$
- 경납
- 소형관
- $\frac{2}{3}$
- 노허브(no hub)
- $\frac{1}{4}$
- 연납
- 급수관
- $\frac{3}{4}$
- 허브(hub)

해답 가 : 연납 나 : 소형관 다 : 허브(hub) 라 : $\frac{1}{3}$ 마 : $\frac{2}{3}$

3. 보일러 자동제어를 2가지로 구분하여 설명하시오.

해답 ① 피드백 제어 : 폐회로를 형성하여 제어량의 크기와 목표값의 비교를 피드백 신호에 의해 행하는 자동제어이다.
② 시퀀스 제어 : 미리 정해진 순서에 따라서 제어의 각 단계가 순차적으로 진행되는 제어이다.

4. 보일러에 사용하는 원심 송풍기의 종류를 3가지 쓰시오.

해답 ① 터보형 송풍기 ② 플레이트형 송풍기 ③ 다익형 송풍기
참고 다익형 송풍기를 시로코형 송풍기라고도 한다.

5. 관을 보온 피복하지 않았을 때 방열량이 650 kcal/m²·h이고, 보온 피복하였을 때 방열량이 390 kcal/m²·h이라면, 이 보온재에 의한 보온 효율은 몇 %인지 계산하시오.

해답 【식】 $\left(\dfrac{650-390}{650}\right) \times 100 = 40\ \%$

【답】 40 %

6. 사무실에 온수용 3세주 650 mm 주철제 방열기를 설치하고자 한다. 난방부하가 6750 kcal/h일 때 방열기의 섹션 수는 얼마가 되어야 하는가? (단, 방열기 방열량은 표준으로 하고 방열기의 섹션당 표면적은 0.15 m²이다.)

해답 【식】 $450 \times 0.15 \times x = 6750$ 에서
$x = \dfrac{6750}{450 \times 0.15} = 100$ 개

【답】 100개

7. 다음은 강관과 비교한 동관의 특징을 설명한 것이다. ( ) 속의 말 중 옳은 것을 찾아 ○ 표시하시오.

"동관은 강관에 비하여 유연성이 (크고, 작고), 유체 흐름에 대한 마찰저항이 (크다, 작다). 또한, 내식성이 (작으며, 크며), 열전도율이 (크고, 작고), 같은 호칭경으로 비교할 경우 무게가 (가볍다, 무겁다)."

해답 "동관은 강관에 비하여 유연성이 (⦿크고, 작고), 유체 흐름에 대한 마찰저항이 (크다, ⦿작다). 또한, 내식성이 (작으며, ⦿크며), 열전도율이 (⦿크고, 작고), 같은 호칭경으로 비교할 경우 무게가 (⦿가볍다, 무겁다)."

□8. 보일러의 통풍력을 측정하는데 이용하는 액주식 압력계의 종류를 3가지만 쓰시오.

해답 ① U자관식 압력계 ② 경사관식 압력계 ③ 환상 천평식 압력계
참고 ① 액주식 압력계에는 단관식 압력계도 있다.
② 환상 천평식 압력계를 링 밸런스식 압력계라고도 한다.
③ 탄성식 압력계의 종류에는 부르동관식, 벨로스식, 다이어프램식이 있다.

□9. 효율이 90 %인 보일러에 발열량이 11000 kcal/kg인 연료를 시간당 60 kg을 사용한다면 이 보일러의 유효 열량(kcal/h)을 계산하시오.

해답 【식】 $(60 \times 11000) \times 0.9 = 594000$ kcal/h
【답】 594000 kcal/h
참고 손실열량 = $(60 \times 11000) \times 0.1 = 66000$ kcal/h

10. 비동력 급수장치인 인젝터에 대한 작동 설명이다. 인젝터의 각 밸브 및 핸들을 작동 순서대로 번호를 쓰시오.

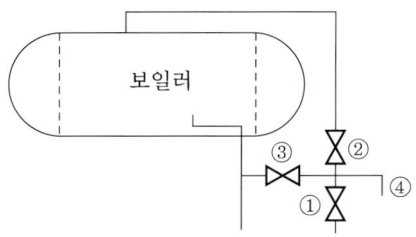

〈보기〉
① 급수 밸브를 연다.   ② 증기 밸브를 연다.
③ 출구정지 밸브를 연다.   ④ 핸들을 연다.

해답 ③ → ① → ② → ④
참고 인젝터 정지 순서
① 핸들을 닫는다.
② 급수 밸브를 닫는다.
③ 증기 밸브를 닫는다.
④ 출구정지 밸브를 닫는다.

2014년 5월 31일 출제문제 (작업형 출제 도면)

| 자격종목 | 에너지관리기능사 | 과제명 | 강관 및 동관 조립 | 척도 | N.S |

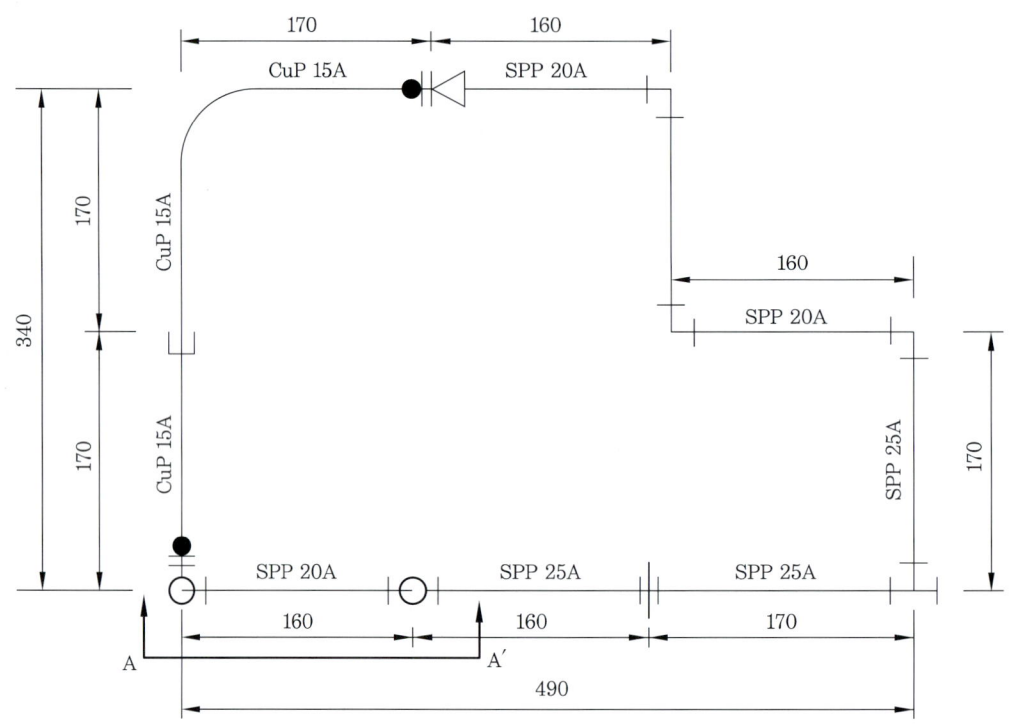

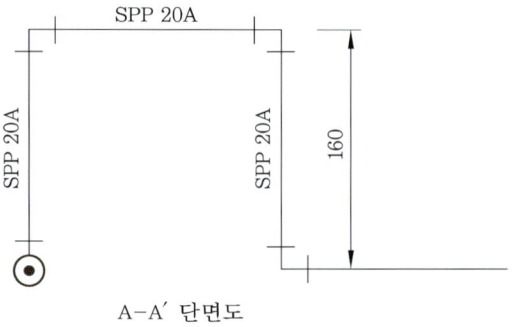

A-A′ 단면도

2014년 5월 31일 출제문제 (작업형 완성 작품)

| 자격종목 | 에너지관리기능사 | 과제명 | 강관 및 동관 조립 | 척도 | N.S |

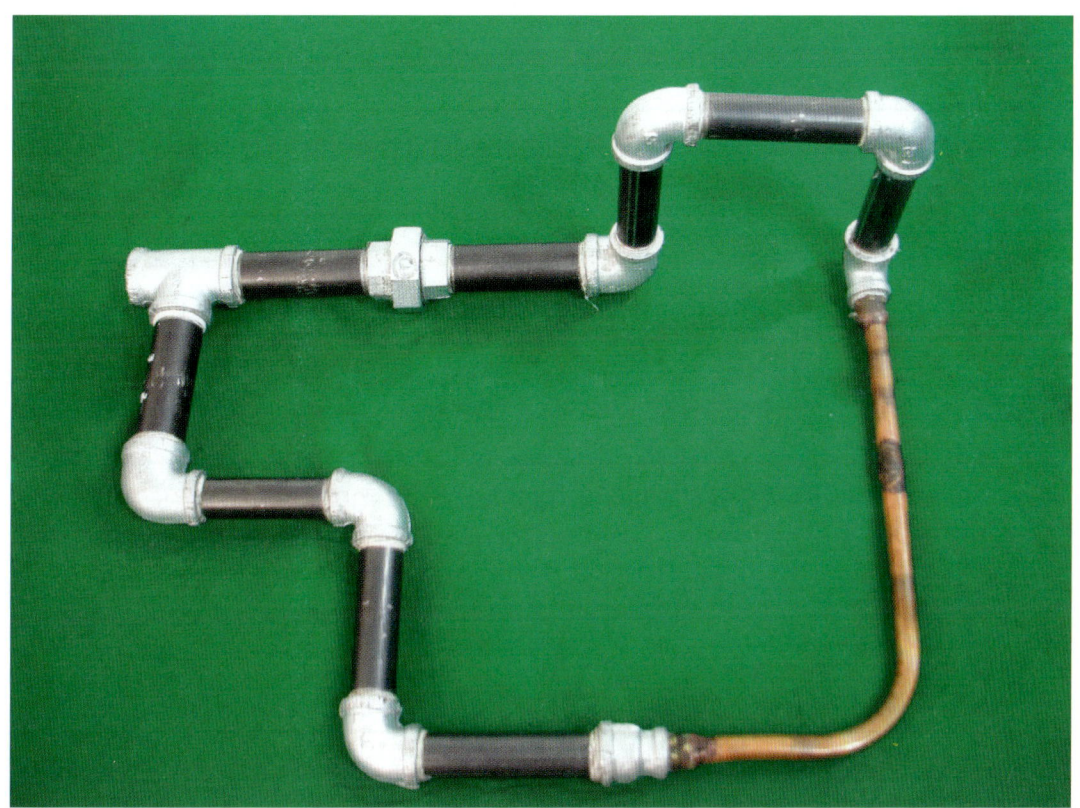

2014년 9월 14일 출제문제 (필답형 주관식)

□1. 다음은 온수 보일러의 시공도이다. ①~⑤의 명칭을 쓰시오.

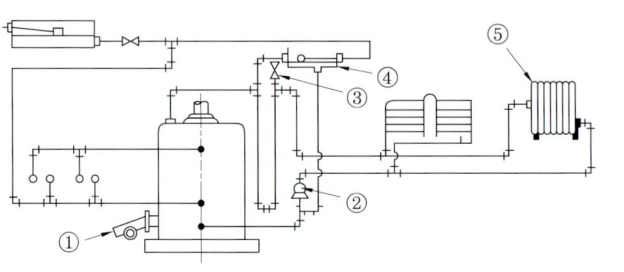

해답 ① 버너 ② 순환펌프 ③ 공기빼기 밸브 ④ 팽창 탱크 ⑤ 방열기

□2. 다음은 보일러에서 화염의 유무를 검출하는 화염검출기에 대한 설명이다. 각각의 설명에 해당되는 화염검출기의 종류를 쓰시오.

(1) 광전관을 통해 화염의 적외선을 검출하는 것
(2) 화염의 이온화를 이용한 전기 전도성으로 검출하는 것
(3) 연도에 설치되어 연소가스의 온도차에 의한 바이메탈을 이용한 것

해답 (1) 플레임 아이 (2) 플레임 로드 (3) 스택 스위치

□3. 두께 200 mm인 벽돌의 열전도율이 0.02 kcal/h·m·℃이고, 내벽의 온도가 300 ℃, 외벽의 온도가 30 ℃이다. 이 벽 1 m²를 통하여 손실되는 열량(kcal/h)은 얼마인지 계산하시오.

해답 $0.02 \times \dfrac{(300-30)}{0.2} \times 1 = 27 \text{ kcal/h}$

□4. 호칭지름 15 A 관으로써 다음 그림과 같이 나사이음을 할 때 중심 간의 길이를 400 mm로 하려면 관의 절단길이 l은 얼마로 하면 되는지 계산하시오. (단, 호칭 15 A 엘보의 중심선에서 단면까지의 길이는 27 mm, 나사에 물리는 최소의 길이는 11 mm이다.)

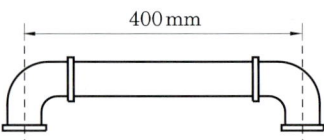

해답 ① $400 - (27+27) + (11+11) = 368$ mm
　　　② $400 - (16+16) = 368$ mm

5. 다음 설명에 해당하는 밸브의 명칭을 쓰시오.

(1) 유체를 한쪽 방향으로만 흐르게 하며 유체의 압력 또는 중력에 의하여 유로를 폐쇄하는 밸브
(2) 파이프의 횡단면에 평행하게 작동하며, 일명 게이트 밸브라 하여 유량 조절이 부적당하고 완전히 개방하면 유체의 저항이 작게 걸리는 밸브
(3) 밸브의 리프트(lift)가 작아 개폐시간이 짧고 누설이 적으며 유량 조절에 적당하나 유체의 흐름이 급격히 변화하여 유체의 저항이 많이 작용하는 밸브로 일명 스톱밸브라 불리는 것

해답 (1) 체크 밸브 (2) 슬루스 밸브 (3) 글로브 밸브

6. 호칭 20 A 강관을 반지름(R) 120 mm로 90°로 가공하려 할 때 굽힘부의 곡선 길이(mm)를 계산하시오.

해답 【식】 $240 \times \pi \times \dfrac{90}{360} = 188.50$ mm

【답】 188.50 mm

7. 관 부속류의 분해 및 조립 시에 사용되는 파이프 렌치의 종류 2가지를 쓰시오.

해답 ① 체인형 파이프 렌치
② 스트레이트 파이프 렌치
③ 오프셋 파이프 렌치
④ 스트랩 파이프 렌치

8. 가정용 온수 보일러에서 자연 통풍력 증가 방법 3가지를 쓰시오.

해답 ① 연돌 높이를 높인다.
② 배기가스 온도를 높인다.
③ 연돌의 단면적을 크게 한다.
④ 연도 길이를 짧게 한다.
⑤ 연도의 굽힘부를 적게 한다.

9. 동관 이음쇠 작업 시 필요한 공구 5가지를 쓰시오.

해답 ① 튜브 커터 ② 사이징 툴 ③ 리머
④ 익스팬터(확관기) ⑤ 줄 ⑥ 플레어링 툴 세트

10. 다음은 온수온돌 시공 순서이다. 순서에 맞도록 ( ) 안에 알맞은 작업명을 보기에서 찾아 쓰시오.

배관 기초 → (①) → 단열처리 → (②) → (③) → 보일러 설치 → (④) → (⑤) → 시멘트 모르타르 시공

〈보기〉
- 골재 충진 작업
- 배관 작업
- 수압 시험
- 받침재 설치
- 방수처리

해답 ① 방수처리　② 받침재 설치　③ 배관 작업　④ 수압 시험　⑤ 골재 충진 작업

참고 온수온돌 시공 순서(상향 순환식인 경우)
① 배관 기초
② 방수처리
③ 단열처리
④ 받침재 설치
⑤ 배관 작업
⑥ 공기방출기 설치
⑦ 보일러 설치
⑧ 팽창 탱크 설치
⑨ 굴뚝 설치
⑩ 수압 시험
⑪ 온수 순환 시험 및 경사조정
⑫ 골재충진 작업
⑬ 시멘트 모르타르 바르기
⑭ 양생 및 건조 작업

2014년 9월 18일 출제문제 (작업형 출제 도면)

| 자격종목 | 에너지관리기능사 | 과제명 | 강관 및 동관 조립 | 척도 | N.S |

1. **시험시간** : 3시간 20분

2. **요구사항**
   - 지급된 재료를 사용하며 주어진 시간 내에 도면과 같이 강관 및 동관을 조립하시오.
   - 도면의 일부 내용이 변경될 수도 있음

3. **도 면**

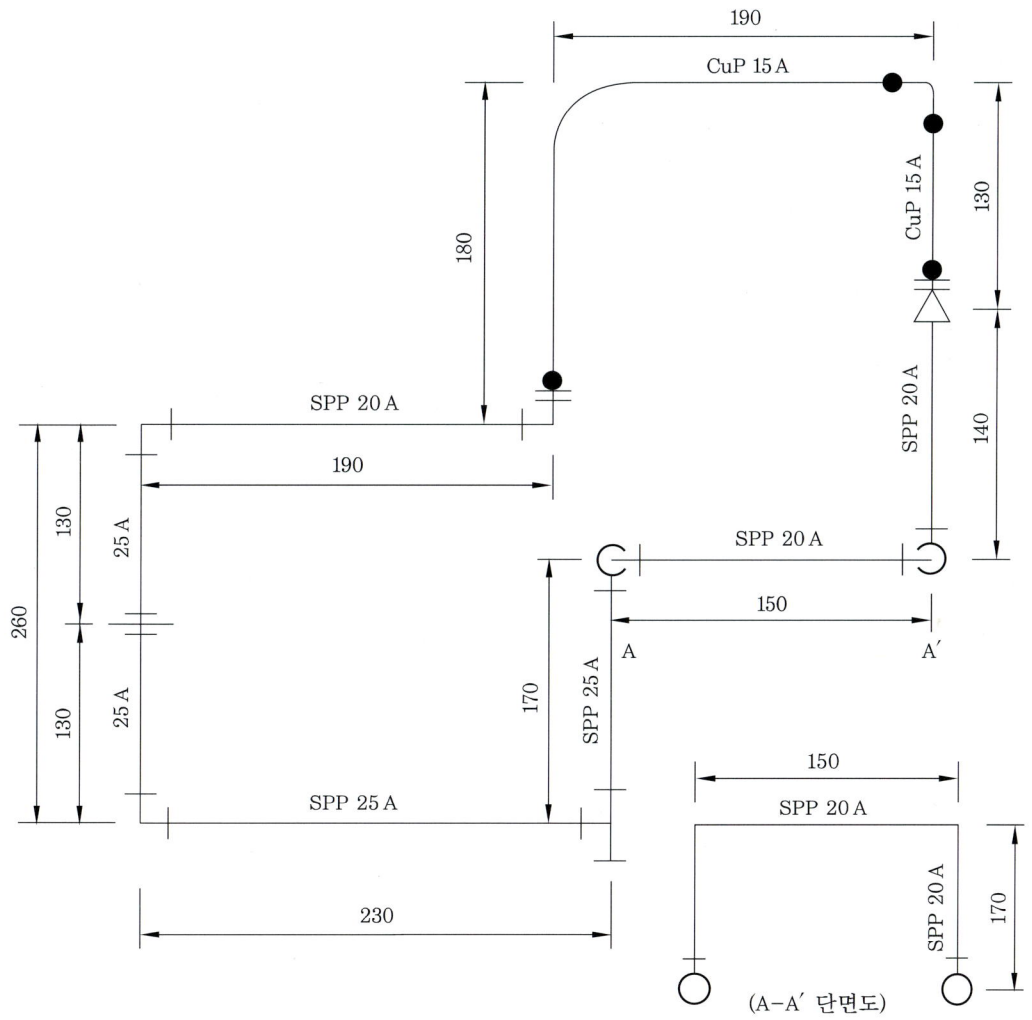

2014년 9월 18일 출제문제 (작업형 완성 작품)

| 자격종목 | 에너지관리기능사 | 과제명 | 강관 및 동관 조립 | 척도 | N.S |

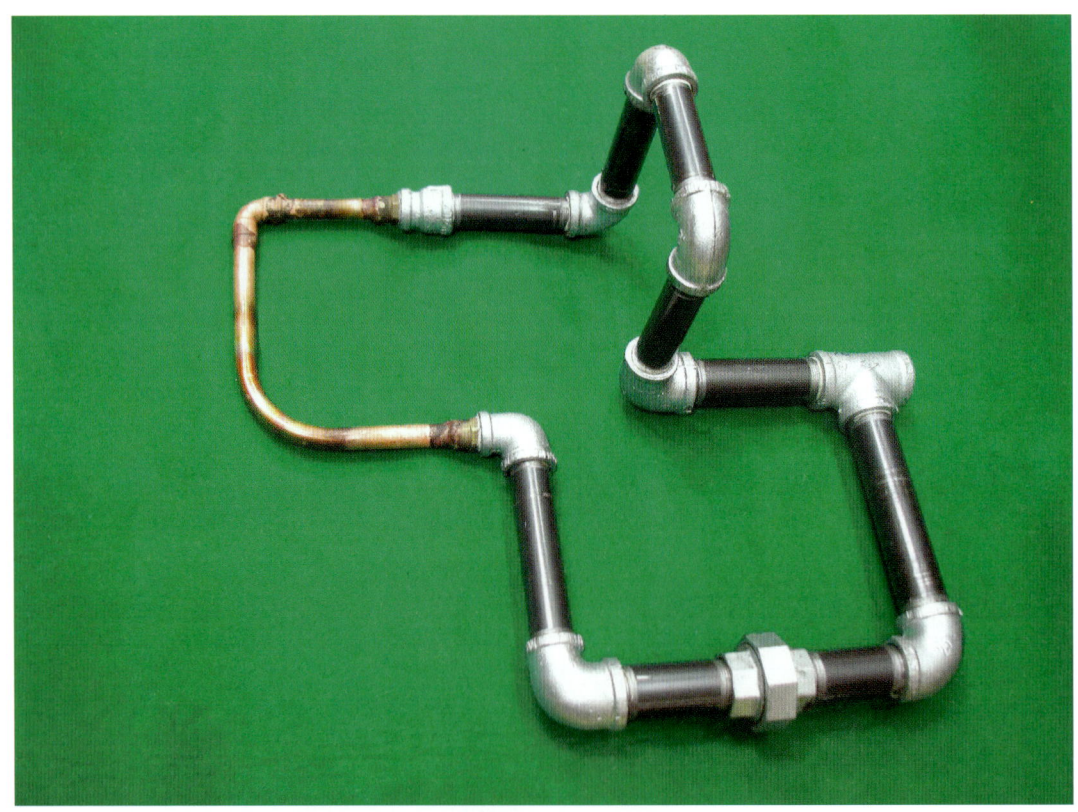

2014년 11월 22일 출제문제 (필답형 주관식)

1. 다음 각 ( ) 안에 알맞은 용어를 쓰시오.

원심력에 의하여 양수되는 원심식 펌프로써 안내날개가 없는 것을 (가) 펌프라고 하며, 안내날개가 있는 것을 (나) 펌프라고 한다.

해답 가 : 벌류트   나 : 터빈
참고 원심식 펌프는 임펠러에 안내날개(안내 깃 : guide vane)가 없는 벌류트(volute) 펌프 [저압, 저 양정용]와 안내날개를 부착하여 수압을 높게 한 터빈(turbine) 펌프[고압, 고양정용]가 있다.

2. 다음 그림은 2회로식 온수보일러의 단면도이다. 각 화살표(가~마)가 지시하는 부위의 명칭을 아래 보기에서 선택하여 그 번호를 쓰시오.

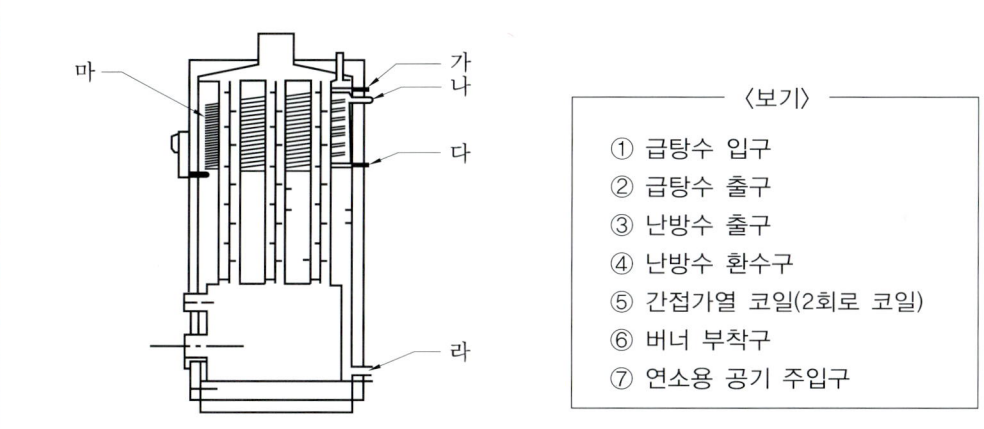

〈보기〉
① 급탕수 입구
② 급탕수 출구
③ 난방수 출구
④ 난방수 환수구
⑤ 간접가열 코일(2회로 코일)
⑥ 버너 부착구
⑦ 연소용 공기 주입구

해답 가 : ②   나 : ③   다 : ①   라 : ④   마 : ⑤
참고 1회로식은 난방전용이며 2회로식은 난방 및 급탕 겸용이다.

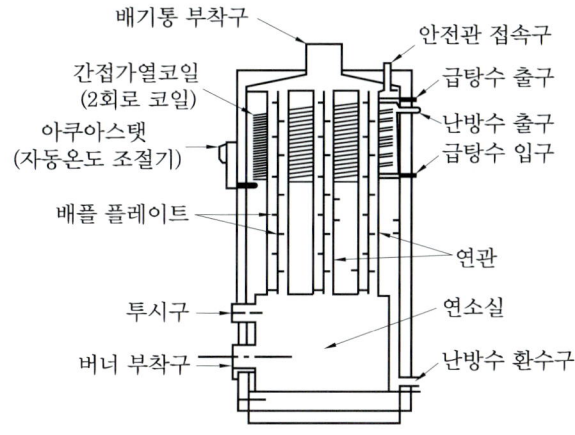

03. 다음은 온수온돌의 시공 순서이다. 순서에 맞게 ( ) 안에 알맞은 작업명을 아래 보기에서 골라 쓰시오.

"배관기초 → (①) → 단열처리 → 받침재 설치 → (②) → 공기방출기 설치 → (③) → 팽창탱크 설치 → 굴뚝 설치 → (④) → 온수 순환시험 및 경사 조정 → (⑤) → 시멘트 몰탈 바르기 → 양생 건조 작업"

〈보기〉

• 배관작업   • 수압시험   • 방수처리   • 골재 충진작업   • 보일러 설치

해답 ① 방수처리   ② 배관작업   ③ 보일러 설치
④ 수압 시험   ⑤ 골재 충진작업

04. 온수 보일러에서 보온 시공을 하기 전 열손실이 10000 kcal/h, 보온 시공을 한 후 손실 열량이 2000 kcal/h라면 보온효율은 몇 %인지 계산하시오.

해답 【식】 $\left(\dfrac{10000-2000}{10000}\right) \times 100 = 80\,\%$

【답】 80 %

05. 보일러의 자동제어장치(A.B.C)에서 다음 약어들의 명칭을 한글로 쓰시오.
(1) A.C.C   (2) F.W.C

해답 (1) A.C.C. : 자동연소제어(연소제어)
(2) F.W.C : 급수제어

참고 보일러 자동제어(ABC ; automatic boiler control) 종류
① 증기온도제어(STC ; steam temperature control)
② 급수제어(FWC ; feed water control)
③ 연소제어(ACC ; automatic combustion control)

06. 난방 면적이 120 m²인 사무실에 온수로 난방을 하려고 한다. 열손실지수가 150 kcal/m²·h일 때 (1) 난방부하(kcal/h)와 (2) 방열기 소요 쪽수를 계산하시오. (단, 방열기의 방열량은 표준으로 하고, 쪽당 방열면적은 0.2 m²이다.)

해답 (1) 난방부하 【식】 $150 \times 120 = 18000\,\text{kcal/h}$
【답】 18000 kcal/h

(2) 방열기 쪽수 【식】 $450 \times 0.2 \times x = 18000$ 에서 $x = \dfrac{18000}{450 \times 0.2} = 200$ 쪽

【답】 200 쪽

참고 ① 온수방열기 표준방열량 = 450 kcal/m²h
② 증기방열기 표준방열량 = 650 kcal/m²h

07. 관의 높이 표시기호에서 BOP·EL 100에서 BOP·EL의 뜻은 무엇인가?

해답 관의 외경 밑면과 기준선과의 높이를 표시하는 것이다.
참고 ① EL(elevation line) : 배관 높이를 기준선으로부터 높이를 표시한다.
② GL(ground line) : 포장된 지표면을 기준으로 배관장치의 높이를 표시한다.
③ FL(floor line) : 건물의 1층 바닥면을 기준으로 하여 높이를 표시한다.
④ BOP(bottom of pipe) : EL에서 관 외경의 밑면까지를 높이로 표시한다.
⑤ TOP(top of pipe) : EL에서 관 외경의 윗면까지를 높이로 표시한다.

08. 프로판(C_3H_8) 1 kmol 연소 시 (1) 이론 산소(O_2)량과 (2) 탄산가스(CO_2) 발생량(Nm^3)을 계산하시오. (단, $C_3H_8 + 5O_2 \rightarrow 3CO_2 + 4H_2O + 24370$ kcal/Nm^3)

해답 (1) 이론 산소(O_2)량
【식】 $5 \times 22.4 = 112$ Nm^3
【답】 112 Nm^3
(2) 탄산가스(CO_2)량
【식】 $3 \times 22.4 = 67.2$ Nm^3
【답】 67.2 Nm^3
참고 ① 모든 기체 1 kmol은 표준상태에서의 부피는 아보가드로 법칙에 의하여 22.4 Nm^3이다.
② 프로판(C_3H_8) 1 kmol(44 kg, 22.4 Nm^3) 연소 시 이론 산소(O_2)량은 5 kmol($5 \times 22.4 = 112$ Nm^3)이며, 탄산가스(CO_2) 발생량은 3 kmol($3 \times 22.4 = 67.2$ Nm^3)이고, 물(H_2O) 발생량은 4 kmol($4 \times 22.4 = 89.6$ Nm^3)이다.

09. 〈보기 1〉은 보온재의 구비조건을 적은 것이다. ( ) 안에 적당한 용어 또는 단어를 〈보기 2〉에서 선택하여 찾아 쓰시오.

〈보기 1〉		〈보기 2〉
• (①)이 작고 (②)가 커야 한다.	→	[보온능력, 열전도율]
• 어느 정도 (③) 강도를 가져야 한다.	→	[화학적, 기계적]
• 가볍고 비중이 (④) 한다.	→	[커야, 작아야, 같아야]
• 흡습성이나 흡수성이 (⑤) 한다.	→	[커야, 작아야, 같아야]

해답 ① 열전도율 ② 보온능력 ③ 기계적
④ 작아야 ⑤ 작아야

10. 다음은 온수보일러 팽창탱크와 팽창관의 설치 시 주의사항이다. 각 (　) 안에 가장 알맞은 수치나 용어를 아래 보기에서 찾아 쓰시오.

- 개방식 팽창탱크는 최고부위 방열기의 높이보다 (가) m 이상 높게 설치한다.
- 팽창탱크의 재료는 (나)℃의 온수에도 충분히 견딜 수 있어야 한다.
- 팽창관의 끝부분은 팽창탱크 바닥면보다 (다) mm 정도 높게 배관되어야 한다.
- 개방식 팽창탱크에는 물의 팽창 등에 대비하여 인체, 보일러 및 관련 부품에 위해가 발생되지 않도록 (라)을(를) 설치해야 한다.
- 밀폐식의 경우 배관 계통 내의 압력이 제한압력 이상으로 되면 자동적으로 과잉수를 배출시킬 수 있도록 (마)을(를) 설치해야 한다.

〈보기〉

• 0.1　• 1　• 25　• 100　• 300　• 방출밸브　• 일수관

해답　가 : 1　　나 : 100　　다 : 25
　　　　라 : 일수관　마 : 방출밸브

2014년 11월 28일 출제문제 (작업형 출제 도면)

| 자격종목 | 에너지관리기능사 | 과제명 | 강관 및 동관 조립 | 척도 | N.S |

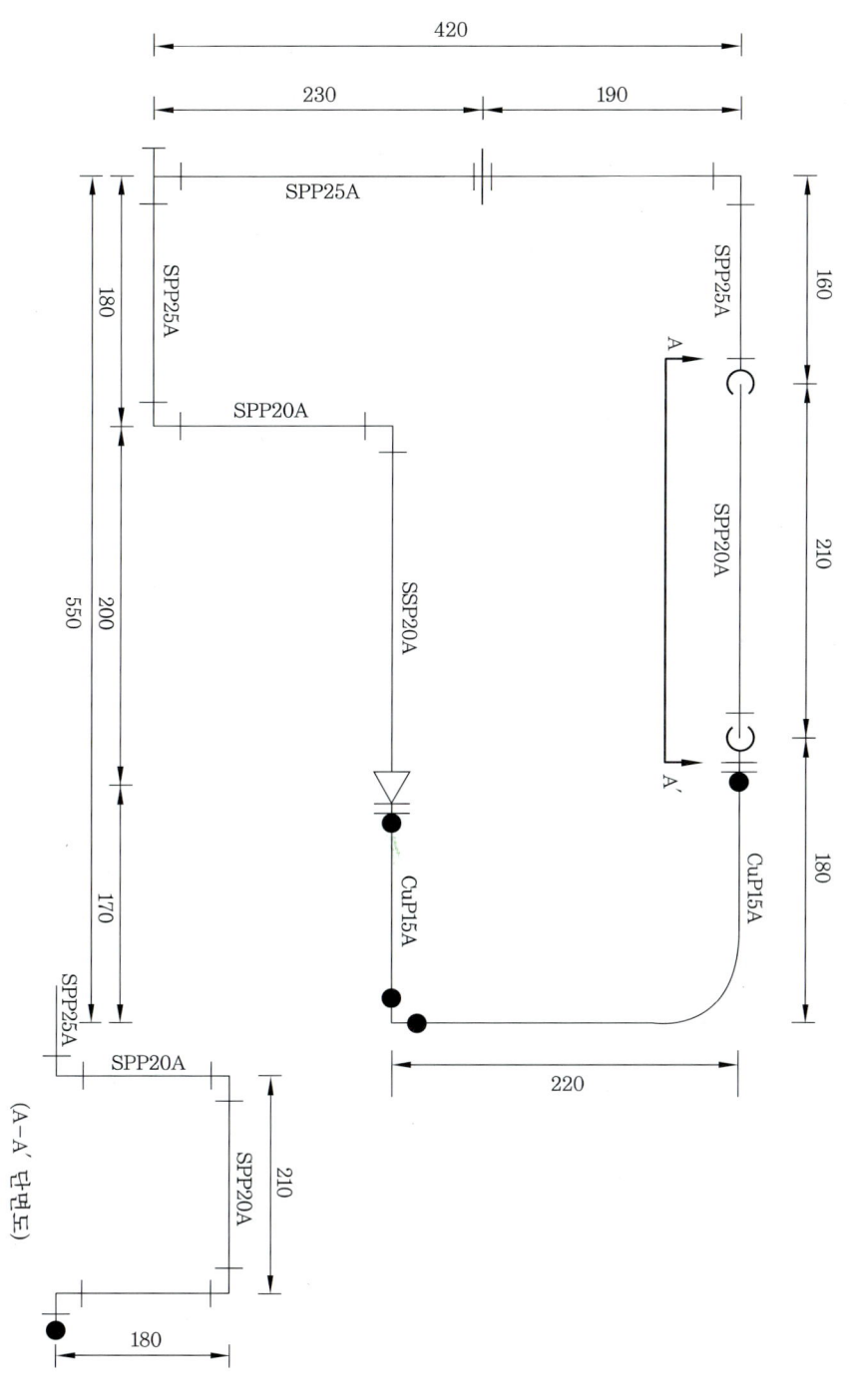

2014년 11월 28일 출제문제 (작업형 완성 작품)

| 자격종목 | 에너지관리기능사 | 과제명 | 강관 및 동관 조립 | 척도 | N.S |

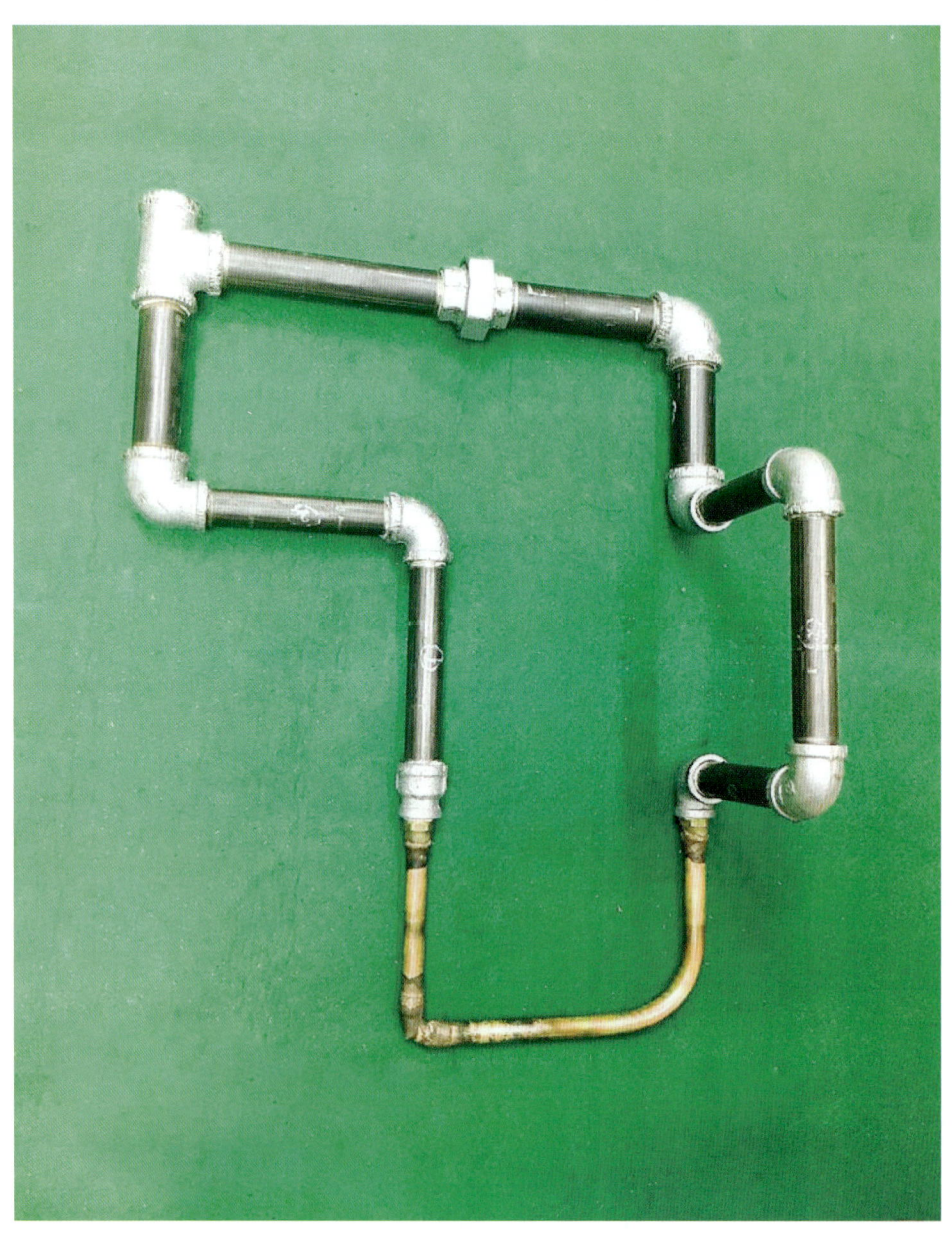

2015년도 출제문제

2015년 3월 15일 출제문제 (필답형 주관식)

01. 다음과 같은 조건에서 오일버너의 연료 소비량은 몇 kg/h인지 계산하시오.

- 연료의 발열량 : 10000 kcal/kg
- 보일러 효율 : 85 %
- 보일러 정격출력 : 20400 kcal/h
- 연료의 비중 무시

해답 【식】 $\dfrac{20400}{x \times 10000} \times 100 = 85$ 에서

$x = \dfrac{20400 \times 100}{10000 \times 85} = 2.4 \text{ kg/h}$

【답】 2.4 kg/h

02. 다음 동관의 접합 방법과 관련된 설명의 ( )에 알맞은 용어를 아래에 쓰시오.

"기계의 점검, 보수 또는 관을 분해할 경우를 대비한 접합 방법은 (가)접합이며, 용접 접합은 (나)현상을 이용한 것으로 연납 용접과 경납 용접으로 나눌 수 있다. 이 중 용접 강도가 큰 것은 (다)용접이며, 경납 용접의 용접재는 (라), (마)가 (이) 사용된다."

해답 가 : 압축(플레어) 나 : 모세관 다 : 경납
라 : 은납 마 : 황동납

03. 두께 10 cm, 면적 10 m²인 벽돌로 된 벽이 있다. 실내외측 벽 표면의 온도차가 20℃일 때, 이 벽을 통하여 손실되는 열량은 몇 kcal/h인지 계산하시오. (단, 이 벽의 열전도율은 0.8 kcal/m·h·℃이다.)

해답 【식】 $0.8 \times \dfrac{20}{0.1} \times 10 = 1600 \text{ kcal/h}$

【답】 1600 kcal/h

4. 보일러 강제 통풍 방식에 대한 다음 설명에서 ( ) 속에 들어갈 알맞은 말을 아래에 쓰시오.

"연소용 공기를 송풍기로 연소실 앞에서 연소실로 밀어 넣는 통풍방식을 (가) 통풍이라고 하고, 연도에 배풍기를 설치하고 배기가스를 유인하여 연돌로 빨아내는 방식을 (나) 통풍이라고 하며, 송풍기와 배풍기를 함께 사용하는 방식을 (다) 통풍이라고 한다."

[해답] 가 : 압입(가압)   나 : 흡입(흡인 = 유인)   다 : 평형

5. 동관을 두께별 및 재질별로 분류한 것이다. ( ) 속에 알맞은 말을 쓰시오.

(1) 두께별 : K형, (가)형, (나)형
(2) 재질별 : 연질, (다)질, (라)질, (마)질

[해답] (1) 가 : L   나 : M   (2) 다 : 반연   라 : 반경   마 : 경
[참고] ① K형 : 가장 두껍다.
② L형 : 두껍다.
③ M형 : 보통 두껍다.

6. 어떤 실내의 난방부하가 5400 kcal/h이고, 온수방열기의 1섹션당 표면적이 0.24 m^2일 때 방열기의 소요 쪽수를 구하시오. (단, 방열기의 방열량은 표준방열량으로 계산한다.)

[해답] 【식】 $450 \times 0.24 \times x = 5400$ 에서
$$x = \frac{5400}{450 \times 0.24} = 50 쪽$$
【답】 50쪽

7. 다음은 보일러의 유류연소 버너에 대한 설명이다. 각각 어떤 형식의 버너인지 쓰시오.

(1) 유압펌프를 이용하여 연료유 자체에 압력을 가하여 노즐로 분무시키는 버너
(2) 고속으로 회전하는 원추형 컵에 연료를 투입시켜 컵의 원심력에 의하여 연료를 비산 무화시키는 버너
(3) 저압이나 고압의 공기 또는 증기를 분사시켜 연료를 무화하는 버너

[해답] (1) 유압(압력)분무식 버너
(2) 회전식(로터리) 버너
(3) 기류식 버너

08. 온수보일러의 정격출력 계산 시에 고려되는 부하의 종류를 3가지만 쓰시오.

해답 ① 난방부하   ② 급탕 및 취사부하   ③ 배관부하
참고 ① 정격출력(kcal/h) = 난방부하 + 급탕 및 취사부하 + 배관부하 + 예열(시동)부하
② 상용출력(kcal/h) = 난방부하 + 급탕 및 취사부하 + 배관부하

09. 보일러가 연속 운전되는 동안 증기의 부하가 변하면 수위 변동이 발생한다. 이때 일정 수위를 유지하기 위해 설치하는 수위제어 검출 방식의 종류를 3가지만 쓰시오.

해답 ① 1요소식   ② 2요소식   ③ 3요소식

10. 다음은 어떤 도면에 표시된 알루미늄방열기 도시기호이다. 아래 사항은 각각 무엇을 표시하는지 쓰시오.

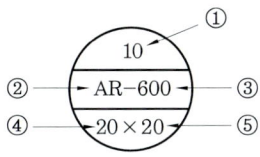

해답 ① 섹션수(쪽수)   ② 방열기 종별   ③ 방열기 치수
④ 유입측 관지름   ⑤ 유출측 관지름

2015년 3월 21일 출제문제(작업형 출제 도면)

| 자격종목 | 에너지관리기능사 | 과제명 | 강관 및 동관 조립 | 척도 | N.S |

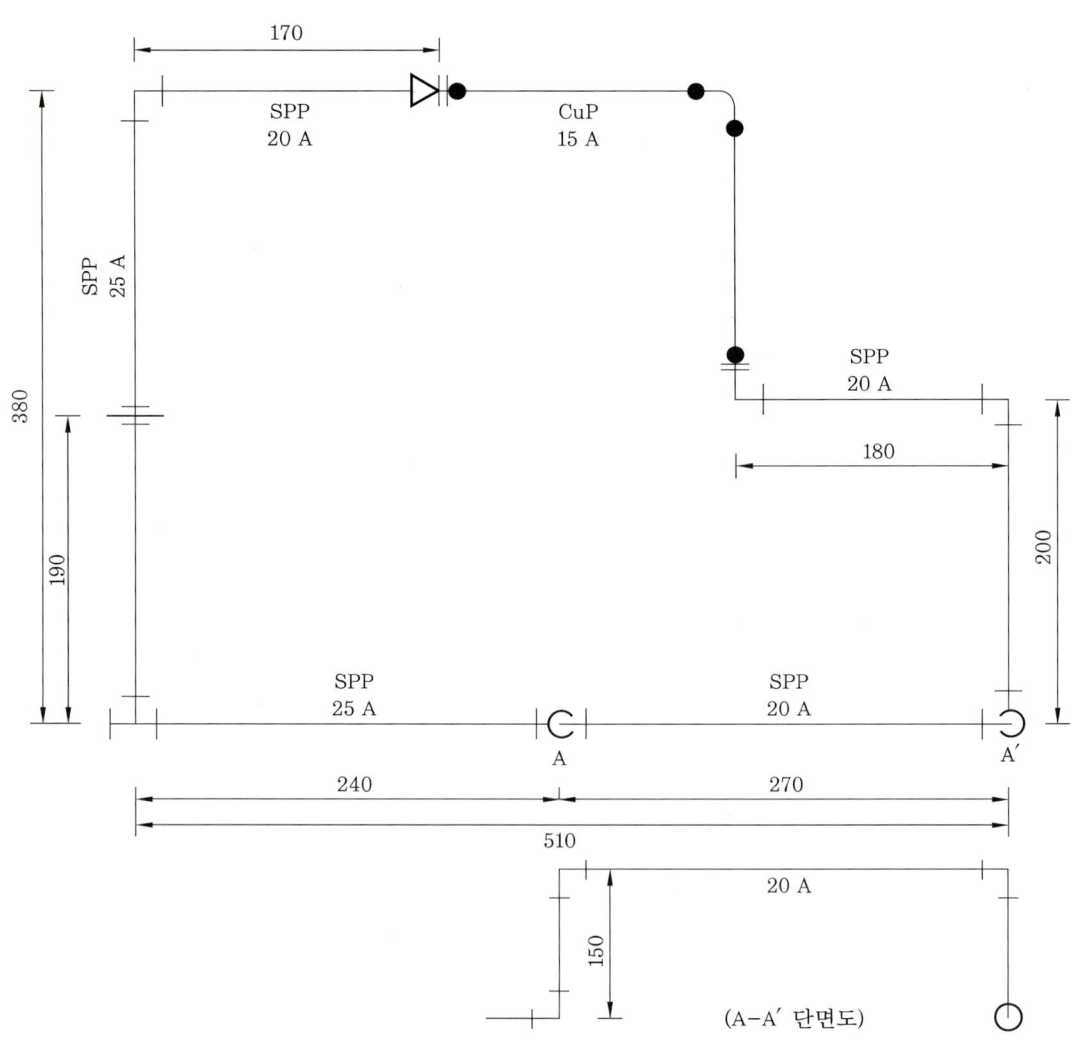

2015년 3월 21일 출제문제 (작업형 완성 작품)

| 자격종목 | 에너지관리기능사 | 과제명 | 강관 및 동관 조립 | 척도 | N.S |

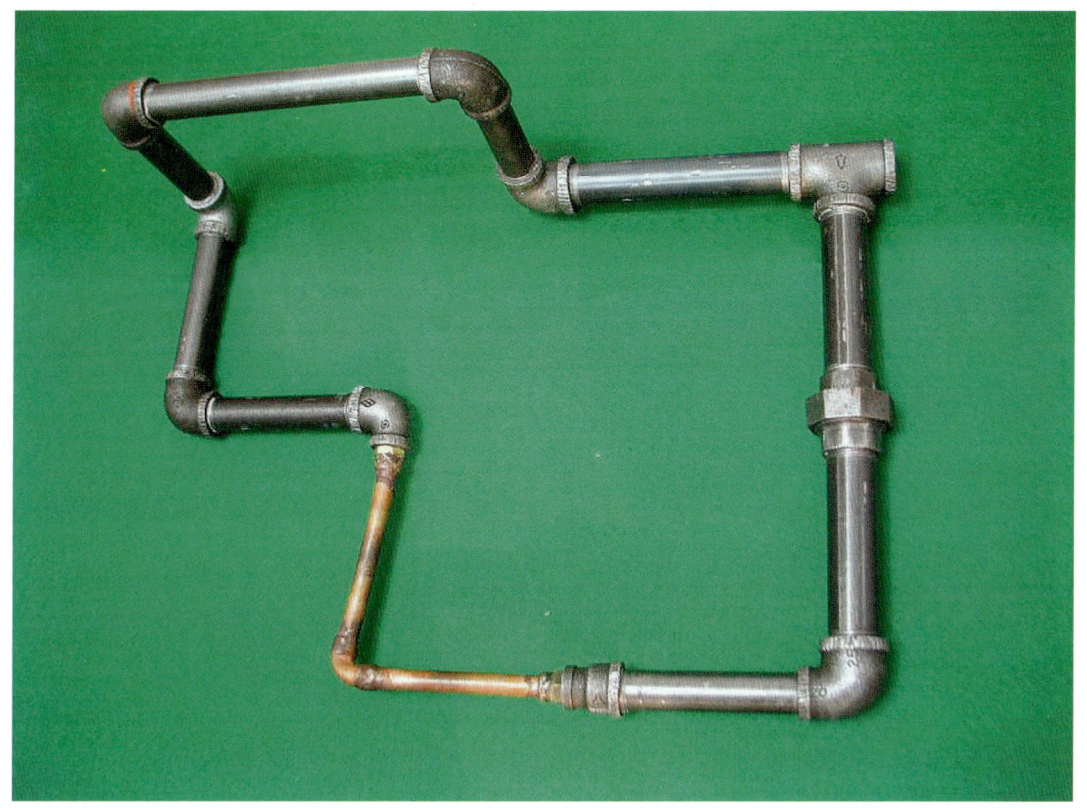

2015년 5월 23일 출제문제 (필답형 주관식)

1. 유류 보일러의 자동장치 점화는 전원스위치를 넣고 전환스위치를 모두 자동으로 설정한 후 기동 스위치를 넣으면 송풍기 가동 → (가) → (나) → (다) → 주버너 착화의 순으로 시퀀스가 진행되고 자동적으로 착화한다. 보기에서 골라 그 번호를 순서에 맞게 쓰시오.

〈보기〉
① 프리퍼지   ② 점화용 버너 착화   ③ 연료펌프 기동

해답 가 : ①   나 : ②   다 : ③

2. 방의 온수난방에서 실내온도를 20℃로 유지하려고 하는데 소요되는 열량이 시간당 30000 kcal가 소요된다고 한다. 이때 송수온수의 온도가 80℃이고, 환수온수의 온도가 15℃라면 온수의 순환량은 약 몇 kg/h인지 계산하시오. (단, 온수의 비열은 0.997 kcal/kg·℃이다.)

해답 【식】 $30000 = x \times 0.997 \times (80-15)$ 에서
$$x = \frac{30000}{0.997 \times (80-15)} = 462.93 \text{ kg/h}$$
【답】 462.93 kg/h

3. 보일러의 강제 통풍 방식인 압입통풍 및 흡입통풍에 있어서 송풍기의 설치 위치는 각각 어디인지 쓰시오.

해답 ① 압입통풍 : 연소실 입구
② 흡입통풍 : 연도 끝 부분

4. 감압밸브를 밸브의 작동방법에 따라 분류할 때 종류 3가지를 쓰시오.

해답 ① 피스톤식   ② 벨로스식   ③ 다이어프램식

5. 보일러의 자동제어장치(A.B.C)에서 다음 약어들의 명칭을 한글로 쓰시오.
(1) A.C.C   (2) F.W.C   (3) S.T.C

해답 (1) A.C.C : 연소제어(자동연소제어)
(2) F.W.C : 급수제어
(3) S.T.C : 증기온도제어

6. 연돌 출구에서 평균온도가 200℃인 연소가스가 시간당 300 Nm³ 흐르고 있다. 이 연돌의 연소가스 유속을 4 m/s로 유지하기 위해서는 연돌의 상부 단면적은 몇 m²로 하여야 하는지 계산하시오. (단, 노내압과 대기압은 같다.)

해답 【식】 $\dfrac{300 \times (1 + 0.0037 \times 200)}{3600 \times 4} = 0.04 \ \text{m}^2$

【답】 $0.04 \ \text{m}^2$

참고 F : 연돌의 상부 단면적(m²), G : 배기가스량(Nm³/h)
t : 배기가스의 온도(℃), w : 배기가스의 유속(m/s)
P : 노내압력(mmHg)

(1) 압력이 일정한 경우 : $F = \dfrac{G \times (1 + 0.0037t)}{3600 \times w} \ [\text{m}^2]$

(2) 배기가스 압력이 적용된 경우 : $F = \dfrac{G \times (1 + 0.0037t) \times 760/P}{3600 \times w} \ [\text{m}^2]$

---

7. 호칭지름 20 A의 강관을 곡률반경 200 mm, 90°로 구부릴 때 곡선부의 길이는 몇 mm인지 계산하시오.

해답 【식】 $400 \times \pi \times \dfrac{90}{360} = 314.16 \ \text{mm}$

【답】 $314.16 \ \text{mm}$

---

8. 콤비네이션 릴레이에 대한 설명이다. ( ) 속에 알맞은 용어를 아래에 쓰시오.

"콤비네이션 릴레이는 버너의 주안전 제어장치로 고온 차단, 저온 (가), (나) 펌프 회로가 한 개의 제어기로 만들어진 것이며, 내부에 Hi, Lo 설정기가 장치되어 있다. Lo 온도 이상이면 (다)가(이) 계속 작동되고, Hi 온도에 이르면 (라)가(이) 작동을 정지한다."

해답 가 : 점화   나 : 순환   다 : 순환펌프   라 : 버너

---

9. 열전달 형태와 그와 관련된 법칙을 나열한 것이다. 서로 관계있는 것끼리 연결하시오.

(1) 전도 •   • (가) 푸리에(Fourier)의 법칙
(2) 대류 •   • (나) 스테판-볼츠만(Stefan-Boltzman)의 법칙
(3) 복사 •   • (다) 뉴턴(Newton)의 법칙

해답 (1)과 (가), (2)와 (다), (3)과 (나)를 연결한다.

10. 온수온돌 시공기준에서 온수온돌은 바탕층, 방수층, 단열층, 축열층, 방열관, 미장 마감층으로 구성된다. (   ) 속에 알맞은 내용을 쓰시오.

> 바탕층은 콘크리트로 설치할 때 시멘트 : 모래 : 자갈의 배합비는 (가) 비율로 하며, 그 두께는 (나) mm 이상으로 한다.

해답 가. 1 : 3 : 6   나. 30

참고 ① 축열층의 두께는 40 mm 이상 70 mm 이하이어야 한다.
② 방열관은 호칭 지름이 15 mm 이상인 것으로 하고 관의 간격은 150 mm 이상 400 mm 이하로 한다.
③ 방수층은 주변 벽면의 10 cm 높이까지 방수처리가 되도록 해야 한다.
④ 미장 마감층의 두께는 방열관의 윗표면에서 15 mm 이상 25 mm 이하를 유지해야 한다.

2015년 5월 28일 출제문제 (작업형 출제 도면)

| 자격종목 | 에너지관리기능사 | 과제명 | 강관 및 동관 조립 | 척도 | N.S |

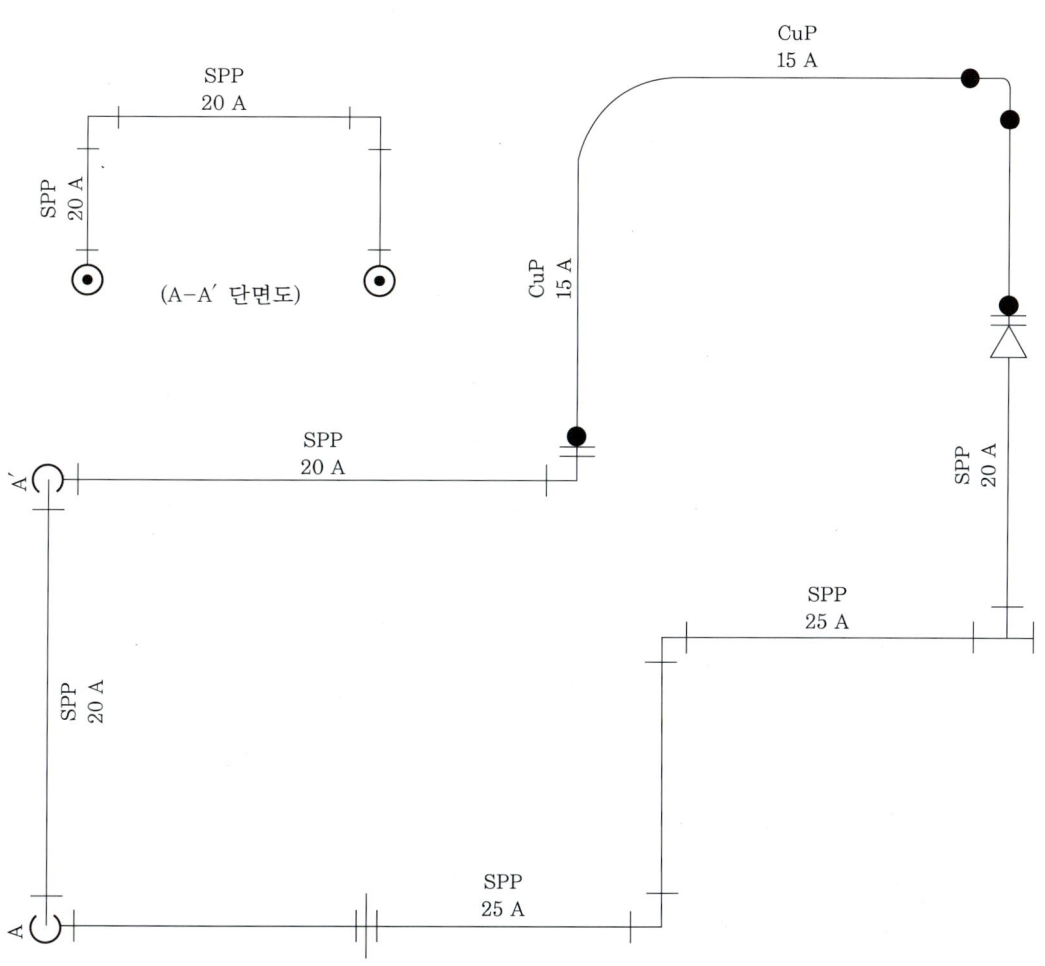

2015년 5월 28일 출제문제 (작업형 완성 작품)

| 자격종목 | 에너지관리기능사 | 과제명 | 강관 및 동관 조립 | 척도 | N.S |

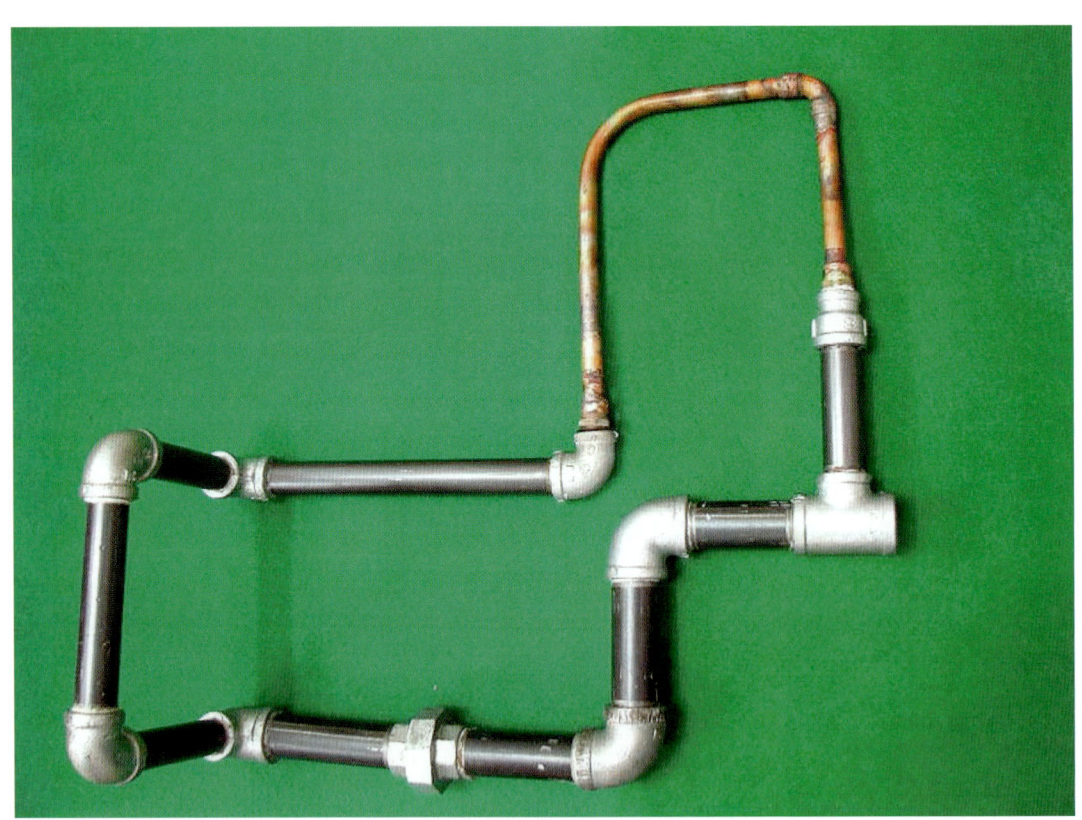

2015년 9월 6일 출제문제 (필답형 주관식)

1. 방열기의 입구온도가 90℃, 출구온도가 72℃, 방열계수가 7 kcal/m²·h·℃이고 실내온도가 18℃일 때, 이 방열기의 방열량은 몇 kcal/m²·h인지 계산하시오.

해답 【식】 $7 \times \left(\dfrac{90+72}{2} - 18 \right) = 441 \text{ kcal/m}^2\text{h}$

【답】 441 kcal/m²h

2. 다음은 팽창탱크에 연결되는 관에 대한 설명이다. 각 설명에 해당하는 관의 명칭을 아래 보기에서 골라 쓰시오.

(1) 팽창탱크 내의 물이 일정 수위보다 더 올라갈 때 그 물을 배출하는 관
(2) 보일러와 팽창탱크를 연결하며 밸브나 체크밸브를 설치하지 않는 관
(3) 팽창탱크 내에 물을 공급해 주는 관
(4) 팽창탱크 내의 물을 완전히 빼내기 위하여 설치하는 관

― 〈보기〉 ―
• 팽창관 • 오버플로관 • 압축공기관 • 급수관 • 배기관 • 배수관 • 회수관

해답 (1) 오버플로관   (2) 팽창관   (3) 급수관   (4) 배수관

3. 높이가 650 mm, 쪽수(섹션수)가 20인 5세주 방열기를 설치하고자 한다. 도면에 나타낼 도시기호를 아래 그림에 표시하시오. (단, 유입 관경은 25 A, 유출 관경은 20 A이다.)

해답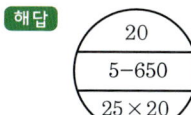

4. 강관 공작용 기계에서 동력나사절삭기의 종류 3가지를 쓰시오.

해답 ① 오스터식   ② 호브식   ③ 다이헤드식

5. 보일러 배관작업 시 같은 지름의 강관을 직선으로 연결할 때 사용할 수 있는 강관 이음쇠의 종류를 3가지만 쓰시오.

해답 ① 소켓   ② 니플   ③ 유니언

06. 다음은 강관의 굽힘 가공에 대한 설명이다. ( ) 안에 알맞은 용어를 쓰시오.

> "강관의 굽힘 가공에 사용되는 파이프 벤딩 머신은 센터 포머, 엔드 포머, 램실린더, 유압펌프 등으로 구성된 이동식 현장용인 (가)식과, 공장에서 동일 모양으로 다량의 강관을 벤딩할 때 사용되는 (나)식으로 구분된다."

해답 가 : 램　　　나 : 로터리

07. 난방 방식은 크게 개별식 난방과 중앙식 난방으로 나눌 수 있다. 중앙식 난방법의 종류 3가지를 쓰시오.

해답 ① 직접 난방법　② 간접 난방법　③ 복사 난방법

08. 하수관 등에서 발생한 유해가스나 악취 등이 실내로 들어오는 것을 방지하기 위해 설치하는 트랩의 종류를 5가지만 쓰시오.

해답 ① P트랩　② S트랩　③ U트랩　④ 밸 트랩　⑤ 드럼 트랩　⑥ 그리스 트랩
참고 ① P트랩 : 벽체 내의 배수 입관에 접속하여 사용
② S트랩 : 대변기, 소변기 등에 부착하여 바닥 밑의 횡주 배수관에 접속하여 사용
③ U트랩 : 옥내 배수관의 최하류 옥외 배수관에 배출되기 직전에 설치하여 가스의 역류 방지에 사용
④ 밸 트랩 : 건물 바닥의 배수에 사용
⑤ 드럼 트랩 : 싱크의 배수트랩으로 사용
⑥ 그리스 트랩 : 조리대의 배수 중 지방류를 제거하고 하수로부터의 가스의 역류방지에 사용

09. 16℃의 물이 들어가 96℃의 물로 되는 온수 보일러가 있다. 보일러의 개방식 팽창탱크 크기(l)를 구하시오. (단, 방열기 출구의 온수 밀도 $\rho_r = 0.99897\,kg/l$, 방열기 입구의 온수 밀도 $\rho_f = 0.96122\,kg/l$, 전수량은 1500 l, $a = 2$이다.)

해답 【식】 $\left(\dfrac{1}{0.96122} - \dfrac{1}{0.99897}\right) \times 1500 \times 2 = 117.94\,l$
【답】 117.94 l

10. 5 ton/h인 수관식 보일러에서 연돌로 배출되는 배기 가스량이 9100 Nm³/h이고, 연돌로 배출되는 배기가스 온도는 250℃이다. 이때 굴뚝의 상부 최소단면적이 0.7 m²일 경우 배기가스 유속은 몇 m/s인가?

해답 【식】 $0.7 = \dfrac{9100 \times (1 + 0.0037 \times 250)}{3600 \times x}$ 에서

$x = \dfrac{9100 \times (1 + 0.0037 \times 250)}{3600 \times 0.7} = 6.95\,\text{m/s}$

【답】 6.95 m/s

2015년 9월 12일 출제문제 (작업형 출제 도면)

자격종목	에너지관리기능사	과제명	강관 및 동관 조립	척도	N.S

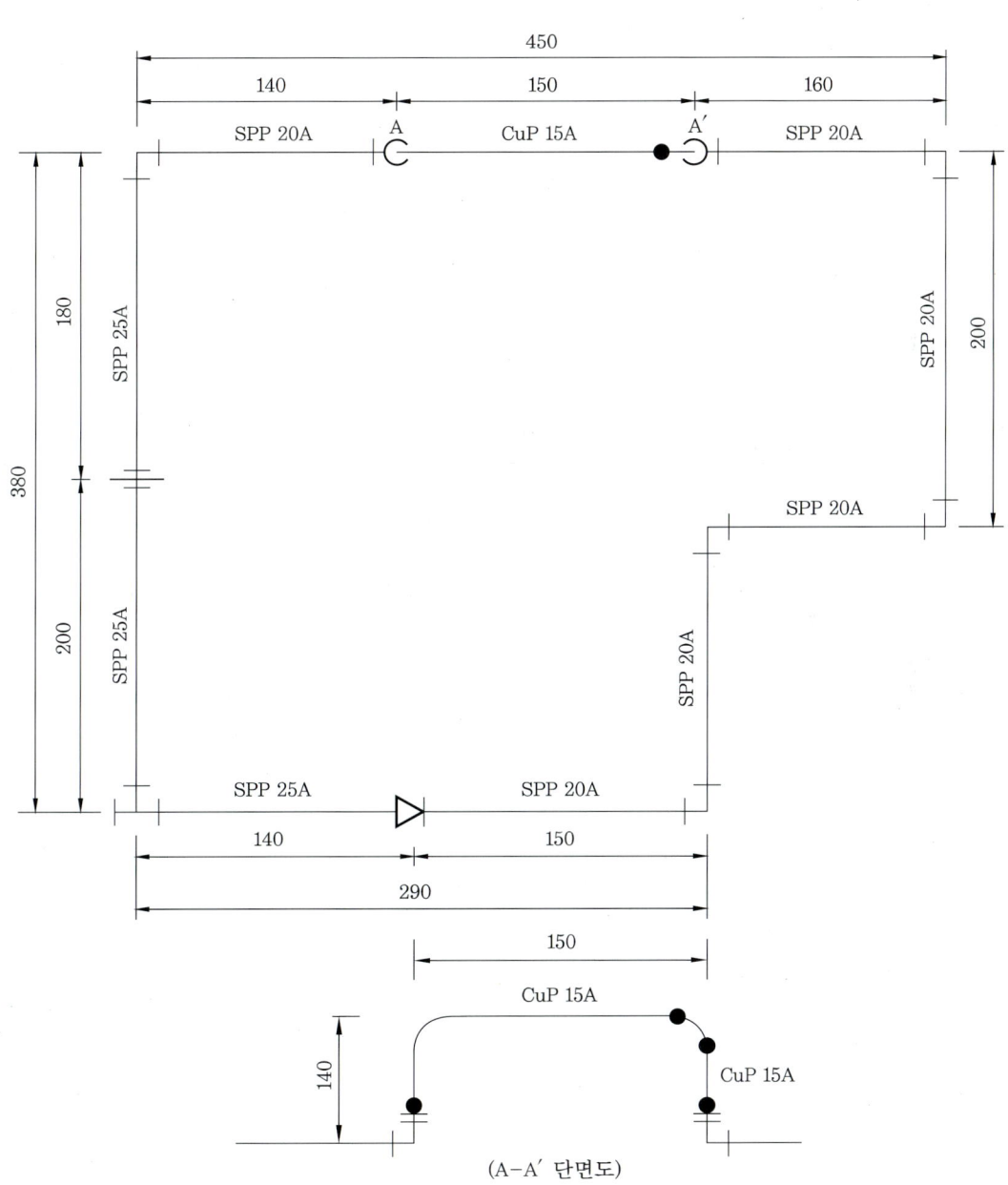

(A-A' 단면도)

2015년 9월 12일 출제문제 (작업형 완성 작품)

| 자격종목 | 에너지관리기능사 | 과제명 | 강관 및 동관 조립 | 척도 | N.S |

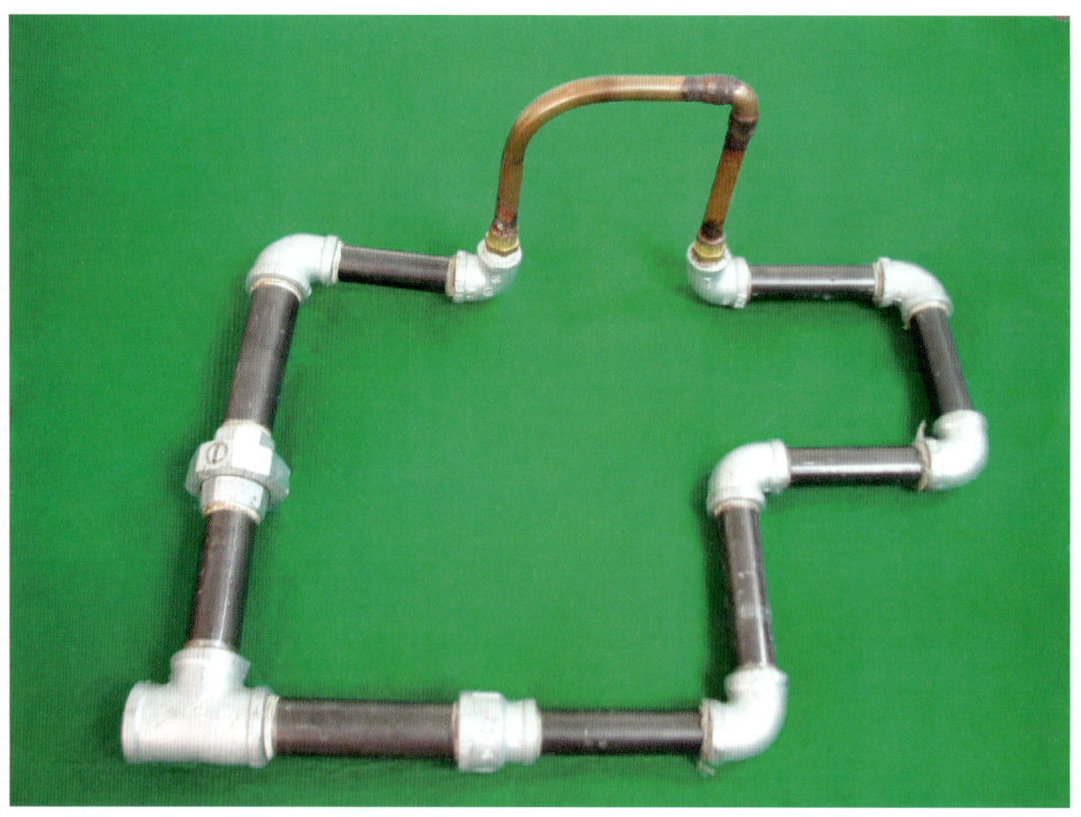

2015년 11월 21일 출제문제 (필답형 주관식)

1. 다음 설명은 각각 어떤 난방법인지 쓰시오.

(1) 지하실 등 특정 장소에서 공기를 가열하고, 이 공기를 덕트(duct)를 통해서 각 방에 보내어 난방하는 방법
(2) 방을 형성하고 있는 벽, 바닥, 천장 등에 패널을 매입하고 여기에서 나오는 열에 의해 난방하는 방법

해답 (1) 간접 난방법
(2) 복사 난방법
참고 직접 난방법은 방열기 내에 온수 또는 증기를 공급하여 난방하는 방법이다.

2. 자동제어의 신호전달 방식을 공기압식, 유압식, 전기식으로 분류할 때 전기식 신호전달 방식의 장점을 3가지 쓰시오.

해답 ① 배관 설비가 용이하다.
② 신호 전달에 시간 지연이 없다.
③ 복잡한 신호에 용이하다.
④ 원거리 전송이 용이하다.
⑤ 특수한 동작원이 필요 없다.
참고 단점
① 조작속도가 빠른 비례 조작부를 만들기가 곤란하다.
② 고온 다습한 곳은 곤란하다.
③ 보수 및 취급에 기술을 요한다.

3. 보일러 연소 시에 통풍력 손실이 되는 원인 3가지를 쓰시오.

해답 ① 연돌이 낮고 연돌 상부 단면적이 좁을 때
② 외기의 온도가 높고 연소가스의 온도가 낮을 때
③ 연도의 길이가 길고 굴곡부가 많을수록

4. 동관용 공구로써 압축이음을 하고자 할 때 관끝을 나팔형으로 만드는데 사용되는 공구는 무엇인가?

해답 플레어링 툴 세트

5. 보일러에 사용되는 화염 검출기의 종류를 크게 나누어 3가지만 쓰시오.

해답 ① 플레임 아이
② 플레임 로드
③ 스택 스위치

6. 난방용 방열기의 종류를 형상에 따라 크게 나눌 때 3가지만 쓰시오.

해답 ① 주형(기둥형) 방열기
② 벽걸이형 방열기
③ 길드 방열기
④ 대류 방열기

7. 금속질 보온 피복재이며 금속 특유의 반사특성을 이용하여 보온 효과를 얻을 수 있는 것으로 가장 대표적인 것은 무엇인가?

해답 알루미늄박
참고 알루미늄박 보온 피복재는 판(板) 또는 박(泊)을 사용하여 공기층을 중첩시킨 것으로, 그 표면은 열복사에 대한 방사능을 이용한 것이며 안전사용온도는 약 550℃이다.

8. 어떤 사무실에 설치된 온수방열기의 상당방열면적(E.D.R)이 7.5 m²이었다. 난방부하는 몇 kcal/h인지 계산하시오.

해답 【식】 $450 \times 7.5 = 3375$ kcal/h
【답】 3375 kcal/h
참고 온수 방열기의 표준 방열량은 450 kcal/hm²이다.

9. 급탕량이 3000 kg/h, 난방용 온수 공급량이 1280 kg/h인 온수보일러의 연료(경유) 소모량이 18 kg/h이었다. 이 보일러의 효율은 몇 %인지 계산하시오. (단, 급탕용 급수의 보일러 입구온도는 20℃, 급탕 공급온도는 60℃, 난방용 온수 공급온도는 70℃, 환수온도는 40℃, 경유의 저위발열량은 10000 kcal/kg, 물의 평균비열은 1 kcal/kg·℃이다.)

해답 【식】 $\dfrac{1280 \times 1 \times (70-40) + 3000 \times 1 \times (60-20)}{18 \times 10000} \times 100 = 88\%$
【답】 88%
참고 온수보일러 효율 = $\dfrac{\text{열출력(난방부하 + 급탕부하 + 배관부하 + 예열부하)}}{\text{매시 연료 소모량} \times \text{연료의 저위발열량}} \times 100\%$

10. 복관 중력순환식 온수 난방에서 송수온도가 88℃이고, 환수온도가 72℃이다. 난방부하가 8100 kcal/h인 거실의 온도를 일정하게 유지하려고 할 때 다음 물음에 답하시오.

> (1) 방열기로 거실을 난방할 때 필요한 온수 순환량은 몇 kg/h인지 계산하시오. (단, 온수의 평균 비열은 1.0 kcal/kg · ℃로 한다.)
> (2) 거실의 난방을 주철제 방열기로 할 경우 방열기의 표준 섹션 수는 몇 개인가? (단, 1섹션당 방열면적은 0.36 m²이며, 표준 방열량으로 계산한다.)

해답 (1) 【식】 $8100 = x \times 1.0 \times (88-72)$ 에서
$$x = \frac{8100}{1.0 \times (88-72)} = 506.25 \text{ kg/h}$$
【답】 506.25 kg/h

(2) 【식】 $8100 = 450 \times 0.36 \times x$ 에서
$$x = \frac{8100}{450 \times 0.36} = 50 \text{ 개}$$
【답】 50개

11. 아래 그림은 스테인리스강관 배관 시공법을 도시한 것이다. 청동주물 본체 이음쇠에 스테인리스강관을 삽입하고, 동합금제 링을 캡 너트로 조여 접속하는 방식의 결합법은 무엇인가?

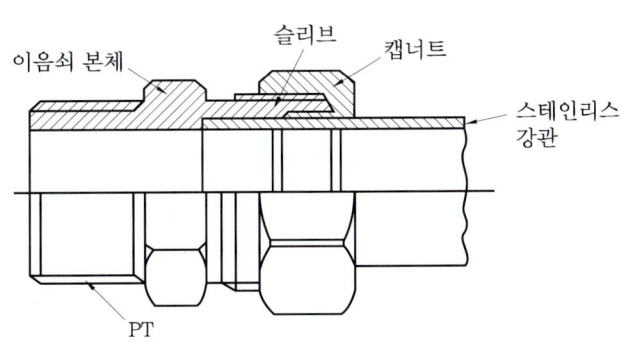

해답 MR 조인트

참고 몰코 이음 결합법은 몰코 조인트 이음쇠를 스테인리스강관에 삽입하고 전용압착공구(press tool)로 약 10초간 압착해 준다.

2015년 11월 28일 출제문제 (작업형 출제 도면)

자격종목	에너지관리기능사	과제명	강관 및 동관 조립	척도	N.S

1. **시험시간** : 3시간 20분

2. **요구사항**
   - 지급된 재료를 사용하며 주어진 시간 내에 도면과 같이 강관 및 동관을 조립하시오.
   - 도면의 일부 내용이 변경될 수도 있음

3. **도 면**

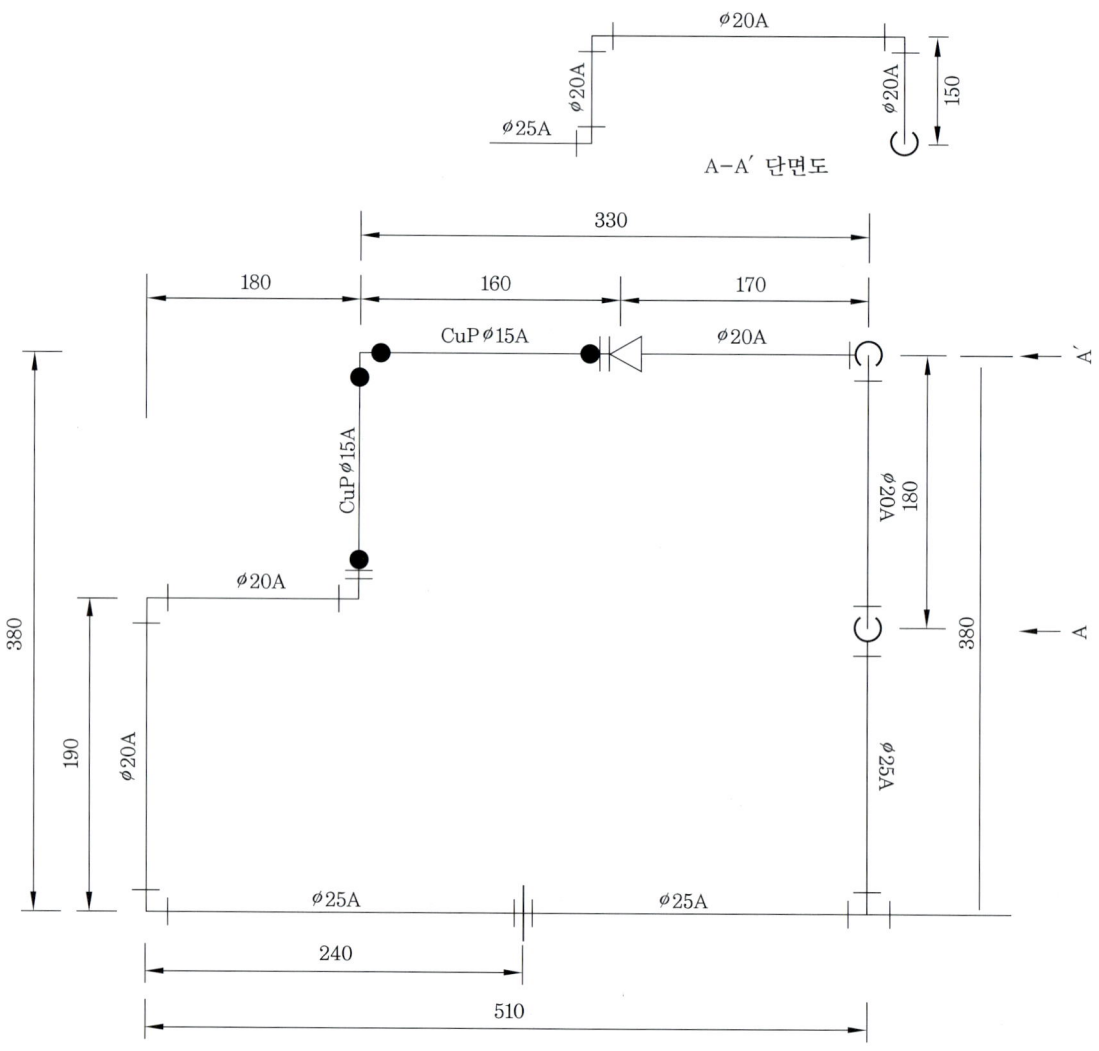

2015년 11월 28일 출제문제 (작업형 완성 작품)

| 자격종목 | 에너지관리기능사 | 과제명 | 강관 및 동관 조립 | 척도 | N.S |

2016년도 출제문제

2016년 3월 13일 출제문제 (필답형 주관식)

1. 다음 ( ) 속에 적합한 용어를 써넣으시오.

정해진 순서에 따라 제어단계를 순차적으로 진행하는 (가)제어,
결과에 따라 출력을 가감하여 결과에 맞도록 수정하는 (나)제어

해답 가 : 시퀀스   나 : 피드백

2. 반지름이 80 mm인 25 A 강관을 90°로 굽힐 때, 굽힘부의 강관 길이는 몇 mm인지 계산하시오.

해답 【식】 $80 \times 2 \times \pi \times \dfrac{90}{360} = 125.66$ mm

【답】 125.66 mm

3. 기체 연료의 연소장치에서 확산형 가스버너의 형태 2가지를 쓰시오.

해답 ① 포트형   ② 버너형
참고 ① 확산형 가스버너의 형태에는 평로나 대형 가마에 적합한 포트형과 저품위 고로가스를 버너로 연소시키는 버너형이 있으며, 버너형에는 용광로 가스 등 저품위 가스를 사용할 때 사용하는 선회형 버너와 천연가스와 같은 고발열량의 가스를 사용할 때 사용하는 방사형 버너가 있다.
② 예혼합형 가스버너에는 연소실 내의 압력을 정압으로 하는 고압버너, 송풍기를 사용하지 않고 연소실 내의 압력을 부압으로 하는 저압버너, 송풍기를 이용하여 연소용 공기를 가압하여 연소실로 공급하는 송풍버너가 있다.

4. 강관의 나사식 가단주철제 관이음쇠에 대한 설명이다. 다음 물음에 답하시오.

(1) 동일 직경의 관을 직선으로 연결할 때 사용되는 이음쇠 3가지를 쓰시오.
(2) 관 끝을 막을 때 사용되는 이음쇠 2가지를 쓰시오.

해답 (1) ① 소켓 ② 니플 ③ 유니언 ④ 플랜지
(2) ① 캡 ② 플러그 ③ 막힘 플랜지

□**5.** 다음 〈조건〉을 참고하여 아래 〈그림〉과 같은 벽체의 열관류율은 몇 kcal/m²·h·℃인지 계산하시오.

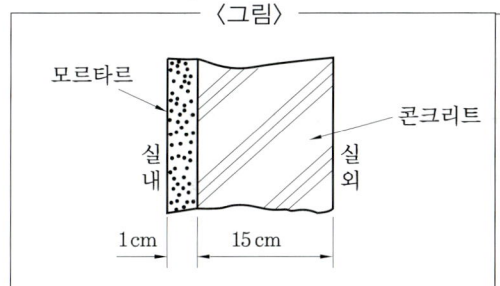

〈조건〉
모르타르 열전도율 : 1.2 kcal/m·h·℃
콘크리트 열전도율 : 1.3 kcal/m·h·℃
실내측 벽의 열전달률 : 8 kcal/m²·h·℃
실외측 벽의 열전달률 : 20 kcal/m²·h·℃

해답 【식】 $\dfrac{1}{\dfrac{1}{8}+\dfrac{0.01}{1.2}+\dfrac{0.15}{1.3}+\dfrac{1}{20}} = 3.35 \text{ kcal/m}^2\cdot\text{h}\cdot℃$

【답】 3.35 kcal/m²·h·℃

□**6.** 효율 80 %인 보일러에서 발열량 10000 kcal/kg인 연료를 시간당 3.2 kg으로 연소시키면 보일러에서 발생하는 유효열량은 몇 kcal/h인지 계산하시오.

해답 【식】 $(3.2 \times 10000) \times 0.8 = 25600 \text{ kcal/h}$
【답】 25600 kcal/h
참고 손실열량 $= (3.2 \times 10000) \times 0.2 = 6400 \text{ kcal/h}$

□**7.** 다음은 온수보일러 순환펌프 주위 바이패스 배관을 나타낸 것이다. 아래 물음에 답하시오.

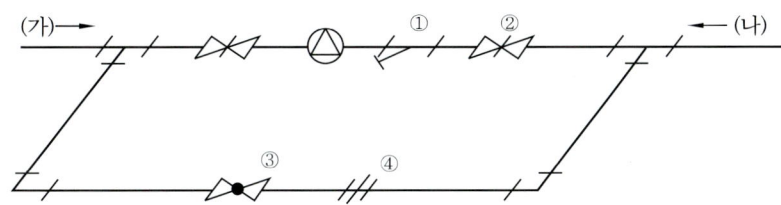

(1) 부품 ①~④의 명칭을 쓰시오.
(2) 온수의 흐름 방향은 "가"와 "나" 중 어느 것인가?

해답 (1) ① 여과기(스트레이너) ② 게이트 (슬루스) 밸브 ③ 글로브 밸브 ④ 유니언
(2) (나)

08. 다음 설명에 해당되는 보일러 화염검출기의 종류를 〈보기〉에서 골라 쓰시오.

〈보기〉
- 플레임 로드
- 스택 스위치
- 콤비네이션 릴레이
- 플레임 아이
- 아쿠아스탯

(1) 화염이 발광체이므로 화염 중의 적외선이나 자외선을 광전관 등으로 검출하여 화염의 유무를 판단하는 것
(2) 화염의 이온화를 이용하는 것으로 이온화되면 전기 전도성을 갖게 되고, 따라서 화염의 유무를 전류 흐름과 연관시켜 검출하는 것으로 주로 가스버너에 적용되는 것
(3) 보일러 연도에 설치되고 배기가스 열에 의하여 작동하는 바이메탈을 이용하여 화염을 검출하며, 주로 소용량 보일러에 사용되는 것

해답 (1) 플레임 아이 (2) 플레임 로드 (3) 스택 스위치

09. 다음 보일러 설비에 해당되는 기기 및 부속명을 〈보기〉에서 골라 각각 2개씩 적으시오.

〈보기〉
- 점화장치 • 인젝터 • 과열기 • 분연장치 • 급수내관 • 절탄기 • 방폭문 • 안전변

(1) 급수장치   (2) 연소장치
(3) 폐열회수장치   (4) 안전장치

해답 (1) 인젝터, 급수내관   (2) 점화장치, 분연장치
　　　 (3) 과열기, 절탄기   (4) 방폭문, 안전변

10. 송풍기를 사용하는 강제 통풍 시 통풍력을 조절하는 방법 3가지를 쓰시오.

해답 ① 댐퍼 조절에 의한 방법
② 전동기의 회전수 변화에 의한 방법
③ 섹션 베인의 개도에 의한 방법
참고 섹션 베인의 개도에 의한 방법이 가장 효율이 좋으며 제작비가 싸고 설치면적을 적게 차지한다.

2016년 3월 17일 출제문제 (작업형 출제 도면)

| 자격종목 | 에너지관리기능사 | 과제명 | 강관 및 동관 조립 | 척도 | N.S |

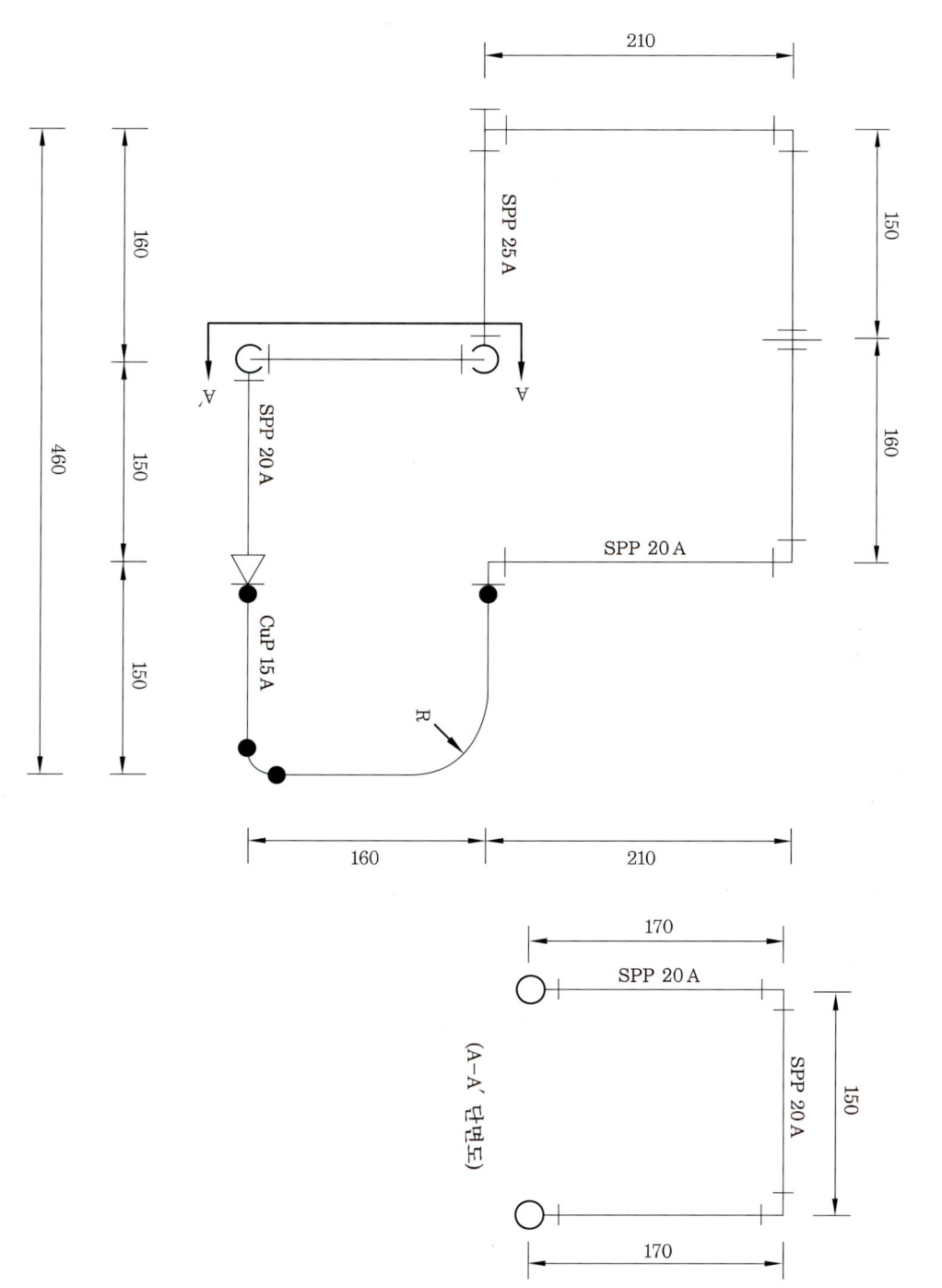

2016년 3월 17일 출제문제 (작업형 완성 작품)

| 자격종목 | 에너지관리기능사 | 과제명 | 강관 및 동관 조립 | 척도 | N.S |

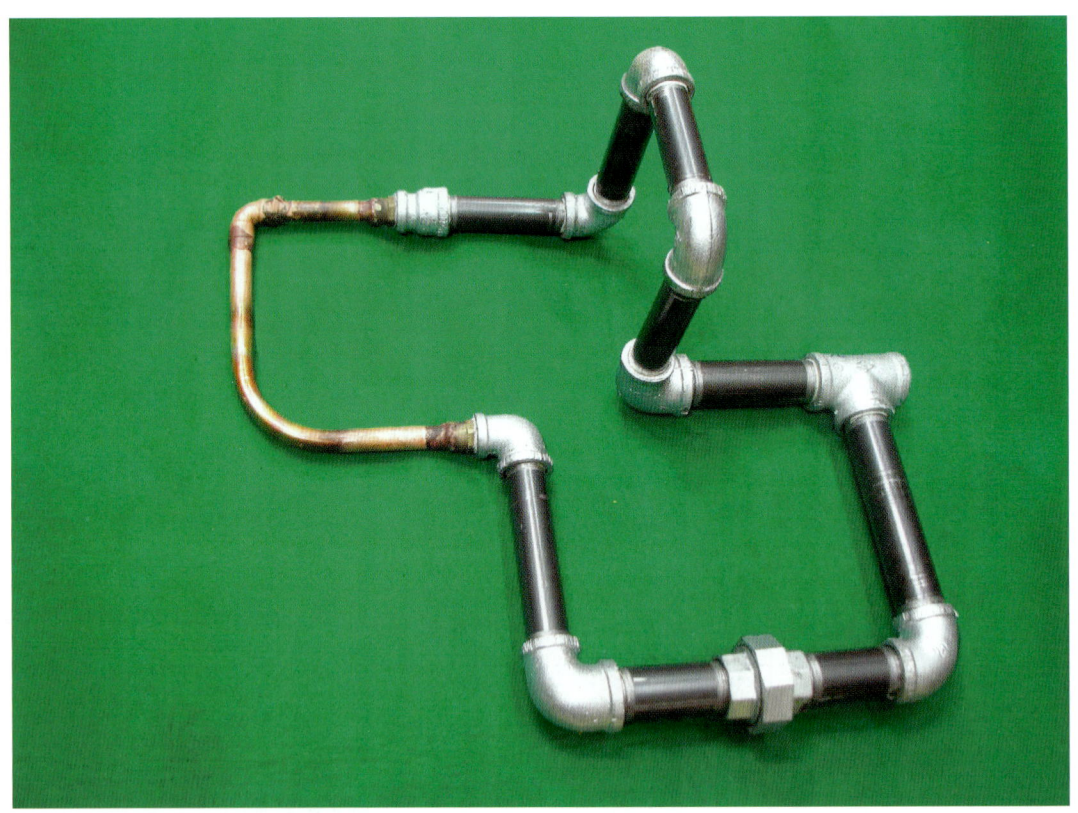

2016년 5월 21일 출제문제 (필답형 주관식)

1. 보일러의 연돌로 배출되는 폐열 또는 여열을 이용하여 보일러의 효율을 향상시키기 위한 장치의 종류를 4가지 쓰시오.

해답 ① 과열기 ② 재열기 ③ 절탄기 ④ 공기예열기

2. 보일러 연소장치에서 고체 연료의 연소방식 3가지와 연소공기의 공급방식에 따른 기체 연료 연소방식 2가지를 각각 쓰시오.

해답 (1) 고체 연료의 연소방식
① 화격자 연소방식
② 미분탄 연소방식
③ 유동층 연소방식
(2) 연소공기의 공급방식에 따른 기체 연료의 연소방식
① 확산 연소방식
② 예혼합 연소방식

참고 액체 연료의 연소방식
① 무화 연소방식
② 기화 연소방식

3. 방열기 배관을 역환수관식(reverse return) 방법으로 시공하고자 한다. 아래 그림에서 각 방열기와 환수배관(HWR) 사이의 배관 라인을 연결하여 도면을 완성하시오.

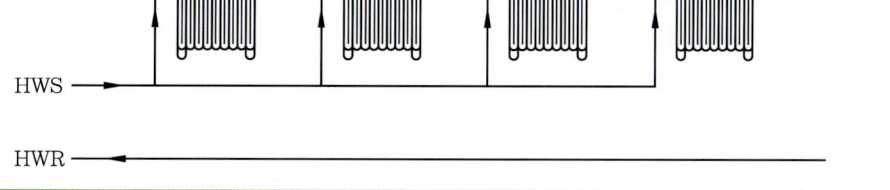

해답

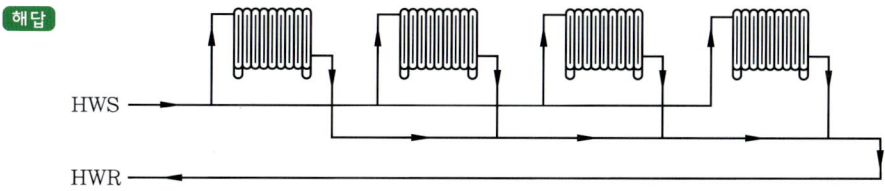

참고 ① HWS : 온수공급
② HWR : 온수환수
③ 역환수관식(역귀환방식)은 직접환수관식에 비하여 각 실의 난방을 균등하게 할 수 있으나 관로 저항을 많이 일으킨다.

04. 다음은 발열량을 측정하기 위한 열량계와 연료의 종류를 나열한 것이다. 서로 관계있는 것끼리 연결하시오.

| ① 봄브 열량계 | ㉮ 기체 연료 및 기화하기 쉬운 액체 연료 |
| ② 융커스식 열량계 | ㉯ 고체 연료 및 점도가 큰 액체 연료 |

[해답] ①과 ㉯를 연결하고 ②와 ㉮를 연결할 것
[참고] 기체 연료 발열량을 측정하는 시그마 열량계도 있다.

05. 어떤 주택의 난방 부하가 30000 kcal/h, 급탕 부하가 20000 kcal/h, 배관 부하가 20 %, 예열 부하가 25 %인 경우, 보일러 정격출력(kcal/h)을 계산하시오. (단, 경유 연소 온수 보일러이다.)

[해답] 【식】 $(30000 + 20000) \times (1 + 0.2) \times 1.25 = 75000$ kcal/h
【답】 75000 kcal/h

[참고] ① 상용출력 $= (30000 + 20000) \times (1 + 0.2) = 60000$ kcal/h

② $K = \dfrac{(H_r + H_g)(1 + \alpha)\beta}{k}$

단, K : 보일러 정격출력(kcal/h)
H_r : 난방 부하(kcal/h)
H_g : 급탕 부하(kcal/h)
α : 배관 부하
β : 보일러의 여력계수
k : 출력저하계수(사용 석탄이 저발열량인 경우 보일러의 실제 출력은 낮아진다. 기름을 연료로 사용 시에는 k를 무시한다.)

06. 보일러 통풍장치에 사용하는 송풍기의 종류를 3가지만 쓰시오.

[해답] ① 터보형 송풍기
② 플레이트형 송풍기
③ 다익형(시로코형) 송풍기

07. 온수 보일러 급탕량이 2.5 ton/h이고 난방용 온수공급량이 1.5 ton/h인 보일러에서 경유 소모량이 18 kg/h일 때, 다음의 조건을 참고하여 이 보일러 효율(%)을 계산하시오.

〈조건〉

- 급탕수의 입구온도 : 20℃
- 난방용 송수온도 : 65℃
- 경유의 저위발열량 : 10500 kcal/kg
- 급탕 공급온도 : 60℃
- 환수온도 : 40℃
- 물의 평균비열 : 1 kcal/kg · ℃

해답 【식】 $\dfrac{1500 \times 1 \times (65-40) + 2500 \times 1 \times (60-20)}{18 \times 10500} \times 100 = 72.75\,\%$

【답】 72.75 %

참고 온수 보일러 효율 = $\dfrac{\text{정격출력(난방 부하 + 급탕 부하 + 배관 부하 + 예열 부하)}}{\text{매시 연료사용량} \times \text{연료의 저위발열량}} \times 100\,\%$

08. 강관, 동관 등을 파이프 커터 등으로 절단하면 절단면의 관 내부에 거스러미(burr)가 생겨 유체 흐름을 방해하므로 거스러미를 반드시 제거해야 하는데, 이때 사용되는 공구 명칭을 쓰시오.

해답 파이프 리머

09. 온수난방의 시공법에서 배관방법 중 편심 이음에 대한 물음에 답하시오.

(1) 온수관의 수평배관에서 올림기울기로 배관할 때에는 관의 어느 면과 맞추어 접속하는가?
(2) 온수관의 수평배관에서 내림기울기로 배관할 때에는 관의 어느 면과 맞추어 접속하는가?

해답 (1) 편심 리듀서 수평면을 위에 두고 관의 윗면과 맞추어 접속한다.
(2) 편심 리듀서 수평면을 아래에 두고 관의 아랫면과 맞추어 접속한다.

10. 보온재의 종류 중 유기질 보온재는 일반적으로 낮은 온도에 사용되고, 무기질 보온재는 상대적으로 높은 온도의 물체에 사용된다. 다음 보온재에서 유기질인 경우 "유", 무기질인 경우에는 "무"자를 ( ) 안에 쓰시오.

① 우모 펠트 : ( )   ② 글라스 울 : ( )   ③ 암면 : ( )
④ 탄화코르크 : ( )   ⑤ 규조토 : ( )

해답 ① 우모 펠트 : (유)   ② 글라스 울 : (무)   ③ 암면 : (무)
④ 탄화코르크 : (유)   ⑤ 규조토 : (무)

참고 ① 유기질 보온재의 종류 : 우모 펠트, 양모 펠트, 탄화코르크, 펄프, 염화비닐 폼, 우레탄 폼, 폴리스틸렌 폼
② 무기질 보온재의 종류 : 글라스 울(유리 섬유), 암면, 규조토, 석면, 광제면, 염기성 탄산마그네슘
③ 금속질 보온재의 종류 : 알루미늄 박(泊)

11. 피드백 자동제어 회로에서 기본 제어장치의 4개부를 쓰시오.

해답 ① 설정부   ② 조절부   ③ 조작부   ④ 검출부

2016년 5월 29일 출제문제 (작업형 출제 도면)

| 자격종목 | 에너지관리기능사 | 과제명 | 강관 및 동관 조립 | 척도 | N.S |

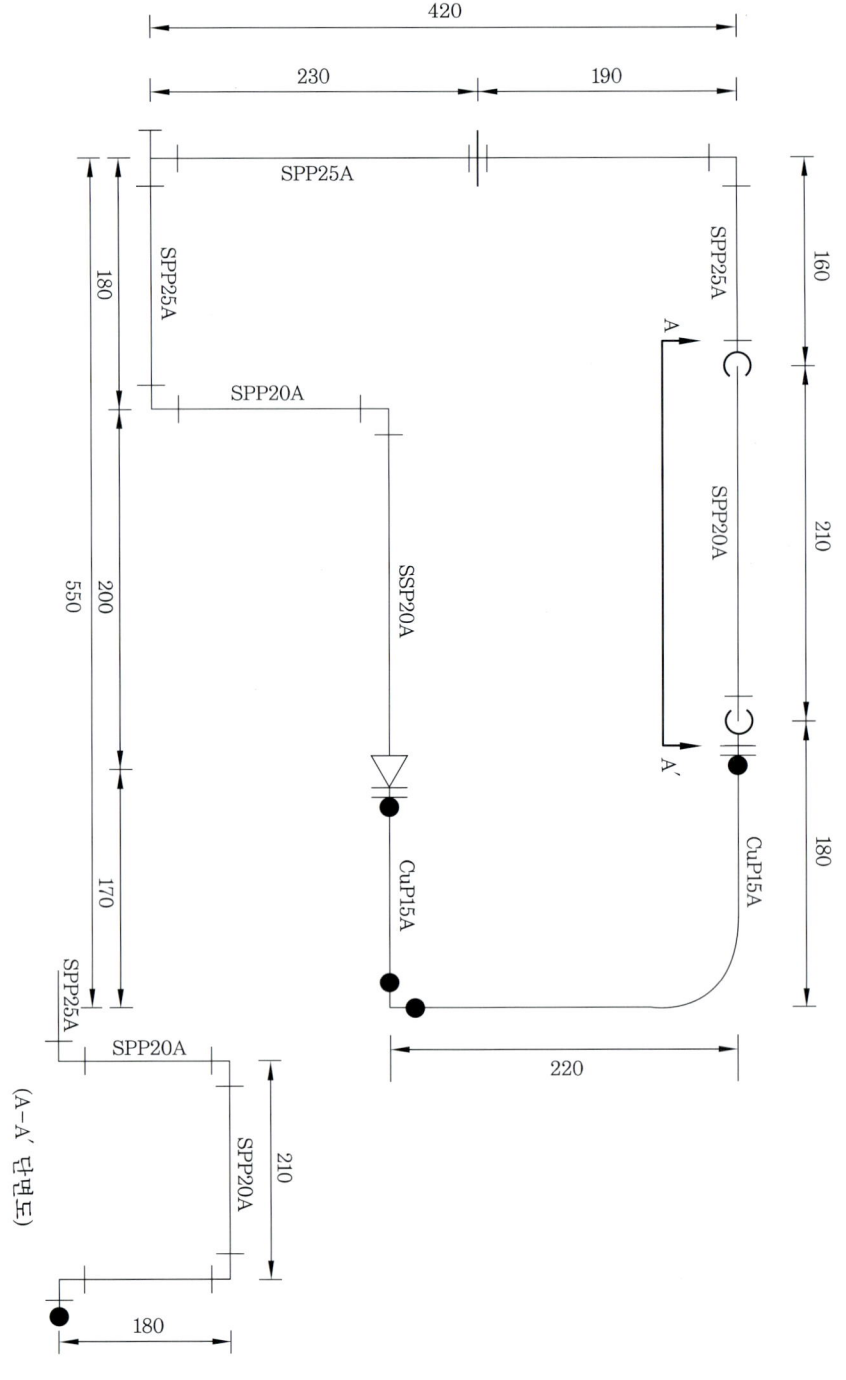

2016년 5월 29일 출제문제 (작업형 완성 작품)

| 자격종목 | 에너지관리기능사 | 과제명 | 강관 및 동관 조립 | 척도 | N.S |

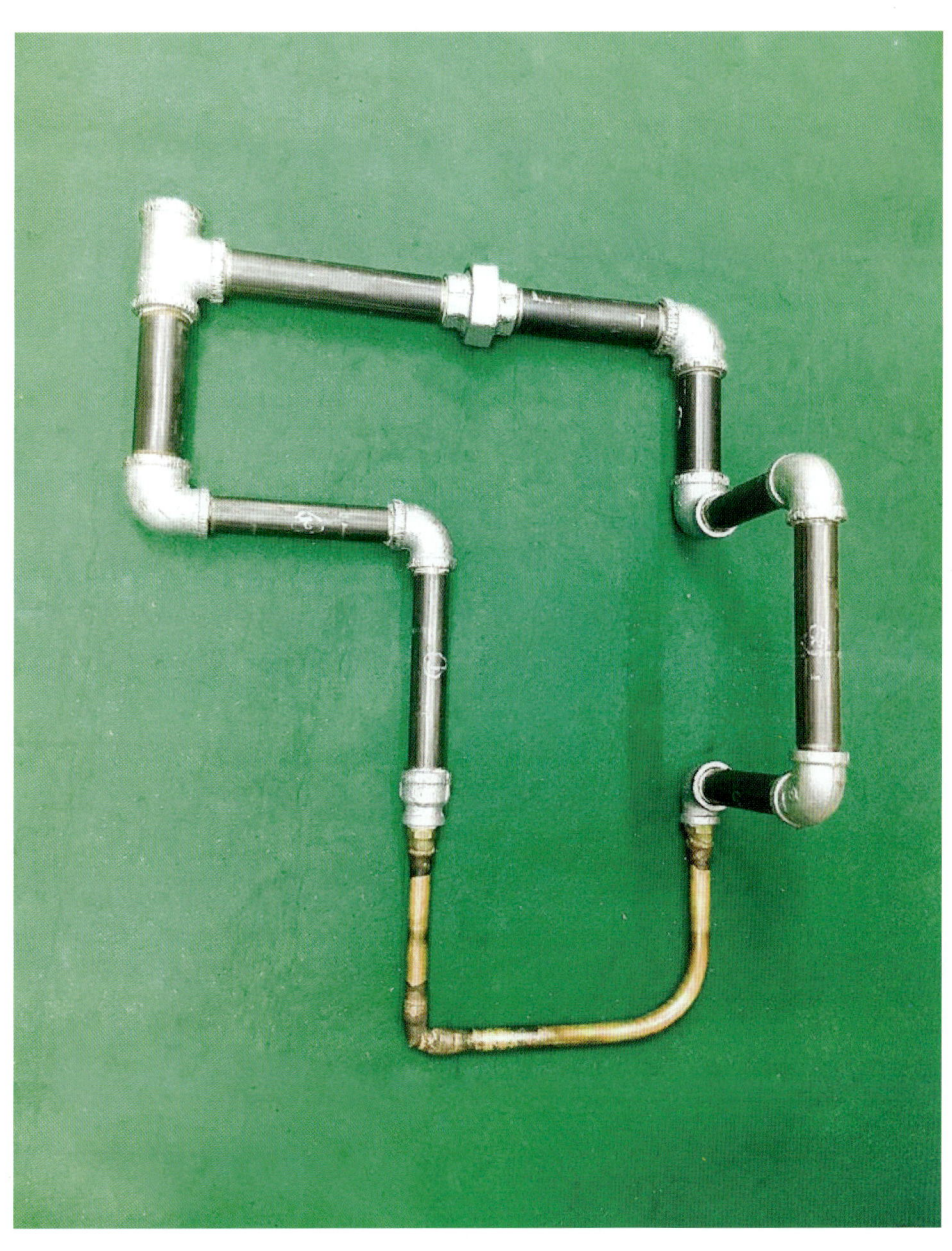

2016년 8월 28일 출제문제 (필답형 주관식)

1. 다음 그림은 가정용 온수 보일러의 계통도이다. ①~⑤의 명칭을 쓰시오.

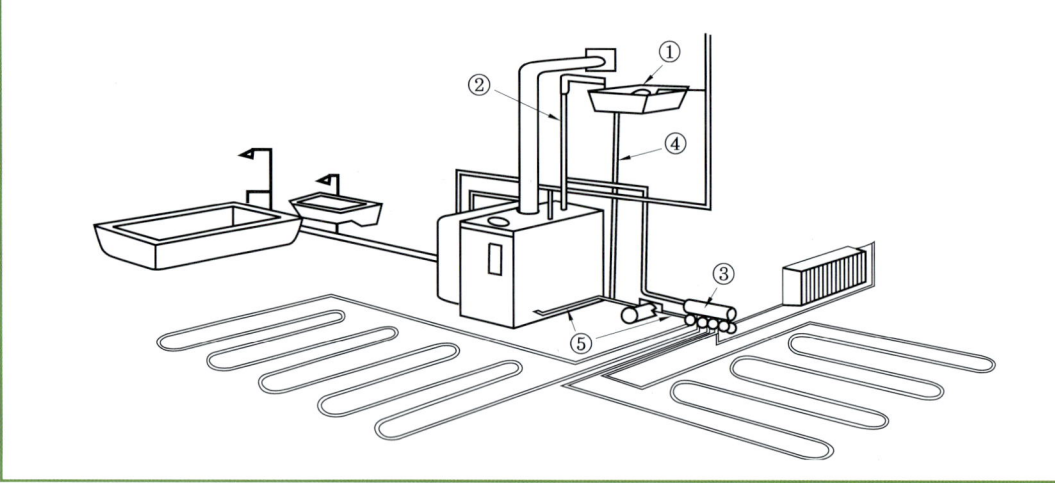

해답 ① 팽창탱크 ② 방출관
③ 난방수 공급헤드 ④ 팽창관
⑤ 환수주관(난방수 환수관)

2. 어떤 콘크리트 벽체의 두께가 20 cm일 때, 이 벽체의 열관류율을 구하시오. (단, 벽체의 열전도도 $\lambda = 1.41\,\text{kcal/m}\cdot\text{h}\cdot\text{℃}$, 실내의 열전달계수 $\alpha_1 = 8.06\,\text{kcal/m}^2\cdot\text{h}\cdot\text{℃}$, 실외의 열전달계수 $\alpha_2 = 20.0\,\text{kcal/m}^2\cdot\text{h}\cdot\text{℃}$이다.)

해답 【식】 $\dfrac{1}{\dfrac{1}{8.06}+\dfrac{0.2}{1.41}+\dfrac{1}{20.0}} = 3.17\,\text{kcal/m}^2\cdot\text{h}\cdot\text{℃}$

【답】 $3.17\,\text{kcal/m}^2\cdot\text{h}\cdot\text{℃}$

3. 다음은 보일러 버너의 화염 여부를 검출하는 화염검출기 종류를 열거한 것이다. 각 검출기의 원리를 아래 〈보기〉에서 찾아 그 번호를 쓰시오.

(1) 플레임 아이   (2) 플레임 로드   (3) 스택 스위치

〈보기〉

① 화염의 이온화를 이용하여 전기 전도성으로 작동
② 광전관을 통해 화염의 적외선을 검출하여 작동
③ 연도에 설치되어 가스 온도차에 의한 바이메탈을 이용

해답 (1) 플레임 아이 : (②)
(2) 플레임 로드 : (①)
(3) 스택 스위치 : (③)

4. 다음 〈보기〉의 내용은 난방배관에 대해 설명한 것이다. (   ) 안에 들어갈 알맞은 말을 써 넣으시오.

〈보기〉
- 집단주택 등 소속구내의 각 건물 혹은 시가지에서 특정지역 전부에 걸쳐 특정의 보일러에서 열매체를 보내 전체를 난방하는 일종의 중앙식 난방법은 (①) 난방법이다.
- 응축수 환수법에 따라 증기난방법을 분류하면 중력환수식, 기계환수식, (②)으로 나눌 수 있다.
- 보통 고온수식 난방은 (③)℃ 이상의 고온수를 사용하며, 밀폐식 팽창탱크를 설치한다.

해답 ① : 지역
② : 진공환수식
③ : 100

5. 수직형 벽걸이 주철제 방열기 5쪽(섹션)을 조합한 것으로 유입관의 지름이 25 mm이고, 유출관 지름이 20 mm인 경우 다음의 방열기 도시 기호 안에 그 기호 및 숫자를 기재하시오.

해답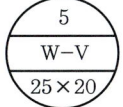

6. 다음의 설명은 보일러의 각각 어떤 장치에 대한 설명인지 쓰시오.
(1) 보일러 파열사고의 방지, 보충수의 공급 및 장치 내 공기를 제거하는 기능을 갖고 있는 장치
(2) 순환수 장치 내에 침입한 공기를 수동으로 외부로 방출하기 위한 장치(부속품)

해답 (1) 팽창탱크
(2) 공기빼기 밸브(에어 벤트 밸브)

7. 보일러 철의 무게가 1 ton, 물의 양이 250 kg, 보일러수의 처음 온도가 10℃이며, 난방 송수온도가 80℃이다. 철의 비열이 0.12 kcal/kg · ℃, 물의 비열이 1 kcal/kg · ℃일 때 예열 부하(kcal)를 계산하시오.

해답 【식】 $1 \times 1000 \times 0.12 \times (80-10) + 250 \times 1 \times (80-10) = 25900$ kcal
【답】 25900 kcal

08. 보일러 액체 연료 연소장치인 버너의 종류를 3가지만 쓰시오.

해답 ① 유압(압력)분무식 버너
② 회전식(로터리) 버너
③ 기류식 버너

참고 건 타입 버너도 있다.

09. 연도 내의 연소가스 온도, 연돌 단면적, 연돌의 높이와 통풍작용의 관계를 각각 설명한 것으로 적절한 것을 고르시오.

① 연소가스 온도가 높을수록 통풍력은 (증가 / 감소)한다.
② 연돌의 단면적이 클수록 통풍력은 (증가 / 감소)한다.
③ 연돌의 높이가 높을수록 통풍력은 (증가 / 감소)한다.

해답 ① 증가
② 증가
③ 증가

10. 난방 부하에서 보온 효율이 80 %일 때 보온관의 열손실, 즉 배관 부하가 4000 kcal/h이다. 보온 피복을 하지 않은 나관(裸管)이라면 시간당 손실열량(kcal/h)을 계산하시오.

해답 【식】 $\dfrac{x-4000}{x}=0.8$ 에서

$x-4000=0.8x$

$x-0.8x=4000$

$0.2x=4000$

$\therefore x=\dfrac{4000}{0.2}=20000 \text{ kcal/h}$

【답】 20000 kcal/h

2016년 9월 2일 출제문제 (작업형 출제 도면)

| 자격종목 | 에너지관리기능사 | 과제명 | 강관 및 동관 조립 | 척도 | N.S |

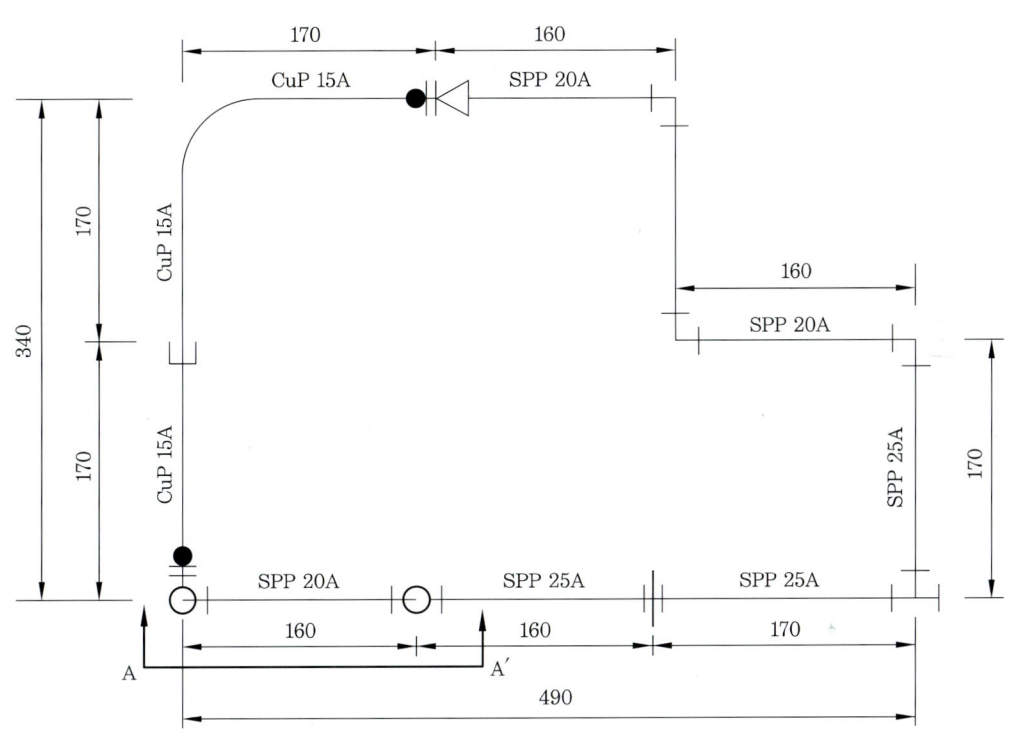

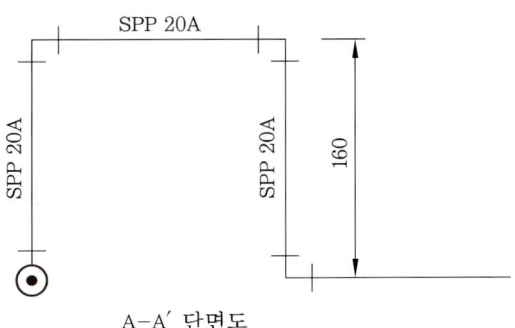

A-A' 단면도

2016년 9월 2일 출제문제 (작업형 완성 작품)

| 자격종목 | 에너지관리기능사 | 과제명 | 강관 및 동관 조립 | 척도 | N.S |

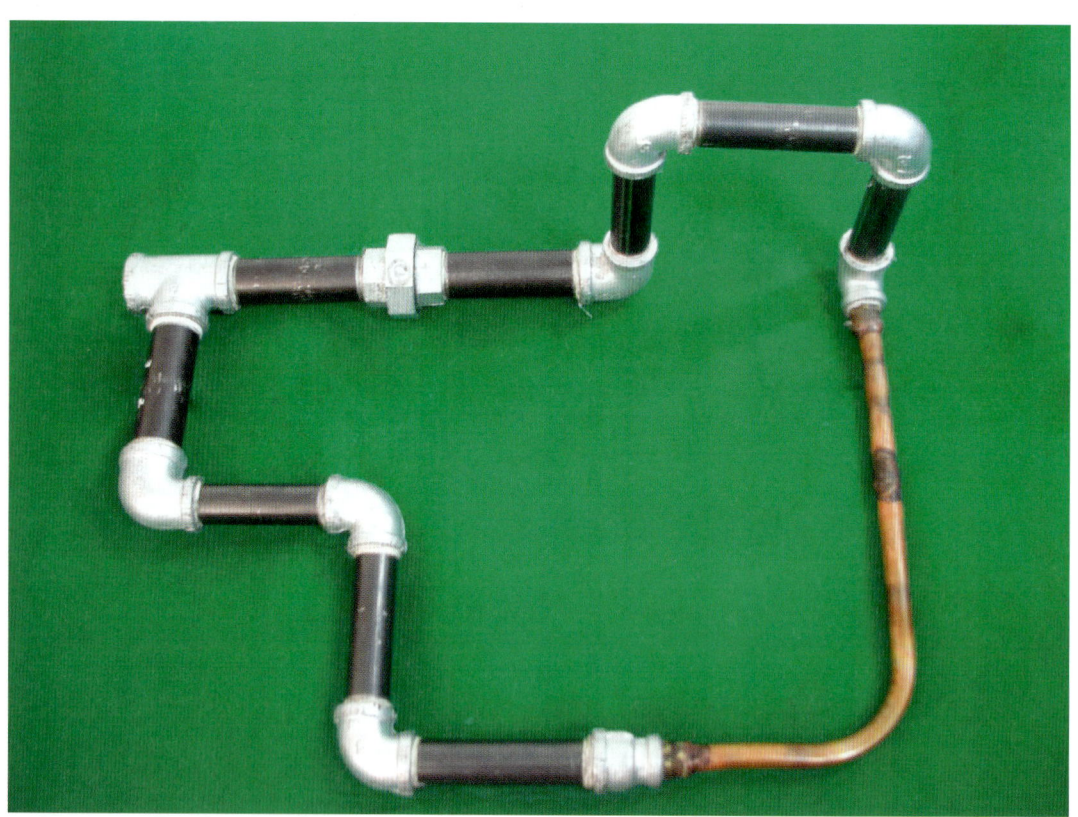

2016년 11월 26일 출제문제 (필답형 주관식)

1. 비례동작(P)의 비례감도가 4인 경우 비례대는 몇 %인지 구하시오.

【식】 $\dfrac{1}{4} = 0.25 = 25\,\%$

【답】 25 %

참고 비례동작(P 동작) : 조절부 동작을 식으로 표시하면 $y(t) = K_P \cdot Z(t)$ 이며 여기서 K_P를 비례감도(비례정수)라 하고 그의 역수, 즉 $\dfrac{1}{K_P}$을 비례대라고 한다.

---

2. 다음 화염검출기 중 가스 연료에 사용할 수 있는 검출기를 3가지 골라 답란에 번호로 쓰시오.

① CdS 셀　　② PbS 셀　　③ 적외선 광전관
④ 자외선 광전관　　⑤ 플레임 로드

해답 ②, ④, ⑤
참고 2013년 3월 17일 출제문제 8 참고란 참조

---

3. 기체 연료의 특징을 5가지 쓰시오.

해답 ① 자동제어 연소에 적합하다.
② 적은 과잉공기로 완전연소가 가능하다.
③ 회분이나 매연 등이 없어 청결하다.
④ 누출되기 쉽고 화재 및 폭발 위험성이 크다.
⑤ 수송 및 저장이 불편하다.
⑥ 시설비, 유지비가 많이 든다.
참고 ①~③ : 장점, ④~⑥ : 단점

---

4. 가로 3 m, 세로 3 m, 두께 200 mm인 평면 벽이 있다. 벽 양면의 온도차가 30℃이고, 벽의 열전도율이 1.2 kcal/m·h·℃일 때, 30분간 이 벽을 통과하는 열량(kcal)을 계산하시오.

【식】 $1.2 \times \dfrac{30}{0.2} \times 9 \times \dfrac{1}{2} = 810\,\text{kcal}$

【답】 810 kcal

□ 5. 동관 작업용 공구를 5가지만 쓰시오. (단, 측정용 공구는 제외한다.)

해답
① 사이징 툴 ② 플레어링 툴 세트
③ 익스팬더 ④ 튜브 커터
⑤ 리머 ⑥ 토치 램프
⑦ 튜브 벤더

□ 6. 온수난방 설비 분류 중 순환방식에 대한 분류 2가지를 쓰고, 각각에 대해 설명하시오.

해답
① 자연 순환식 : 물의 온도차에 따른 밀도(비중량)차에 의하여 순환시키는 방식이다.
② 강제 순환식 : 순환펌프에 의하여 강제로 순환시키는 방식이다.

□ 7. 신호 전달방식의 종류에는 공기압식, 유압식, 전기식이 있다. 이 중 전기식의 특징 2가지를 쓰시오.

해답
① 전송에 시간 지연이 없다.
② 원거리 전송이 가능하다.
③ 복잡한 신호에 용이하며 배관설비가 용이하다.
④ 방폭이 요구되는 경우에는 방폭시설을 해야 한다.
⑤ 고온, 다습한 곳은 곤란하다.
⑥ 보수 및 취급에 기술을 요한다.

참고 ①~③ : 장점, ④~⑥ : 단점

□ 8. 1일(24시간) 온수 순환량이 6000 kg이 필요한 건물의 급수온도가 20℃이고, 급탕 온도가 60℃이다. 온수 비열이 0.998 kcal/kg · ℃인 경우, 이 건물의 난방 부하(kcal/h)를 계산하시오.

해답 【식】 $\dfrac{6000}{24} \times 0.998 \times (60-20) = 9980$ kcal/h

【답】 9980 kcal/h

□ 9. 원심식 송풍기의 풍량 조절 방법 3가지를 쓰시오.

해답
① 댐퍼 조절에 의한 방법
② 전동기의 회전수 변화에 의한 방법
③ 섹션 베인의 개도에 의한 방법

10. 다음은 강철제 보일러 시공 시 수압시험 요령을 설명한 것이다. ( ) 안에 알맞은 숫자를 쓰시오.

> 최고사용압력이 0.43 MPa 이하 보일러의 압력시험은 그 최고사용압력의 (①)배의 압력으로 한다. 다만, 그 시험압력이 (②)MPa 미만일 경우는 0.2 MPa 압력으로 하고, 공기를 빼고 물을 채운 후 천천히 압력을 가하여 규정된 시험 수압에 도달한 후 (③)분이 경과된 후 검사를 실시하여 검사가 끝날 때까지 그 상태를 유지한다.

[해답] ① 2   ② 0.2   ③ 30

[참고] (1) 수압 시험압력
  ① 강철제 보일러
    ㉮ 보일러의 최고사용압력이 0.43 MPa 이하일 때에는 그 최고사용압력의 2배의 압력으로 한다. 다만 그 시험압력이 0.2 MPa 미만인 경우에는 0.2 MPa로 한다.
    ㉯ 보일러의 최고사용압력이 0.43 MPa 초과 1.5 MPa 이하일 때에는 그 최고사용압력의 1.3배에 0.3 MPa를 더한 압력으로 한다.
    ㉰ 보일러의 최고사용압력이 1.5 MPa를 초과할 때에는 그 최고사용압력의 1.5배 압력으로 한다.
  ② 가스용 온수 보일러 : 강철제인 경우에는 ①의 ㉮에서 규정한 압력
  ③ 주철제 보일러
    ㉮ 보일러의 최고사용압력이 0.43 MPa 이하일 때는 그 최고사용압력의 2배의 압력으로 한다. 다만, 시험압력이 0.2 MPa 미만인 경우에는 0.2 MPa로 한다.
    ㉯ 보일러의 최고사용압력이 0.43 MPa를 초과할 때는 그 최고사용압력의 1.3배에 0.3 MPa을 더한 압력으로 한다.
(2) 수압 시험방법
  ① 공기를 빼고 물을 채운 후 천천히 압력을 가하여 규정된 수압에 도달한 후 30분이 경과된 뒤에 검사를 실시하여 끝날 때까지 그 상태를 유지한다.
  ② 시험 수압은 규정된 압력의 6% 이상을 초과하지 않도록 모든 경우에 대한 적절한 제어를 마련하여야 한다.
  ③ 수압시험 중 또는 시험 후에도 물이 얼지 않도록 하여야 한다.

11. 다음은 개방식 팽창탱크의 배관 도면이다. ①~⑤의 관 명칭을 쓰시오.

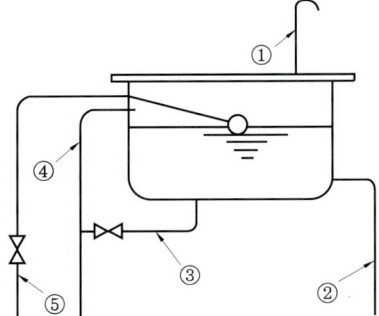

[해답] ① 배기관(통기관) ② 팽창관 ③ 배수관 ④ 오버플로관 ⑤ 급수관

2016년 12월 1일 출제문제 (작업형 출제 도면)

| 자격종목 | 에너지관리기능사 | 과제명 | 강관 및 동관 조립 | 척도 | N.S |

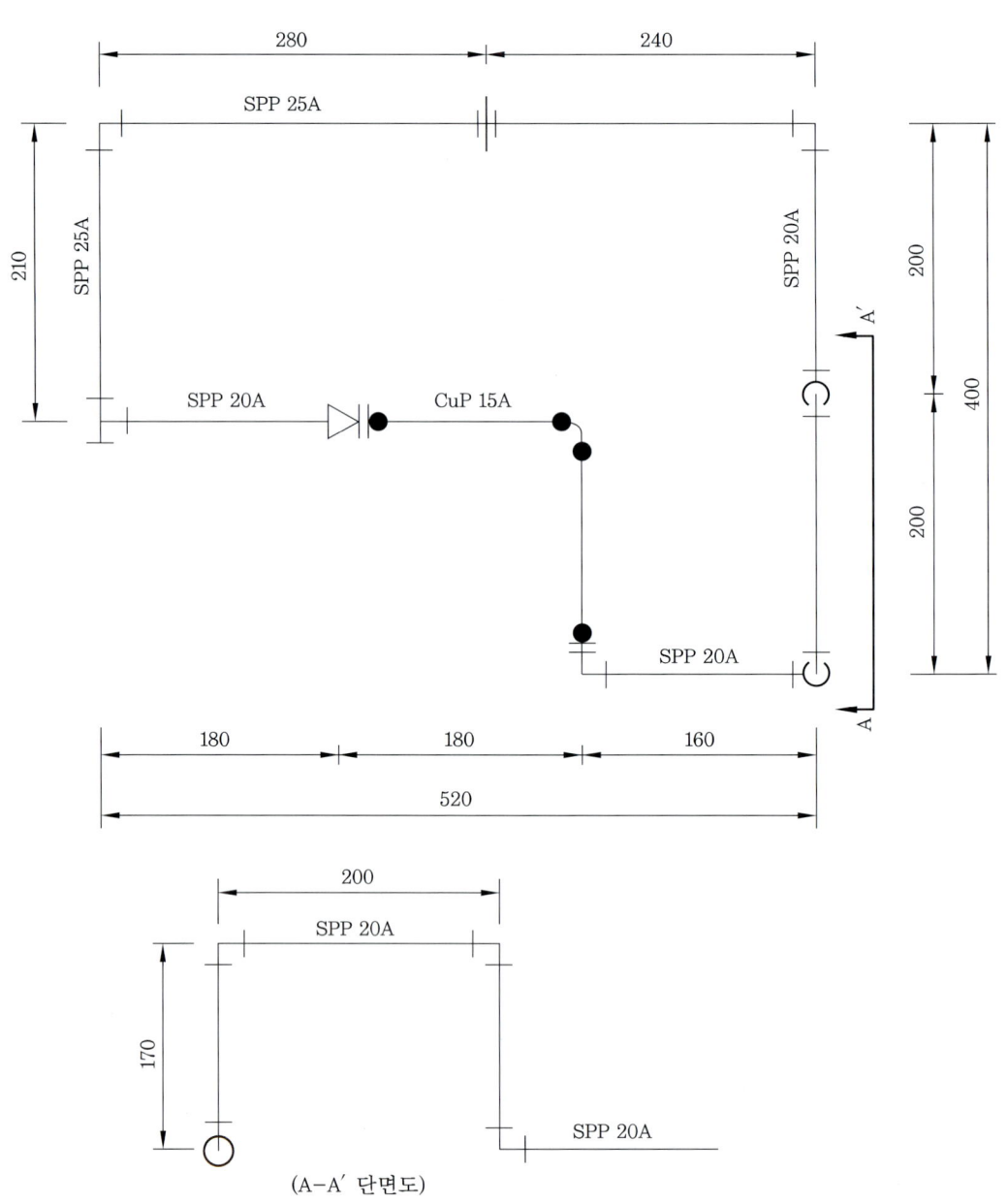

(A-A′ 단면도)

2016년 12월 1일 출제문제 (작업형 완성 작품)

자격종목	에너지관리기능사	과제명	강관 및 동관 조립	척도	N.S

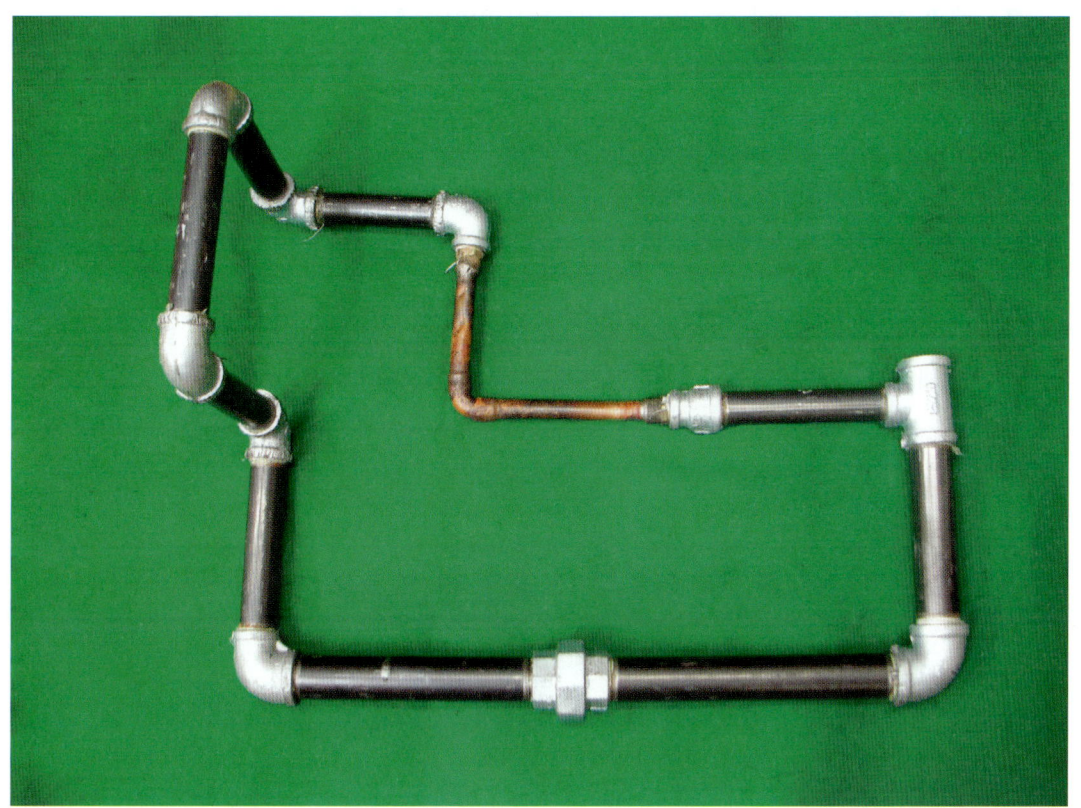

2017년도 출제문제

2017년 3월 11일 출제문제 (필답형 주관식)

1. 배관 작업에 응용할 수 있는 방식(防蝕) 방법의 종류를 3가지만 쓰시오.

해답 ① 전기 방식 방법
② 금속 피복 방식 방법
③ 비금속 피복 방식 방법
참고 전기방식 방법에는 희생 양극법, 외부 전원법, 배류법이 있다.

2. 다음 각 ( ) 안에 알맞은 용어를 쓰시오.

> 원심력에 의하여 양수되는 원심식 펌프로서 안내날개가 없는 것을 (가) 펌프라고 하며, 안내날개가 있는 것을 (나) 펌프라고 한다.

해답 가 : 벌류트   나 : 터빈

3. 보일러 연소장치 중 액체 연료 장치인 중유 버너의 종류 5가지만 쓰시오.

해답 ① 유압 분무식(압력 분무식) 버너
② 회전식(로터리) 버너
③ 고압 기류식(고압 증기 공기 분무식) 버너
④ 저압 기류식(저압 공기 분무식) 버너
⑤ 건 타입 버너

4. 강철제 가스용 온수보일러의 전열면적이 12 m²이고, 보일러의 최고사용압력이 0.25 MPa일 때, 수압시험압력(MPa)은 얼마로 해야 하는지 쓰시오.

해답 0.5 MPa
참고 소형 온수보일러(전열면적이 14 m² 이하이며 최고사용압력이 0.35 MPa 이하의 온수를 발생하는 것)의 수압시험압력은 최고사용압력의 2배의 압력으로 한다. 다만, 시험압력이 0.2 MPa 미만인 경우에는 0.2 MPa로 한다.

5. 어떤 온수보일러에서 연돌의 통풍력을 계산하려고 한다. 굴뚝의 높이가 5 m이고 외기의 비중량은 1.3 kg/m³이며 연소가스의 비중량은 0.8 kg/m³이었다. 이 보일러의 통풍력(mmAq)을 계산하시오.

해답 【식】 $5 \times (1.3 - 0.8) = 2.5$ mmAq
【답】 2.5 mmAq

참고 이론 통풍력 계산 : 연돌 높이 H[m], 외기의 비중량 r_a[kg/m³], 배기가스의 비중량 r_g[kg/m³], 외기의 절대온도 T_a[K], 배기가스의 평균절대온도 T_g[K], 통풍력 Z[mmH₂O][mmAq]라면

① $Z = H(r_a - r_g)$ [mmH₂O][mmAq]

② $Z = 355 \times H \left(\dfrac{1}{T_a} - \dfrac{1}{T_g} \right)$ [mmH₂O][mmAq]

③ $Z = 273 \times H \left(\dfrac{r_a}{T_a} - \dfrac{r_g}{T_g} \right)$ [mmH₂O][mmAq]

6. 어떤 주택의 거실에 시간당 필요한 공급 열량이 6300 kcal/h이고, 5세주형 주철제 온수 방열기를 설치하려고 한다. 필요한 방열기 쪽수는 몇 개인지 구하시오. (단, 방열기 1쪽당 방열면적은 0.28 m²이고, 방열기의 방열량은 표준방열량으로 계산한다.)

해답 【식】 $6300 = 450 \times 0.28 \times x$ 에서

$$x = \dfrac{6300}{450 \times 0.28} = 50 \text{개}$$

【답】 50개

7. 아래 조건을 이용하여 연소공기의 현열(kcal/kg)을 계산하시오.

- O_2 : 6.7 %, CO : 0.13 %, CO_2 : 11.8 %
- 보일러 최대 연속증발량 : 500 kg/h
- 보일러 최고 압력(상용) : 5 kg/cm², 외기온도 20℃, 실내온도 : 25℃
- 이론연소공기량 : 10,709 Nm³/kg, 공기비열 : 0.31 kcal/Nm³·℃, 공기비(m) : 1.47

해답 【식】 $10.709 \times 1.47 \times 0.31 \times (25 - 20) = 24.40$ kcal/kg
【답】 24.40 kcal/kg

참고 공기의 현열(kcal/kg) = 이론공기량×공기비×공기비열×(공급 공기온도 − 외기온도)

8. 동관 접합 방식의 종류를 3가지만 쓰시오.

해답 ① 플레어 접합 (압축 접합)
② 납땜 접합
③ 분기관 접합

09. 자동제어에서 신호전송 방법 2가지를 쓰시오.

[해답] ① 전기식　　② 유압식
[참고] 공기압식도 있다.

10. 프로판 가스의 연소 화학식에서 알맞은 수를 쓰시오.

$$C_3H_8 + (\ 가\ )O_2 \rightarrow 3CO_2 + (\ 나\ )H_2O + 24370 \text{ kcal/Nm}^3$$

[해답] 가 : 5　나 : 4
[참고] 단순 기체(C_mH_n) 연소반응식

$$C_mH_n + \left(m + \frac{n}{4}\right)O_2 \rightarrow (m)CO_2 + \left(\frac{n}{2}\right)H_2O$$

11. 온수순환 펌프의 나사 이음 바이패스(by-pass) 배관도를 아래의 부속을 사용하여 사각형 안에 도시하고, 유체 흐름 방향을 화살표로 표시하시오.

[사용 부속]
펌프(Ⓟ) : 1개, 게이트 밸브(⋈) : 2개, 글로브 밸브(⋈) : 1개
스트레이너(⊬) : 1개, 유니언(╫) : 3개, 티 : 2개, 엘보 : 2개

[해답]

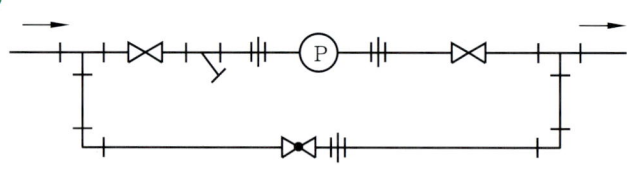

2017년 3월 17일 출제문제 (작업형 출제 도면)

| 자격종목 | 에너지관리기능사 | 과제명 | 강관 및 동관 조립 | 척도 | N.S |

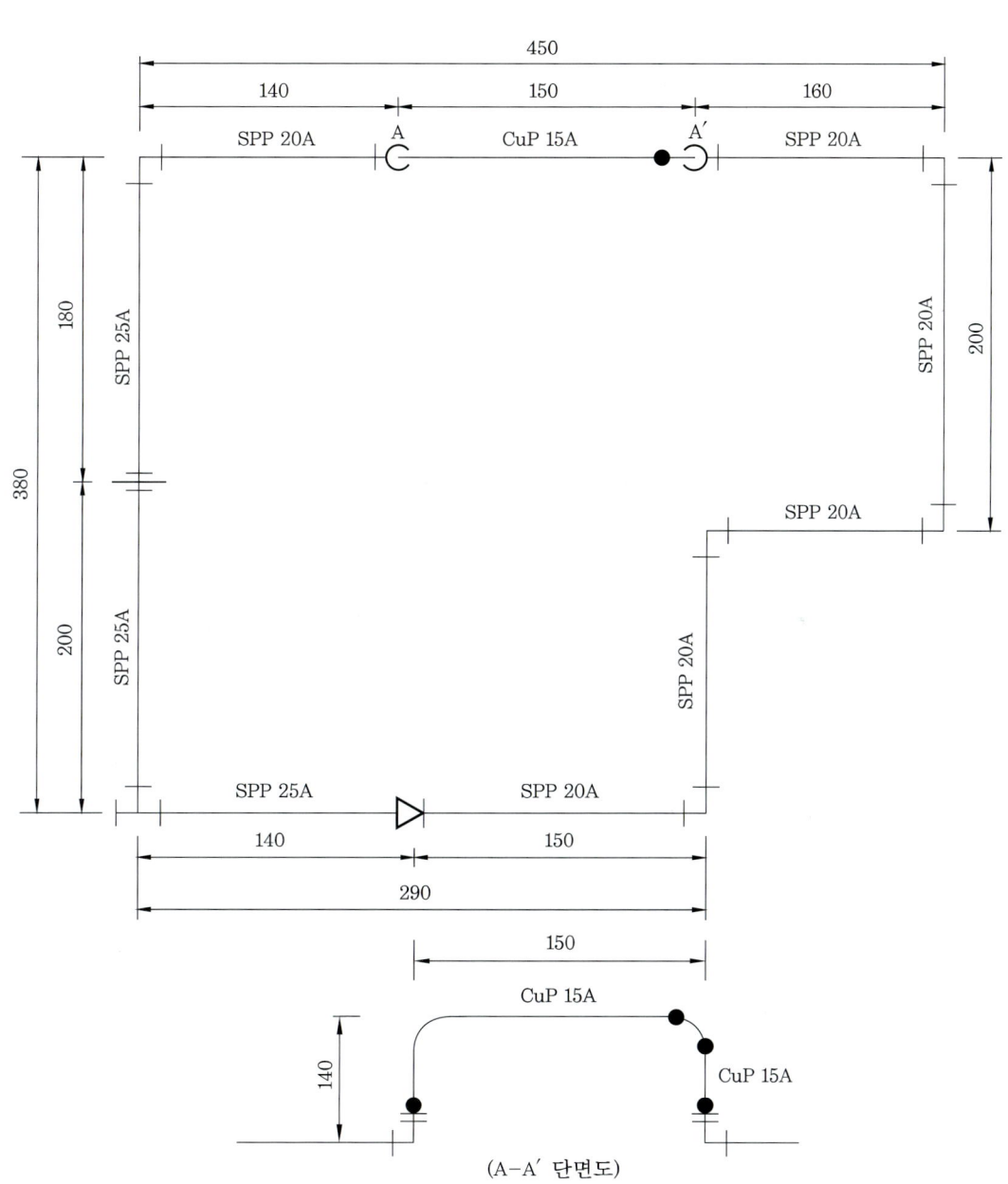

(A-A′ 단면도)

2017년 3월 17일 출제문제 (작업형 완성 작품)

| 자격종목 | 에너지관리기능사 | 과제명 | 강관 및 동관 조립 | 척도 | N.S |

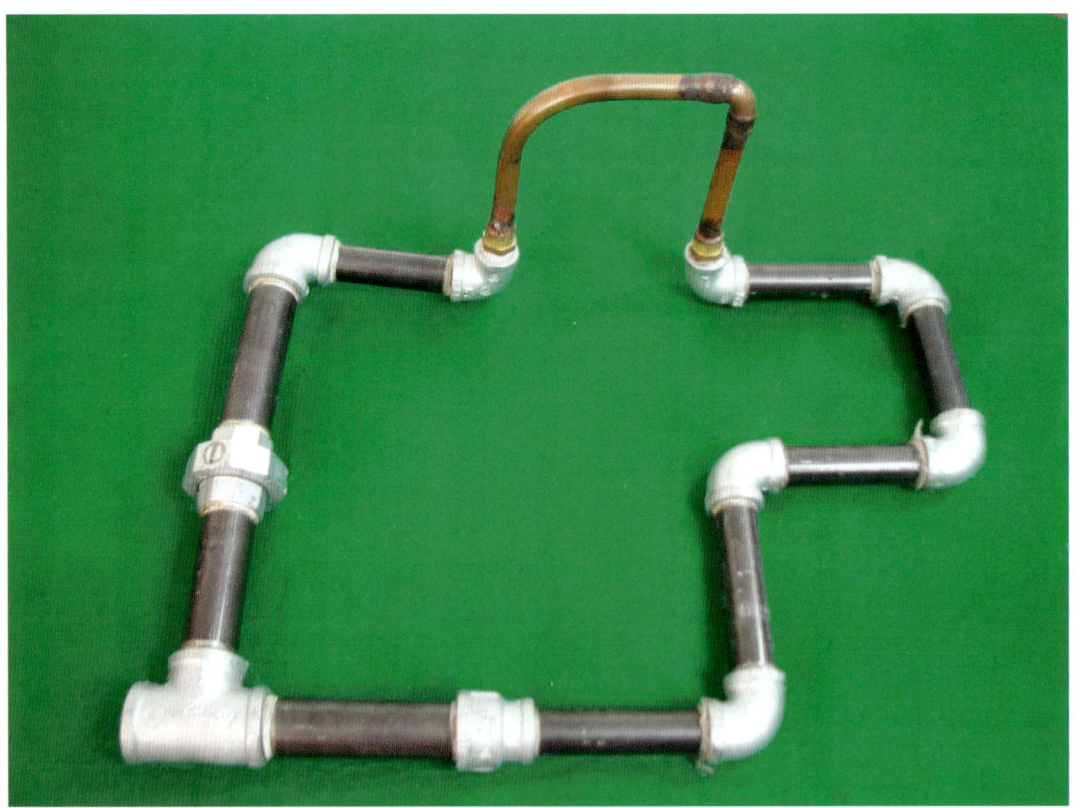

2017년 5월 20일 출제문제 (필답형 주관식)

1. 보일러에 부착되는 안정장치의 종류를 5가지만 쓰시오.

해답 ① 안전밸브 ② 방폭문 ③ 저수위 경보기 ④ 화염검출기 ⑤ 전자밸브
참고 가용마개(용융마개), 압력제한기(압력차단장치)도 있다.

2. 다음 그림은 연소가스 흐름 방향에 따른 과열기의 형태이다. 각각 어떤 형식의 과열기인지 쓰시오.

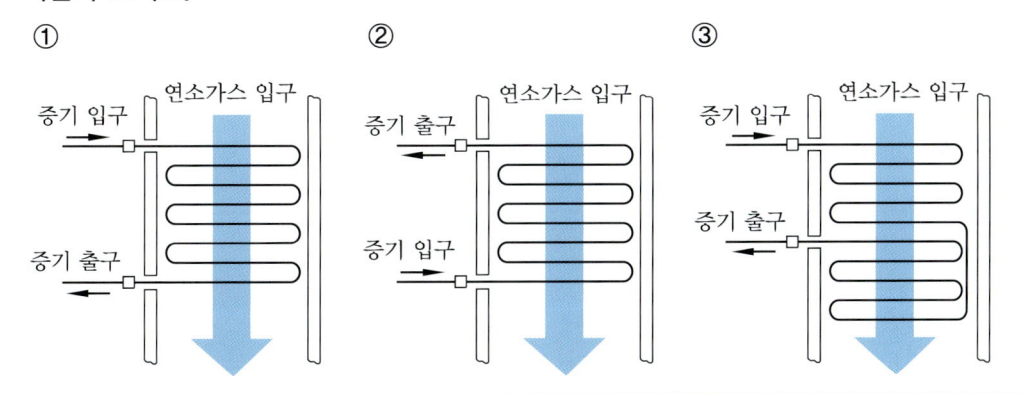

해답 ① 병류식 ② 향류식 ③ 혼류식

3. 보온재의 구비조건을 5가지만 쓰시오.

해답 ① 열전도율이 낮을 것 (보온능력이 커야 한다.)
② 불연성의 것으로 내구성이 있을 것
③ 비중이 작을 것 (가벼워야 한다.)
④ 흡수성이나 흡습성이 없을 것
⑤ 시공성이 용이할 것

4. 유류 연소 온수 보일러의 정격출력(부하)이 49000 kcal/h이고, 보일러 효율이 80%인 경우 1시간당 연료 소비량(kg/h)을 계산하시오. (단, 연료의 발열량은 9800 kcal/kg이다.)

해답 【식】 $\dfrac{49000}{x \times 9800} = 0.8$ 에서

$x = \dfrac{49000}{9800 \times 0.8} = 6.25 \, \text{kg/h}$

【답】 6.25 kg/h

05. 상향 공급식 중력 순환의 온수난방에서 송수의 온도가 90℃이고, 환수의 온도가 70℃이다. 실내온도를 20℃로 할 경우 응접실에 설치할 방열기의 소요 방열 면적(m²)을 구하시오. (단, 방열계수는 7 kcal/m²·h·℃이고, 난방 부하가 4200 kcal/h이다.)

【식】 $7 \times \left(\dfrac{90+70}{2} - 20\right) \times x = 4200$ 에서 $x = \dfrac{4200}{7 \times \left(\dfrac{90+70}{2} - 20\right)} = 10 \, \text{m}^2$

【답】 $10 \, \text{m}^2$

---

06. 다음은 어떤 도면에 표시된 주철방열기 도시기호이다. 아래 사항은 각각 무엇을 표시하는지 쓰시오.

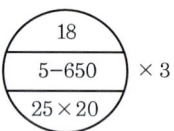

① 18 : 섹션 수(쪽수)가 18개이다.
② 5 : 5세주형 방열기이다.
③ 650 : 방열기 높이가 650mm이다.
④ 25 : 유입측 관지름이 25mm이다.
⑤ 3 : 방열기 수량이 3개이다.

---

07. 어느 건물의 외기에 접한 벽체 면적이 64 m²인 사무실에 4.8 m² 면적의 유리 창문을 4개소 설치할 경우 이 벽체를 통한 손실열량(kcal/h)을 구하시오. (단, 실내온도는 20℃, 외기온도 −8℃, 벽체의 열관류율은 0.53 kcal/m²·h·℃이며, 이 건물은 동향으로 위치하고 있다. 이때 건물의 방위계수는 1.1을 적용하고, 유리 창문을 통한 손실열량은 제외한다.)

【식】 0.53×(64−4.8×4)×{20−(−8)}×1.1=731.32 kcal/h
【답】 731.32 kcal/h

---

08. 가스용 강철제 소형 온수보일러의 수압시험 압력에 대한 설명이다. ( )에 들어갈 알맞은 용어 또는 숫자를 쓰시오.

보일러의 최고사용압력이 0.43 MPa 이하일 때에는 그 (①)의 (②) 배로 한다. 다만, 그 시험압력이 (③) MPa 미만인 경우에는 (④) MPa로 한다.

① 최고사용압력 ② 2 ③ 0.2 ④ 0.2

09. 다음은 온수보일러의 난방 계통도이다. ① ~ ③의 부품의 명칭과 ⓐ, ⓑ 관의 명칭을 쓰시오.

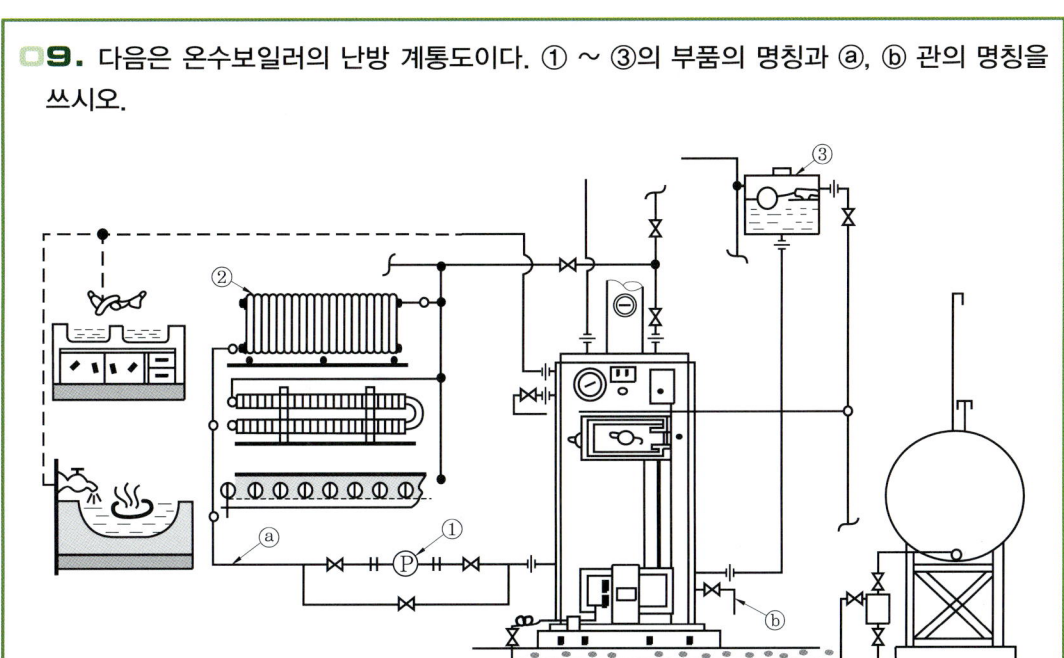

해답 ① 순환펌프　② 방열기　③ 팽창탱크
ⓐ 환수주관(난방수 환수관)　ⓑ 배수관

10. 다음은 송풍기에서의 상사법칙에 관한 설명이다. 각각 (　) 안에 들어갈 내용을 쓰시오.

(①)은(는) 송풍기 회전수에 비례하며, (②)은(는) 송풍기 회전수의 제곱에 비례하고, (③)은(는) 송풍기 회전수의 세제곱에 비례한다.

해답 ① 풍량　② 풍압　③ 동력

2017년 5월 27일 출제문제 (작업형 출제 도면)

자격종목	에너지관리기능사	과제명	강관 및 동관 조립	척도	N.S

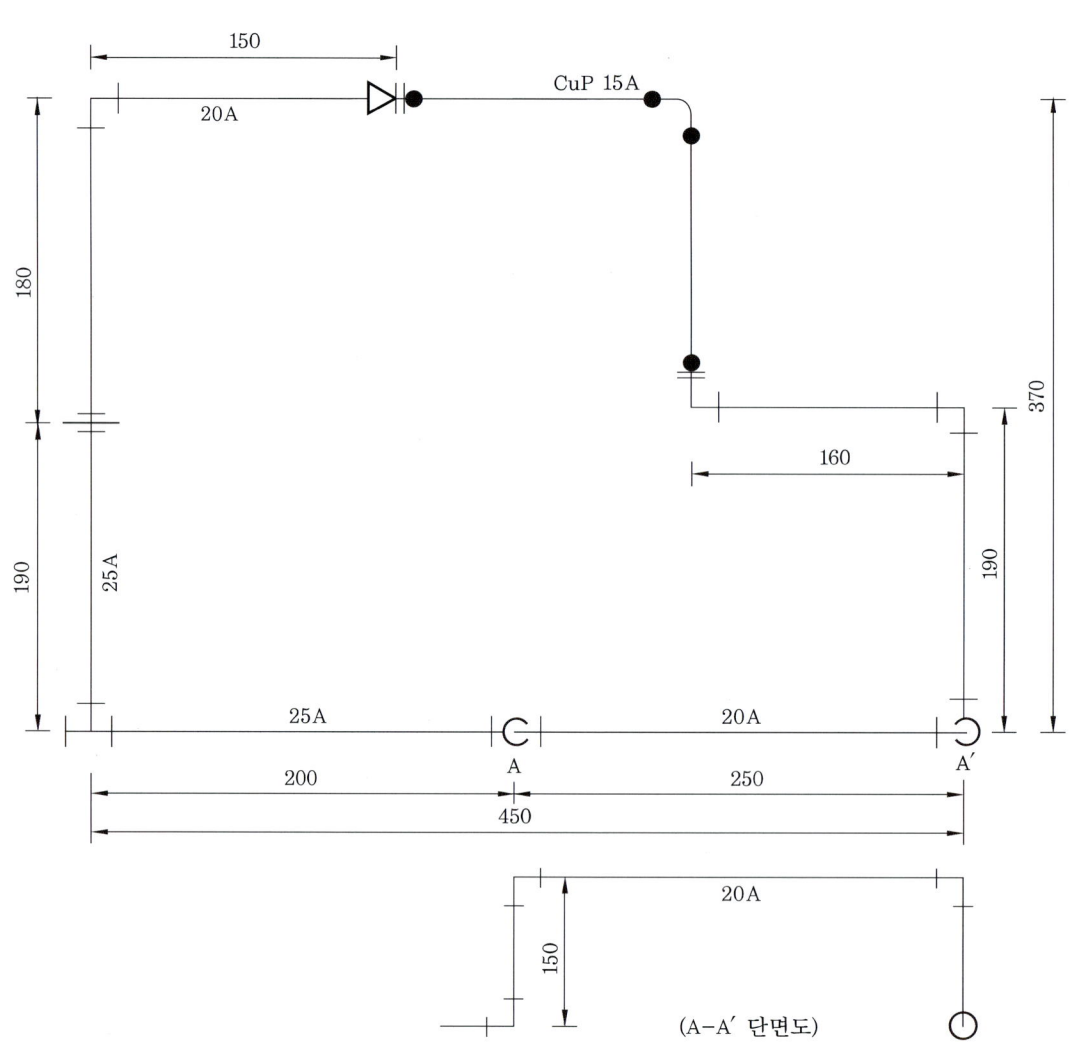

2017년 5월 27일 출제문제 (작업형 완성 작품)

| 자격종목 | 에너지관리기능사 | 과제명 | 강관 및 동관 조립 | 척도 | N.S |

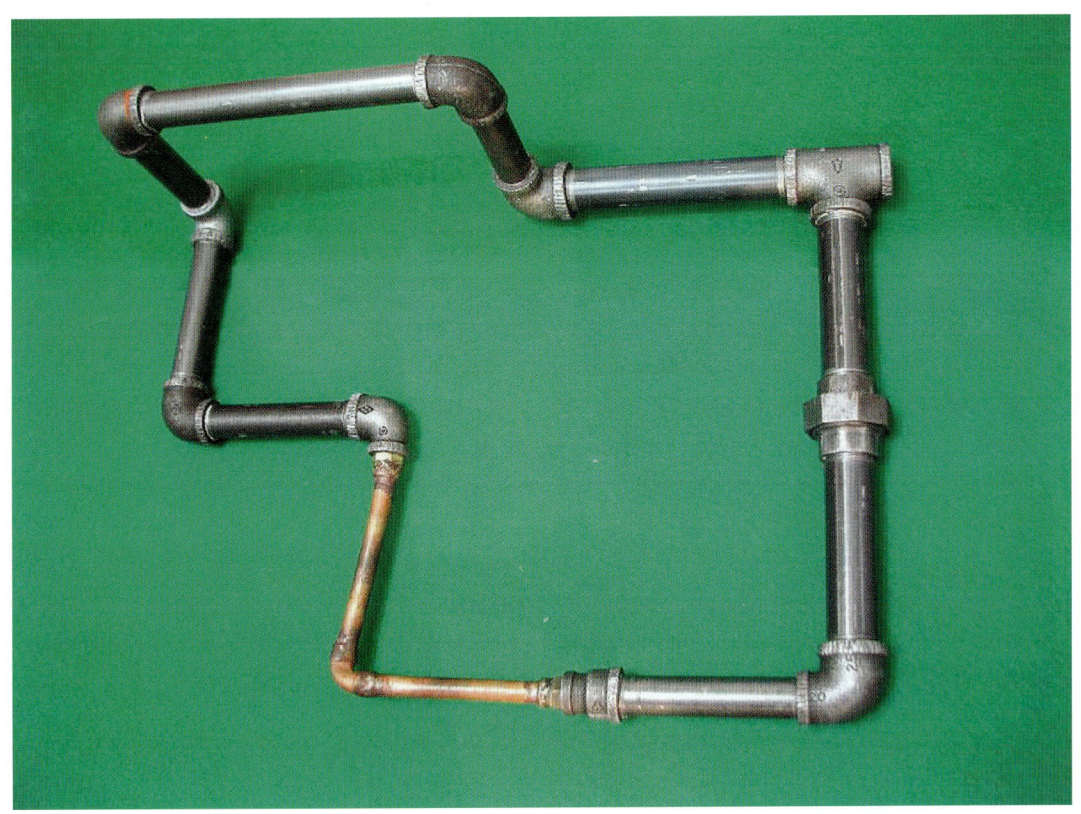

2017년 9월 9일 출제문제 (필답형 주관식)

1. 지름이 같은 강관을 직선 연결할 때 사용하는 이음쇠 종류 2가지를 쓰시오.

해답 ① 소켓 ② 니플
참고 유니언 및 플랜지도 있다.

2. 다음 그림은 보일러 자동 피드백 제어의 회로구성을 나타낸 것이다. ① ~ ⑤에 해당하는 제어요소를 각각 쓰시오.

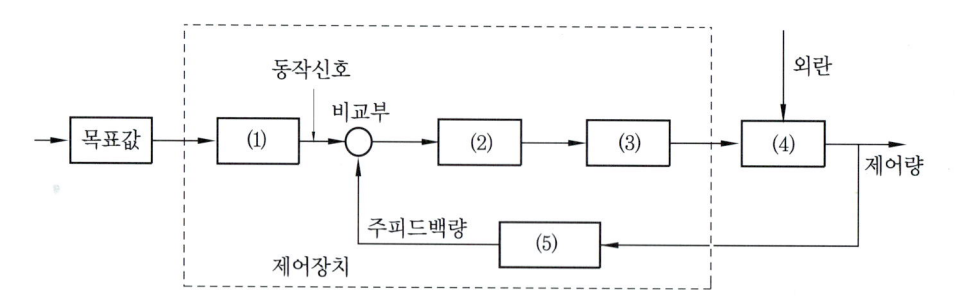

해답 (1) 설정부 (2) 조절부 (3) 조작부 (4) 제어대상 (5) 검출부

3. 열손실량이 5000 kcal/h인 어떤 온수 배관에 보온 피복을 하였더니 손실열량이 1000 kcal/h가 되었다. 시공된 보온재의 보온 효율(%)을 구하시오.

해답 【식】 $\left(\dfrac{5000-1000}{5000}\right) \times 100 = 80\,\%$

【답】 80 %

4. 배관 치수 기입법에 대한 설명이다. 알맞은 표시 기호를 쓰시오.

(1) 지름이 다른 관의 높이를 나타낼 때 적용되며 관 외경의 아랫면까지를 기준으로 표시
(2) 포장된 지표면을 기준으로 배관장치의 높이를 표시
(3) 1층의 바닥면을 기준으로 하여 높이를 표시

해답 (1) BOP (2) GL (3) FL
참고 ① EL(elevation line) : 기준선으로부터 배관 높이를 표시한다.
② GL(ground line) : 포장된 지표면을 기준으로 배관장치의 높이를 표시한다.
③ FL(floor line) : 건물의 1층 바닥면을 기준으로 하여 높이를 표시한다.
④ BOP(bottom of pipe) : EL에서 관 외경의 밑면까지를 높이로 표시한다.
⑤ TOP(top of pipe) : EL에서 관 외경의 윗면까지를 높이로 표시한다.

5. 10℃의 물이 길이 25 m의 동관 내에서 물의 온도가 90℃로 상승한 경우 동관의 팽창 길이(mm)를 계산하시오. (단, 동관의 선팽창계수는 0.000018 mm/mm·℃이고, 동관의 온도는 동관 내 물의 온도와 일치한다.)

해답 【식】 $25 \times 1000 \times (90-10) \times 0.000018 = 36$ mm
【답】 36 mm

6. 〈보기〉의 설명을 읽고 내용에 알맞은 장치의 명칭을 쓰시오.

― 〈보기〉 ―

① 고압수관 보일러에서 기수 드럼에 부착하여 송수관을 통하여 상승하는 증기 중에 혼입된 수분을 분리하기 위한 내부의 부속기구
② 둥근 보일러 동 내부의 증기 취출구에 부착하여 송기 시 비수 발생을 막고 캐리오버 현상을 방지하기 위한 다수의 구멍이 많이 뚫린 횡관을 설치한 것
③ 주증기 밸브에서 나온 증기를 잠시 저장한 후 각 소요처에 증기량을 조절하여 보내주는 설비
④ 여분의 발생증기를 일시 저장하는 기구이며 잉여분의 저축한 증기를 과부하시에 방출하여 증기의 부족량을 보충하는 기구
⑤ 증기계통이나 증기관 방열기 등에서 고인 응축수를 연속 자동으로 외부로 배출시키는 기구

해답 ① 기수분리기　② 비수방지관　③ 증기헤더(스팀 헤더)
④ 증기축열기(스팀 어큐뮬레이터)　⑤ 증기트랩(스팀 트랩)

7. 어느 주택에서 온수보일러를 설치하기 위해 부하를 측정한 결과 다음과 같은 결과를 얻었다. 이 주택에 설치해야 할 온수보일러의 정격 용량(kW)을 구하시오.

- 난방부하 : 10000 kcal/h
- 급탕부하 : 8500 kcal/h
- 배관부하 : 4000 kcal/h
- 시동부하 : 2500 kcal/h
- 증발률 : 20 kg/m²·h
- 급탕량 : 4500 L/h

해답 【식】 $\dfrac{10000 + 8500 + 4000 + 2500}{860} = 29.07$ kW
【답】 29.07 kW

참고 1 kWh = $\dfrac{1}{427}$ kcal/kg·m × 102 kg·m/s × 3600s = 860 kcal

8. 보일러의 급수제어방식(FWC : Feed Water Control) 중 급수제어를 위한 3요소식의 필요 요소 3가지를 쓰시오.

해답 ① 수위　② 증기유량　③ 급수유량
참고 ① 1요소식(단요소식) : 수위　② 2요소식 : 수위, 증기유량

09. 동관의 연납(soldering) 이음 작업 시 필요한 공구를 5가지만 쓰시오. (단, 재료의 준비 단계에서부터 작업의 완성 단계까지 필요한 공구이며, 측정공구는 제외한다.)

해답 ① 튜브 커터　② 리머　③ 확관기　④ 사이징 툴　⑤ 토치 램프
참고 샌드페이퍼, 줄

10. 다음 그림은 어떤 온수보일러의 계통도이다. ①~⑤의 명칭을 각각 쓰시오.

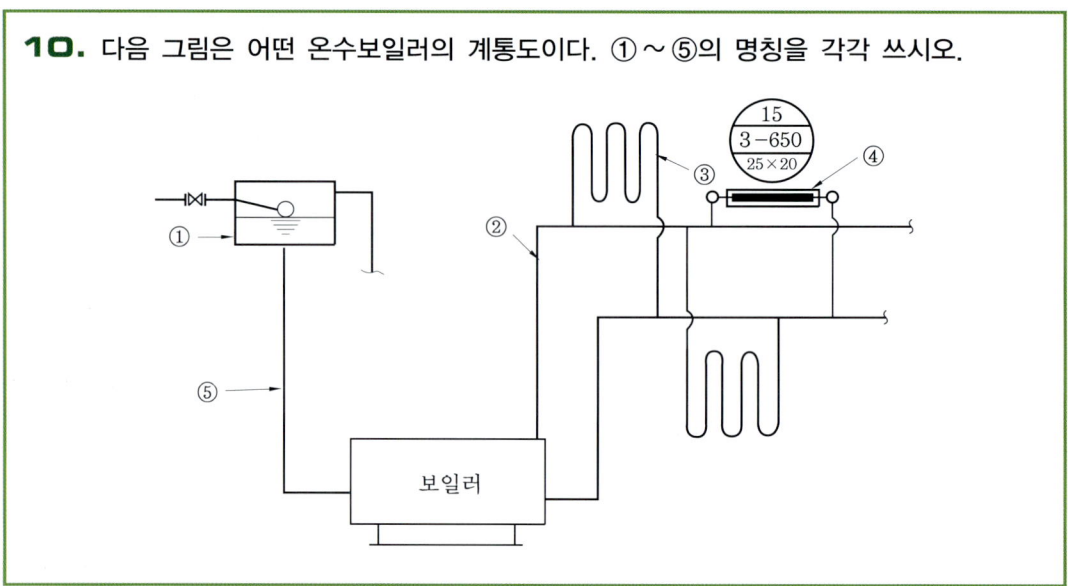

해답 ① 팽창탱크　② 송수주관(난방수 공급관)　③ 방열관
　　　④ 방열기　⑤ 팽창관

11. 증기난방과 비교하여 온수난방의 장점을 5가지만 쓰시오.

해답 ① 난방부하 변동에 따른 온도조절이 용이하다.
② 동결의 우려가 없다.
③ 방열기 표면 온도가 낮아 화상의 우려가 적다.
④ 실내 쾌감도가 높다.
⑤ 쉽게 냉각되지 않는다.
참고 온수난방의 단점
① 예열시간이 길며 예열에 따른 손실이 크다.
② 동일 방열량에 대해 방열면적이 많이 필요하다.
③ 시설비가 많이 든다.
④ 건물 높이에 제한을 받는다.

2017년 9월 15일 출제문제 (작업형 출제 도면)

| 자격종목 | 에너지관리기능사 | 과제명 | 강관 및 동관 조립 | 척도 | N.S |

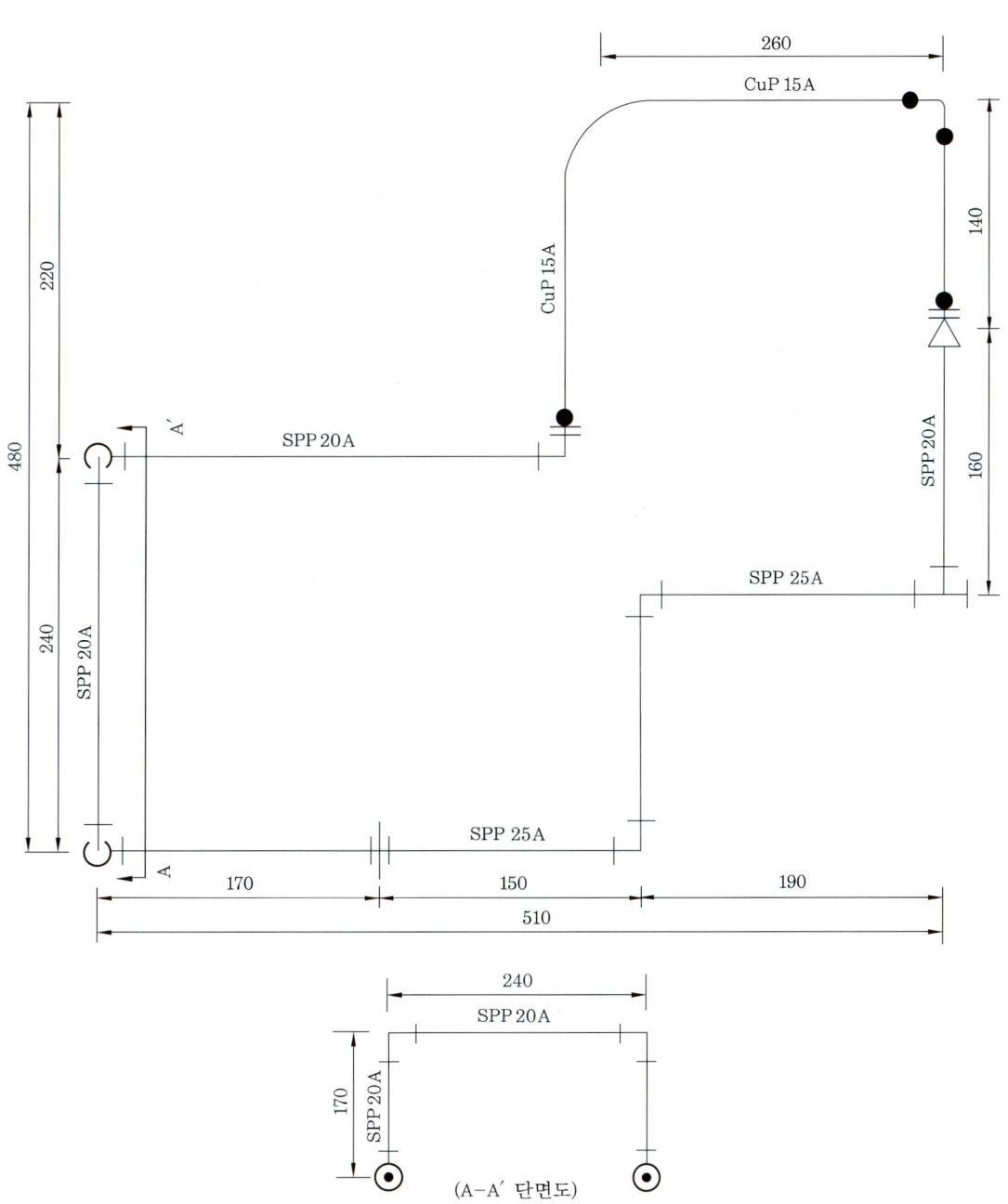

(A-A' 단면도)

2017년 9월 15일 출제문제 (작업형 완성 작품)

| 자격종목 | 에너지관리기능사 | 과제명 | 강관 및 동관 조립 | 척도 | N.S |

2017년 11월 25일 출제문제 (필답형 주관식)

1. 호칭지름 20A의 강관을 곡률반지름 100mm로 90° 굽힘할 때 곡관부의 길이(mm)를 구하시오.

해답 【식】 $100 \times 2 \times \pi \times \dfrac{90}{360} = 157.08\,\text{mm}$

【답】 157.08 mm

2. 다음 보온재를 무기질 보온재와 유기질 보온재로 구분하시오. (무기질 보온재인 경우 "무", 유기질 보온재인 경우 "유"자를 쓰시오.)

① 규조토 :   ② 탄산마그네슘 :   ③ 글라스 울 :
④ 우모 펠트 :   ⑤ 세라믹 파이버 :

해답 ① 규조토 : 무   ② 탄산마그네슘 : 무   ③ 글라스 울 : 무
④ 우모 펠트 : 유   ⑤ 세라믹 파이버 : 무

참고 ① 유기질 보온재의 종류 : 우모 펠트, 양모 펠트, 탄화 코르크, 펄프, 염화비닐폼(스티로폼), 우레탄폼, 폴리스틸렌폼, 양모
② 무기질 보온재의 종류 : 글라스 울(유리섬유), 암면, 석면, 규조토, 탄산마그네슘, 광제면, 펄라이트, 실리카 파이버, 세라믹 파이버
③ 금속질 보온재의 종류 : 알루미늄 박(泊)

3. 아래 그림과 같이 지름 20A인 강관을 2개의 45° 엘보로 결합하고자 한다. 관의 실제 길이는 몇 mm로 절단해야 하는지 구하시오. (단, 엘보의 나사 물림부 길이는 15 mm이고, 엘보 중심에서 끝단까지의 길이 25 mm이다.)

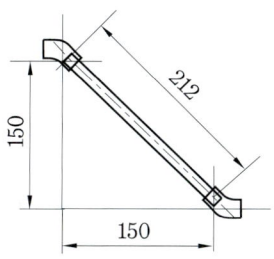

해답 【식】 $212 - (25 + 25) + (15 + 15) = 192\,\text{mm}$
【답】 192 mm

참고 위 문제는 다음과 같이 풀이할 수 있다.
$212 - (10 + 10) = 192\,\text{mm}$

04. 난방부하가 15300 kcal/h인 주택에 효율 85%인 가스보일러로 난방하는 경우 시간당 소요되는 가스의 양(Nm³/h)을 구하시오. (단, 가스의 저위발열량은 6000 kcal/Nm³이다.)

해답 【식】 $\dfrac{15300}{x \times 6000} = 0.85$ 에서 $x \times 6000 \times 0.85 = 15300$

$$\therefore x = \dfrac{15300}{6000 \times 0.85} = 3\,\text{Nm}^3/\text{h}$$

【답】 $3\,\text{Nm}^3/\text{h}$

---

05. 다음은 보일러의 설치 검사 기준에 따른 급수밸브의 크기에 관한 설명이다. ( ) 안에 알맞은 내용을 쓰시오.

> 급수밸브 및 체크밸브의 크기는 전열면적 10 m² 이하의 보일러에서는 호칭 (①) 이상, 10 m²를 초과하는 보일러에서는 호칭 (②) 이상이어야 한다.

해답 ① 15A ② 20A

---

06. 보일러에서 보염장치의 설치목적을 5가지만 쓰시오.

해답
① 안정된 착화를 도모하기 위하여
② 화염의 형상을 조절하기 위하여
③ 연소용 공기를 노내에 균등하게 공급하여 연료와의 혼합을 양호하게 하기 위하여
④ 화염을 안정되게 하여 노 내 국부과열을 방지하기 위하여
⑤ 연료와 연소용 공기의 분포속도 및 흐름의 방향을 조정하기 위하여
⑥ 연소효율을 상승하기 위하여

참고 보염장치의 종류
① 윈드 박스(wind box) : 노내에 연소용 공기의 공급을 균일하게 하여 연료와의 혼합을 촉진시킨다.
② 컴버스터 : 연료의 분출 흐름을 도와 안정된 착화와 연소의 단점을 도모해 준다.
③ 스테빌라이저(보염기) : 연료에 연소용 공기를 유효하게 공급하여 연소를 도우며 화염의 안정을 도모해 준다.
④ 버너 타일 : 버너 슬롯을 구성하는 내화재로서 연료와 공기의 분포 속도 및 흐름의 방향을 최종적으로 조정해 준다.

---

07. 증기난방과 비교한 온수난방의 특징을 5가지만 쓰시오.

해답
① 난방부하 변동에 따른 온도조절이 용이하다.
② 동결의 우려가 없다.
③ 방열기 표면온도가 낮아 화상의 우려가 적다.
④ 실내 쾌감도가 높다.

⑤ 쉽게 냉각되지 않는다.
⑥ 예열시간이 길며 예열에 따른 손실이 크다.
⑦ 동일 방열량에 대해 방열면적이 많이 필요하다.
⑧ 시설비가 많이 든다.
⑨ 건물 높이에 제한을 받는다.

[참고] ①~⑤항까지는 온수난방의 장점이며, ⑥~⑨항까지는 온수난방의 단점이다.

☐**8.** 자연순환식 온수배관은 온수의 밀도 차에 의해 생기는 순환력을 이용하므로 배관(마찰)저항을 가능한 최소화해야 한다. 주로 저항이 많이 발생하는 배관 부위 3곳을 쓰시오.

[해답] ① 밸브가 설치된 부위
② 티(Tee)가 설치된 부위
③ 엘보가 설치된 부위

☐**9.** 다음과 같은 방열기 도시기호를 보고 해당하는 내용을 쓰시오.

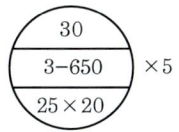

[해답] (1) 방열기의 종별 : 3세주형 방열기
(2) 방열기 1조(組)당 쪽(section) 수 : 30쪽
(3) 방열기 높이 : 650mm
(4) 방열기 유입 관경 : 25mm
(5) 시공에 소요되는 방열기의 총 쪽(section) 수 : 30×5=150쪽

☐**10.** 내화물의 기본 제조공정 5단계를 순서에 맞게 쓰시오.

[해답] ① 분쇄 → ② 혼련 → ③ 성형 → ④ 건조 → ⑤ 소성
[참고] ① 분쇄 : 원료를 조쇄, 분쇄하고 계속해서 혼련의 공정으로 들어가는 것이 보통이지만, 입도의 분포가 품질에 영향을 주므로 고급품을 만들 때는 분쇄 및 미분쇄한 것을 체로 쳐서 적당한 입도 분포가 되도록 배합한다.
② 혼련 : 입자를 균일하게 혼합해서 점성을 갖게 하고 입자간의 기포를 제거하기 위하여 물을 가해서 잘 섞고 이기는 과정으로 알맞은 가소성을 가지게 한다.
③ 성형 : 잘 혼련된 배토를 일정한 형상을 가질 수 있도록 만드는 과정이다.
④ 건조 : 혼련 및 성형 시 사용한 수분을 제거하는 조작으로서 건조가 불충분하면 취급 도중에 변형하고, 또 소성시에 변형이나 균열이 생기기 쉽다.
⑤ 소성 : 고온도에 있어서 소결이나 결정 생장을 재촉하고, 또 부분적으로 융해시켜 강한 결합을 만들고 안정한 화합물을 얻기 위하여 도염요 또는 터널요 등으로 소성한다.

2017년 11월 30일 출제문제 (작업형 출제 도면)

| 자격종목 | 에너지관리기능사 | 과제명 | 강관 및 동관 조립 | 척도 | N.S |

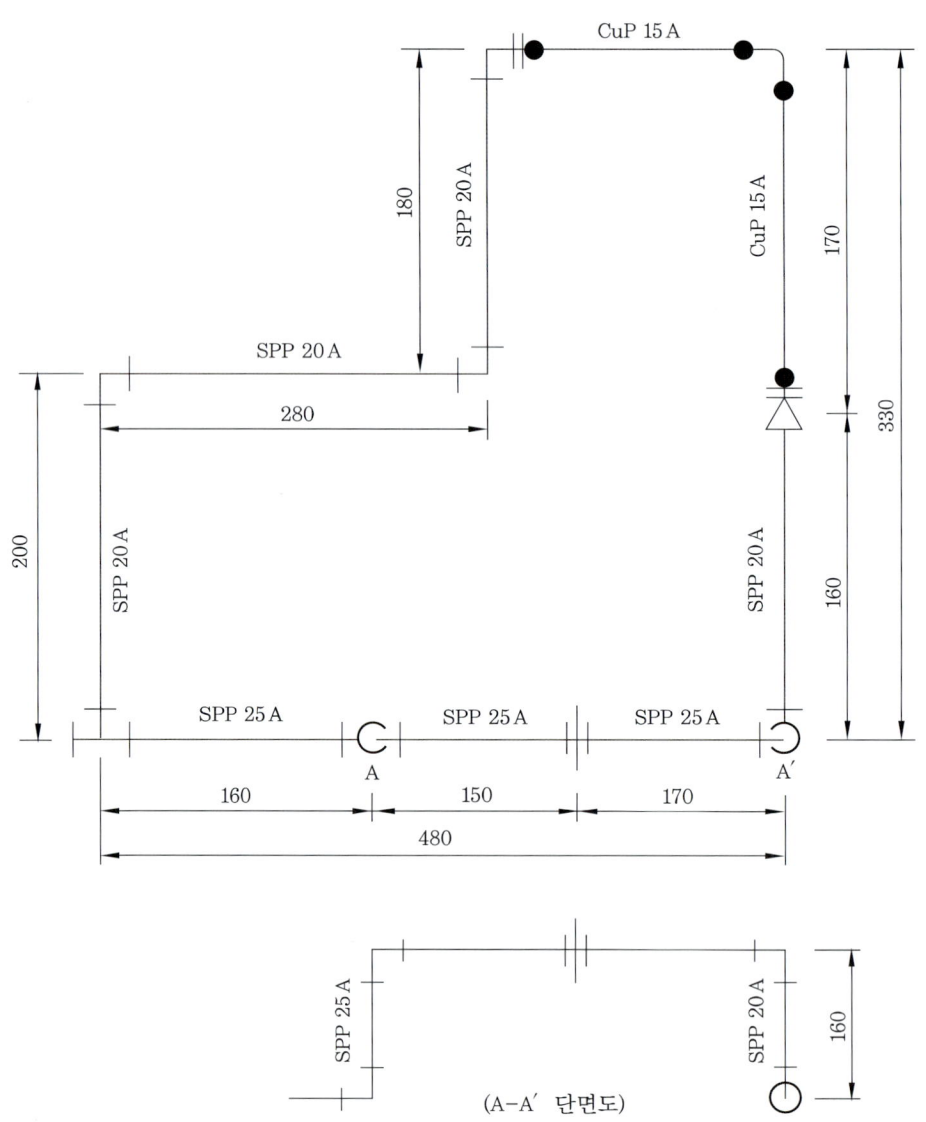

2017년 11월 30일 출제문제 (작업형 완성 작품)

| 자격종목 | 에너지관리기능사 | 과제명 | 강관 및 동관 조립 | 척도 | N.S |

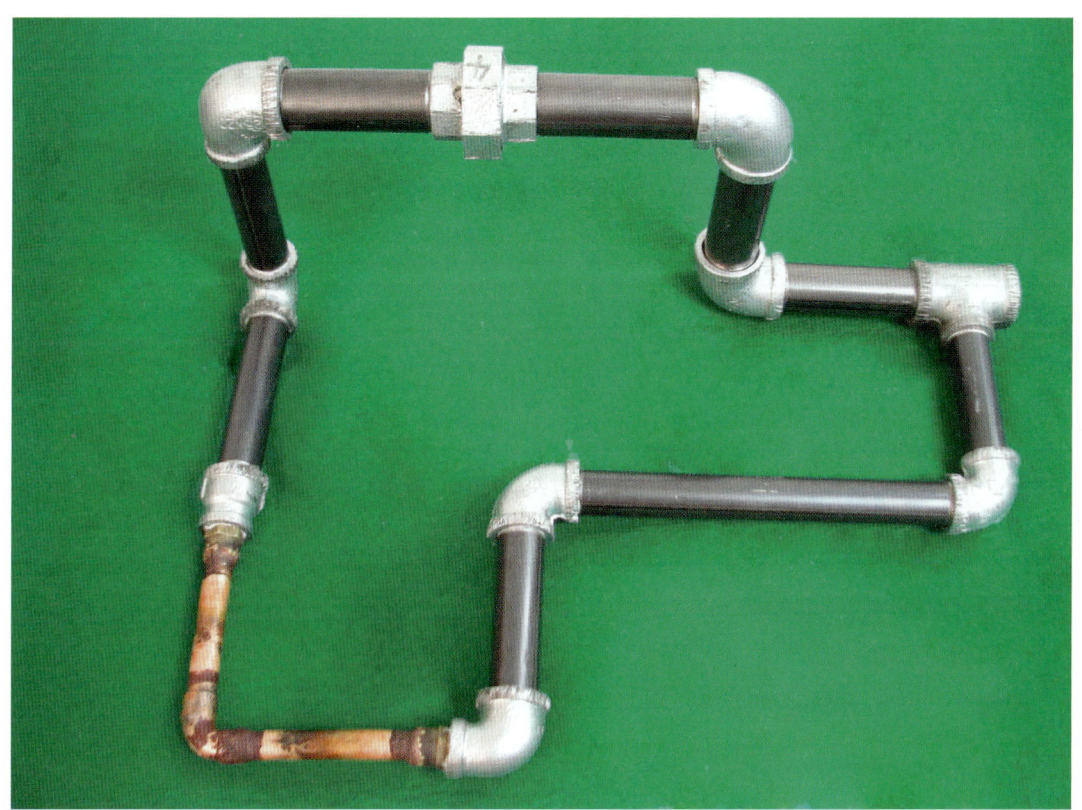

2018년도 출제문제

2018년 3월 10일 출제문제 (필답형 주관식)

01. 다음은 보일러 강제 통풍 방식에 대한 설명으로 (   ) 안에 들어갈 용어를 각각 쓰시오.

> 연소용 공기를 송풍기로 연소실 앞에서 연소실로 밀어 넣는 통풍방식을 (①)통풍 이라고 하고, 연도에 배풍기를 설치하고 배기가스를 유인하여 연돌로 빨아내는 방식을 (②)통풍이라고 하며, 송풍기와 배풍기를 함께 사용하는 방식을 (③)통풍이라고 한다.

해답 ① 압입   ② 흡입   ③ 평형
참고 ① 압입통풍 = 가압통풍
② 흡입통풍 = 흡인통풍 = 유인통풍 = 흡출통풍

02. 보일러 증발량 1300 kg/h의 상당증발량이 1500 kg/h일 때 사용연료가 150 kg/h이고, 비중이 0.8 kg/L이면 상당증발배수를 구하시오.

해답 【식】 $\dfrac{1500}{150} = 10$ kg/kg

【답】 10kg/kg

참고 ① 상당(환산)증발배수 = $\dfrac{\text{상당(환산)증발량(kg/h)}}{\text{매시 연료사용량(kg/h)}}$ [kg/kg]

② 실제증발배수 = $\dfrac{\text{매시 실제증발량(kg/h)}}{\text{매시 연료사용량(kg/h)}}$ [kg/kg]

③ 매시 연료사용량이 기체연료(Nm^3/h)인 경우에는 상당증발배수 및 실제증발배수의 단위가 kg/Nm^3이다.

03. 어느 건물의 단위 면적당 평균 열손실 지수가 125kcal/m^2·h이고, 열손실 면적이 52 m^2이면, 시간당 손실열량(kcal/h)을 구하시오.

해답 【식】 125×52 = 6500 kcal/h
【답】 6500kcal/h

04. 배관 도면에 다음과 같은 표시기호가 있을 때 기기의 명칭을 〈보기〉에서 골라 쓰시오.

―〈보기〉―
팬코일 유닛, 컨벡터, 공기빼기밸브, 체크밸브

해답 ① F.C.U : 팬코일 유닛
② CONV : 컨벡터
③ A.V : 공기빼기밸브

05. 다음 난방장치에 대하여 난방 송수주관에서 ①, ②, ③을 거쳐 환수주관으로 이르기까지의 배관을 완성(연결)하시오.

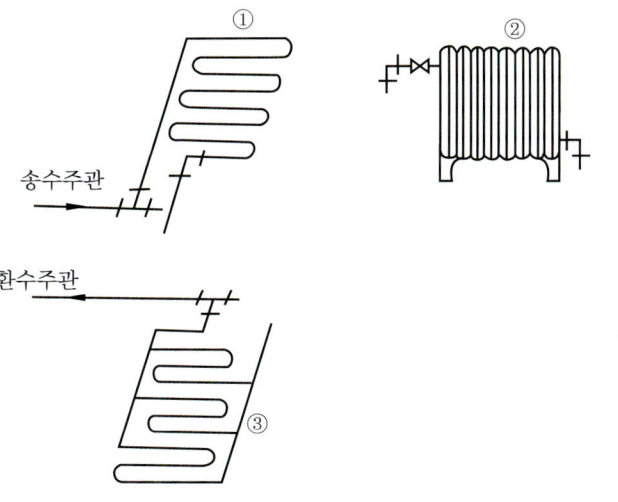

해답

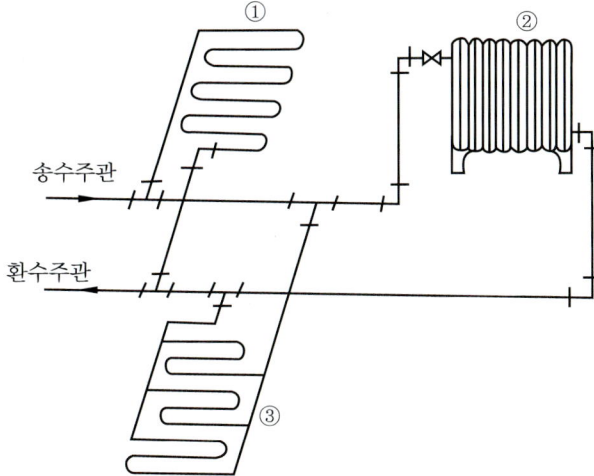

6. 온수방열기의 전 방열면적이 150 m², 온수 급탕량 50kg/h인 경우 설치해야 할 온수 보일러의 용량(정격출력)(kcal/h)을 구하시오. (단, 급수온도 : 15℃, 출탕온도 : 75℃, 배관부하(α) : 0.25, 예열부하(β) : 1.2, 출력저하계수(k) : 1.1, 방열기 방열량 : 450 kcal/m²·h, 물의 비열 : 1 kcal/kg·℃이다.)

해답 【식】 $\dfrac{\{450 \times 150 + 50 \times 1 \times (75-15)\} \times (1+0.25) \times 1.2}{1.1} = 96136.36\,\text{kcal/h}$

【답】 96136.36 kcal/h

참고 온수보일러의 정격출력 = $\dfrac{(\text{난방부하} + \text{급탕부하})(1+\alpha)\beta}{K}$ [kcal/h]

7. 보일러 운전과 조작 등에 관한 용어를 〈보기〉에서 골라 답란에 각각 쓰시오.

〈보기〉

프라이밍, 역화, 캐리오버, 프리퍼지, 포밍, 포스트퍼지

(1) 보일러를 점화할 때는 점화순서에 따라 해야 하며, 연소가스 폭발 및 (①)에 주의해야 한다.
(2) 보일러 운전이 끝난 후, 노내와 연도에 있는 가연성 가스를 송풍기로 취출시키는 것을 (②)(이)라고 한다.
(3) 보일러 용수 중의 용해물이나 고형물, 유지분 등에 의해 보일러수가 증기에 혼입되어 증기관으로 운반되는 현상을 (③)(이)라고 한다.
(4) 보일러 점화 전, 댐퍼를 열고 노내와 연도에 있는 가연성 가스를 송풍기로 취출시키는 것을 (④)(이)라고 한다.
(5) 관수의 격렬한 비등에 의하여 기포가 수면을 교란시키며 물방울이 비산하는 현상을 (⑤)(이)라고 한다.

해답 ① 역화 ② 포스트퍼지 ③ 캐리오버 ④ 프리퍼지 ⑤ 프라이밍

참고 포밍 : 유지분, 부유물 등에 의하여 보일러수의 비등과 함께 수면부에 거품을 발생시키는 현상

8. 통풍력을 증가시키는 요인 5가지를 쓰시오.

해답 ① 연돌 높이를 높인다.
② 연도의 단면적을 크게 한다.
③ 배기가스의 온도를 높인다.
④ 연도의 길이를 짧게 하고, 굴곡부를 적게 한다.
⑤ 배기가스의 비중량을 적게 한다.
⑥ 연돌 및 연도로부터 열방사를 적게 한다.

⑦ 연돌 및 연도로 냉기의 침입이 없도록 한다.
⑧ 송풍기의 용량을 증대시킨다.

09. 연돌의 높이가 50m, 배기가스의 평균온도가 200℃, 외기온도가 25℃, 표준상태에서 대기의 비중량이 1.29 kg/Nm³, 가스의 비중량이 1.34 kg/m³이다. 이 경우 이론통풍력(mmH₂O)을 구하시오.

【해답】 【식】 $273 \times 50 \times \left(\dfrac{1.29}{25+273} - \dfrac{1.34}{200+273} \right) = 20.42 \ \text{mmH}_2\text{O}$

【답】 20.42 mmH₂O

10. 실제공기량과 이론공기량의 비를 공기비라 한다. 공기비가 적정 공기비보다 적을 때 발생되는 현상 3가지를 쓰시오.

【해답】
① 연료가 불완전연소되기 쉽다.
② 매연발생을 많이 일으킨다.
③ 미연소에 의한 열손실이 증가한다.
④ 미연소가스로 인한 역화의 위험성이 있다.
⑤ 배기가스 중 일산화탄소(CO)%가 증가한다.

【참고】 공기비가 적정 공기비보다 클 때 발생되는 현상
① 배기가스량이 많아져 배기가스에 의한 열손실이 증가한다.
② 연소실 내의 온도가 내려가며 연소온도(화염온도)가 내려간다.
③ 배기가스 중 SO_3 함유량이 증가하여 저온부식이 촉진된다.
④ 연소가스 중의 NO_2 발생이 심하여 대기 오염을 초래한다.
⑤ 배기가스 중 CO_2[%]는 낮아지고 O_2[%]는 증가한다.

11. 보일러 자동제어에 이용되는 신호전달 방식 3가지를 쓰시오.

【해답】 ① 전기식 ② 유압식 ③ 공기압식

2018년 3월 17일 출제문제 (작업형 출제 도면)

자격종목	에너지관리기능사	과제명	강관 및 동관 조립	척도	N.S

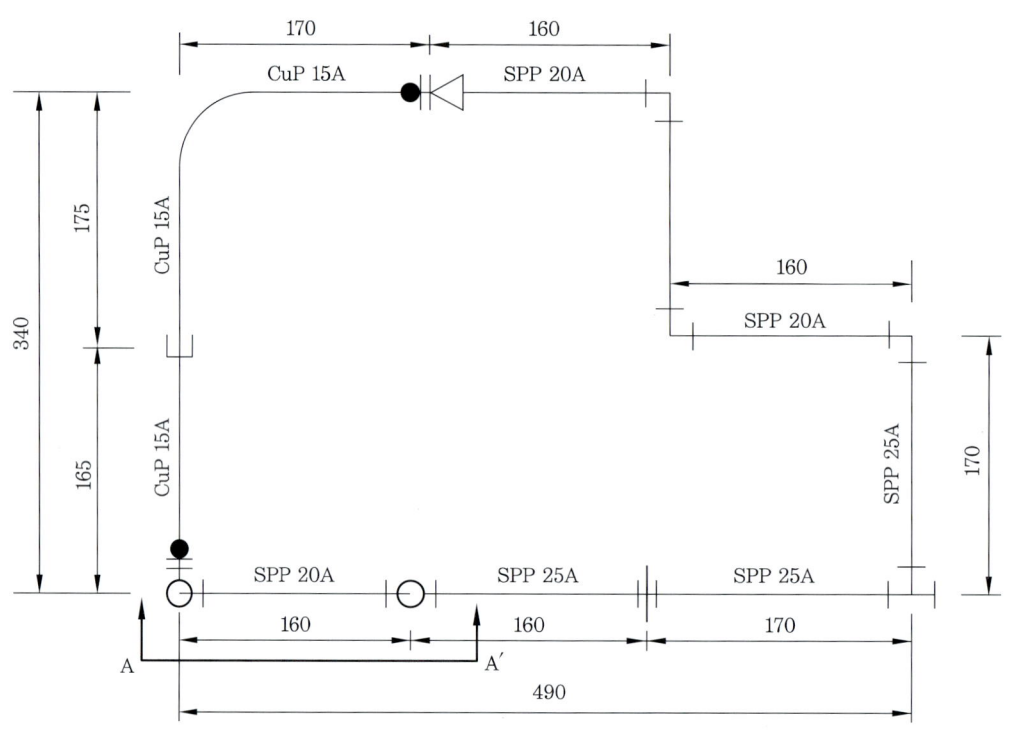

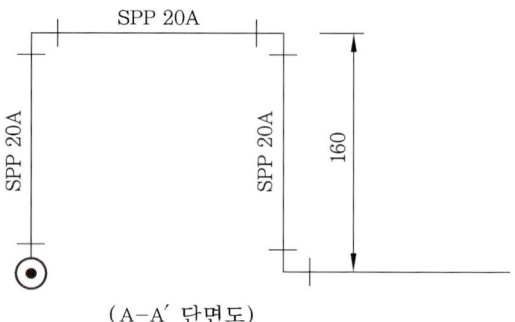

(A-A′ 단면도)

2018년 3월 17일 출제문제 (작업형 완성 작품)

자격종목	에너지관리기능사	과제명	강관 및 동관 조립	척도	N.S

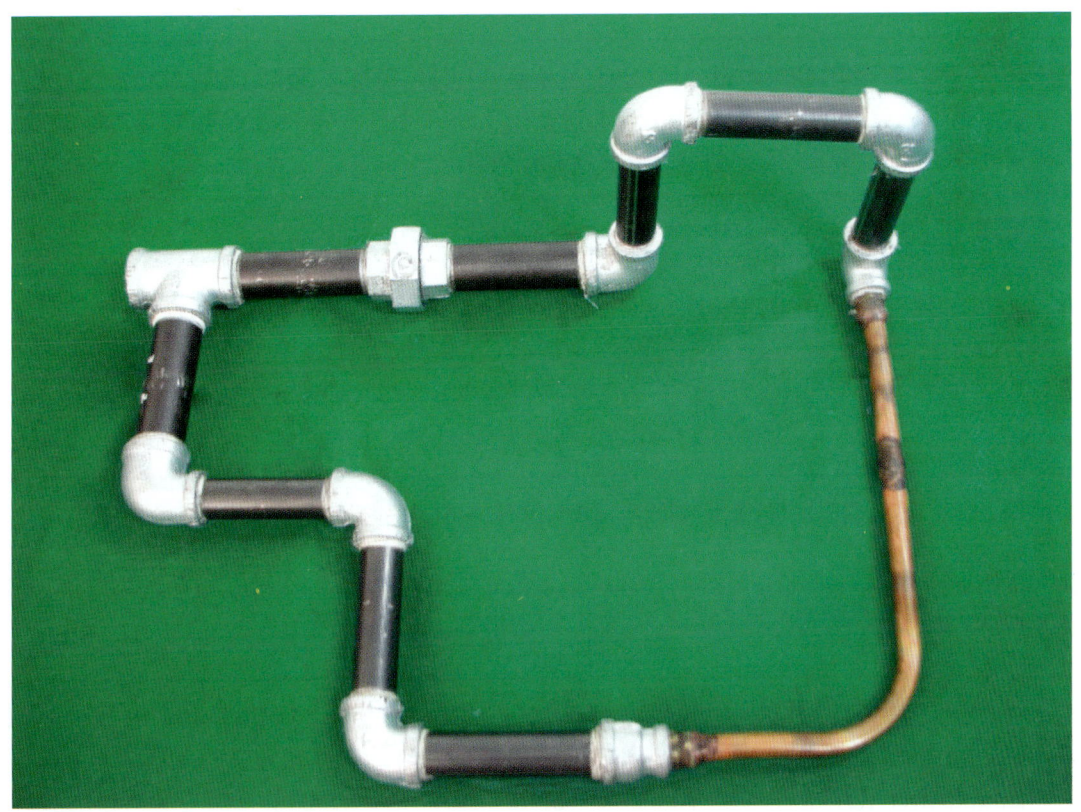

2018년 5월 26일 출제문제 (필답형 주관식)

1. 자연 통풍방식의 보일러에서 연돌의 통풍력을 증가시키기 위한 방법을 5가지 쓰시오.

해답
① 연돌 높이를 높인다.
② 연돌 상부 단면적을 크게 한다.
③ 배기가스 온도를 높인다.
④ 연도의 길이를 짧게 하고 굴곡부를 적게 한다.
⑤ 연도 및 연돌로부터 열방사가 적도록 한다.
⑥ 연도 및 연돌로 냉기의 침입이 없도록 한다.

2. 난방 면적이 120 m²인 사무실에 온수로 난방을 하려고 한다. 열손실지수가 150 kcal/m²·h일 때 난방부하(kcal/h)와 방열기 소요 쪽수를 구하시오. (단, 방열기의 방열량은 표준으로 하고, 쪽당 방열면적은 0.2 m²이다.)

해답 (1) 난방부하 【식】 $150 \times 120 = 18000$ kcal/h
【답】 18000 kcal/h
(2) 방열기 쪽수 【식】 $18000 = 450 \times 0.2 \times x$ 에서
$$x = \frac{18000}{450 \times 0.2} = 200 쪽$$
【답】 200쪽

3. 배관계에 걸리는 하중을 위에서 걸어 당겨 지지하는 장치인 행어의 종류를 3가지만 쓰시오.

해답 ① 콘스턴트 행어 ② 스프링 행어 ③ 리지드 행어

4. 온수난방에서 보일러, 방열기 및 배관 등의 장치 내에 있는 전수량(全水量)이 1000kg이고, 전철량(全鐵量)이 4000kg일 때, 이 난방장치를 예열하는 데 필요한 예열부하(kcal)를 구하시오. (단, 물의 비열 1kcal/kg·℃, 철의 비열 0.12kcal/kg·℃, 운전 시의 온도의 평균온도 80℃, 운전개시 전의 물의 온도 5℃이다.)

해답 【식】 $1000 \times 1 \times (80-5) + 4000 \times 0.12 \times (80-5) = 111000$ kcal
【답】 111000 kcal

5. 용기 내의 어떤 가스의 압력이 6kgf/cm², 체적 50L, 온도 5℃였는데, 이 가스가 상태변화를 일으킨 후 압력이 6kgf/cm², 온도가 35℃로 변화된 경우, 체적(L)을 구하시오.

해답 【식】 $\dfrac{50}{(5+273)} = \dfrac{x}{(35+273)}$ 에서

$x = \dfrac{(35+273)}{(5+273)} \times 50 = 55.40 \text{ L}$

【답】 55.40 L

06. 다음 보일러 시공 작업도면을 보고, A-A'의 단면도를 그리시오. (단, 단면도의 높이는 170mm로 하고, 각 부속 사이의 관경 및 치수도 기입하시오.)

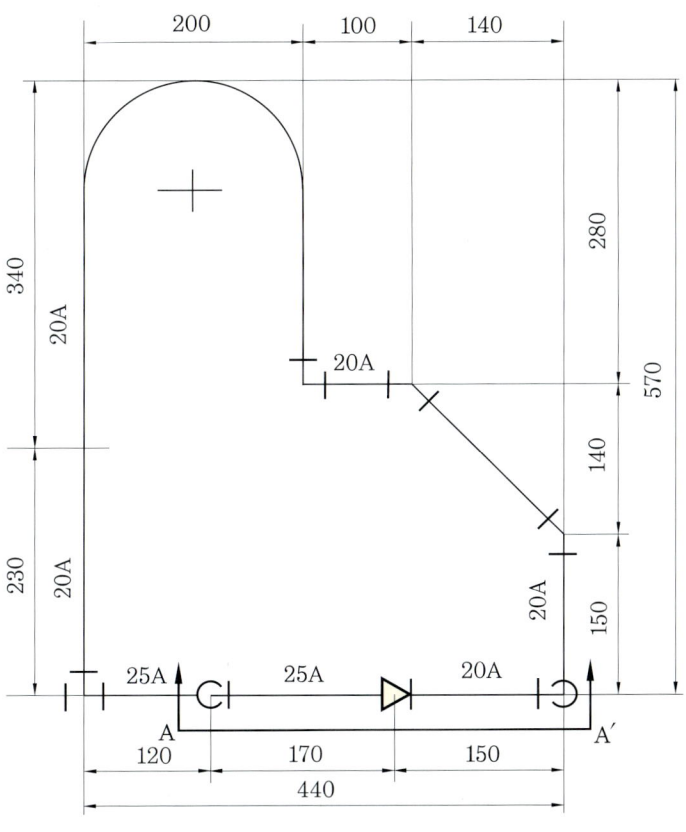

해답

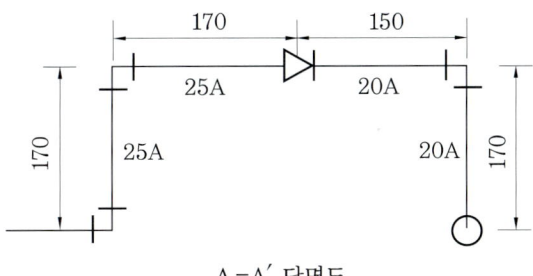

A-A' 단면도

7. 다음 자동제어 방식에 맞는 용어를 쓰시오.

(1) 보일러의 기본 제어로 제어량과 결과치의 비교로 정정 동작을 하는 제어
(2) 구비 조건에 맞지 않을 때 작동정지를 시키는 제어
(3) 점화나 소화과정과 같이 미리 정해진 순서 단계를 순차적으로 진행하는 제어

해답 (1) 피드백 제어
(2) 인터록 제어
(3) 시퀀스 제어

8. 다음 동관 작업 시 사용되는 공구 명칭을 각각 쓰시오.

(1) 동관의 끝 부분을 원형으로 정형하는 공구
(2) 동관의 관 끝 직경을 크게 확대하는 데 사용하는 공구
(3) 동관을 압축 이음하기 위하여 관 끝을 나팔 모양으로 만드는 데 사용하는 공구

해답 (1) 사이징 툴
(2) 익스팬더 (확관기)
(3) 플레어링 툴 세트

9. 다음은 유류용 온수보일러의 설치 개략도이다. 아래 각 부품에 맞는 번호를 개략도에서 찾아 쓰시오.

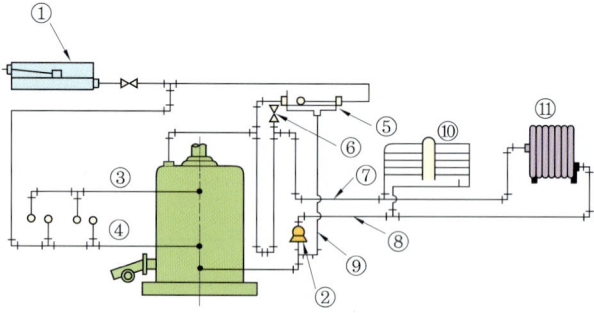

(1) 급탕용 온수공급관   (2) 난방용 온수환수관   (3) 급수탱크
(4) 팽창관   (5) 방열관

해답 (1) ③ (2) ⑧ (3) ① (4) ⑨ (5) ⑩
참고 ② : 순환펌프, ④ : 급수관 (냉수공급관), ⑤ : 팽창탱크, ⑥ : 공기빼기밸브
⑦ : 난방용 온수공급관, ⑪ : 방열기

10. 증기난방과 비교한 온수난방의 특징 5가지만 쓰시오.

해답
① 난방부하 변동에 따른 온도 조절이 용이하다.
② 동결의 우려가 없다.
③ 방열기 표면온도가 낮아 화상의 우려가 적다.
④ 실내 쾌감도가 높다.
⑤ 쉽게 냉각되지 않는다.
⑥ 예열시간이 길며 예열에 따른 손실이 크다.
⑦ 동일 방열량에 대해 방열면적이 많이 필요하다.
⑧ 시설비가 많이 든다.
⑨ 건물 높이에 제한을 받는다.

참고 ①~⑤항까지는 온수난방의 장점이며, ⑥~⑨항까지는 온수난방의 단점이다.

---

11. 다음 온수난방 방식에 대한 설명으로서 (①)~(⑤)에 알맞은 용어를 각각 쓰시오.

> 온수난방 방식은 분류 방법에 따라 여러 가지가 있는데 온수의 온도에 따라 분류하면 저온수 난방과 (①) 난방이 있으며, 온수의 순환 방법에 따라 (②)식과 (③)식으로 구분할 수 있으며, 온수의 공급 방향에 따라 (④)식과 (⑤)식이 있다.

해답 ① 고온수, ② 자연순환, ③ 강제순환, ④ 상향순환, ⑤ 하향순환

참고 배관 방법에 따라 ① 단관식과 ② 복관식이 있다.

2018년 6월 2일 출제문제 (작업형 출제 도면)

| 자격종목 | 에너지관리기능사 | 과제명 | 강관 및 동관 조립 | 척도 | N.S |

1. 시험시간 : 3시간 20분

2. 요구사항

   - 지급된 재료를 사용하며 주어진 시간 내에 도면과 같이 강관 및 동관을 조립하시오.
   - 도면의 일부 내용이 변경될 수도 있음

3. 도 면

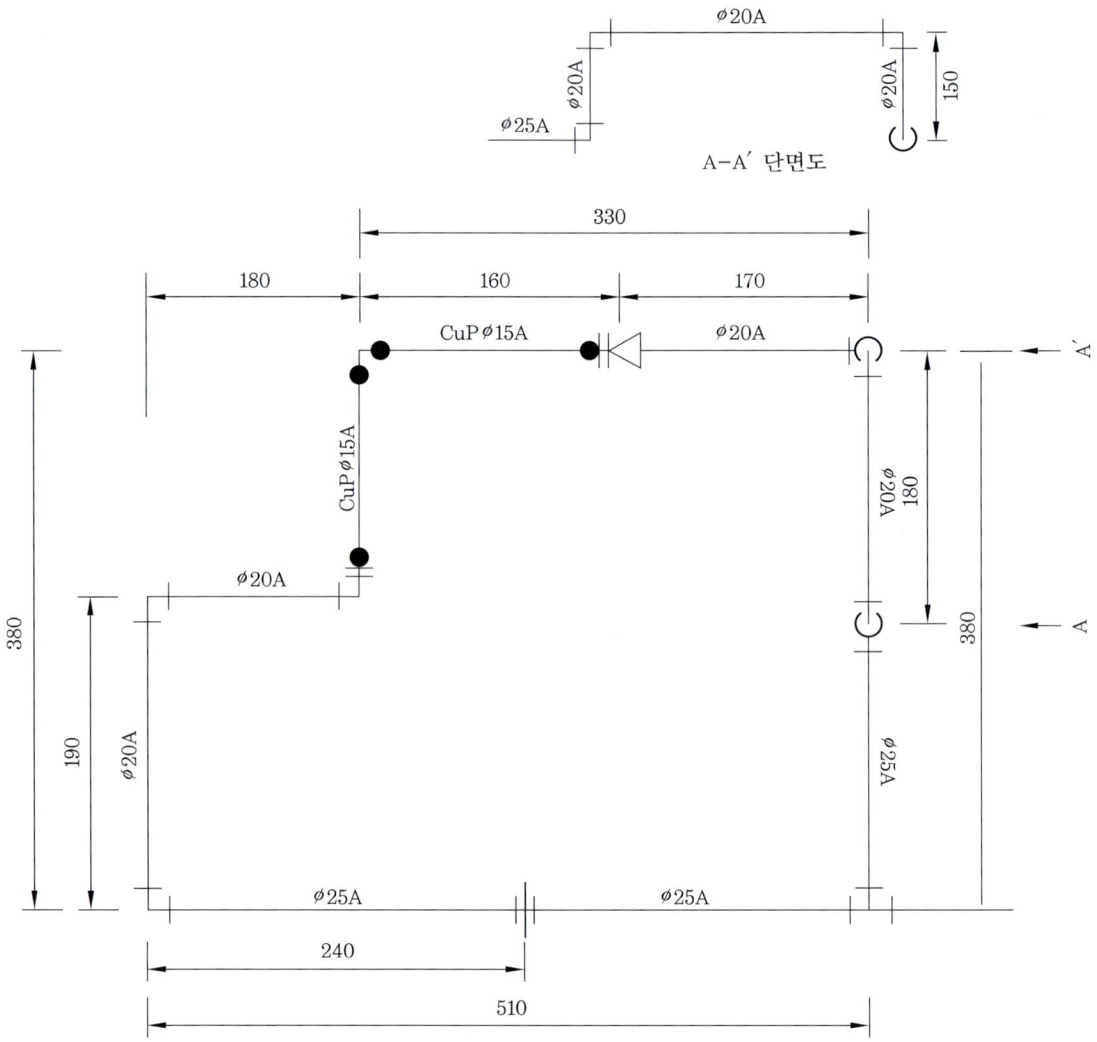

2018년 6월 2일 출제문제 (작업형 완성 작품)

| 자격종목 | 에너지관리기능사 | 과제명 | 강관 및 동관 조립 | 척도 | N.S |

2018년 8월 25일 출제문제 (필답형 주관식)

1. 난방 방식은 크게 개별식 난방과 중앙식 난방으로 나눌 수 있다. 그 중 중앙식 난방법의 정의를 쓰고, 중앙식 난방법의 종류 3가지를 쓰시오.

해답 (1) 정의 : 어느 일정한 장소에 보일러를 설치하여 각 난방 소요처에 증기, 온수 또는 열기 등을 공급하는 방식이다.
(2) 종류 : ① 직접난방법 ② 간접난방법 ③ 복사난방법

2. 관을 보온 피복하지 않았을 때 방열량이 650kcal/m²·h이고, 보온 피복하였을 때 방열량이 390kcal/m²·h일 때, 이 보온재에 의한 보온 효율(%)을 구하시오.

해답 【식】 $\left(\dfrac{650-390}{650}\right) \times 100 = 40\,\%$

【답】 40%

3. 온수보일러를 설치한 후 가동 전에 온수보일러 설치·시공 기준에 따라 적합 여부를 확인해야 할 항목을 5가지 쓰시오.

해답 ① 수압시험 및 안전장치 점검 ② 온수순환시험
③ 연소 계통의 누설 상태 확인 ④ 자동제어에 의한 작동 시험
⑤ 보일러 연소 및 배기 성능 검사 ⑥ 보온 상태 확인

4. 다음에 주어진 배관 부속품 및 기호를 이용하여 유체의 흐름 방향을 고려하여 유량계의 바이패스(by-pass) 회로 배관을 완성하시오.

- 유량계(F₁) : 1개
- 밸브(⋈) : 3개
- 스트레이너(⋎) : 1개
- 유니언(‖) : 3개
- 티 : 2개
- 엘보 : 2개

해답

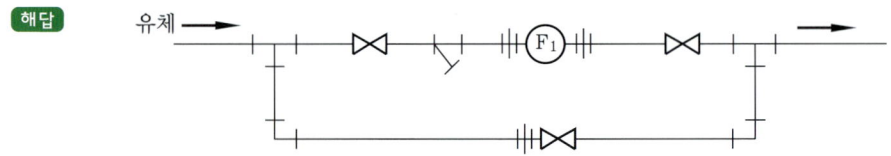

5. 수동 롤러(로터리)형으로 강관을 180° 굽힘 작업하였는데 강관의 탄성 때문에 벤딩이 약간 펴지는 현상이 발생하였다. 이를 고려하여 굽힘 각도 180°보다 3~5°를 더 구부려 작업하는데, 이렇게 벤딩이 펴지는 현상을 무엇이라고 하는지 쓰시오.

해답 스프링 백(spring back)

6. 배관 시공 시 관을 배열해 놓고 수평을 맞출 필요가 있을 때 사용하는 측정기의 명칭을 쓰시오.

해답 수준기(level)
참고 기포관 수준기 : 기포를 이용하여 표면이나 평면의 경사를 측정하는 기기

7. 연소가스의 속도가 4m/s이고, 가스의 양이 16m³/s일 때 굴뚝의 지름(m)을 구하시오.

해답 【식】 $16 = \dfrac{\pi \times x^2}{4} \times 4$ 에서 $16 \times 4 = \pi \times x^2 \times 4$

$x^2 = \dfrac{16 \times 4}{\pi \times 4}$ ∴ $x = \sqrt{\dfrac{16 \times 4}{\pi \times 4}} = 2.26 \text{ m}$

【답】 2.26 m

8. 가동하기 전 보일러수의 온도가 20℃이고, 운전 시의 온수 온도가 80℃이다. 보일러 철의 무게가 0.8 ton, 철의 비열이 0.12 kcal/kg·℃일 때 철만 가열하는데 필요한 예열 부하(kcal)를 구하시오.

해답 【식】 $0.8 \times 1000 \times 0.12 \times (80 - 20) = 5760 \text{ kcal}$
【답】 5760 kcal

9. 보일러 자동제어 중에서 인터록의 종류 3가지를 쓰고, 각각에 대하여 설명하시오.

해답 ① 프리퍼지 인터록 : 송풍기가 작동되지 않으면 전자 밸브가 열리지 않고 점화를 저지한다.
② 저연소 인터록 : 유량조절 밸브가 저연소 상태로 되지 않으면 전자 밸브를 열지 않아 점화를 저지한다.
③ 불착화 인터록 : 버너에서 연료를 분사한 후 소정의 시간이 경과하여도 불착화시에 전자 밸브를 닫아서 연료 공급을 저지한다.
참고 ① 저수위 인터록 : 보일러 수위가 소정의 수위 이하가 되면 전자 밸브를 닫아서 연소를 저지한다.
② 압력 초과 인터록 : 보일러 압력이 소정의 압력을 초과할 때에 전자 밸브를 닫아서 연소를 저지한다.

10. 다음 파이프 관의 각 이음 기호를 도시하시오.
(1) 나사 이음   (2) 플랜지 이음   (3) 유니언 이음

해답 (1) 나사 이음 : ———|———

(2) 플랜지 이음 : ———||———

(3) 유니언 이음 : ———|||———

---

11. 어떤 장치 내의 물을 가열하여 온도를 높이는 경우 물의 팽창량(L)을 구하는 식에 대하여 아래 기호를 사용하여 나타내시오. (단, V : 가열 전 장치 내 전수량(L), ρ_1 : 가열 후 물(온수)의 밀도(kg/L), ρ_2 : 가열 전 물(온수)의 밀도(kg/L)이다.)

해답 물의 팽창량(L) $= V \times \left(\dfrac{1}{\rho_1} - \dfrac{1}{\rho_2} \right)$

2018년 9월 1일 출제문제 (작업형 출제 도면)

| 자격종목 | 에너지관리기능사 | 과제명 | 강관 및 동관 조립 | 척도 | N.S |

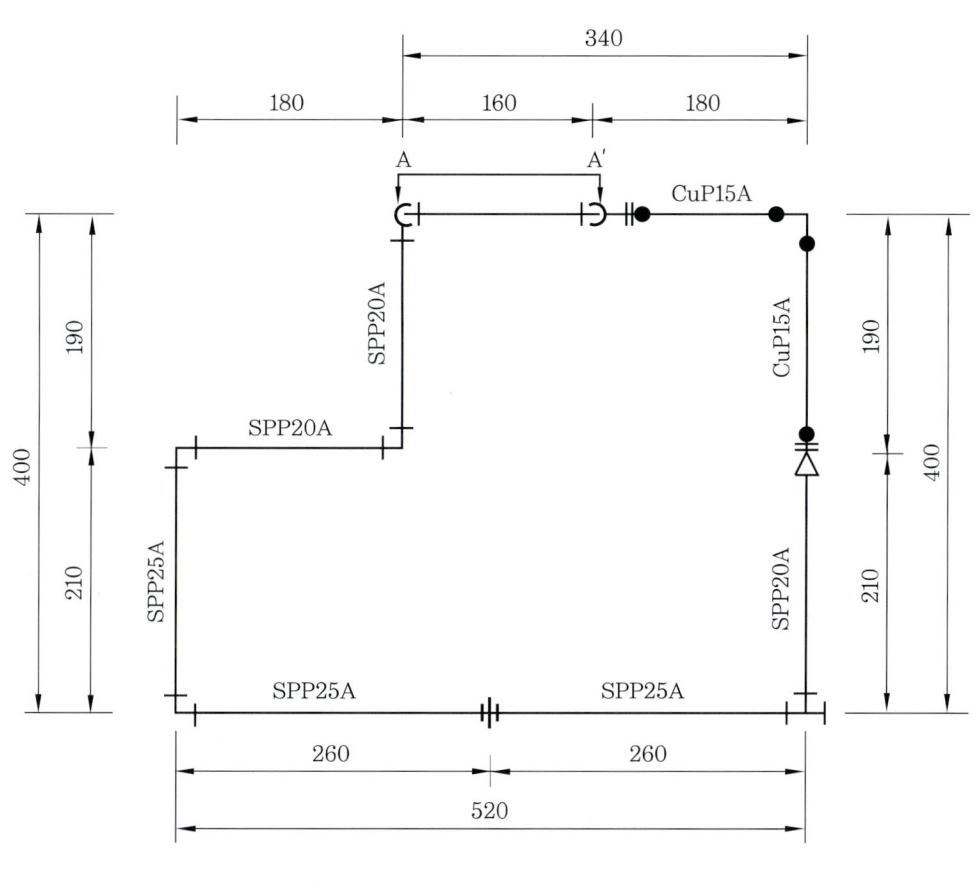

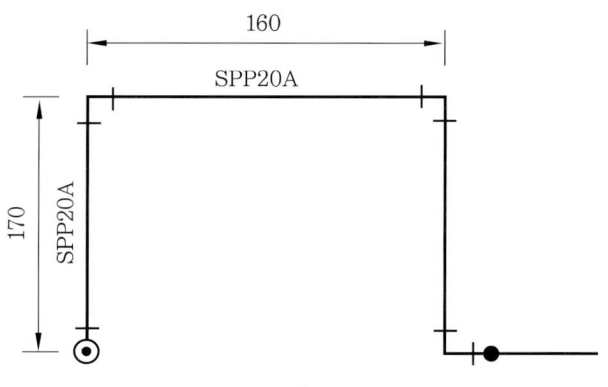

A-A' 단면도

2018년 9월 1일 출제문제 (작업형 완성 작품)

| 자격종목 | 에너지관리기능사 | 과제명 | 강관 및 동관 조립 | 척도 | N.S |

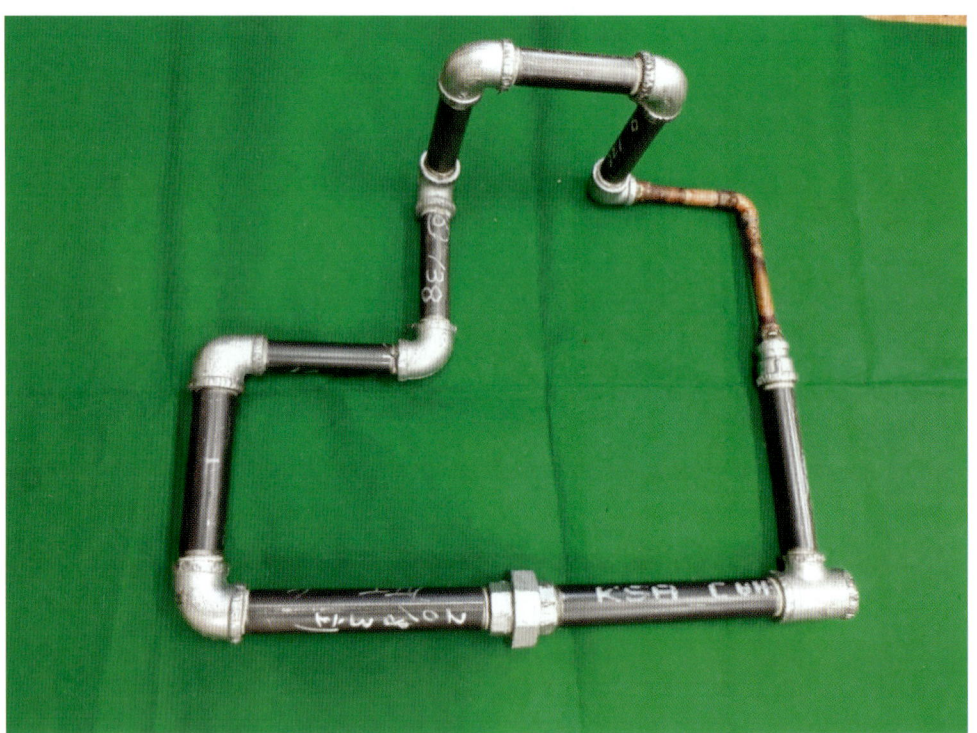

2018년 11월 24일 출제문제 (필답형 주관식)

1. 회전식 버너의 점화가 안 될 때 원인을 5가지만 쓰시오.

[해답]
① 회전컵 모터가 고장일 때
② 버너 노즐이 막혔을 때
③ 회전컵과 공기 노즐과의 상대위치가 불량할 때
④ 전자 밸브가 고장일 때
⑤ 보염기와 버너 노즐과의 상대위치가 불량할 때

[참고]
① 오일펌프가 고장일 때
② 유압이 낮을 때
③ 오일의 점도가 너무 높을 때
④ 유 여과기가 막혔을 때
⑤ 화염검출기가 고장일 때

2. 중력순환식 온수난방을 위한 배관 설계를 하고자 한다. 보일러에서 최원단 방열기까지의 배관 직선길이가 100m이고 순환수두는 200mmAq일 때 배관의 마찰손실(mmAq/m)을 구하시오. (단, 국부저항에 의한 상당길이는 직선길이의 50%로 한다.)

[해답] 【식】 $\dfrac{200}{100 \times 1.5} = 1.33$ mmAq/m

【답】 1.33 mmAq/m

3. 지역난방(district heating system)에 대하여 설명하시오.

[해답] 어떤 일정 지역 내의 한 장소에 보일러실을 설치하여 여기서 발생하는 증기 또는 온수를 공급하여 난방을 하는 방식이다.

4. 난방배관 시공 시 증기주관에서 입하관을 분기할 때의 이상적인 배관 시공도를 그리시오. (단, 사용 이음쇠는 티 1개, 90° 엘보 3개이다.)

[해답]

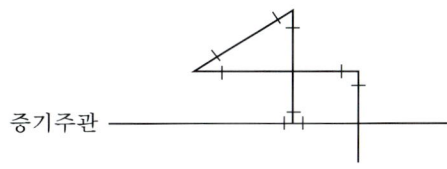

05. 보일러 재료의 강도가 부족한 부분 또는 변형이 쉬운 부분에 설치하여 강도 증가와 변형방지를 위한 것이 버팀(스테이)이다. 아래 각 특징에 맞는 버팀의 명칭을 〈보기〉에서 골라 쓰시오.

〈보기〉
• 경사 스테이 • 관 스테이 • 나사 스테이 • 도그 스테이 • 거싯 스테이 • 막대 스테이

해답 (1) 스코치 보일러의 간격이 좁은 두 개의 나란한 경판을 보강하는 스테이 – 막대 스테이
(2) 동체판과 경판 또는 관판에 연강봉을 경사지게 부착하여 경판을 보강하는 스테이 – 경사 스테이
(3) 연관보일러에 있어서 연관의 팽창에 따른 관판이나 경판의 팽출에 대한 보강재로서 총 연관의 30%가 스테이이며, 연관 역할을 동시에 하는 스테이 – 관 스테이
(4) 평 경판이나 접시형 경판에 사용하며 강판과 동판 또는 관판이나 동판의 지지 보강대로서 판에 접속되는 부분이 큰 스테이 – 거싯 스테이
(5) 진동 충격 등에 따른 동체의 눌림 방지 목적으로 화실 천장의 압궤 방지를 위한 가로버팀이며, 관판이나 경판 양쪽을 보강하는 스테이 – 나사 스테이

참고 도그 스테이(dog stay) : 3개의 다리를 지지물(도그)의 중앙과 평판을 볼트로 체결하여 평판부를 보강하는 데 사용하며, 평판부의 면적이 좁은 곳에 한해 사용한다.

06. 온수보일러의 순환펌프 설치 방법에 대한 설명이다. ( ) 안에 알맞은 말을 〈보기〉에서 골라 써 넣으시오.

〈보기〉
• 송수주관 • 최대 • 온수공급관 • 여과기 • 수평 • 바이패스 • 최소 • 트랩 • 환수주관 • 수직

순환펌프에는 하향식 구조 및 자연 순환이 곤란한 구조를 제외하고는 (①)회로를 설치해야 하며, 펌프와 전원콘센트 간의 거리는 가능한 한 (②)(으)로 하고, 누전 등의 위험이 없어야 하며, 순환펌프의 모터 부분을 (③)(으)로 설치한다. 또한 흡입 측에는 (④)을(를) 설치해야 하며, (⑤)에 설치한다.

해답 ① 바이패스, ② 최소, ③ 수평, ④ 여과기, ⑤ 환수주관

07. 보일러의 실제 증발량이 1000kg/h이고 발생증기의 엔탈피는 619kcal/kg, 급수 엔탈피는 80kcal/kg일 때 이 보일러의 상당 증발량(환산 증발량, kg/h)을 구하시오.

해답 【식】 $\dfrac{1000 \times (619 - 80)}{539} = 1000 \text{ kg/h}$

【답】 1000 kg/h

08. 어떤 거실의 방열기 상당방열 면적이 12m²이다. 온수난방일 때 난방부하(kcal/h)를 구하시오. (단, 방열기의 방열량은 표준방열량으로 한다.)

해답 【식】 $450 \times 12 = 5400 \text{ kcal/h}$
【답】 5400 kcal/h

09. 5 ton/h인 수관식 보일러에서 연돌로 배출되는 배기 가스량이 9100 Nm³/h이고, 연돌로 배출되는 배기가스 온도는 250℃이다. 이때 연돌의 상부 최소단면적이 0.7m²일 경우 배기가스 유속(m/s)을 구하시오.

해답 【식】 $0.7 = \dfrac{9100 \times (1 + 0.0037 \times 250)}{3600 \times x}$ 에서

$x = \dfrac{9100 \times (1 + 0.0037 \times 250)}{3600 \times 0.7} = 6.95 \text{ m/s}$

【답】 6.95 m/s

10. 온수가 배관 내에 흐를 때 관 내부와 마찰을 일으켜 압력손실을 가져오게 되는데, 이러한 손실을 줄이기 위하여 다음 각 요소를 어떻게 해야 하는지 쓰시오.
(1) 굽힘 개소   (2) 관경   (3) 배관 길이
(4) 유속   (5) 유체 점도

해답 (1) 굽힘 개소 : 굽힘 개소를 적게 한다.
(2) 관경 : 관경을 크게 한다.
(3) 배관 길이 : 배관 길이를 짧게 한다.
(4) 유속 : 유속을 느리게 한다.
(5) 유체 점도 : 유체의 점도를 낮게 한다.

2018년 12월 1일 출제문제 (작업형 출제 도면)

| 자격종목 | 에너지관리기능사 | 과제명 | 강관 및 동관 조립 | 척도 | N.S |

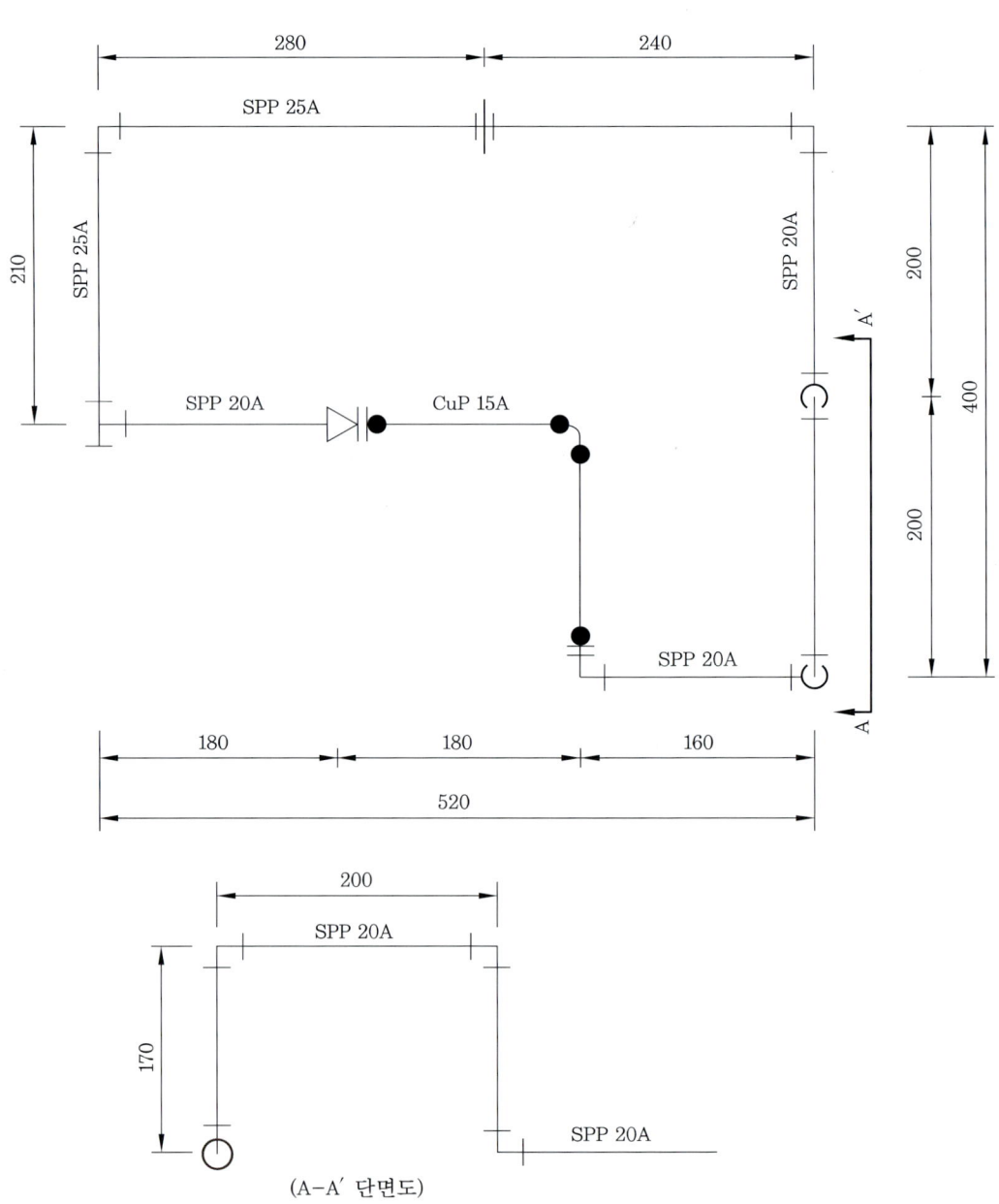

(A-A′ 단면도)

2018년 12월 1일 출제문제 (작업형 완성 작품)

| 자격종목 | 에너지관리기능사 | 과제명 | 강관 및 동관 조립 | 척도 | N.S |

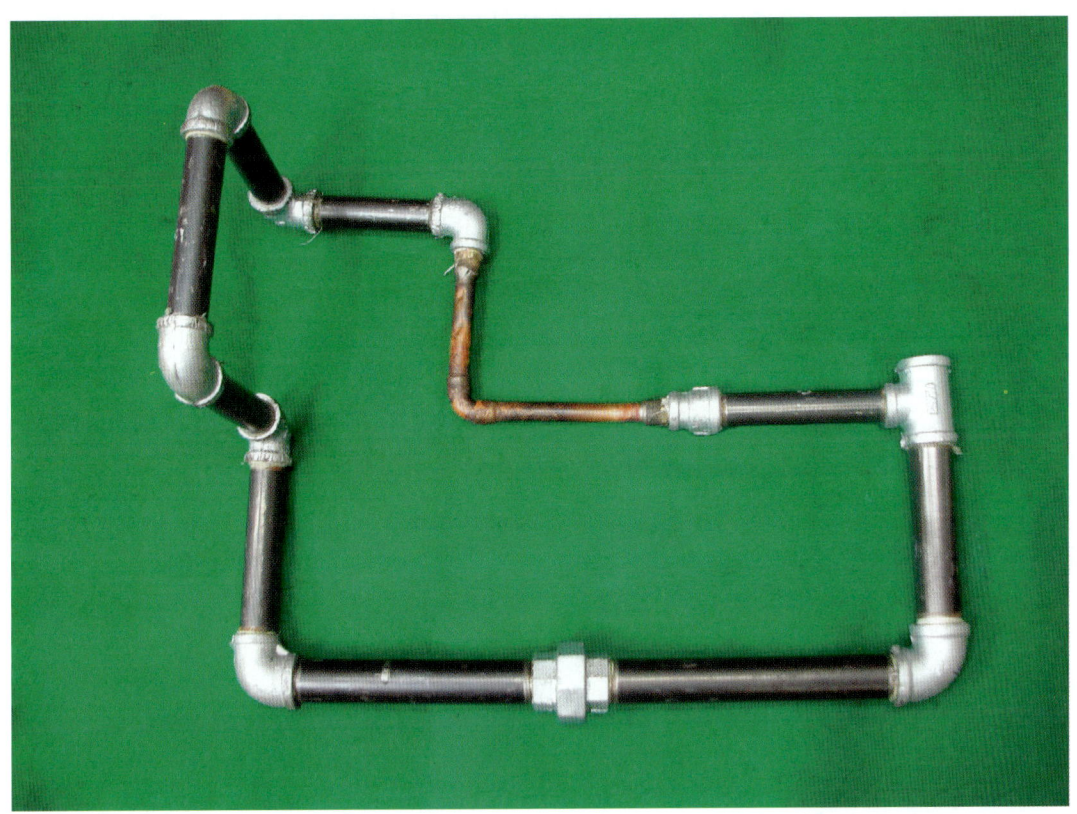

2019년도 출제문제

2019년 3월 23일 출제문제 (필답형 주관식)

1. 주택의 난방부하가 60000kcal/h이고, 소요 급탕량이 40kg/h, 보일러 급수온도 15℃, 급탕온도 65℃일 때, 보일러 정격용량(kcal/h)를 구하시오. (단, 사용온수의 비열은 1kcal/kg·℃이고, 배관 열손실부하는 20%, 예열부하는 25%이다.)

해답 【식】 $[60000 + 40 \times 1 \times (65-15)] \times 1.2 \times 1.25 = 93000$ kcal/h
【답】 93000 kcal/h

2. 90℃의 급탕 온수와 10℃의 냉수를 혼합하여 50℃의 온수 2000kg/h가 되기 위해서는 90℃의 온수 급탕량(kg/h)이 얼마이어야 하는지 구하시오.

해답 【식】 $(2000-x) \times 1 \times (50-10) = x \times 1 \times (90-50)$ 에서
$(2000 \times 40) - 40x = 40x$
$80000 = 40x + 40x$
$80000 = 80x$
$\therefore x = \dfrac{80000}{80} = 1000$ kg/h

【답】 1000 kg/h

참고 ① 10℃ 물이 얻은 열량 $= (2000-x) \times 1 \times (50-10)$
② 90℃ 물이 빼앗긴 열량 $= x \times 1 \times (90-50)$

3. 두께 1m의 벽체가 있다. 실내온도가 50℃이고 실외온도가 30℃일 때 벽체면적 5m²로부터 손실하는 열량(kcal/h)을 구하시오. (단, 벽체의 열전도율은 760kcal/m·h·℃이다.)

해답 【식】 $760 \times \dfrac{(50-30)}{1} \times 5 = 76000$ kcal/h
【답】 76000 kcal/h

4. 자동제어의 신호전달 방식을 공기압식, 유압식, 전기식으로 분류할 때 전기식 신호전달 방식의 장점을 3가지 쓰시오.

해답 ① 전송에 시간 지연이 없다.
② 전송거리가 신호전달 방식 중 가장 길다.
③ 복잡한 신호에 용이하다.

참고 장점 ① 배관설비가 용이하다.
② 조작력이 크게 요구될 때 사용한다.
③ 특수한 동작원이 필요 없다.
④ ON-OFF가 극히 간단하다.

단점 ① 고온·다습한 곳은 곤란하다.
② 보수 및 취급에 기술을 요한다.
③ 방폭이 요구되는 경우에는 방폭시설을 해야 한다.

5. 여러 개의 온수방열기가 연결된 경우 배관의 순환율을 같게 하여 건물 내의 각실 온도를 일정하게 유지시키는 배관 방식을 쓰시오.

해답 역환수관식(역귀환방식)

참고 환수관을 역환수관식(역귀환방식)으로 하면 각 실 온도를 일정하게 유지시키며 관로 저항은 많이 일으킨다.

6. 다음 중 온수난방과 관련된 사항으로 옳게 설명된 것을 골라 그 번호를 모두 쓰시오.

① 운전이 정지되면 전체 배관 내에 공기가 채워진다.
② 물의 현열을 이용한다.
③ 대규모의 아파트 단지에 적합하다.
④ 운전정지 후 일정시간 방열이 지속된다.
⑤ 예열부하가 크다.
⑥ 열매체의 잠열과 현열을 이용하는 난방법이다.
⑦ 방열기 표면 온도가 낮아 쾌감도가 높고, 화상의 위험이 적다.
⑧ 배관 방식에 따라 중력 순환식과 강제 순환식 온수난방으로 구분한다.
⑨ 방열기를 이용한 온수난방은 대류 난방법에 속한다.

해답 ②, ④, ⑤, ⑦, ⑨

참고 ① 운전이 정지되면 전체 배관 내에 물이 채워진다.
② 온수난방은 대규모의 아파트 단지에 부적합하다.
③ 온수난방은 열매체의 물인 현열을 이용하는 난방법이다.
④ 온수난방은 배관 방식에 따라 단관식과 복관식으로 구분하며 온수순환 방법에 따라 중력(자연) 순환식과 강제 순환식으로 구분한다.

07. 강관과 비교한 동관의 특징을 설명한 것이다. ( ) 속의 단어 중 옳은 것을 ○ 표시 하시오.

> 동관은 강관에 비하여 유연성이 (크고, 작고), 유체 흐름에 대한 마찰저항이 (크다, 작다). 또한, 내식성이 (작으며, 크며), 열전도율이 (크고, 작고), 같은 호칭경으로 비교할 경우 무게가 (가볍다, 무겁다).

해답 동관은 강관에 비하여 유연성이 (**크고**, 작고), 유체 흐름에 대한 마찰저항이 (크다, **작다**) 또한, 내식성이 (작으며, **크며**), 열전도율이 (**크고**, 작고), 같은 호칭경으로 비교할 경우 무게가 (**가볍다**, 무겁다).

08. 보일러 내부 부식에 대한 종류 및 원인 또는 현상이다. ( ) 안에 알맞은 용어를 적으시오.

구 분	부식 종류	원인 또는 현상
내부 부식	(①)	보일러수 pH 12 이상 (Fe(OH)$_2$)
	(②)	좁쌀알 크기의 반점 (용존 산소)
	(③)	열응력에 의한 홈 (V, U자)

해답 ① 알칼리 부식 ② 점식 ③ 그루빙 (구식, 구상부식)

참고 보일러 부식
(1) 내부 부식의 종류
  ① 점식(pitting) : 보일러수 중의 용존가스체(O_2, CO_2)가 용해하여 일으키며, 좁쌀알 크기의 반점이 생긴다.
  ② 구식(grooving) : 단면이 V형 또는 U형으로 도랑 모양의 부식이며 열응력에 의해 발생한다.
  ③ 알칼리 부식 : 보일러수(水) 속에 수산화나트륨 등의 유리 알칼리 농도가 높아지고 pH가 너무 높아지면 고농도의 알칼리와 고온의 작용으로 부식을 일으킨다.
(2) 외부 부식의 종류
  ① 고온 부식 : 연료 중의 바나듐(V)이 연소에 의하여 산화하고, 오산화바나듐(V_2O_5)으로 되어 고온의 전열면에 융착하여 부식시킨다.
  ② 저온 부식 : 연료 중의 황(S) 성분이 연소해서 SO_2로 되고 일부는 다시 산화해서 SO_3로 되며 가스 중의 H_2O와 화합하여 H_2SO_4로 되어 저온의 전열면에 융착하여 부식시킨다.
  ③ 산화 부식 : 금속이 연소가스와 산화하여 표면에 산화 피막을 형성하는 것이다.

09. 다음은 보일러에 관련된 자동제어 용어에 대한 설명이다. 각각 어떤 자동제어인지 쓰시오.

(1) 미리 정해진 순서에 따라 제어의 각 단계가 순차적으로 진행되는 제어
(2) 결과(출력)를 원인(입력) 쪽으로 되돌려 입력과 출력과의 편차를 계속적으로 수정시키는 제어

해답 (1) 시퀀스 제어(순차 제어라고도 한다.)
(2) 피드백 제어

10. 다음의 방열기 도면 표시를 보고 아래 〈보기〉 설명의 (①) ~ (⑤)에 알맞은 숫자를 쓰시오.

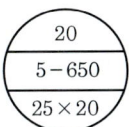

─〈보기〉─
위의 방열기는 (①)세주형, 높이 (②)mm, (③) 섹션을 조합하였고, 유입관의 지름이 (④)mm, 유출관의 지름은 (⑤)mm이다.

해답 ① 5   ② 650   ③ 20   ④ 25   ⑤ 20

2019년 3월 28일 출제문제 (작업형 출제 도면)

| 자격종목 | 에너지관리기능사 | 과제명 | 강관 및 동관 조립 | 척도 | N.S |

1. **시험시간** : 3시간 20분

2. **요구사항**
   - 지급된 재료를 사용하며 주어진 시간 내에 도면과 같이 강관 및 동관을 조립하시오.
   - 도면의 일부 내용이 변경될 수도 있음

3. **도 면**

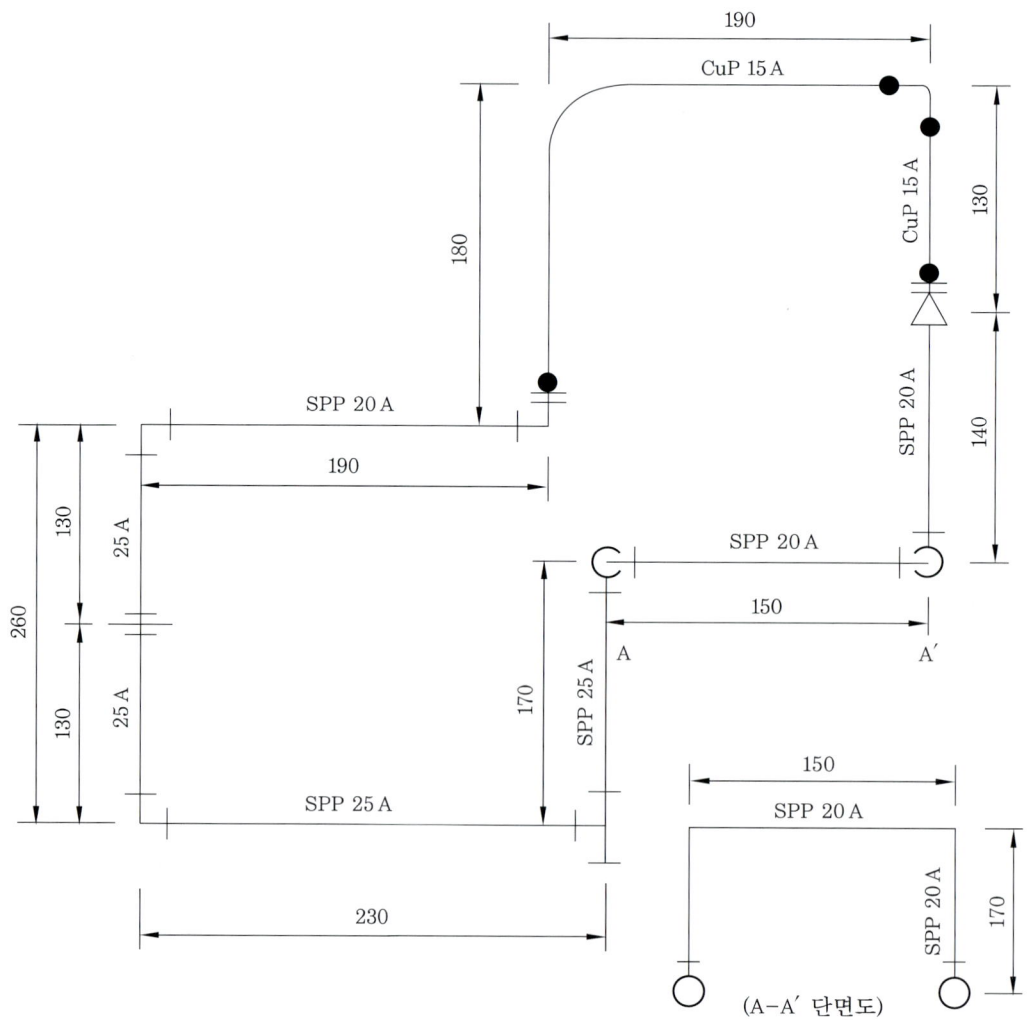

2019년 3월 28일 출제문제 (작업형 완성 작품)

| 자격종목 | 에너지관리기능사 | 과제명 | 강관 및 동관 조립 | 척도 | N.S |

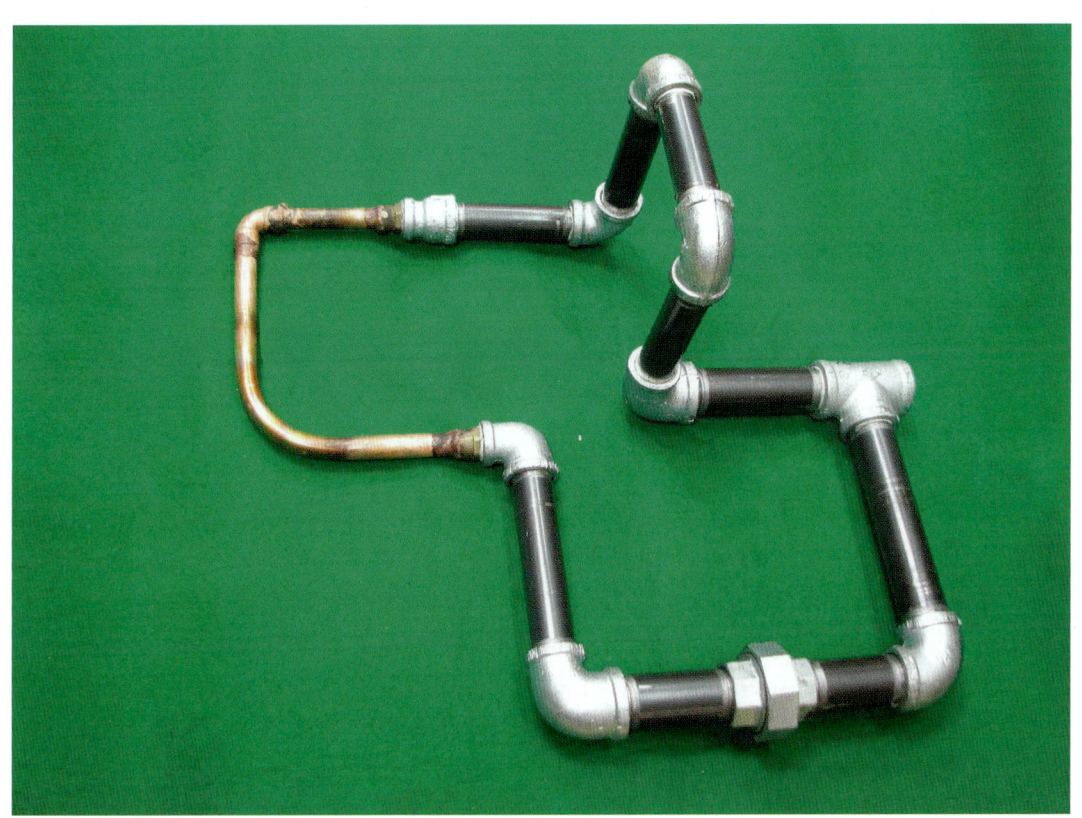

2019년 5월 25일 출제문제 (필답형 주관식)

1. 원심식 송풍기의 풍량조절 방법 3가지를 쓰시오.

해답 ① 댐퍼 조절에 의한 방법
② 전동기의 회전수 변화에 의한 방법
③ 섹션 베인의 개도에 의한 방법

2. 보일러가 연속 운전되는 동안 증기의 부하가 변하면 수위 변동이 발생한다. 이때 일정 수위를 유지하기 위해 설치하는 수위제어 검출 방식 종류를 3가지만 쓰시오.

해답 ① 1요소식 ② 2요소식 ③ 3요소식

참고

수위제어 검출 방식	검출 요소
1요소식	수위
2요소식	수위, 증기유량
3요소식	수위, 증기유량, 급수유량

3. 배관의 관 높이 표시기호에 대하여 각각 설명하시오.
(1) GL (Ground Line)
(2) BOP (Bottom Of Pipe)

해답 (1) GL (Ground Line) : 포장된 지표면을 기준으로 배관 장치의 높이를 표시한다.
(2) BOP (Bottom Of Pipe) : EL에서 관 외경의 밑면까지를 높이로 표시한다.

참고 ① EL (Elevation Line) : 배관 높이를 기준선으로부터 높이를 표시한다.
② GL (Ground Line) : 포장된 지표면을 기준으로 배관장치의 높이를 표시한다.
③ FL (Floor Line) : 건물의 1층 바닥면을 기준으로 하여 높이를 표시한다.
④ BOP (Bottom Of Pipe) : EL에서 관 외경의 밑면까지를 높이로 표시한다.
⑤ TOP (Top Of Pipe) : EL에서 관 외경의 윗면까지를 높이로 표시한다.

4. 열교환기의 효율을 향상시키는 방법을 3가지 쓰시오.

해답 ① 유체의 흐름 방향을 향류로 할 것
② 두 유체의 온도차를 가능한 한 크게 할 것
③ 유체의 유동길이를 짧게 할 것
④ 유체의 유속을 가능한 한 빠르게 할 것
⑤ 열전도율이 좋은 재료를 사용할 것

5. 호칭지름 15A의 관으로 다음 그림과 같이 나사이음을 할 때 중심간의 길이를 600mm로 하려면 관의 절단 길이(l)는 몇 mm로 해야 하는지 구하시오. (단, 호칭 15A 엘보의 중심선에서 단면까지의 길이는 27mm, 나사에 물리는 최소 길이는 11mm이다.)

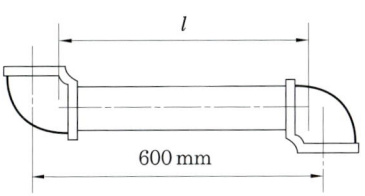

[해답] 【식】 $600 - (27+27) + (11+11) = 568$ mm
【답】 568 mm

[참고] ① $600 - (16+16) = 568$ mm
② 엘보의 중심선에서 단면까지의 길이 = 중심치수
③ 나사에 물리는 최소 길이 = 유효나사부
④ 여유치수 = 중심치수 - 유효나사부

6. 연소의 3요소를 쓰시오.

[해답] ① 가연물 ② 산소(공기) ③ 점화원(불씨)

7. 다음 그림은 온수보일러 설치 개략도이다. 아래 물음에 답하시오.

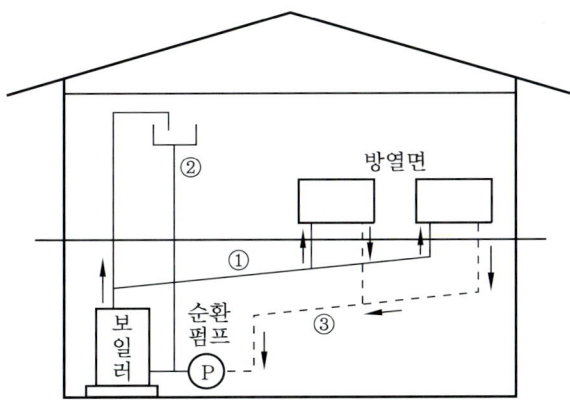

(1) 온수의 공급방향에 따라 분류할 때, 위의 그림은 어떤 방식인지 쓰시오.
(2) 위의 그림에서 ①~③은 용도상 어떤 관을 의미하는지 쓰시오.

[해답] (1) 상향식
(2) ① 송수주관(난방수 공급관) ② 팽창관 ③ 환수주관(난방수 환수관)

08. 풍량이 150m³/min이고 풍압이 6kPa인 송풍기가 있다. 송풍기의 전압효율이 60%일 때, 송풍기의 축동력(kW)를 구하시오.

해답 【식】 $\dfrac{150 \times 6}{60 \times 0.6} = 25\,\mathrm{kW}$

【답】 25 kW

참고 ① $1\,\mathrm{kPa} = 1\,\mathrm{kN/m^2}$　　② $1\,\mathrm{kW} = 1\,\mathrm{kN \cdot m/s}$

③ $\dfrac{\frac{150}{60}\,\mathrm{m^3/s} \times 6\,\mathrm{kN/m^2}}{0.6} = 25\,\mathrm{kN \cdot m/s} = 25\,\mathrm{kN}$

---

09. 다음은 PB관(polybutylene)의 연결 방법에 대한 설명이다. (①) ~ (④) 안에 적합한 답을 아래 〈보기〉에서 골라 그 번호를 쓰시오.

PB관 이음부속은 캡(cap), (①), 와셔(washer), (②)의 순서로 구성되며, 용접이나 나사이음이 필요 없이 (③) 방식으로 시공한다. 부속에 관을 연결할 때는 절단된 관의 끝부분 속으로 (④)를 밀어 넣어야 한다.

〈보기〉
㉮ 그랩 링(grab ring)　　㉯ 푸시 피트(push fit)　　㉰ 오-링(O-ring)
㉱ 압착이음(pressure fit)　㉲ 서포트 슬리브(support sleeve)　㉳ 얀(yarn)

해답 ① ㉰　② ㉮　③ ㉯　④ ㉲

참고

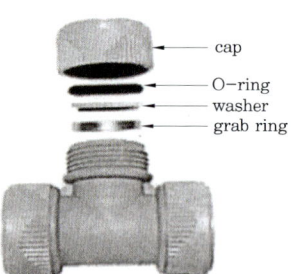

---

10. 다음 열전달 형태와 관련된 법칙을 〈보기〉에서 찾아 쓰시오.

　　　(1) 전도　　　(2) 대류　　　(3) 복사

〈보기〉
• 푸리에(Fourier)의 법칙
• 스테판 볼츠만(Stefan Boltzman)의 법칙
• 뉴턴(Newton)의 냉각법칙

해답 (1) 전도 : 푸리에(Fourier)의 법칙
(2) 대류 : 뉴턴(Newton)의 냉각법칙
(3) 복사 : 스테판 볼츠만(Stefan Boltzman)의 법칙

11. 난방부하가 21 kW인 사무실의 방열면적(m²)을 구하시오. (단, 방열기의 방열량은 523.3 W/m²이다.)

해답 【식】 $21000 = 523.3 \times x$ 에서 $x = \dfrac{21000}{523.3} = 40.13 \, \text{m}^2$

【답】 40.13 m²

2019년 5월 29일 출제문제 (작업형 출제 도면)

| 자격종목 | 에너지관리기능사 | 과제명 | 강관 및 동관 조립 | 척도 | N.S |

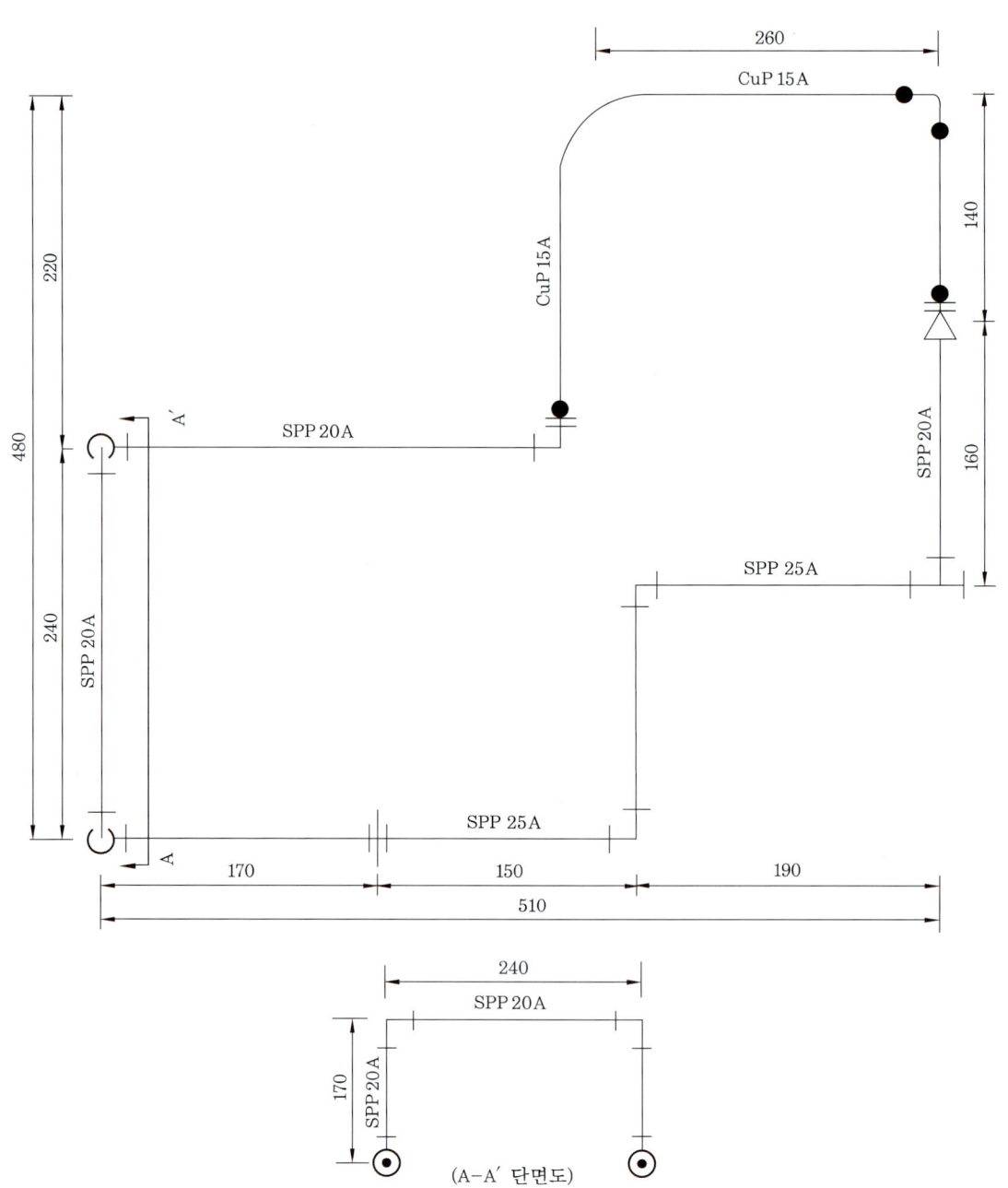

2019년 5월 29일 출제문제 (작업형 완성 작품)

| 자격종목 | 에너지관리기능사 | 과제명 | 강관 및 동관 조립 | 척도 | N.S |

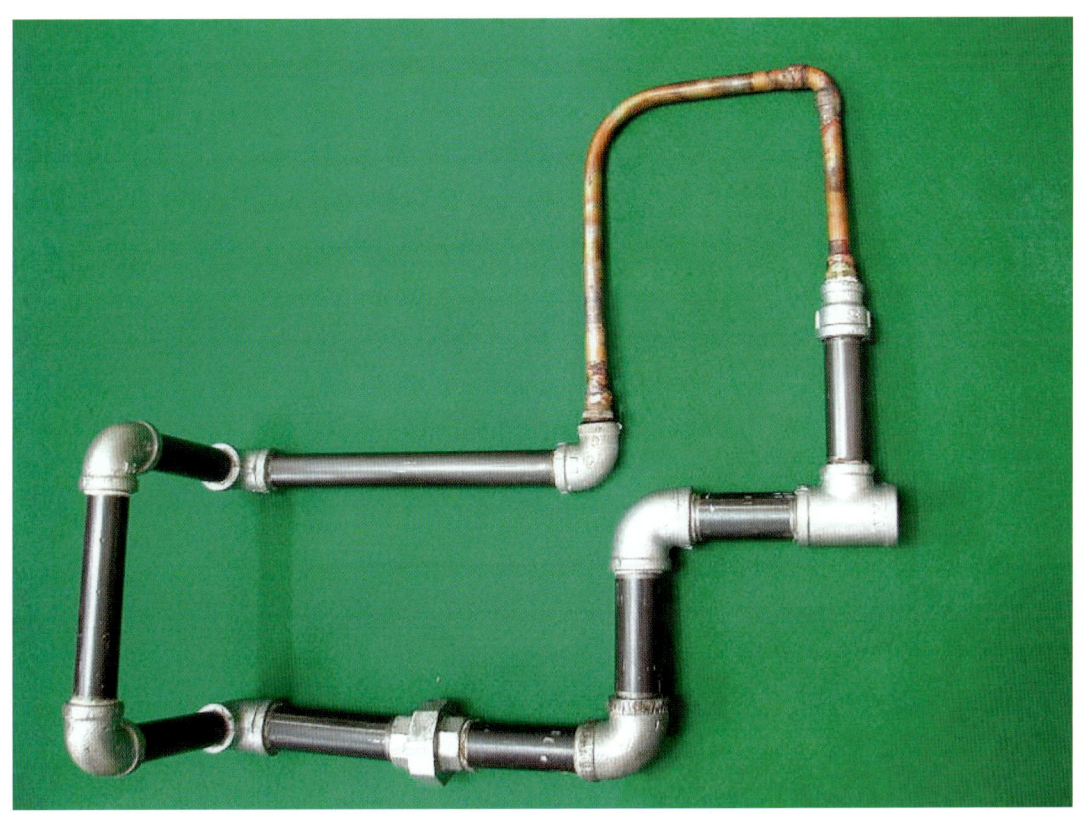

2019년 8월 24일 출제문제 (필답형 주관식)

1. 다음의 배관 등각투상도를 보고 답란에 평면도로 나타내시오. (단, 각 연결부위는 나사 접합이다.)

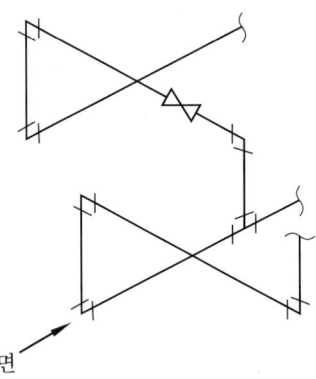

정면

해답

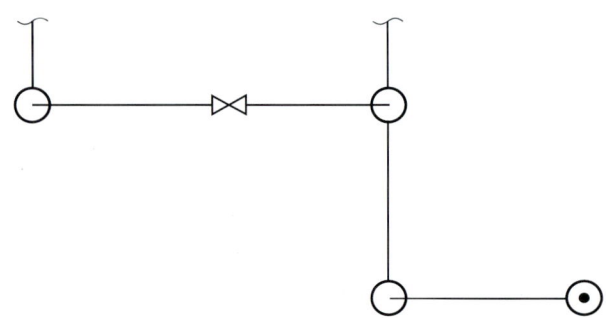

2. 다음 그림 ①, ②는 체크밸브의 단면을 간략하게 도시한 것이다. 각 물음에 답하시오.

① 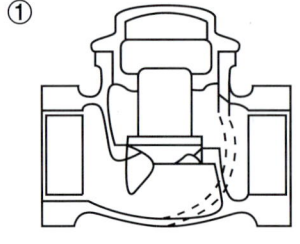   ②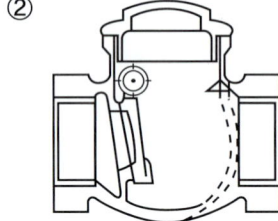

(1) 구조를 보고 ①, ② 체크밸브의 형식을 쓰시오.
(2) 구조상 수평배관에만 사용 가능한 밸브는 ①, ② 중 어느 것인지 그 번호를 쓰시오.

해답 (1) ① 리프트식,   ② 스윙식
(2) ①

참고 리프트식은 수평배관에만 사용 가능하며, 스윙식은 수평 및 수직배관에 사용 가능하다.

３. 온도 10℃, 길이 15m인 강관이 있다. 강관 내에 온수가 통과하면서 강관의 온도가 85℃가 되었다면 열팽창에 의해 관의 늘어난 길이(mm)를 구하시오. (단, 강관의 평균 선팽창계수는 0.0002mm/mm·℃이다.)

해답 【식】 $15 \times 1000 \times (85-10) \times 0.0002 = 225 \, mm$

【답】 $225 \, mm$

참고 선팽창계수 $0.0002 \, mm/mm \cdot ℃$란 관길이가 1mm당 온도 1℃ 상승함에 따라 0.0002 mm가 늘어난다는 것이다.

４. 내경 25 mm인 관에 유속 7m/s로 물이 흐른다면 시간당 급수량(m³/h)을 구하시오.

해답 【식】 $\dfrac{\pi \times (0.025)^2}{4} \times 7 \times 3600 = 12.37 \, m^3/h$

【답】 $12.37 \, m^3/h$

참고 내경 $D[m]$, 유속 $V[m/s]$라고 하면 유량 $Q[m^3/s] = \dfrac{\pi \times D^2}{4} \times V$

５. 온수난방 배관도에 다음과 같은 방열기 도시기호가 표시되어 있다. 다음 물음에 답하시오.

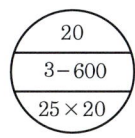

(1) 방열기의 형식과 높이(치수)를 각각 쓰시오.
(2) 방열기 1조당 섹션 수(쪽 수)를 쓰시오.
(3) 유입 관경과 유출 관경을 각각 쓰시오.

해답 (1) ① 형식 : 3세주형 방열기   ② 높이(치수) : 600 mm
(2) 20쪽
(3) ① 유입 관경 : 25 mm   ② 유출 관경 : 20 mm

６. 기체연료의 장점 5가지만 쓰시오.

해답 ① 자동제어에 의한 연소에 적합하다.
② 연소실 내의 온도분포를 쉽게 조절할 수 있다.
③ 연소효율이 높다.
④ 적은 과잉공기로 완전연소가 가능하다.
⑤ 연료를 예열할 수 있어 저발열량의 연료로도 고온을 얻을 수 있다.

[참고]
① 노벽, 전열면, 연도 등을 오손시키지 않는다.
② 연소조절 및 점화, 소화가 용이하다.
③ 회분이나 매연 등이 없어 청결하다.
④ 환경오염 피해를 적게 일으킨다.

07. 다음은 보일러의 자동제어에 관한 설명이다. (   ) 안에 들어갈 ①, ②의 내용을 쓰시오.

> 보일러 자동제어의 요소 중 검출부에서 검출한 제어량과 목표치를 비교하여 나타낸 그 오차를 (①)(이)라고 하며, 편차의 정(+), 부(-)에 의하여 조작 신호가 최대·최소가 되는 제어 동작을 (②) 동작이라고 한다.

[해답] ① : 제어편차 ② : 2위치
[참고] 2위치 동작을 ON-OFF 동작이라고 한다.

08. 보일러의 부하가 34000kcal/h, 효율이 85%인 경우, 버너의 연료소비량(kg/h)을 구하시오. (단, 사용 연료의 저위발열량은 10000kcal/kg으로 한다.)

[해답] 【식】 $\dfrac{34000}{x \times 10000} = 0.85$ 에서 $34000 = x \times 10000 \times 0.85$

$$\therefore x = \dfrac{34000}{10000 \times 0.85} = 4\,\text{kg/h}$$

【답】 4 kg/h

[참고] $\dfrac{34000}{x \times 10000} \times 100 = 85$ 에서 $34000 \times 100 = x \times 10000 \times 85$

$$\therefore x = \dfrac{34000 \times 100}{10000 \times 85} = 4\,\text{kg/h}$$

09. 다음 〈보기〉의 내용은 난방배관에 대해 설명한 것이다. (   ) 안의 ①~④에 들어갈 알맞은 내용을 각각 쓰시오.

〈보기〉
- 집단주택 등 소속구 내의 각 건물 혹은 시가지에서 특정지역 전부에 걸쳐 특정의 보일러에서 열매체를 보내 전체를 난방하는 일종의 중앙식 난방법은 (①) 난방법이다.
- 응축수 환수법에 따라 증기난방법을 분류하면 기계환수식, (②), (③)(으)로 나눌 수 있다.
- 보통 고온수식 난방은 (④)℃ 이상의 고온수를 사용하며, 밀폐식 팽창탱크를 설치한다.

[해답] ① : 지역 ② : 중력환수식 ③ : 진공환수식 ④ : 100

10. 강철제 보일러의 최고사용압력이 0.4MPa일 때 수압시험 압력(MPa)은 얼마인지 쓰시오.

해답 0.8MPa

참고 (1) 수압 시험압력
① 강철제 보일러
  ㉮ 보일러의 최고사용압력이 0.43 MPa 이하일 때에는 그 최고사용압력의 2배의 압력으로 한다. 다만 그 시험압력이 0.2 MPa 미만인 경우에는 0.2 MPa로 한다.
  ㉯ 보일러의 최고사용압력이 0.43 MPa 초과 1.5 MPa 이하일 때에는 그 최고사용압력의 1.3배에 0.3 MPa를 더한 압력으로 한다.
  ㉰ 보일러의 최고사용압력이 1.5 MPa를 초과할 때에는 그 최고사용압력의 1.5배 압력으로 한다.
② 가스용 온수 보일러 : 강철제인 경우에는 ①의 ㉮에서 규정한 압력
③ 주철제 보일러
  ㉮ 보일러의 최고사용압력이 0.43 MPa 이하일 때는 그 최고사용압력의 2배의 압력으로 한다. 다만, 시험압력이 0.2 MPa 미만인 경우에는 0.2 MPa로 한다.
  ㉯ 보일러의 최고사용압력이 0.43 MPa를 초과할 때는 그 최고사용압력의 1.3배에 0.3 MPa을 더한 압력으로 한다.
(2) 수압 시험방법
① 공기를 빼고 물을 채운 후 천천히 압력을 가하여 규정된 수압에 도달한 후 30분이 경과된 뒤에 검사를 실시하여 끝날 때까지 그 상태를 유지한다.
② 시험 수압은 규정된 압력의 6 % 이상을 초과하지 않도록 모든 경우에 대한 적절한 제어를 마련하여야 한다.
③ 수압시험 중 또는 시험 후에도 물이 얼지 않도록 하여야 한다.

2019년 8월 29일 출제문제 (작업형 출제 도면)

| 자격종목 | 에너지관리기능사 | 과제명 | 강관 및 동관 조립 | 척도 | N.S |

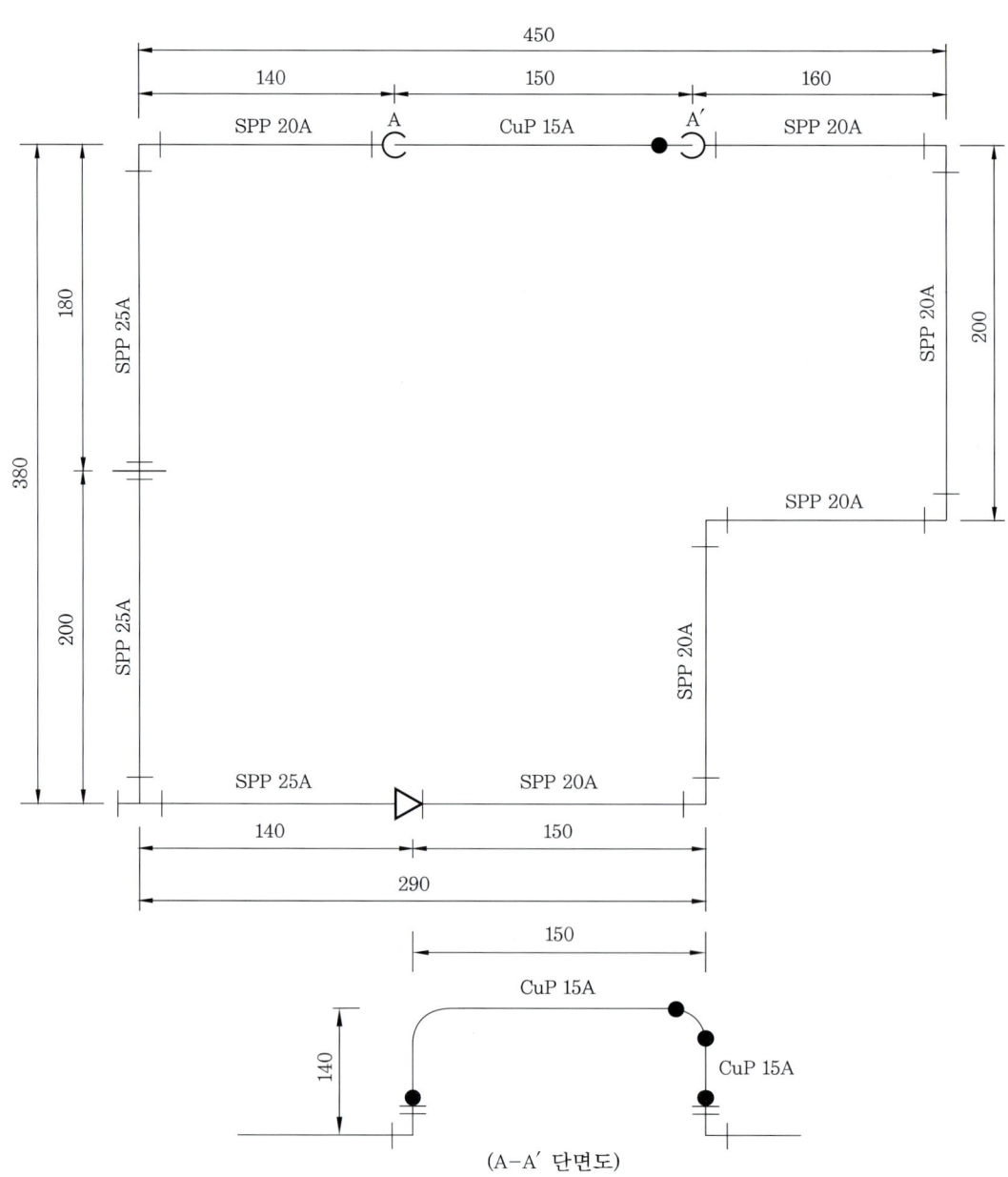

2019년 8월 29일 출제문제(작업형 완성 작품)

| 자격종목 | 에너지관리기능사 | 과제명 | 강관 및 동관 조립 | 척도 | N.S |

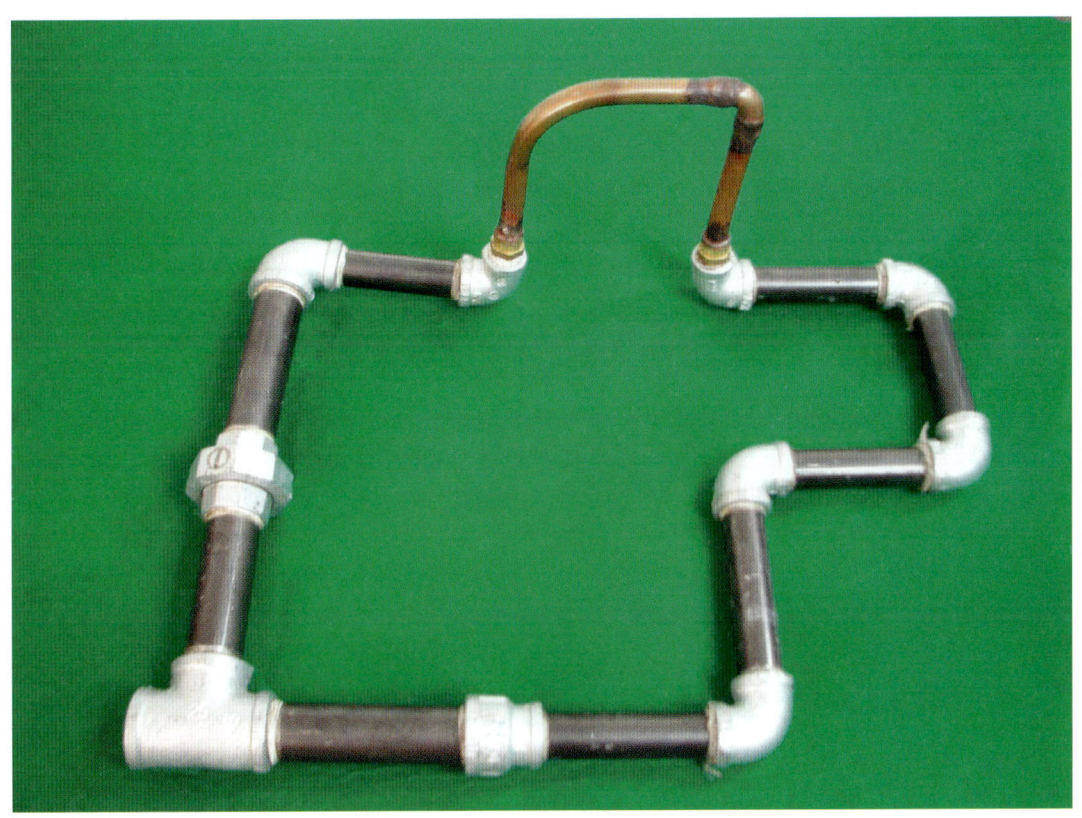

2019년 11월 23일 출제문제 (필답형 주관식)

◻1. 그림과 같이 벽의 좌측 고온 유체로부터 우측의 저온 유체로 열이 통과하고 있다. 다음 기호를 사용하여 열관류율(W/m² · K)을 구하는 공식을 쓰시오.

K : 열관류율(W/m² · K)
α_1 : 고온 유체와 벽과의 열전달률(W/m² · K)
α_2 : 저온 유체와 벽과의 열전달률(W/m² · K)
λ : 벽 내부의 열전도율(W/m · K)
b : 벽의 두께(m)

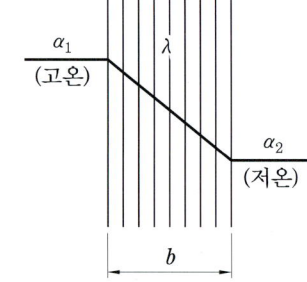

해답 $K = \dfrac{1}{\dfrac{1}{\alpha_1} + \dfrac{b}{\lambda} + \dfrac{1}{\alpha_2}}$

◻2. 관 지지 장치 중 행어(hanger)의 종류를 3가지 쓰시오.

해답 ① 스프링 행어　② 리지드 행어　③ 콘스탄트 행어

◻3. 내경 20mm인 관을 통하여 보일러에 시간당 0.25m³의 급수를 하는 경우 관내 급수의 유속(m/s)을 구하시오.

해답 【식】 $\dfrac{0.25}{3600} = \dfrac{\pi \times (0.02)^2}{4} \times x$ 에서　$x = \dfrac{\dfrac{0.25}{3600}}{\dfrac{\pi \times (0.02)^2}{4}} = 0.22 \, \text{m/s}$

【답】 0.22 m/s

참고 관의 내경 D[m], 유량 Q[m³/s], 유속 V[m/s]일 때 $Q = \dfrac{\pi D^2}{4} \times V$

◻4. 다음 각 보일러 설비에 해당되는 기기 및 부속명을 〈보기〉에서 골라 모두 쓰시오.

〈보기〉
점화장치,　인젝터,　과열기,　분연장치,　급수내관,　절탄기,　방폭문,　안전밸브

해답 (1) 급수장치 : 인젝터, 급수내관　　(2) 연소장치 : 점화장치, 분연장치
(3) 폐열회수장치 : 과열기, 절탄기　　(4) 안전장치 : 방폭문, 안전밸브

05. 아래에서 설명하는 증기트랩의 종류를 쓰시오.

- 열교환기와 같이 많은 양의 응축수가 연속적으로 발생되는 곳에 적합하다.
- 구조상 공기의 배제가 곤란하여, 공기를 배제하기 위한 벨로스를 내장한 형식도 있다.
- 에어벤트(air vent)를 별도로 설치하여야 한다.
- 동파의 우려가 있으며 수격작용이 심한 곳에는 사용하기 곤란하다.

해답 플로트식

06. 용융 석영을 방사하여 만든 실리카 울이나 고석회질의 규산유리로 융점이 높고, 내약품성이 우수하여 고온용 단열재로 사용되며, 최고 사용온도는 1100℃ 정도인 무기질 보온재의 종류를 쓰시오.

해답 세라믹 파이브

07. 다음은 온수온돌의 시공 순서이다. 순서에 맞게 ( ) 안에 알맞은 작업명을 아래 〈보기〉에서 골라 쓰시오.

─── 〈보기〉 ───
배관작업,   수압시험,   방수처리,   골재 충진작업,   보일러 설치

배관기초 → (①) → 단열처리 → 받침재 설치 → (②) → 공기방출기 설치 → (③) → 팽창탱크 설치 → 굴뚝 설치 → (④) → 온수 순환시험 및 경사 조정 → (⑤) → 시멘트 모르타르 바르기 → 양생 건조 작업

해답 ① 방수처리 ② 배관작업 ③ 보일러 설치 ④ 수압시험 ⑤ 골재 충진작업

08. 다음은 온수보일러 순환펌프 주위 바이패스 배관을 나타낸 것이다. 아래 물음에 답하시오.

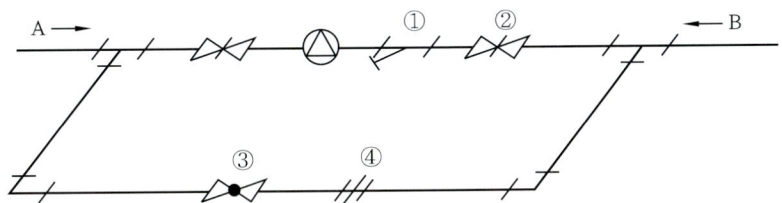

(1) 부품 ①~④의 명칭을 각각 쓰시오.
(2) 온수의 흐름 방향은 "A"와 "B" 중 어느 것인지 쓰시오.

해답 (1) ① 여과기(스트레이너) ② 게이트 (슬루스) 밸브 ③ 글로브 밸브 ④ 유니언
(2) B

---

9. 상향 공급식 중력순환의 온수난방에서 송수의 온도는 86℃이고 환수의 온도는 64℃이다. 응접실에 설치할 방열기의 소요방열면적(m^2)을 구하시오. (단, 실내온도는 18℃이고, 응접실의 난방부하는 4kW, 방열기의 방열계수는 8.25W/m^2·℃이다.)

해답 【식】 $4 \times 1000 = 8.25 \times \left(\dfrac{86+64}{2} - 18 \right) \times x$ 에서

$$x = \dfrac{4 \times 1000}{8.25 \times \left(\dfrac{86+64}{2} - 18 \right)} = 8.51 \, m^2$$

【답】 8.51m^2

---

10. 방의 온수난방에서 실내온도를 20℃로 유지하려고 하는데 소요되는 열량이 시간당 125MJ이 소요된다고 한다. 이때 송수의 온도가 80℃이고, 환수의 온도가 15℃라면 온수의 순환량(kg/h)을 구하시오. (단, 온수의 비열은 4174J/kg·℃이다.)

해답 【식】 $125 \times 10^6 = x \times 4174 \times (80-15)$ 에서

$$x = \dfrac{125 \times 10^6}{4174 \times (80-15)} = 460.73 \, kg/h$$

【답】 460.73 kg/h

일러두기 : 2019년 4회 시험부터 작업형 문제는 공개도면 6종 중 무작위로 날짜별 다르게 출제되므로 수험생들은 이 책 278 ~ 289쪽에 수록된 공개도면과 완성 작품을 참고하여 공부하시기 바랍니다.

에너지관리기능사 실기

2014년 1월 15일 1판 1쇄
2016년 4월 15일 2판 1쇄
2020년 1월 15일 3판 4쇄
(개정판)

저자 : 김영배
펴낸이 : 이정일

펴낸곳 : 도서출판 **일진사**
www.iljinsa.com

04317 서울시 용산구 효창원로 64길 6
대표전화 : 704-1616, 팩스 : 715-3536
등록번호 : 제1979-000009호(1979.4.2)

값 22,000원

ISBN : 978-89-429-1517-0

* 이 책에 실린 글이나 사진은 문서에 의한 출판사의
동의 없이 무단 전재·복제를 금합니다.